全国测绘地理信息类职业教育“十四五”规划教材

GIS 技术及应用

主　编　赵会丽
副主编　代翔宇　李　伟
　　　　王双美　左文娜
主　审　李成林

本书立体化资源

黄河水利出版社
·郑州·

内 容 提 要

本书是作者在参阅大量相关资料基础上,结合多年测绘专业教学与研究实践编写而成的。全书一共分为 9 个项目,主要内容有认识 GIS、地理空间认识及表达、空间数据的获取、空间数据的处理、空间数据的管理、空间查询与空间分析、地理信息可视化及产品输出、GIS 技术的综合应用、GIS 软件工程。本书内容实用性和适用性强,具有普遍性和可操作性,简明易懂。

本书可作为高等职业学校测绘、地理、地质、城市规划、市政管理、土地、资源与环境等专业学生教材,也可供从事这些专业的相关工作人员参考。

图书在版编目(CIP)数据

GIS 技术及应用/赵会丽主编. —郑州:黄河水利出版社,2019.6 (2025.2 修订重印)

全国测绘地理信息类职业教育规划教材

ISBN 978-7-5509-2314-0

Ⅰ.①G… Ⅱ.①赵… Ⅲ.①地理信息系统-高等职业教育-教材 Ⅳ.①P208

中国版本图书馆 CIP 数据核字(2019)第 052661 号

策划编辑:陶金志 电话:0371-66025273 E-mail:838739632@ qq. com

出 版 社:黄河水利出版社 网址:www. yrcp. com

地址:河南省郑州市顺河路黄委会综合楼 14 层 邮政编码:450003

发行单位:黄河水利出版社

发行部电话:0371-66026940、66020550、66028024、66022620(传真)

E-mail:hhslcbs@ 126. com

承印单位:河南承创印务有限公司

开本:787 mm×1 092 mm 1/16

印张:20

字数:475 千字

版次:2019 年 6 月第 1 版 印次:2025 年 2 月第 3 次印刷

2025 年 2 月修订

定价:49.00 元

前 言

党的二十大报告提出了推进职普融通、产教融合、科教融汇,优化职业教育类型定位的要求,报告还指出要办好人民满意的教育,全面贯彻党的教育方针,落实立德树人根本任务,培养德智体美劳全面发展的社会主义建设者和接班人。党的二十大报告强调了数字中国建设和数字经济发展的重要性,测绘地理信息作为关键的数据要素,在这一进程中发挥着不可或缺的作用。为落实党的二十大精神,自然资源部于 2023 年 8 月发布了《关于加快测绘地理信息事业转型升级 更好支撑高质量发展的意见》。该意见明确了测绘地理信息事业的转型升级方向,提出了建立新型基础测绘体系、推进实景三维中国建设、完善地理信息公共服务平台、测绘地理信息行业的技术创新、人才培养和产业升级等具体任务。这些要求都离不开地理信息技术的支持。

地理信息系统(Geographic Information System, GIS)是以地理空间数据库为基础,在计算机软硬件的支持下,运用系统工程和信息科学的理论,科学管理和综合分析具有空间内涵的地理数据,以提供管理、决策等所需信息的技术系统。简单地说,地理信息系统就是综合处理和分析地理空间数据的一种技术系统。

本书是作者在参阅国内外有关地理信息系统的专著、教材、网页等基础之上,并结合多年测绘专业教学与研究实践编写而成的。全书采用基于工作过程、项目引领、任务驱动的思路编写,以地理空间数据的采集、表达、处理、管理、查询、分析与可视化为主线,围绕地理空间数据的各项处理工作为核心展开的;力求为读者创造一个"真实的学习和工作环境",使理论学习与实践训练有机结合,相互融通;理论知识的选取紧紧围绕完成工作任务的需要来进行,既能够用理论指导实践,又能从实践中归纳总结,提升理论知识的学习和应用,体现"用起来的知识才是有用的知识"。

全书一共分为 9 个项目。主要内容有认识 GIS、地理空间认识及表达、空间数据的获取、空间数据的处理、空间数据的管理、空间查询与空间分析、地理信息可视化及产品输出、GIS 技术的综合应用、GIS 软件工程。每个项目首先是项目概述、学习目标,然后项目下分多个任务,每个任务包括任务描述、相关知识、任务实施三部分。任务实施部分采用 ESRI 公司开发的 ArcGIS 软件平台,内容实用性和适用性强,具有普遍性和可操作性,简明易懂。

本书由河南测绘职业学院赵会丽负责大纲制定,项目 1、2、3、6 的相关理论知识由赵会丽编写;项目 1、2、3、6 和项目 8 任务 4 的任务实施和项目 9 由河南测绘职业学院代翔宇编写;项目 4 和项目 5 由黄河水利职业技术学院王双美编写;项目 7 和项目 8 由天津国土资源和房屋职业学院李伟编写;项目 1~9 的思政案例,由河南测绘职业学院代翔宇、左文娜编写。本书由赵会丽担任主编,由代翔宇、李伟、王双美和左文娜担任副主编。全书由赵会丽统稿。本书可作为高等职业学校测绘、地理、地质、城市规划、市政管理、土地、资源与环境等专业学生教材,也可供从事这些专业的相关工作人员参考。本书在编写过程中,引用了同类教材的部分内容,在此谨向有关作者表示衷心的感谢。同时,河南测绘职业学院的李成林博士主审了全书,并提出了许多指导意见,在此一并表示感谢。

为了不断提高教材质量,编者于 2024 年 7 月,根据近年来国家及行业最新颁布的规范、标准、规定等,以及在教学实践中发现的问题和错误,对全书进行了修订完善。本次修订以习近平新时代中国特色社会主义思想为指导,全面贯彻落实党的二十大精神、立德树人根本任务,将党的二十大精神融入教学实践中。

由于作者水平有限,书中难免有不足和不妥之处,恳请读者在使用过程中多提宝贵意见,以便今后进一步修改完善。

作　者

2025 年 1 月

目 录

项目 1 认识 GIS

项目 1 认识 GIS

项目概述

通过相关知识的学习，掌握 GIS 的基本概念，明白 GIS 是什么，以及它能做什么，了解当前几种主流的 GIS 软件；通过到校企合作单位参观和企业技术人员的讲解，对 GIS 所对应的岗位有比较直观的认识，初步了解 GIS 数据生产的工作内容和工作流程，以及从事该岗位所需的职业能力和素质要求。

本项目由认识 GIS 和职业岗位分析 2 个任务组成，通过本项目的学习，为从事 GIS 技术岗位工作打下基础。

学习目标

知识目标

（1）掌握地理信息、地理数据、GIS 的基本概念 。

（2）掌握 GIS 的特点，理解 GIS 与相关学科的区别和联系。

（3）掌握 GIS 的组成和类型，了解 GIS 的功能与应用。

技能目标

（1）能认识 GIS 的组成，了解 GIS 的功能。

（2）能进行 ArcGIS 软件的基本操作。

任务 1 认识 GIS

【任务描述】

（1）通过相关理论知识的学习，利用常用 GIS 软件平台，了解 GIS 基本功能模块，掌握 GIS 的基本概念、组成和功能。

（2）认识常用 GIS 软件，如 MAPGIS、MapInfo、ArcGIS。利用软件打开基础地理数据，熟悉数据格式；重点掌握 ArcGIS 软件；了解 ArcGIS 软件的体系结构，熟悉 ArcGIS 的基本术语，能熟练操作 ArcCatalog、ArcMap。

【相关知识】

随着计算机技术的迅速发展，人类社会的发展进入信息时代，信息已成为社会赖以发展的重要基础,信息技术乃高新技术之首。地理空间信息技术覆盖许多领域,其中包括遥感、地图制图、测绘和摄影测量,但要在地理空间技术中将这些不同领域的数据整合起来,则需要地理信息系统(Geographic Information System 或 Geo-Information System, GIS)技术。

1 GIS 的基本概念

1.1 数据和信息

数据(Data)是指输入计算机并能为计算机处理的数字、文字、符号、声音、图像等。数据本身没有任何意义。只有在其上加上某种特定的含义,它才代表某一实体或现象,这时数据才变成信息。

信息(Information)是用数字、文字、符号、语言、图像等介质来表示事件、事物、现象等的内容、数量或特征,作为生产、建设、经营、管理、分析和决策的依据。

信息具有以下特点:

(1)客观性。信息是客观存在的。任何信息都是与客观事实紧密相关的,这是信息正确性和精确度的保证。

(2)实用性。信息对决策是十分重要的,信息系统将地理空间的巨大数据流收集、组织和管理起来,经过处理、转换、分析变为对生产、管理、经营、分析和决策具有重要意义的有用信息。

(3)传输性。信息可以在信息发送者和接收者之间传输,既包括系统把有用信息送至终端设备(包括远程终端)和以一定形式或格式提供给有关用户,也包括信息在系统内同各个子系统之间的流转和交换,如网络传输技术。信息在传输、使用、交换时其原始意义不改变。

(4)共享性。现代信息社会中,信息共享是一个最基本的特点。信息可以传输给多个用户,为多个用户所共享,而其本身并无损失。

信息与数据是不可分离的。数据是信息的载体,但并不是信息;信息是数据的内涵。只有理解了数据的含义,对数据做出解释,才能提取数据中所包含的信息。对数据进行处理就是为了得到数据中包含的信息。例如,从测量数据中可以确定对象的形状、大小和位置等信息,从遥感图片中可以提取探测对象的大小、形状和专题信息。

1.2 地理数据和地理信息

从现实世界的地理实体到计算机世界的地理数据,从计算机世界的地理数据到信息世界的地理信息的发展,反映了人类认识的一个巨大飞跃。而 GIS 的地理数据库是现实世界的地理实体在计算机世界的集合,是一种与现实的地理世界保持一定相似性的实体模型。现实世界的所有地理事物都可以用地理实体来表达。

1.2.1 地理实体

所谓"实体"(Entity),是指自然界、自然现象和社会经济事件中不能再分割的单元。地理实体是地理数据库中的实体,是一种在现实世界中不能再划分为同类现象的现象。例如,城市可以看成一个地理实体,如果城市划分成若干部分,这些部分就不叫城市,只能称为区、街道之类。如在小比例尺地图中,北京市是一个地理实体;在大比例尺地图中,一座房子如果不能(或不必要)再被细分成多座房子的话,它可以看作是一个地理实体。但在必要时,一座房子又可分为许多房间。

地理实体通常分为点状实体、线状实体、面状实体和体状实体,复杂的地理实体由这些类型的实体构成。

(1)点或节点(Node)——是对点状的地形、地物要素的几何描述。点状实体是指只有特定的位置,而没有长度的实体。有时对点状实体的描述可附有高程(Z),甚至还需要一个方向。点状实体有如下几类:

实体点——用于代表一个实体;

注记点——用于定位注记;

内点——用于负载相应多边形的属性;

结点——表示线的终点和起点;

节点——线或弧段的内部点。

(2)线或折线——是对线状空间实体的部分或全部进行的几何描述,它由两个或两个以上的一系列按顺序相连结的坐标对组成。就其形式而言,有曲线和折线两种。折线点可以附有高程,线也可以有方向,如河流的流水方向。有如下特性:

长度——从起点到终点的总长;

曲率——用于表示线状实体的弯曲程度,如道路拐弯处;

方向——如水流的方向等。

(3)面或多边形——是由一条线或一系列线界定的几何表示,是对面状空间实体的几何描述。面状实体也称多边形、区域等,是对湖泊、岛屿地块等这一类现象的描述。面可能是简单的,也可能是复杂的,可以是由外轮廓线和内轮廓线组成的,也可以是由两个或两个以上的面相邻或叠加而成的,例如,中间有岛的湖泊等。通常有如下空间特征:

面积——面状实体所占有范围的大小;

周长——面状实体所占有区域的周长;

独立或相邻——指面状实体是独立存在,还是与其他面状实体相邻;

岛或洞——面状实体中是否有岛或洞;

重叠——面状实体之间是否有重叠。

(4)体——是对空间三维实体或多面体的几何表示。体状实体用于描述三维空间中的现象与物体,它具有长度、宽度及高度等属性。其形状有简单的、复杂的和带空洞的。实体空间对地质、采矿、海洋、建筑、土工、气象等领域的研究是很重要的几何表示方式。通常有如下空间特征:

体积;

岛或洞;

表面积等。

对于点、线和面状实体几何表示的规定值,由于自然界和人类社会存在着各式各样的确定性和不确定性或模糊性,因而,对点来说有“确定的”和“位置近似的”这两种情况。对于线和面来说有“确定的”、“不确定的”、“位置近似的”和“虚拟的”或者“导出的”等情况。例如,国境线有确定性的和不确定性的;湖泊的岸线因季节不同而异。

空间实体在许多情况下是由点、线、面和体中的两种或两种以上的实体构成的混合实体。

对地理实体,通常需要从如下方面进行描述:

编码——用于区别不同的实体,有时同一个实体在不同的时间具有不同的编码,如上行和下行的火车。编码通常包括分类码和识别码。分类码标识实体所属的类别,识别码对每个实体进行标识,是唯一的,用于区别不同的实体。

位置——通常用坐标值的形式(或其他方式)给出实体的空间位置。

类型——指明该地理实体属于哪一种实体类型,或由哪些实体类型组成。

行为——指明该地理实体可以具有哪些行为和功能。

属性——指明该地理实体所对应的非空间信息,如道路的宽度、路面质量、车流量、交通规则等。

说明——用于说明实体数据的来源、质量等相关的信息,即元文件数据。

关系——与其他实体的关系信息。

对于地理实体时间维的描述,如果只是地理实体的属性数据在变化,那么,可以把不同时间的属性数据均记录下来,作为该地理实体的属性数据。例如在处理统计区域的人口数时,区域的空间位置不变,只要把新的人口数及对应的时间加入到属性数据表中即可。

当地理实体的空间位置随时间变化时,如政区界线的变化、地块的合并与重新划分等,这时必须把地理实体的空间特征的变化也记录下来,如记录实体的增加、删除、改变、移动、合并等,同时对实体进行时间标记。

1.2.2 地理数据

地理数据是各种地理特征和现象间关系的数字化表示,包括空间位置、属性特征及时态特征三部分。空间位置数据描述地物所在位置,既可以采用坐标系统来描述,也可以采用地物间的相对位置,如空间上的距离、邻接、方位等关系来描述;属性特征数据是非空间数据,是描述一定地理现象或地物的特征,包括语义与统计数据等;时态特征是指地理数据采集或地理现象发生的时刻或时段。

1.2.3 地理信息

地理信息(GIS)是指与地理空间分布有关的信息,它是有关地理实体和地理现象的性质、特征与运动特征的表征及一切有用的知识。

地理信息属于空间信息,是对表达地理特征与地理现象之间关系的地理数据的解释。与一般信息的区别在于地理信息具有区域性、多维性和动态性。

区域性是指地理信息的位置定位特征。地理信息的空间位置是通过地理坐标加以表达的。比如用经纬网或公里网来标识空间位置,或用高斯平面直角坐标和国家高程基准来标识空间位置。例如,某市位于东经 102°10′~103°40′,北纬 24°23′~26°22′,市中心位于北纬 25°02′,东经 102°42′。

多维性是指在一个空间位置上具有多个专题和属性信息。例如,在地面上有一污水处理厂出口,该出水口不但有平面坐标、高程,同时还可取该出水口的水流量和污染程度。

动态性是指地理信息的动态变化特征,即时序特征。地理信息时序性可以分为超短期的(如地震、地质滑坡等)、短期的(洪涝灾害、秋季低温等)、中期的(如西南旱情对农作物影响估产)、长期的(如城市化、水土流失)和超长期的(如地壳变动、气候变化)等。这就要求及时采集和更新地理信息,并根据多时相区域性指定特定的区域。例如,在进行土地利用更新调查时,采用先期某个时相的遥感影像数据和当前现势性较强的遥感影像数据进行对比,可发现变更区域。

1.3 信息系统

信息系统是指能对数据与信息进行采集、存储、加工和再现,并能回答用户一系列问题的系统。

在计算机时代,信息系统部分或全部由计算机系统支持,如目前流行的图书情报信息系统、企业管理信息系统、金融管理信息系统、人事档案信息系统、空间信息系统和其他一些信息系统等。信息系统由计算机硬件、软件、数据和用户四大要素组成,如图1-1所示。另外,智能化的信息系统还包括知识。计算机硬件包括各类计算机处理及终端设备;软件是支持数据信息的采集、存储加工、再现和回答用户问题的计算机程序系统;数据则是系统分析与处理的对象,构成系统的应用基础;用户是信息系统所服务的对象。

信息系统的四大功能为数据采集、管理、分析和表达。信息系统是基于数据库的问答系统。

根据信息系统所执行的任务,信息系统可分为事务处理系统和决策支持系统。事务处理系统强调的是数据的记录和操作,如民航订票系统是其典型示例之一。决策支持系统是用以获得辅助决策方案的交互式计算机系统,一般由语言系统、知识系统和问题处理系统共同构成。

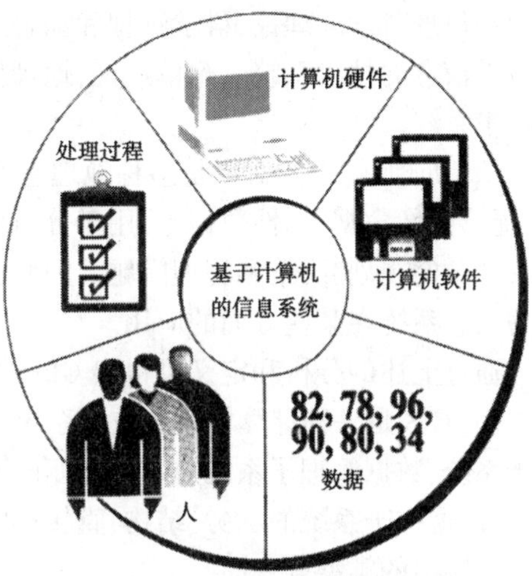

图1-1 信息系统的组成

其中,空间信息系统是一种十分重要而又与其他类型信息系统有显著区别的信息系统,因为它所要采集、管理、处理和更新的是空间信息。因此,这类信息系统在结构上也比其他一般信息系统复杂得多,功能上也较其他信息系统强得多。地理信息系统就是一种空间信息系统。

1.4 地理信息系统(Geographic Information System,GIS)

在现代社会中,空间信息的分析和利用已越来越广泛。

在高新技术条件下,飞机已成为主要的作战工具。尽管隐形飞机正在发展中,但与之相对抗的雷达等防空系统也在发展,如何保证作战飞机能以最安全的路线和方式通过敌人的防空系统呢?在海湾战争中,美国空军电子安全指挥部研制的IMOM软件,可以在标明伊拉克防空情况的电子地图上,通过分析,自动确定并显示最安全的飞行线路图,并可为飞行员指明何时、如何干扰敌方雷达,何处是敌方雷达因地形阻拦而形成的盲区,敌方武器红外或热寻的装置和监视设备的有效范围等,保证了作战飞机以最安全的路线和方式突入敌区,实施空袭。

我国许多城市建立的"110"报警台,以及与之相应的公安指挥自动化系统,都涉及空间信息的分析利用。当接到报警电话后,公安指挥自动化系统可通过电话号码的定位信息,自动显示事发地区的平面图;根据案件的发生地点、类型等,自动确定需要封锁的半径和路口;根据案发地区的警力状况(如人员、武器配置等),迅速调集警力,完成治安任务。

在经济建设中涉及的空间信息的分析和利用的情况就更多。例如在市政建设中,在进行旧城改造、开辟或拓宽道路时,如果没有关于地下管网的准确的空间信息,就难以避免煤气管道、电缆等被挖断的情况,往往会造成重大损失。

即使在日常生活中,需要空间信息并对其加以分析利用的情况也比比皆是。当你从火车站出来,面对一个繁华而陌生的城市时,如果有一个道路咨询信息系统(如手机导航),那么你只要按一下相关按钮,就可知道你所处的位置,只要你给出需要到达的地方,它就会告诉你最便捷的交通路线和方法,等等。

上述例子中的共同特征是,它们都需要对空间信息根据特定的目的和要求进行分析、利用,而地理信息系统就是一门处理地理空间数据的高新技术。

地理信息系统(GIS)是以地理空间数据库为基础,在计算机软硬件的支持下,运用系统工程和信息科学的理论,科学管理和综合分析具有空间内涵的地理数据,以提供管理、决策等所需信息的技术系统。简单地说,地理信息系统就是综合处理和分析地理空间数据的一种技术系统。

GIS 处理、管理的对象是多种地理空间实体数据及其关系,包括空间定位数据、图形数据、遥感图像数据、属性数据等,用于分析和处理在一定地理区域内分布的各种现象和过程,解决复杂的规划、决策和管理问题。因此,其应用领域极为广阔,以上所举的几个例子只是地理信息系统在某些方面的应用。

通过上述的分析和定义可得出 GIS 的如下基本理解:

(1)GIS 是一种计算机化的技术系统,它又由若干个相互关联的子系统构成,如数据采集子系统、数据管理子系统、数据处理和分析子系统、图形图像处理子系统、数据产品输出子系统等,这些子系统的优劣、结构,直接影响着 GIS 的硬件平台、功能、效率、数据处理的方式和产品输出的类型等方面。

(2)GIS 的操作对象是空间数据,即点、线、面、体等这类有三维要素的地理实体。空间数据的最根本特点是每一个数据都按统一的地理坐标进行编码,实现对其定位、定性和定量的描述,这是 GIS 区别于其他信息系统的根本标志,也是其技术难点之所在。

(3)GIS 的技术优势在于它的数据综合、模拟与分析评价能力,可以得到常规方法或普通信息系统难以得到的重要信息,实现地理空间过程演化的模拟和预测。

(4)GIS 与测绘学和地理学有着密切的关系。大地测量、工程测量、矿山测量、地籍测量、航空摄影测量和遥感技术等为 GIS 中的空间实体提供了各种不同比例尺和精度的定位数据;电子速测仪、GPS 全球定位技术、解析或数字摄影测量工作站、遥感图像处理系统等现代测绘技术的使用,可直接、快速和自动地获取空间目标的数字信息产品,为 GIS 提供了丰富和更为实时的信息源,并促使 GIS 向更高层次发展。地理学是 GIS 的理论依托。有的学者断言,“地理信息系统和信息地理学是地理科学第二次革命的主要工具和手段。如果说 GIS 的兴起和发展是地理科学信息革命的一把钥匙,那么,信息地理学的兴起和发展将是打开地理科学信息革命的一扇大门,必将为地理科学的发展和提高开辟一个崭新的天地”。GIS 被誉为地理学的第三代语言——用数字形式来描述空间实体。

2 GIS 的发展简史

地理信息系统脱胎于地图。地图是地理学的第二代语言,而地理信息系统将成为地理学的第三代语言。1950 年,麻省理工学院为它的“旋风一号”计算机制造了第一台图形显示器;1958年,美国的Calcomp公司在联机的数字记录仪的基础上研制成滚筒式绘图仪;1962年,麻省理工学院的一名研究生在其博士学位论文中,首次提出了计算机图形学的术语,并论证了交互式计算机图形学是一个可行的、有用的研究领域,从而确立了这一科学分支的独立地位。在此基础上,产生了计算机化的数字地图,地理信息系统也由此发展起来。

2.1 20世纪60年代开拓发展阶段

20世纪60年代初,计算机技术开始用于地图量算、分析和制作,由于机助制图具有快速、廉价、灵活多样、易于更新、操作简便、质量可靠,便于存储、量测、分类、合并和覆盖分析等优点而迅速发展起来。20世纪60年代中后期,许多与GIS有关的组织和机构纷纷建立并开展工作,如美国城市和区域系统协会(URISA)在1966年成立,美国州信息系统全国协会(NASIS)在1969年成立,城市信息系统跨机构委员会(UAAC)在1968年成立,国际地理联合会(IGU)的地理数据遥感和处理小组委员会在1968年成立等。这些组织和机构相继组织了一系列地理信息系统的国际讨论会。最初的系统主要是关于城市和土地利用的,如加拿大地理信息系统(CGIS)就是为处理加拿大土地调查获得的大量数据建立的。该系统由加拿大政府组织于1963年开始研制实施,到1971年投入正式运行,被认为是国际上最早建立的、较为完善的大型地理信息系统。由于计算机硬件系统功能较弱,限制了软件技术的发展。这一时期地理信息系统软件的研制主要是针对具体的GIS应用进行的,到20世纪60年代末期,针对GIS一些具体功能的软件技术有了较大进展,如栅格—矢量转换技术等。

这一时期的软件主要针对当时的主机和外设开发,算法尚嫌粗糙,图形功能有限。

2.2 20世纪70年代巩固阶段

进入20世纪70年代以后,由于计算机硬件和软件技术的飞速发展,尤其是大容量存取设备硬盘的使用,为空间数据的录入、存储、检索和输出提供了强有力的手段。用户屏幕和图形、图像卡的发展增强了人机对话和高质量图形显示功能,促使GIS朝着实用方向迅速发展。

一些发达国家先后建立了许多不同专题、不同规模、不同类型的各具特色的地理信息系统。如美国森林调查局开发了全国林业统一使用的资源信息显示系统;美国地质调查所开发了多个地理信息系统用于获取和处理地质、地理、地形和水资源信息,较典型的有GIRAS;日本国土地理院从1974年开始建立数字国土信息系统,存储、处理和检索测量数据、航空像片信息、行政区划、土地利用、地形地质等信息,为国家和地区土地规划服务;瑞典在中央、区域和市三级上建立了许多信息系统,比较典型的如区域统计数据库、道路数据库、土地测量信息系统、斯德哥尔摩地理信息系统、城市规划信息系统等;法国建立了地理数据库GITAN系统和深部地球物理信息系统等。

此外,探讨以遥感数据为基础的地理信息系统逐渐受到重视,如将遥感纳入地理信息系统的可能性、接口问题以及遥感支持的信息系统的结构和构成等问题;美国喷气推动实验室(JPL)在1976年研制成功兼具影像数据处理和地理信息系统功能的影像信息系统IBIS(Image Based Information System),可以处理Landsat影像多光谱数据;NASA的地球资源实验室在1979~1980年发展了一个名为ELAS的地理信息系统,该系统可以接收Landsat MSS影像数据、数字化地图数据、机载热红外多波段扫描仪以及海洋卫星合成孔径雷达的数据等,产生地面覆盖专题图。

由于这一时期GIS的需求增加,许多团体、机构和公司开展了GIS的研制工作,推动了

GIS 软件的发展。据 IGU 地理数据遥测和处理小组委员会 1976 年的调查,处理空间数据的软件已有 600 多个,完整的 GIS 有 80 多个。这一时期软件最重要的进展是人机图形交互技术的发展,地图数字化输入技术也有了一定的进展,采用人机交互方式,易于编辑修改,提高了工作效率,扫描输入技术系统也随之出现。然而,图形功能扩展不大、数据管理能力较小是这一时期 GIS 软件的主要缺点。

我国地理信息系统的起步稍晚,但发展势头相当迅猛。20 世纪 70 年代初,我国开始探讨计算机在地图制图和遥感领域中的应用。1976 年,召开了第一次遥感会议;1977 年,诞生了我国第一张由计算机输出的全要素地图;1978 年,召开了第一次全国数据库学术讨论会。

2.3 20 世纪 80 年代突破阶段

由于计算机技术的发展,推出了图形工作站和个人计算机等性能价格比大为提高的新一代计算机,计算机和空间信息系统在许多部门广泛应用。随着计算机软、硬件技术的发展和普及, 地理信息系统也逐渐走向成熟。这一时期是地理信息系统发展的重要时期。计算机价格的大幅度下降,功能较强的微型计算机系统的普及和图形输入、输出和存储设备的快速发展,大大推动了地理信息系统软件的发展,并研制了大量的微机 GIS 软件系统,推动了 GIS 的数据处理能力、空间分析功能、人机交互对话,地图的输入、编辑和输出技术的进一步发展,并逐渐走向成熟。地理信息系统的应用从解决基础设施的规划(如道路、输电线等)转向更加复杂的区域开发问题。例如,土地的规划利用、城市发展战略研究、人口的规划和安置等,地理因素成为投资决策不可缺少的依据。这个时期,GIS 已跨越国界,开始用于解决全球性问题,如全球的沙漠化、全球可居住区的评价、ALNINO 现象及酸雨、核扩散等对世界环境潜在的影响等。

我国地理信息系统方面的研究工作自 20 世纪 80 年代初开始。以 1980 年中国科学院遥感应用研究所成立的全国第一个地理信息系统研究室为标志,在几年的起步发展阶段中,我国地理信息系统在理论探索、硬件配制、软件研制、规范制定、局部系统建立、初步应用实验和技术队伍培养等方面都取得了进步,积累了经验,为全国范围内开展地理信息系统的研制和应用奠定了基础。

2.4 20 世纪 90 年代社会化阶段

20 世纪 90 年代以来,随着地理信息产业的建立和地球数字化产品的普及应用,GIS 的发展进入用户时代。这个期间,社会对 GIS 的认识普遍提高,需求大幅度增加,GIS 已成为许多机构(特别是政府决策部门)必备的工作系统。国家级乃至全球级的地理信息系统已成为公众关注的问题,地理信息系统已被列入“信息高速公路”计划,也是美国前副总统戈尔提出的“数字地球”战略的重要组成部分。他认为,数字地球是指以地球坐标为依据的、具多分辨率的、由海量数据组成的、能立体表达的虚拟地球。

20 世纪 90 年代,GIS 开发和研究主要集中在下列一些方向:空间信息分析的新模式和新方法;空间信息应用模型;GIS 的效益评价;三维、四维空间数据结构和数据模型;人工智能和专家系统的引入;网络 GIS;虚拟现实技术与 GIS 的结合等。

自 20 世纪 90 年代起,中国地理信息系统步入快速发展阶段。力图使地理信息系统从初步发展时期的实验、局部应用走向实用化和生产化,为国民经济重大问题提供分析和决策依据。同时地理信息系统的研究和应用正逐步形成行业,具备了走向产业化的条件。

2.5 21世纪的产业化应用阶段

进入21世纪,地理信息理论与应用技术进入成熟广泛应用阶段。随着“数字地球”概念的提出,GIS有了一个飞跃的发展,以“3S”集成技术为核心的GIS应用技术得到了广泛应用。大型GIS系统软件的功能不断完善和增强。地理信息系统正朝着网络化、分布式、真三维和时空信息系统方向发展;空间数据和属性数据的一体化管理正逐步实现,这将极大地扩展地理信息系统的应用范围;软件系统向开放式、组件式方向发展,动态、多维、网络GIS软件及相应的软件系统发展迅速;地理信息系统与全球定位系统、遥感、决策支持系统、办公信息系统的结合更加紧密;空间数据的综合分析应用和知识挖掘技术将进一步拓展地理信息系统的发展空间。GIS在我国多个领域和部门得到成功应用,利用GIS技术、GPS技术、RS技术进行全国土地利用调查,建成了国家基础地理信息数据库,“数字中国”等研究项目不断取得成果。我国的许多大专院校开设了地理信息及相关专业,正在培养大批的GIS技术人才。

近年来,GIS产业开始步入3D模型时代。3D GIS不仅能表达空间对象间的平面关系和垂向关系,而且能对其进行三维空间分析和操作,向用户立体展现地理信息空间现象,给人以更真实的感受。从行业应用上来说,3D GIS在规划、电信、旅游、应急、军事和石油行业都有了不同程度的应用。随着PC性能和网络带宽的不断提高,3D GIS会有更大的发展空间。而且三维GIS与实时GIS交相辉映的多维动态表示新格局,将大立体、高动态的现实世界更加全面准确地映射到计算机数据库,它突破了空间信息在二维地图平面中单调表现的束缚,为各行各业以及人们的日常生活提供了更有效的辅助决策支持。

随着互联网技术的迅速发展,它的使用已经蔓延到了国民经济和人民生活的各个角落。二者结合之后就产生了所谓的WebGIS,或者说是Internet GIS。

网络技术发展的同时也推动了分布式计算的前进,GIS和分布式技术的结合也就自然产生了“分布式GIS”。分布式GIS是指在计算机网络环境下,以分布式计算的理论技术和计算机网络技术为应用指导,用来设计地理信息系统中的时空数据采集、存储、管理、分析、表现等运算的理论计算模型。

GIS与虚拟现实(Virtual Reality)技术的结合,就是虚拟GIS。虚拟现实技术发展很迅速,也是最有效地模拟人类在自然环境中听、看、动等行径的高层次人机交互技术。

将遥感(RS)、全球导航定位系统(GPS)和地理信息系统(GIS)这三种技术结合在一起,称为“3S”集成。这种技术的结合体现了我国科学发展从开始的细化走向综合发展。RS、GPS为GIS的定位和数据更新提供了新的途径。同时RS技术的多时相、多传感器和其多分辨率的特点,也为GIS不断增加能量。而GIS既能提供信息查询、检索服务,又能提供综合分析评价,它在资源和技术方面的博才与运筹帷幄的优势,是遥感、GPS技术所不及的。在科技发达的未来,“3S”的结合必定会创造出更惊人的先进技术。

3 地理信息系统的构成

一个实用的GIS系统,要支持对空间数据的采集、管理、处理、分析、建模和显示等功能,其基本组成一般包括以下五个主要部分:计算机硬件系统、计算机软件系统、地理空间数据库系统、用户(应用人员)和应用模型。其核心部分是计算机软硬件系统;地理空间数据库系统反映了GIS的地理内容,是GIS的操作对象;而管理人员和用户则决定系统的工作方式与信息表示方式；应用模型是 GIS 为解决某一专门应用目的而构建的专门应用模型，是 GIS 技术产生社会经济效益的关键所在，也是 GIS 生命力的重要保证。地理信息系统的组成可综合表示为图 1-2。

图 1-2　地理信息系统的组成

3.1　计算机硬件系统

计算机硬件是计算机系统中的实际物理装置的总称，可以是电子的、电的、磁的、机械的、光的元件或装置，是 GIS 的物理外壳，系统的规模、精度、速度、功能、形式、使用方法甚至软件都与硬件有极大的关系，受硬件指标的支持或制约。GIS 由于其任务的复杂性和特殊性，必须由计算机设备支持。GIS 硬件配置一般包括四个部分（见图 1-3）：

(1) 计算机主机。

(2) 数据输入设备：数字化仪、图像扫描仪、手写笔、光笔、键盘、通信端口等。

(3) 数据存储设备：光盘刻录机、磁带机、光盘塔、活动硬盘、磁盘阵列等。

(4) 数据输出设备：笔式绘图仪、喷墨绘图仪（打印机）、激光打印机等。

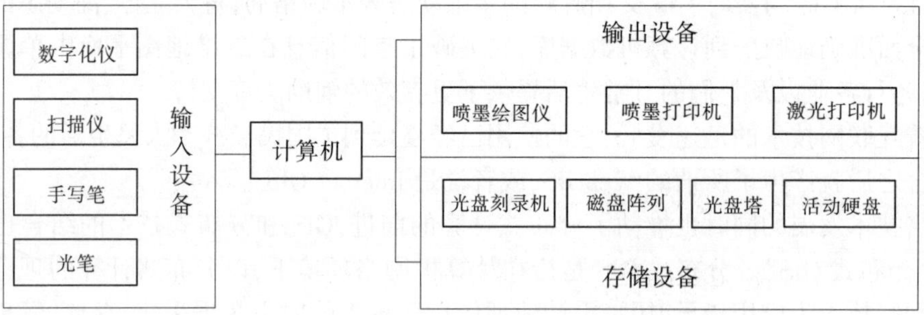

图 1-3　GIS 硬件的组成

3.2　计算机软件系统

计算机软件系统指 GIS 运行所必需的各种程序，如图 1-4 所示。

图 1-4　计算机软件系统的层次

3.2.1　计算机系统软件

由计算机厂家提供的、为用户开发和使用计算机提供方便的程序系统，通常包括操作系统、汇编程序、编译程序、诊断程序、库程序以及各种维护使用手册、程序说明等，是 GIS 日常工作所必需的。

3.2.2　地理信息系统软件和其他支撑软件

可以是通用的 GIS 软件也可包括数据库管理软件、计算机图形软件包、CAD、图像处理软件等。

GIS 软件按功能可分为以下几类：

(1) 数据输入：将系统外部的原始数据（多种来源、多种形式的信息）传输给系统内部，并将这些数据从外部格式转换为便于系统处理的内部格式的过程。如将各种已存在的地图、遥感图像数字化,或者通过通信或读磁盘、磁带的方式录入遥感数据和其他系统已存在的数据,还包括以适当的方式录入各种统计数据、野外调查数据和仪器记录的数据。

数据输入方式与使用的设备密切相关,常有三种形式:①手扶跟踪数字化仪的矢量跟踪数字化。它是通过人工选点或跟踪线段进行数字化,主要输入有关图形点、线、面的位置坐标。②扫描数字化仪的光栅扫描数字化,主要输入有关图像的网格数据。③键盘输入,主要输入有关图像、图形的属性数据(代码、符号),在属性数据输入之前,须对其进行编码。

(2)数据存储与管理:数据存储和数据库管理涉及地理元素(表示地表物体的点、线、面)的位置、连接关系及属性数据如何构造和组织等。用于组织数据库的计算机系统称为数据库管理系统(DBMS)。空间数据库的操作包括数据格式的选择和转换,数据的连接、查询、提取等。

(3)数据分析与处理:指对单幅或多幅图件及其属性数据进行分析运算和指标量测。在这种操作中,以一幅或多幅图作为输入,而分析计算结果则以一幅或多幅新生成的图件表示,在空间定位上仍与输入的图件一致,故可称为函数转换。空间函数转换可分为基于点或像元的空间函数,如基于像元的算术运算、逻辑运算等;基于区域、图斑或图例单位的空间函数,如叠加分类、区域形状量测等;基于邻域的空间函数,如像元连通性、扩散、最短路径搜索等。量测包括对面积、长度、体积、空间方位、空间变化等指标的计算。函数转换还包括错误改正、格式变形和预处理。

(4)数据输出与表示模块:输出与表示是指将地理信息系统内的原始数据或经过系统分析、转换、重新组织的数据以某种用户可以理解的方式提交给用户,如以地图、表格、数字或曲线的形式表示于某种介质上,或采用CRT(Cathode Ray Tub)显示器、胶片拷贝、点阵打印机、笔式绘图仪等输出,也可以将结果数据记录于磁存储介质设备或通过通信线路传输到用户的其他计算机系统。

(5)用户接口模块:该模块用于接收用户的指令、程序或数据,是用户和系统交互的工具,主要包括用户界面、程序接口与数据接口。系统通过菜单方式或解释命令方式接收用户的输入。由于地理信息系统功能复杂,且用户又往往为非计算机专业人员,用户界面是地理信息系统应用的重要组成部分,它通过菜单技术、用户询问语言的设置,还可采用人工智能的自然语言处理技术与图形界面等技术,提供多窗口和鼠标选择菜单等控制功能,为用户发出操作指令提供方便。该模块还随时向用户提供系统运行信息和系统操作帮助信息,这就使地理信息系统成为人机交互的开放式系统。

3.2.3　应用分析程序

应用分析程序是系统开发人员或用户根据地理专题或区域分析模型编制的用于某种特定应用任务的程序,是系统功能的扩充与延伸。在优秀的GIS工具支持下,应用程序的开发应是透明的和动态的,与系统的物理存储结构无关,而随着系统应用水平的提高不断优化和扩充。应用程序作用于地理专题数据或区域数据,构成GIS的具体内容,这是用户最为关心的真正用于地理分析的部分,也是从空间数据中提取地理信息的关键。用户进行系统开发的大部分工作是开发应用程序,而应用程序的水平在很大程度上决定系统的实用性、优劣和成败。

3.3　地理空间数据库系统

地理空间数据库系统是一个包含了用于表达通用GIS数据模型(要素、栅格、拓扑、网络等)的空间数据集的数据库。

地理空间数据是 GIS 的血液,没有数据 GIS 就无法运行。地理空间数据是指以地球表面空间位置为参照的自然、社会和人文景观数据,可以是图形、图像、文字、表格和数字等,由系统的建立者通过数字化仪、扫描仪、键盘、磁带机或其他通信系统输入 GIS 的地理数据库中,是系统程序作用的对象,是 GIS 所表达的现实世界经过模型抽象的实质性内容。不同用途的 GIS 其地理空间数据的种类、精度都是不同的,但基本上都包括三种互相联系的数据类型:

(1)某个已知坐标系中的位置。即几何坐标,标识地理实体在某个已知坐标系(如大地坐标系、直角坐标系、极坐标系、自定义坐标系)中的空间位置,可以是经纬度、平面直角坐标、极坐标,也可以是矩阵的行、列数等。

(2)实体间的空间相关性。即拓扑关系,表示点、线、面实体之间的空间联系,如网络结点与网络线之间的枢纽关系,边界线与面实体间的构成关系,面实体与岛或内部点的包含关系等。空间拓扑关系对于地理空间数据的编码、录入、格式转换、存储管理、查询检索和模型分析都有重要意义,是地理信息系统的特色之一。

(3)与几何位置无关的属性。即常说的非几何属性或简称属性(Attribute),是与地理实体相联系的地理变量或地理意义。属性分为定性和定量的两种,前者包括名称、类型、特性等,后者包括数量和等级,定性描述的属性如岩石类型、土壤种类、土地利用类型、行政区划等,定量的属性如面积、长度、土地等级、人口数量、降雨量、河流长度、水土流失量等。非几何属性一般是经过抽象的概念,通过分类、命名、量算、统计得到。任何地理实体至少有一个属性,而地理信息系统的分析、检索和表示主要是通过属性的操作运算实现的。因此,属性的分类系统、量算指标对系统的功能有较大的影响。

GIS 中数据的质量(精度、现势性等)直接影响到 GIS 分析结果的可靠性。由于数据是随着时间不断老化的,为了使 GIS 能有效、可靠地发挥作用,GIS 地理数据库中的数据必须不断地更新。更新数据就需要投入,因此 GIS 是需要不断的资金投入的。否则,如果 GIS 中的数据是“垃圾”,那么其输出的结果也将是“垃圾”,不会因为昂贵的设备和高级的技术人才而改变数据的质量。在 GIS 建立初期,GIS 数据采集的经费约占整个系统开发经费的 70%。

3.4 管理和操作人员

人是 GIS 中的重要构成因素。地理信息系统从其设计、建立、运行到维护的整个生命周期,处处都离不开人的作用。仅有系统软硬件和数据还构不成完整的地理信息系统,需要人进行系统组织、管理、维护和数据更新、系统扩充完善、应用程序开发,并灵活采用地理分析模型提取多种信息,为研究和决策服务。

从事 GIS 的工作人员通常可分为以下几类:

(1)一般技术人员——不必知道 GIS 如何工作,任务是数据的输入、结果的输出等。

(2)业务操作人员——应熟练掌握 GIS 的操作,维持 GIS 的日常运行,完成应用任务。

(3)软件技术人员——必须精通 GIS,负责系统的维护、系统的开发、数学模型的建立等。

(4)科研人员——利用 GIS 进行科研工作,并能提出新的应用项目、新的要求和功能等。

(5)管理人员——包括决策、公关等人员,应懂得GIS技术,能介绍GIS的功能,寻找用户等。

对于一个GIS工程,如果只是盲目地引入GIS软件,买一些硬件设备,由几个热心的人进行开发、管理和使用,是难以产生应有的效益的,必须有稳定的组织机构来进行GIS的开发、管理和使用。

3.5 应用模型

GIS应用模型的构建和选择也是系统应用成败至关重要的因素。虽然GIS为解决各种现实问题提供了有效的基本工具,但对于某一专门应用目的的解决,必须通过构建专门的应用模型,例如土地利用适宜性模型、选址模型、洪水预测模型、人口扩散模型、森林增长模型、水土流失模型、最优化模型和影响模型等。

这些应用模型是客观世界中相应系统经由观念世界到信息世界的映射,反映了人类对客观世界利用改造的能动作用,并且是GIS技术产生社会、经济效益的关键所在,也是GIS生命力的重要保证,因此在GIS技术中占有十分重要的地位。

由于地理信息系统应用范围越来越广,常规系统提供的处理和分析功能很难满足所有用户的要求。因此,一个优秀的地理信息系统应当为用户提供二次开发手段,以便用户开发新的空间分析模块,即开发各种应用模型,扩充地理信息系统功能。

4 地理信息系统的功能

从地理信息数据生产与处理的角度出发,地理信息系统的基本数据流程为:数据准备、数据输入、数据管理、数据处理、空间分析和数据输出。因而,地理信息系统软件一般由五部分组成,即空间数据输入管理、空间数据库管理、空间数据分析和处理、空间数据的输出管理及应用模型。

4.1 空间数据输入管理

空间数据输入管理功能是将地理信息系统中各种数据源输入,并将这些数据转换为计算机系统要求的数据格式进行存储。对多种形式、多种来源的信息,可实现多种方式的数据输入。主要有图形数据输入,如地形图输入;栅格数据输入,如扫描图像的输入、遥感图像的输入;测量数据输入,如全球定位系统(GPS)数据的输入;属性数据输入,如数字和文字的输入等。

4.2 空间数据库管理

组织和管理数据库中图形数据、属性数据和拓扑数据,以方便对地理空间数据、属性数据和拓扑数据的查询、更新与编辑处理。

4.3 空间数据分析和处理

空间数据分析和处理是地理信息系统的核心,是地理信息系统区别于其他信息系统的本质特征。其主要功能是对空间数据库中的数据进行计算和分析、处理。例如多边形的面积、周长计算、路径分析、缓冲区分析、空间叠加分析、统计分析等。

4.4 空间数据的输出管理

以表格、图形、图像的方式将地理信息系统中的内容和计算、分析结果输出到显示器、绘图纸或其他介质上。GIS不仅可以输出全要素地图,也可以根据用户需要,分层输出各种专题图、各类统计图、图表及数据等。

5　地理信息系统与相关学科和技术的关系

地理信息系统是传统科学与现代技术相结合的产物。由于地理信息系统具有强大的空间数据分析能力,因而可为涉及空间数据分析的学科提供技术和方法,同时这些学科的发展又为地理信息系统提供了相应的技术与方法。因此,应该了解地理信息系统与相关学科和技术的关系,以便能准确地理解地理信息系统的概念。

可以形象地把 GIS 与其他学科的关系用一棵树来表示,如图 1-5 所示。"树根"表示 GIS 的技术基础,如测量学、计算机科学与数学等;"树枝"表示 GIS 的应用,应用的结果与需求返回到"树根";"雨滴"是每个应用中的数据来源,如各种测量如地形测量、环境测量等,并为它的发展提供了有效的手段,而 GIS 主要应用于环境科学、地理学和社会科学等领域。

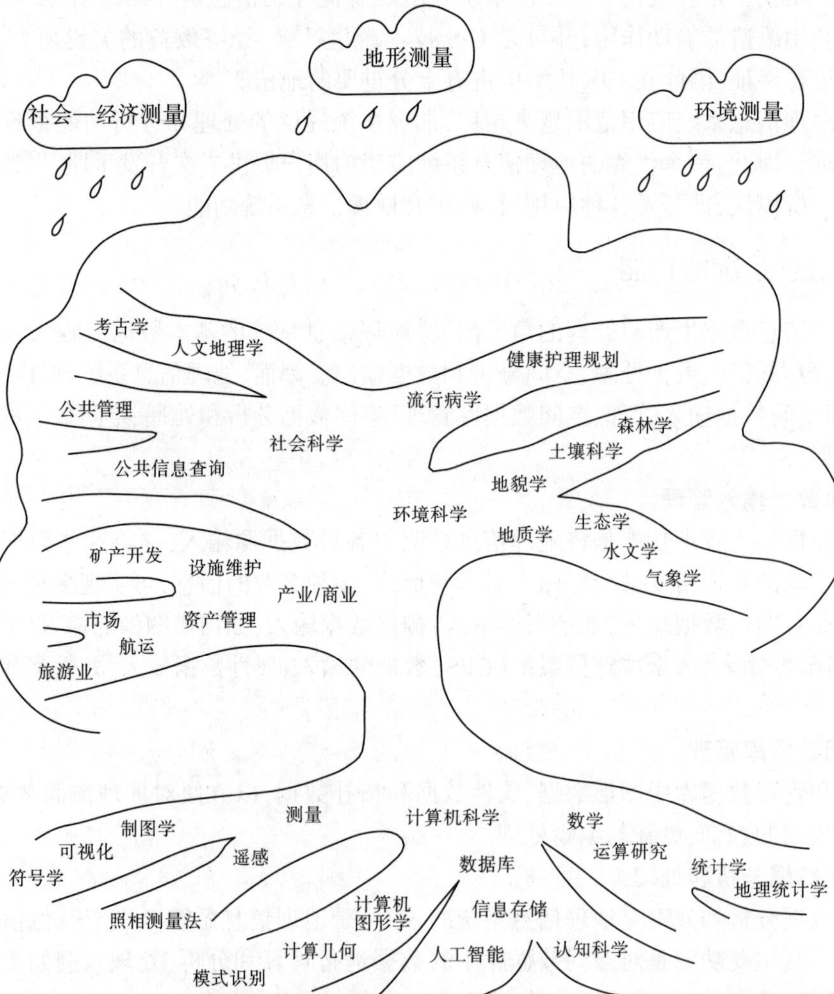

图 1-5　GIS 的相关学科和技术的树形图

GIS 的相关学科技术见图 1-6。

地理学和测绘学是以地域单元研究人类居住的地球及其部分区域,研究人类环境的结

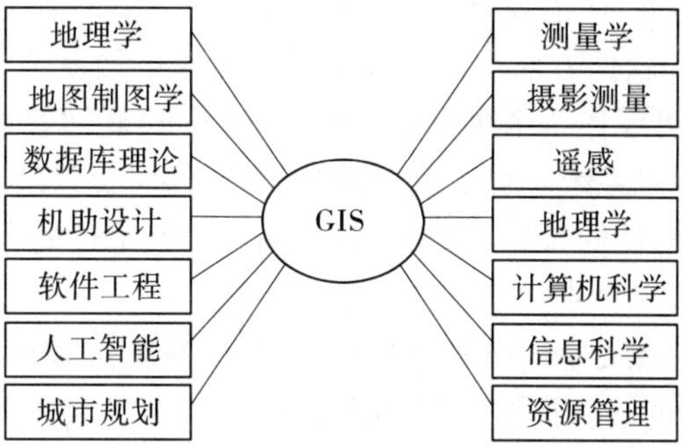

图1-6 GIS的相关学科技术(据郭达志等)

构、功能、演化以及人地关系。空间分析是GIS的核心,地理学作为GIS的分析理论基础,可为GIS提供引导空间分析的方法和观点。测绘学和遥感技术不但为GIS提供快速、可靠、多时相和廉价的多种信息源,而且它们中的许多理论和算法可直接用于空间数据的变换、处理。

遥感是20世纪60年代以后发展起来的一门新兴学科。由于遥感信息所具有的多源性,弥补了常规野外测量所获取数据的不足和缺陷,以及在遥感图像处理技术上的巨大成就,使人们能够从宏观到微观的范围内,快速而有效地获取和利用多时相、多波段的地球资源与环境的影像信息,进而为改造自然、造福人类服务。GPS卫星全球定位系统是新一代卫星导航和定位系统。美国已于1993年完成了整个系统的部署,达到全效能服务的阶段。它在测量和勘察领域可以取代常规大地测量来完成各种等级的定位工作,在航空摄影和遥感领域,GPS遥感对地定位系统很有发展前途,在舰船、飞机、汽车的导航定位,导弹的精确制导方面应用更为广泛,在地球动力学、重力场、磁场等的研究中也能发挥很大作用。

此外,GIS最初是从机助制图起步的,早期的GIS往往受到地图制图中在内容表达、处理和应用方面的习惯影响。但是建立在计算机技术和空间信息技术基础上的GIS数据库和空间分析方法并不受传统地图纸平面的限制。GIS不应当只是存取和绘制地图的工具,而应当是存取和处理空间实体的有效工具与手段,存取和绘制地图只是其功能之一。

再者,GIS与计算机科技、数学、运筹学、统计学、认知学等学科也密切相关。计算机辅助设计(CAD)为GIS提供了数据输入和图形显示的基础软件;数据库管理系统(DBMS)更是GIS的核心;数学的许多分支,尤其是几何学、图论、拓扑学、统计学、决策优化方法等被广泛应用于GIS空间数据的分析。

5.1 GIS与数据库管理系统

数据库管理系统目前一般指商用的关系数据库管理系统,如Oracle、SQL Server、Informix、FoxPro、SyBase等。它们不仅是一般事务管理系统,如银行系统、财务系统、商业管理系统、飞机订票系统等系统的基础软件,而且通常也是地理信息系统中属性数据管理的基础软件。目前甚至有些GIS的图形数据也交给关系数据库管理系统管理,同时,受GIS发展影响,关系数据库管理系统也在向空间数据管理方面扩展,如Oracle、Informix、Ingres等都增加了管理空间数据的功能。今后,GIS中的图形数据和属性数据可以全部由商用关系数据库管理系统管理已经成为可能。

但是数据库管理系统和地理信息系统之间还存在着区别。地理信息系统除需要功能强大的空间数据的管理功能外,还需要具有图形数据的采集、空间数据的可视化和空间分析等功能。所以,GIS 在硬件和软件方面均比一般事物数据库更加复杂,在功能上也比后者要多得多。例如,电话查号台可看作一个事务数据库系统,它只能回答用户所查询的电话号码,而一个用于通信的地理信息系统除可查询电话号码外,还可提供所有电话用户的地理分布、电话空间分布密度、公共电话的位置与分布、新装用户距离最近的电信局等信息。

5.2　GIS 与地理学

地理学为 GIS 提供了有关空间分析的基本观点与方法,是地理信息系统的基础理论。GIS 的发展也为地理问题的解决提供了新的技术手段、实现方法和途径,并使地理学研究的数学传统得到充分发挥。

5.3　GIS 与 CAD

计算机辅助设计(CAD)是计算机技术用于机械、建筑、工程和产品设计的系统,它主要用于范围广泛的各种产品和工程的图形,大到飞机,小到微芯片等。CAD 主要用来代替或辅助工程师们进行各种设计工作,也可以与计算机辅助制造(CAM)系统共同用于产品加工中做实时控制。

GIS 与 CAD 系统的共同特点是二者都有坐标系统,都能描述和处理图形数据及其空间关系,也都能处理非图形属性数据。它们的主要区别是:CAD 处理的多为规则的几何图形及其组合,图形功能极强,属性功能相对较弱。而 GIS 处理的多为地理空间的自然目标和人工目标,图形关系复杂,需要有丰富的符号库和属性库。GIS 需要有较强的空间分析功能,图形与属性的相互操作十分频繁,且多具有专业化的特征。此外,CAD 一般仅在单幅图上操作,海量数据的图库管理能力比 GIS 要弱。

但是由于 CAD 具有极强的图形处理能力,也可以设计丰富的符号和连接属性,许多用户都把它作为数字制图系统使用。有些软件公司为了充分利用 CAD 图形处理的优点,在 CAD 的基础之上,进一步开发出地理信息系统。如 InterGraph 公司开发了基于 MicroStation 的 MGE,ESRI 公司与 AutoDesk 公司合作推出了 ARC-CAD。AutoDesk 公司自身最近又推出基于 Auto CAD 的地理信息系统软件(或者说地图数据库管理软件)Auto Map。

5.4　GIS 与地图学及机助制图

地理信息系统脱胎于地图,并成为地图信息的一种新载体形式。地图是 GIS 的重要数据来源之一。地图学理论与方法对 GIS 有重要的影响。地图强调的是数据分析、符号化与显示,而地理信息系统则注重于信息分析。

机助制图是地理信息系统的主要技术基础,它涉及 GIS 中的空间数据采集、表示、处理、可视化甚至空间数据的管理。无论是在国际,还是在国内,GIS 早期的技术都主要反映在机助制图方面。机助制图系统或者说数字地图系统,在概念和功能上有很大的差异,它涵盖了相当大的范围,从大比例尺的数字测图系统、电子平板,到小比例尺的地图编辑出版系统、专题图的桌面制图系统、电子地图制作系统及地图数据库系统。它们的功能主要强调空间数据的处理、显示与表达,有些数字制图系统包含空间查询功能。

地理信息系统和数字制图系统的主要区别在于空间分析方面。一个功能完善的地理信息系统可以包含数字制图系统的所有功能,此外它还应具有丰富的空间分析功能。当然在很多情况下,数字制图系统与地理信息是很难区分的,特别是对有些桌面制图系统如 MapInfo 等在归类上就有较大的争议。严格地说,MapInfo 目前的版本缺少复杂的空间分析功能,但是它在图文办公自动化、专题制图等方面大有市场,甚至一些老牌的GIS软件公司都开发相应的软件与它竞争。但是,作者仍然认为,要建立一个决策支持型的GIS应用系统,需要对多层的图形数据和属性数据进行深层次的空间分析,以提供对规划、管理和决策有用的信息,各种空间分析如缓冲区分析、叠置分析、地形分析、资源分配等功能是必要的。

6 地理信息系统的类型

GIS可以根据不同的分类指标,形成多种分类体系。GIS常见的分类如下。

6.1 工具型GIS与应用型GIS

根据GIS的功能,GIS可分为工具型和应用型两种。

工具型GIS——通常称为GIS工具、GIS开发平台、GIS外壳、GIS基础软件等,没有具体的应用目标,通常为一组具有GIS功能的软件包,是建立应用型GIS的支撑软件。如ARC/INFO、MapInfo等。

应用型GIS——具有具体的应用目标、一定的规模、特定的服务对象、特定的数据和用户。通常,应用型GIS是在工具型GIS的支持下建立起来的。

工具型GIS是GIS研究和开发的核心内容。工具型GIS是一组具有图形图像数字化、数据管理、查询检索、分析运算和制图输出等GIS基本功能的软件包,通常能适应不同的硬件条件,软件的功能强、性能稳定。只要在工具型GIS中加入地理空间数据,开发有关的应用模型和界面,就可成为一个应用型的GIS了。

在通用的GIS工具(GIS基础软件)支持下建立应用型GIS,可节省大量的软件开发费用,缩短系统的建立周期,提高系统的技术水平,使开发人员能把精力集中于应用模型的开发,且有利于标准化的实行。

6.2 专题GIS与综合GIS

根据研究对象的性质和内容,可以把应用型GIS分为专题GIS和综合GIS。

专题GIS——具有有限的目标和明确的专业特点,是为特定的专门目的服务的。如水土流失信息系统、草场资源信息系统等。

综合GIS——以区域综合研究和全面的信息服务为目标。可以有不同的规模,如国家级、省级、县级等。综合GIS的例子如加拿大国家信息系统等。

6.3 矢量型GIS、栅格型GIS和混合型GIS

根据GIS的数据结构,可以把GIS分为矢量型GIS、栅格型GIS和混合型GIS。

矢量型GIS——当空间数据是由矢量数据结构表示,即用坐标值来精确地表示点、线、面等地理实体时,这种GIS称为矢量型GIS。

栅格型GIS——当空间数据是由栅格数据结构表示,即以规则的像元阵列来表示空间地物或现象的分布时,这种GIS称为栅格型GIS。

混合型GIS——指矢量、栅格数据结构并存的GIS。目前,有的GIS软件同时具有矢量和栅格两种数据结构,并能实现两种数据结构之间的转换。但这需要增加很多存储空间和运算处理时间,因而并非是理想的方案。为使系统能用于多种目的,需要研究一种同时具有矢量和栅格两种特性的一体化数据结构。目前,虽然国内外有不少学者对此进行深入研究,但尚无一较完善的、广泛应用的该类数据结构。

7 GIS 的应用

地理信息系统的博才取胜和运筹帷幄的优势,使它成为国家宏观决策和区域多目标开发的重要技术工具,也成为与空间信息有关各行各业的基本工具。以下简要介绍地理信息系统的一些主要应用方面。

7.1 测绘与地图制图

地理信息系统技术源于机助制图。地理信息系统(GIS)技术与遥感(RS)、全球导航卫星系统(GNSS)技术在测绘界的广泛应用,为测绘与地图制图带来了一场革命性的变化。集中体现在:地图数据获取与成图的技术流程发生根本的改变;地图的成图周期大大缩短;地图成图精度大幅度提高;地图的品种大大丰富。数字地图、网络地图、电子地图等一批崭新的地图形式为广大用户带来了巨大的应用便利。测绘与地图制图进入了一个崭新的时代。

7.2 资源管理

资源管理是地理信息系统最基本的职能,这时系统的主要任务是将各种来源的数据汇集在一起,并通过系统的统计和覆盖分析功能,按多种边界和属性条件,提供区域多种条件组合形式的资源统计和进行原始数据的快速再现。以土地利用类型为例,可以输出不同土地利用类型的分布和面积,按不同高程带划分的土地利用类型,不同坡度区内的土地利用现状,以及不同时期的土地利用变化等,为资源的合理利用、开发和科学管理提供依据。再如,美国资源部和威斯康星州合作建立了以治理土壤侵蚀为主要目的的多用途专用的土地GIS。该系统通过收集耕地面积、湿地分布面积、季节性洪水覆盖面积、土壤类型、专题图件信息、卫星遥感数据等信息,建立了潜在威斯康星地区的土壤侵蚀模型,据此,探讨了土壤恶化的机制,提出了合理的改良土壤方案,达到对土壤资源保护的目的。

7.3 城乡规划

城市与区域规划中要处理许多不同性质和不同特点的问题,它涉及资源、环境、人口、交通、经济、教育、文化和金融等多个地理变量与大量数据。地理信息系统的数据库管理有利于将这些数据信息归并到统一系统中,最后进行城市与区域多目标的开发和规划,包括城镇总体规划、城市建设用地适宜性评价、环境质量评价、道路交通规划、公共设施配置,以及城市环境的动态监测等。这些规划功能的实现,是以地理信息系统的空间搜索方法、多种信息的叠加处理和一系列分析软件(回归分析、投入产出计算、模糊加权评价、0-1 规划模型、系统动力学模型等)加以保证的。我国大城市数量居于世界前列,根据加快中心城市的规划建设,加强城市建设决策科学化的要求,利用地理信息系统作为城市规划、管理和分析的工具,具有十分重要的意义。例如:北京某测绘部门以北京市大比例尺地形图为基础图形数据,在此基础上综合叠加地下及地面的八大类管线(包括上水、污水、电力、通信、燃气、工程管线)以及测量控制网、规划路等基础测绘信息,形成一个测绘数据的城市地下管线信息系统,从而实现了对地下管线信息的全面的现代化管理。为城市规划设计与管理部门、市政工程设计与管理部门、城市交通部门与道路建设部门等提供地下管线及其他测绘部门的查询服务。

7.4 灾害监测

利用地理信息系统,借助遥感遥测的数据,可以有效地用于森林火灾的预测预报、洪水灾情监测和洪水淹没损失的估算,为救灾抢险和防洪决策提供及时准确的信息。1994 年的美国洛杉矶大地震,就是利用ARC/INFO进行灾后应急响应决策支持,成为大都市利用GIS技术建立防震减灾系统的成功范例。通过对横滨大地震的震后影响做出评估,建立各类数字地图库,如地质、断层、倒塌建筑等图库,把各类图层进行叠加分析得出对应急有价值的信息,该系统的建成使有关机构可以对像神户一样的大都市大地震做出快速响应,最大程度地减少伤亡和损失。再如,据我国大兴安岭地区的研究,通过普查分析森林火灾实况,统计分析十几万个气象数据,从中筛选出气温、风速、降水、温度等气象要素,春秋两季植被生长情况和积雪覆盖程度等14个因子,用模糊数学方法建立数学模型,建立微机信息系统的多因子的综合指标森林火险预报方法,对预报火险等级的准确率可达73%以上。

7.5　环境保护

利用GIS技术建立城市环境监测、分析及预报信息系统;为实现环境监测与管理的科学化、自动化提供最基本的条件;在区域环境质量现状评价过程中,利用GIS技术的辅助,实现对整个区域的环境质量进行客观、全面的评价,以反映出区域中受污染的程度以及空间分布状态;在野生动植物保护中,世界野生动物基金会采用GIS空间分析功能,帮助世界最大的猫科动物改变它目前濒于灭种的境地,都取得了很好的应用效果。

7.6　国防

现代战争的一个基本特点就是"3S"技术被广泛地运用到从战略构思到战术安排的各个环节。它往往在一定程度上决定了战争的成败。如海湾战争期间,美国国防制图局为战争的需要在工作站上建立了GIS与遥感的集成系统,它能用自动影像匹配和自动目标识别技术,处理卫星和高空侦察机实时获得的战场数字影像,及时地将反映战场现状的正射影像叠加到数字地图上,数据直接传送到海湾前线指挥部和五角大楼,为军事决策提供24小时的实时服务。

7.7　决策支持

地理信息系统利用拥有的数据库,通过一系列决策模型的构建和比较分析,为国家宏观决策提供依据。例如系统支持下的土地承载力的研究,可以解决土地资源与人口容量的规划。我国在三峡地区研究中,通过利用地理信息系统和机助制图的方法,建立环境监测系统,为三峡宏观决策提供了建库前后环境变化的数量、速度和演变趋势等可靠的数据。

总之,地理信息系统正越来越成为国民经济各有关领域必不可少的应用工具,相信它的不断成熟和完善将为社会的进步与发展做出更大的贡献。

【任务实施】

1　软件介绍

ArcGIS是美国环境系统研究所(Environment System Research Institute,ESRI)开发的新一代GIS软件,是一个统一的地理信息系统平台,主要用于创建和使用地图,编辑和管理地理数据,分析、共享和显示地理信息,并在一系列应用中使用地图和地理信息。通过ArcGIS,不同用户可以使用ArcGIS桌面、浏览器、移动设备和Web应用程序接口与GIS系统进行交互,从而访问和使用在线GIS和地图服务。

MAPGIS软件是中国地质大学(武汉)开发的通用工具型地理信息系统软件。它是在享有盛誉的地图编辑出版系统MAPCAD基础上发展起来的,可对空间数据进行采集、存储、检索、分析和图形表示的计算机系统。MAPGIS 包括了 MAPCAD 的全部基本制图功能，可以制作具有出版精度的十分复杂的地形图、地质图，同时它能对图形数据与各种专业数据进行一体化管理和空间分析查询，从而为多源地学信息的综合分析提供了一个理想的平台。

MapInfo 是美国 MapInfo 公司的桌面地理信息系统软件，是一种数据可视化、信息地图化的桌面解决方案。它依据地图及其应用的概念，采用办公自动化的操作，集成多种数据库数据，融合计算机地图方法，使用地理数据库技术，加入了地理信息系统分析功能，形成了极具实用价值的、可以为各行各业所用的大众化小型软件系统。MapInfo 功能强大，操作简便，具有图形的输入与编辑、图形的查询与显示、数据库操作、空间分析和图形输出等基本操作。

2　使用 MAPGIS 软件浏览基础地理数据

(1) 打开 MAPGIS 软件，在 MAPGIS 主菜单中选择“图形处理”→“输入编辑”，在 MAPGIS 编辑子系统中，新建工程（点击“确定”）→设置工程的地图参数（点击“确定”）→定制新建项目内容（点击“确定”），打开 MAPGIS 编辑系统操作界面，如图 1-7 所示。

图 1-7　新建 MAPGIS 编辑子系统

(2)在MAPGIS编辑子系统左侧工作台上点击鼠标右键,选择添加项目功能,并选择需要添加的文件,将MAPGIS数据添加到工作界面中,如图1-8、图1-9所示。

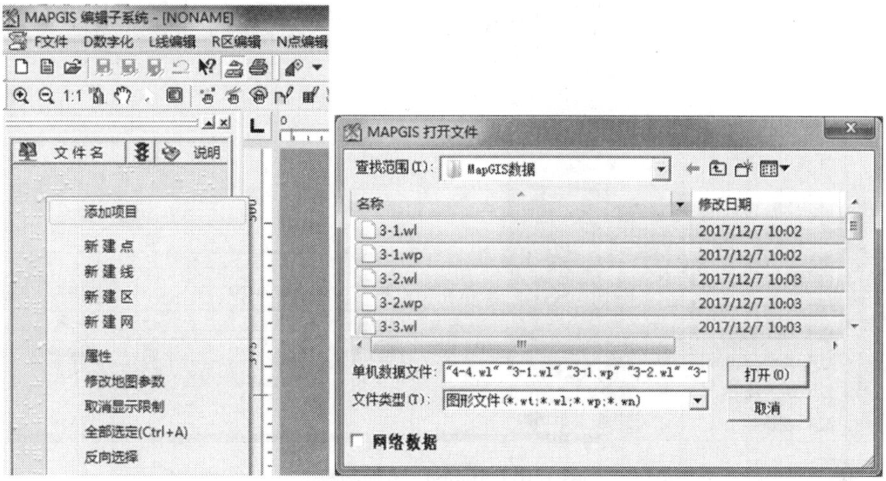

图1-8 添加数据

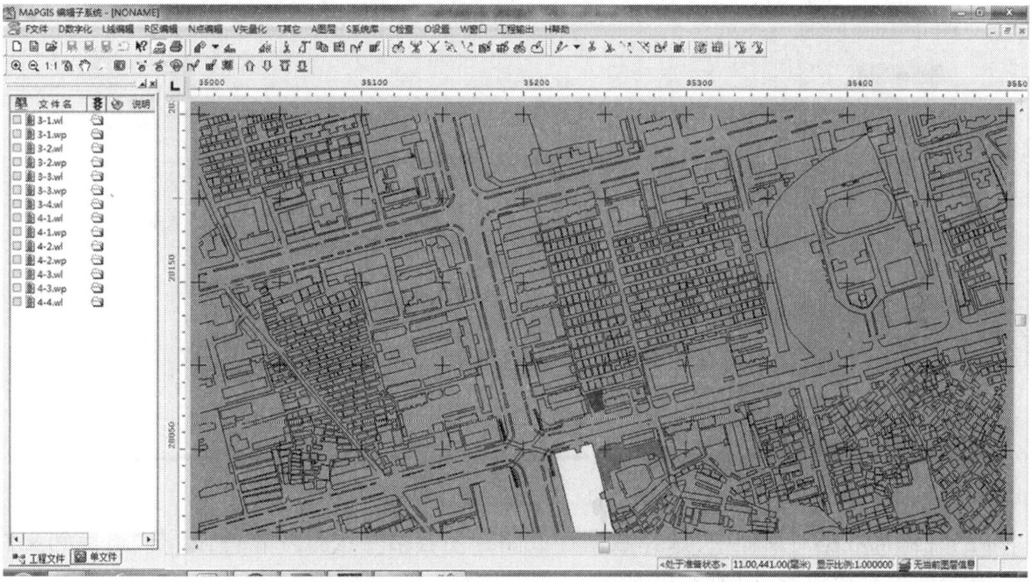

图1-9 MAPGIS编辑子系统操作界面

3 使用MapInfo软件浏览基础地理数据

(1)打开MapInfo软件,在菜单栏点击"文件"→"打开",选择需要添加的数据,点击"打开",如图1-10所示。

(2)在菜单栏中点击"地图"→"图层控制",查看数据图层,如图1-11所示。

4 使用ArcMap软件浏览基础地理数据

(1)打开ArcMap软件,在菜单栏点击"文件"→"添加数据"→"添加数据",如图1-12所示。

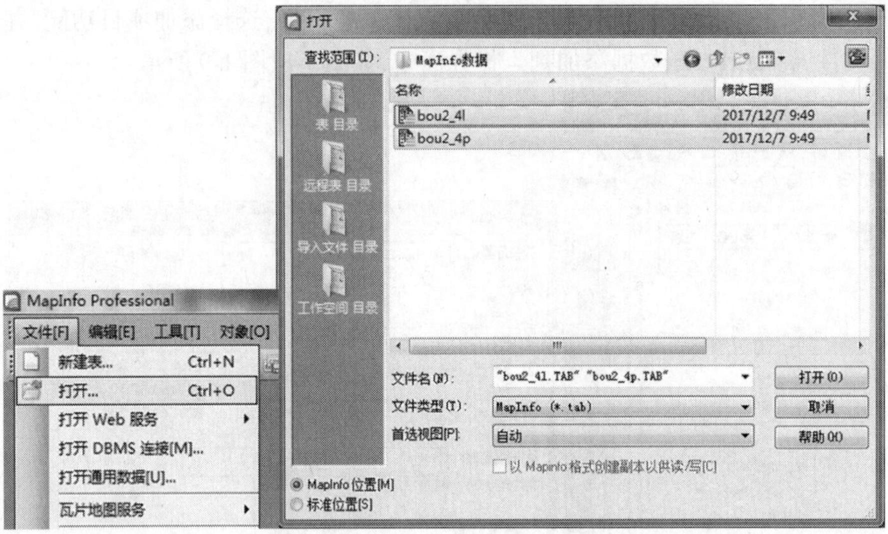

图 1-10　MapInfo 添加数据

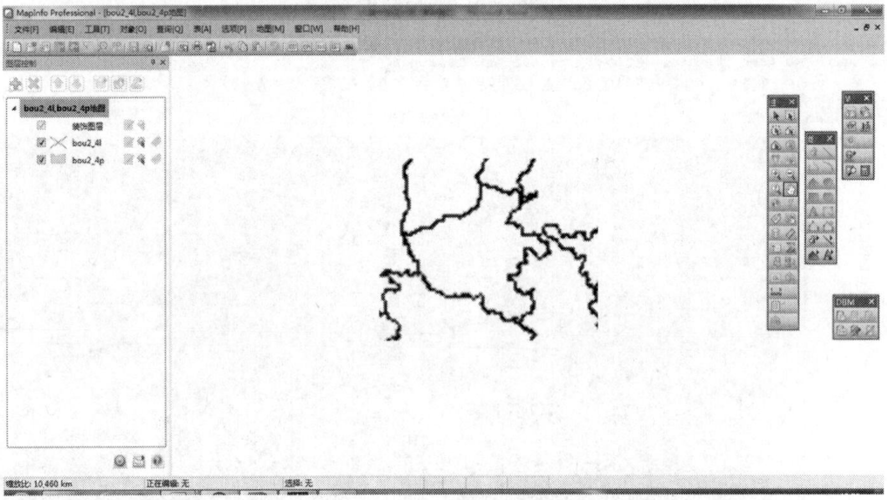

图 1-11　MapInfo 操作界面

(2)在添加数据对话框中,选择数据存放路径。若第一次打开软件,点击“连接到文件夹”,选择数据存放位置,如图 1-13 所示。

(3)选择数据,点击“添加”按钮,将示例数据添加到 ArcMap 中,如图 1-14 所示。

5　ArcGIS 体系结构

ArcGIS 作为一套完整的 GIS 产品,为用户提供了丰富的资源,包括地图、应用程序、社区和服务等,并由数据服务器 ArcSDE 及四个基础框架组成:桌面软件 Desktop GIS、服务器 Server GIS、嵌入式 Embedded GIS 和移动式 Mobile GIS,如图 1-15 所示。

5.1　桌面软件 Desktop GIS

Desktop GIS 包含诸如 ArcMap、ArcCatalog、ArcToolbox 以及 ArcGlobe 等在内的用户界面组件,其功能可分为三个级别:ArcView、ArcEditor 和 ArcInfo,而 ArcReader 则是一个免费地图浏览器组件。其中,ArcView、ArcEditor、ArcInfo 是三级不同的桌面软件系统,共用通用的

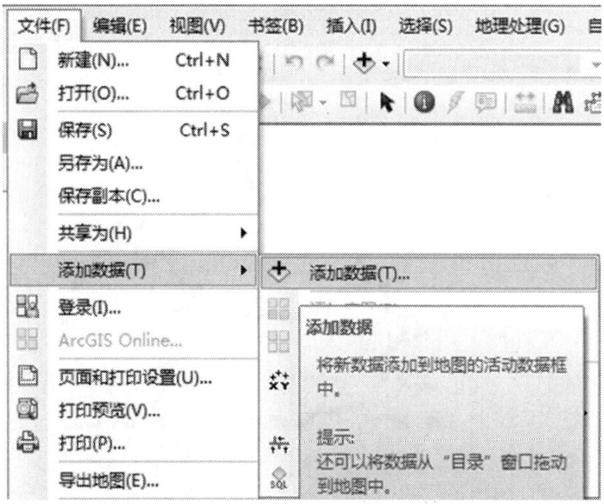

图 1-12 添加数据功能

图 1-13 添加数据对话框

结构、通用的编码基数、通用的扩展模块和统一的开发环境，功能由简单到复杂，通常安装过程中多选择 ArcInfo。三者关系如图 1-16 所示。

5.2 服务器 Server GIS

ArcGIS 包含三种服务端产品：ArcSDE、ArcIMS 和 ArcGIS Server。

ArcSDE 是管理地理信息的高级空间数据服务器。ArcIMS 则是一个可伸缩的，通过开放的 Internet 协议进行 GIS 地图、数据和元数据发布的地图服务器。ArcGIS Server 是应用服务器，用于构建集中式的企业 GIS 应用、基于 SOAP 的 Web services 和 Web 应用，包含在企业和 Web 框架上建设服务端 GIS 应用的共享 GIS 软件对象库。

5.3 嵌入式 Embedded GIS

在嵌入式 Embedded GIS 支持方面，ArcGIS 提供了 ArcGIS Engine，应用于 ArcGIS Desktop 应用框架之外的嵌入式 ArcGIS 组件。使用 ArcGIS Engine，开发者在 C++、C#、. NET 和 Java 环境中使用简单的接口获取任意 GIS 功能的组合来构建专门的 GIS 应用解决方案。

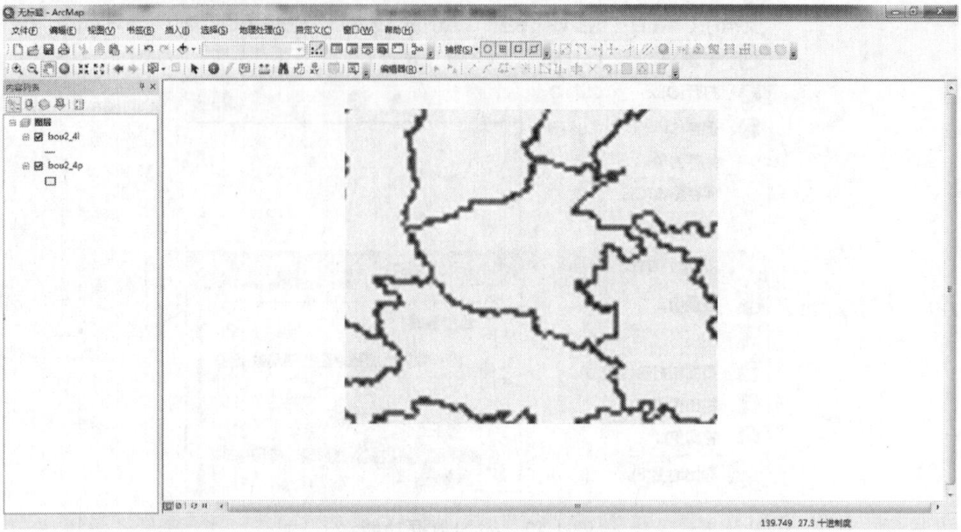

图 1-14　ArcMap 操作界面

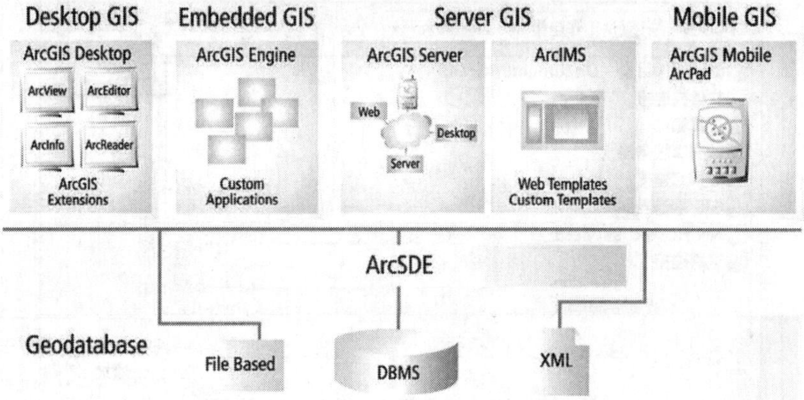

图 1-15　ArcGIS 软件体系结构

5.4　移动式 Mobile GIS

在移动式 Mobile GIS 方面，ArcGIS 提供了实现简单 GIS 操作的 ArcPad 和实现高级 GIS 复杂操作的 Mobile ArcGIS Desktop System。ArcPad 是 ArcGIS 实现简单的移动 GIS 和野外计算的解决方案；ArcGIS Desktop 和 ArcGIS Engine 集中组建的 Mobile ArcGIS Desktop Systems 一般在高端平板电脑上执行，以执行 GIS 分析和决策分析的野外工作任务。

5.5　地理数据库 Geodatabase

Geodatabase 是 geographic database 的简写，是一种在专题图层和空间表达中组织 GIS 数据的核心地理信息模型，是一套获取和管理 GIS 数据的全面的应用逻辑和工具。

不管是客户端的应用（如 ArcGIS Desktop）、服务器配置（如 ArcGIS Server），还是嵌入式的定制开发（ArcGIS Engine），都可以运用 Geodatabase 的应用逻辑。Geodatabase 还是一个基于 GIS 和 DBMS 标准的物理数据存储库，可以应用于多用户访问、个人 DBMS 以及 XML 等情形。Geodatabase 被设计成一个开放的、简单几何图形的存储模型。Geodatabase 对众多的存储机制开放，包括诸如 DBMS 存储、文件型存储或者 XML 方法存储之类，并不局限于某个 DBMS 的供应商。

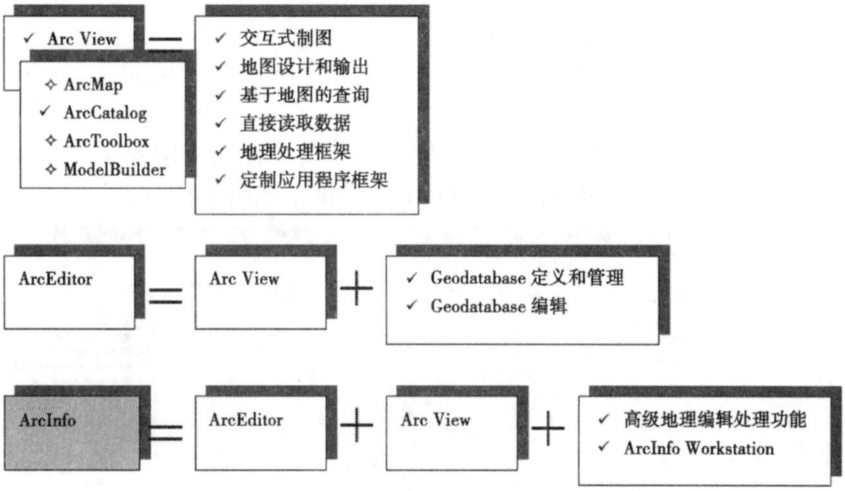

图 1-16　ArcView、ArcEditor 和 ArcInfo 关系

6　ArcGIS 基础术语

(1)地图文档(.mxd):ArcGIS 的地图文档是 ArcGIS 组织和共享数据的重要方式,也是地图服务发布的一种源数据,每个地图文档都包含了 GIS 地图的所有属性,如地图图层、数据源信息、地理数据的符号化、标注和可视化方式、地图比例、工具规范、地理数据的属性信息等。

(2)图层(.lyr):地图文档中的关键信息之一就是地图图层,在 ArcGIS 中可以将地图文档中的图层信息以独立的图层文件或图层包的形式共享和封装图层信息。

(3)Shapefile:ArcGIS 用于存储地理要素的非拓扑简单格式。该格式是存储在同一项目工作空间且使用特定文件扩展名的三个或更多文件中地理引用要素的几何属性。这些文件包括有.shp、.shx、.dbf、.sbn、.prj、.xml 等。

(4)Geodatabase:地理数据库模型是 ArcGIS 产品阶段主推的一种数据存储方式,以关系数据库概念为基础,通过 SQL 访问。ArcGIS 中的 GDB 主要有三类:个人数据库(.mdb)、文件数据库(.gdb)、空间数据库(.sde),前二者都可以直接使用 ArcGIS 创建使用存储管理,国土部门经常使用.mdb(储存大小在 250~500 MB)作为数据交换格式,但 Esri(美国环境系统研究所公司)越来越建议使用.gdb(储存大小 1 TB),两者在使用上区别不大。空间数据库(.sde)往往与大型商业数据库结合起来进行数据存储管理。

(5)要素类(Feature Classes):具有相同空间可视化方法(如点、线、多边形)和一组属性列的常用要素的同类集合。存储于地理数据库中最常见的四种要素类分别是点、线、多边形和注记。

(6)要素数据集(Feature Dataset):是共用一个通用坐标系的相关要素类的集合,用于按空间或专题整合相关要素类。

(7)注记(Annotation):地图文本在地理数据库中的名称。

(8)空间参考:空间参考用于存储各要素类或要素集、栅格数据集以及其他坐标属性的坐标系,如 X,Y 坐标的坐标分辨率及可选的 Z 坐标和测量(m)坐标。

(9)拓扑:对要素共享几何的方式进行建模,是点、线、多边形要素共享几何方式的排列布置。

7 ArcMap 界面介绍

ArcMap 是一个可用于数据输入、编辑、查询、分析等功能的应用程序,具有基于地图的所有功能,实现如地图制图、地图编辑、地图分析等功能。如图 1-17 所示。

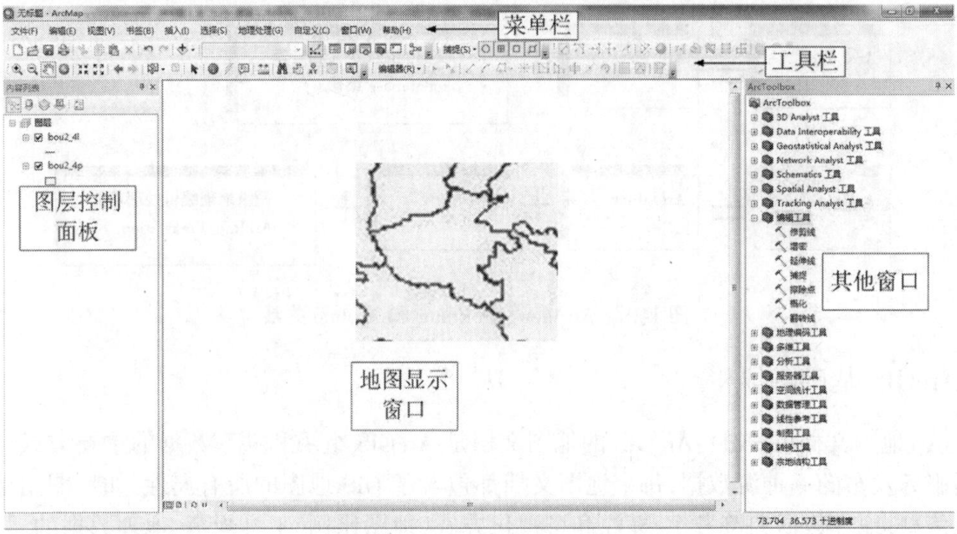

图 1-17 ArcMap 操作窗口

(1)菜单栏主要包括文件、编辑、视图、书签、插入、选择、地理处理、自定义、窗口和帮助共 10 个主要功能。

文件:实现地图文档的新建、保存、共享、导出、页面设置等基础功能。

编辑:实现撤销、复制、粘贴、删除、选择等基础编辑功能。

视图:实现数据视图和布局视图的切换,设置数据库属性等。

书签:创建、管理书签,书签将捕获地图的当前范围,通过书签返回该范围。

插入:主要在布局视图中插入图例、指北针、比例尺、文本等地图辅助要素。

选择:按属性、位置等方式高亮显示选择的要素。

地理处理:实现常用的缓冲区、裁剪、相交、合并等分析功能。

自定义:实现工具条管理、扩展模块、自定义样式等 ArcMap 界面功能的定义。

窗口:关闭、打开内容列表、目录、搜索等窗口。

帮助:打开帮助文档,提供相关帮助说明。

(2)ArcMap 中有多种工具条,以按钮的方式实现各种功能,工具栏用来放置各种工具条,可通过“自定义”→“工具条”或右键单击工具栏进行工具条的打开、关闭。如图 1-18 所示。

标准工具,主要包括新建、打开、保存、打印、剪切、复制、粘贴、删除、撤销、恢复、添加数据、地图比例、编辑器工具条、内容列表、目录、搜索、ArcToolBox、Python 和模型构建器。

工具,主要包括放大、缩小、平移、全图、固定比例放大、固定比例缩小、返回上一视图、转至下一视图、选择要素、清除所选要素、选择元素、识别、超链接、HTML 弹出窗口、测量、查

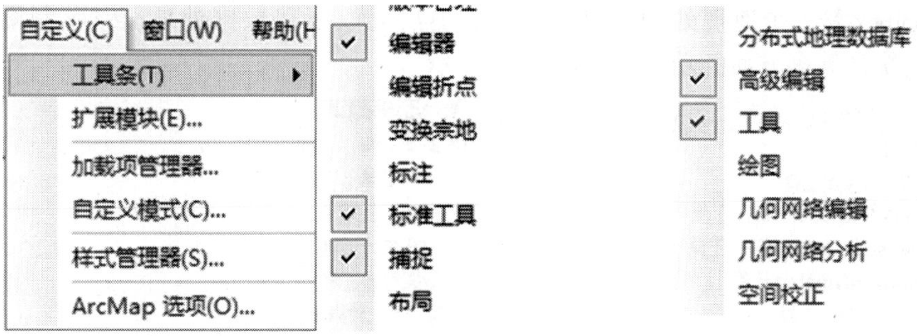

图 1-18　不同功能的工具条

找、查找路径、转到 XY、时间滑块和创建查看窗口。如图 1-19 所示。

图 1-19　“标准工具及工具”工具条

(3) 内容列表窗口一般停靠在界面左侧，主要进行图层的控制。图层的显示方式依次为：按绘制顺序列出、按源列出、按可见性列出、按选择列出、选项。如图 1-20 所示。

图 1-20　图层的显示方式

按绘制顺序列出：图层按绘制的顺序列出，按自上至下的方式进行显示，即最上面的图层在窗口的最上面显示，最下面的图层在最下面显示。拖放可更改绘制顺序。

按源列出：图层按包含其参考数据的地理数据库或文件列出。

按可见性列出：所有图层按其是否开启或关闭列出，若将图层设置为不可选，则无法选择编辑该图层。

按选择列出：图层按其要素是否可由交互式选择和编辑工具选择来列出。

选项：进行内容列表选项的设置。

(4) 在图层上点击鼠标右键，可对图层进行复制、移除、打开属性表、标注要素、编辑要素等操作。如打开属性表可以查看该要素的属性数据，并进行属性相关的操作。如图 1-21 所示。

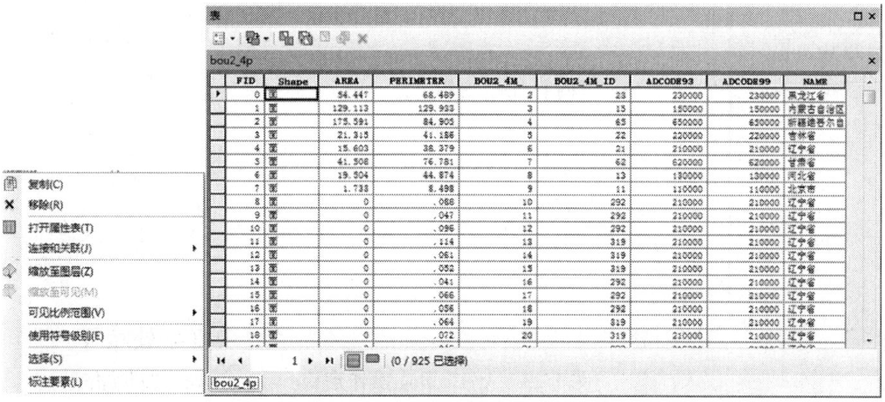

图 1-21　打开属性表操作

(5) ArcToolbox 是一个地理处理工具的集合，功能强大，涵盖数据处理、转换、制图、分析、编辑、管理、统计等多方面的功能。如图 1-22 所示。

图 1-22 ArcToolbox 工具箱

8 ArcCatalog 界面介绍

ArcCatalog 可以连接本地磁盘上的文件夹、网上的共享文件夹和数据库，或地理信息系统(GIS)服务器，它所提供的工具可以帮助用户组织和管理数据。其用途包括：创建数据、浏览地图和数据、查看和创建元数据、查找地图和数据、管理数据源。如图 1-23 所示。

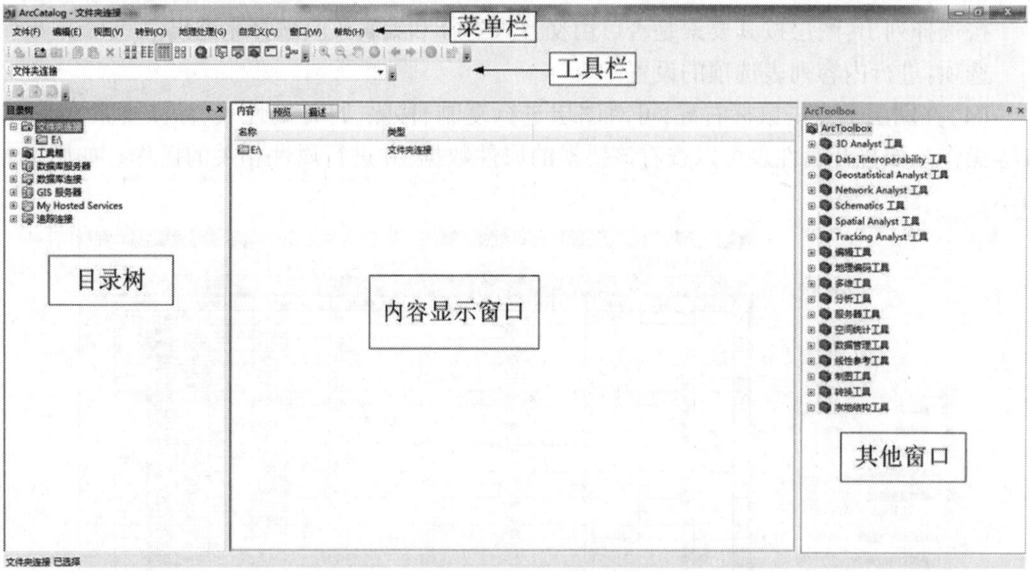

图 1-23 ArcCatalog 操作窗口

(1) 菜单栏主要包括文件、编辑、视图、转到、地理处理、自定义、窗口和帮助共 8 个主要功能。

文件：新建文件夹、数据库、图层、Shapefile、dBase 表等数据文件。

编辑：实现复制、粘贴功能。

视图：打开、关闭状态栏和刷新功能。

转到：实现转至目录树上一级功能。

地理处理：实现常用的缓冲区、裁剪、相交、合并等分析功能。

自定义：实现工具条管理、扩展模块、自定义样式等 ArcCatalog 界面功能的定义。

窗口：关闭、打开目录树、搜索窗口。

帮助：打开帮助文档，提供相关帮助说明。

(2) 文件夹连接。

首次打开 ArcCatalog 时，Catalog 文件树中就有计算机硬盘的入口。为了访问 CD、软盘或网络上其他计算机上的数据，必须添加到那些位置的连接。一个文件夹连接能指向任何一个可以访问的文件夹。

单击连接到文件夹，或在目录树中右键单击文件夹连接，选择连接到文件夹，指向需要添加到 Catalog 的文件夹或盘符，如选择 C 盘，在文件树中就会出现 C 盘的连接入口，点击该文件就可以查看该文件夹中的内容。如图 1-24 所示。

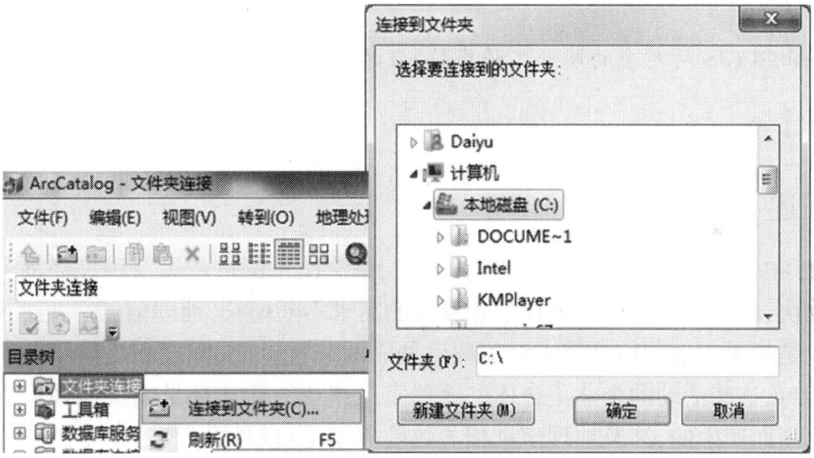

图 1-24 连接到文件夹操作

删除文件连接时只需要选择需要删除的文件，单击断开与文件夹连接。文件夹连接就从 Catalog 树中移除了。如图 1-25 所示。

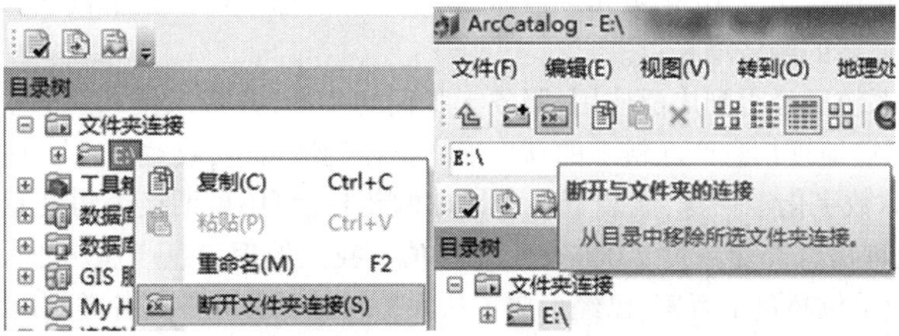

图 1-25 断开与文件夹连接操作

(3) ArcCatalog 中的右键菜单可以实现要素的复制、粘贴、删除，以及各种数据的创建。

如图 1-26 所示。

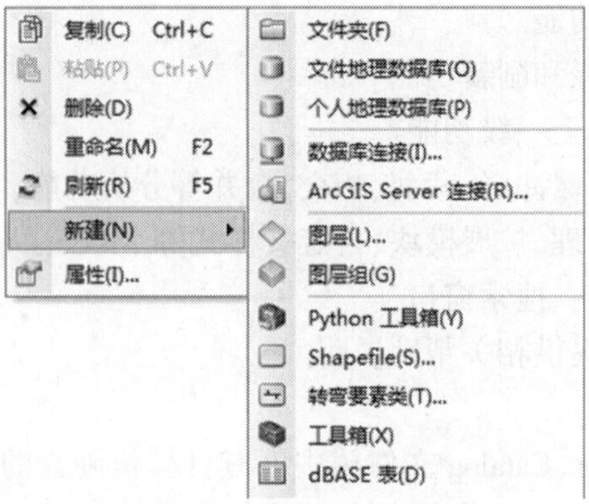

图 1-26 右键菜单中的功能

任务 2 职业岗位分析

【任务描述】

本任务介绍 GIS 所对应的职业工作岗位,目的是让读者对今后所从事的职业有所了解。

【相关知识】

1 岗位描述

20 世纪 80 年代以来,随着信息技术的发展、测绘技术的进步以及国民经济和社会信息化进程的加快,经济社会发展对地理信息资源的需求不断增长,地理信息产业迅速兴起。地理信息产业是指采用地理信息技术对地理信息资源进行生产、开发和提供服务的全部经营活动,以及涉及这些活动的企业集合体。地理信息产业的活动都是围绕地理信息资源的建设和开发利用而产生的,涉及地理信息相关的硬件制造、软件开发、数据生产、产品开发、系统集成、信息与技术服务等各个方面。

地理信息产业已是当今国际公认的高新技术产业,具有广阔的市场需求和发展前景。世界各国纷纷看好这一市场,快马扬鞭,大力发展。早在 1990 年地理信息系统及其相关产品的世界年销售额就达到 15 亿美元。目前,全球地理信息产业的年增长率已达 35%以上,成为现代服务业新的经济增长点。

地理信息系统已经得到广泛应用,服务于我们的生活,并带来便利。电子地图、卫星导航、遥感影像这些地理信息产业链上的新生事物正在创造奇迹,效益已经显现。地理信息系统(GIS)集地球数字化于一身,能装下整个地球的超量信息,可谓换个角度看世界。"十二五"末,我国地理信息产业超过 2 000 亿元总产值。我国地理信息产业从业人员超过 30 万人,相关企事业单位超过 1 万家,已经形成了从大型基础平台软件到各类应用软件的全系列地理信息系统软件产品,形成了超过 500 家的企业群体,在国土资源管理、城市管理、电信资源管理、森林防火管理、电力资源管理、安全生产管理、水土保持管理等多个应用领域发挥了主力军的作用;国产车载导航定位软件质量优异,已经在国内市场中占据了相当的份额;遥感软件也在努力向市场化方向前进,政策的支持、技术的创新、市场的扩大、企业的成熟、教育的跟进都为地理信息产业的发展提供了无数机遇。

2 岗位分析

从全国职业院校测绘类专业的学生从事 GIS 工作岗位的情况分析,高职高专学生地理信息系统的就业岗位主要集中在地理信息数据生产这个工作领域,而软件开发和系统集成等领域由于其技术要求较高,本科以上地理信息系统专业毕业的学生较集中。地理信息数据生产职业岗位主要涉及地理空间数据和属性数据的采集、处理、分析与应用,以及地理信息数字产品的输出。其工作范围如下:

(1)在地理信息系统企业从事地理空间数据的采集、处理、分析、制图与建库工作。

(2)在国土资源、房地产部门从事地籍测量与地籍数据库建设、管理及房地产信息管理工作。

(3)在城乡规划、城市建设部门从事地理信息系统的建设和管理工作。

(4)在农田水利部门从事工程测量和环境监测、土地资源调查与利用等工作。

(5)在政府机关从事与空间位置信息有关的信息交流、环境信息管理等工作。

2.1 岗位素养

(1)具有良好的职业道德,能自觉遵守行业法规、规范和企业规章制度。

(2)具有较强的职业荣誉感,热爱测绘,乐于奉献,吃苦耐劳,不畏艰险。

(3)具有较强的政治责任感和国家版图意识,确保地理空间信息安全。

(4)能够严格遵守测绘技术标准、图式规范和操作规程,确保测绘成果真实准确。

(5)具有创新精神和服务意识。

(6)具有良好的集体意识和团队精神,友爱互助,安全文明作业。

(7)树立法治观念,依法测绘,安全生产,合法经营,公平竞争。

(8)树立信用观念,遵守合同,诚实守信。

2.2 岗位知识和技能

(1)了解地理信息系统的理论前沿、应用前景和最新发展动态,以及地理信息系统产业发展状况。

(2)掌握地理信息系统的基本理论和基本操作技能。

(3)掌握地理信息数据的采集、编辑与数据检核的基本过程。

(4)掌握地理信息数据建库的一般流程。

(5)了解电子地图生产特点及资料收集要求,掌握电子地图制作的一般流程。

(6)熟练掌握至少一种常见 GIS 软件的使用方法。

【任务实施】

到相关测绘地理信息企事业单位参观,请企业技术人员讲解 GIS 数据生产的流程或典型工作任务。

通过网络查阅地理信息系统高职高专相关专业的招聘岗位及岗位介绍,对 GIS 所对应的岗位进行直观的认识,以及了解从事该岗位所需的职业能力和素质要求。

复习与思考题

1. 结合自己,分析地理信息系统的职业岗位。
2. 什么是地理实体、地理信息、地理数据?它们之间有什么关系?
3. 什么是地理信息系统(GIS)?与其他信息系统的主要区别有哪些?
4. GIS 由哪几部分组成?它的基本功能有哪些?
5. GIS 可以应用于哪些领域?试结合你的专业论述 GIS 的应用和发展前景。
6. 简述 GIS 与相关学科的关系。
7. GIS 如何分类(举例说明)?

思政案例:国家地理信息安全无小事

1　案例背景

地理信息是国家的重要战略资源,其精准性和安全性不仅直接关系到国家安全,还影响着社会的稳定与发展。在科技高速发展的今天,GIS(地理信息系统)技术已被广泛应用于导航服务、快递物流、外卖配送等行业,极大地便利了人们的生活。然而,这些日益重要的地理信息背后隐藏的安全问题,却常常被忽视。一旦地理信息泄露、失准或被恶意篡改,将可能引发不可估量的后果。

2　案例分析

2.1　地理信息安全为何重要

地理信息安全涉及国家军事、经济和社会生活等多个领域。对于普通民众而言,导航服务提供的出行路径、快递服务确保的物流追踪、外卖服务保障的精准配送,都是日常生活中不可或缺的一部分。而在国家层面,地理信息则被广泛应用于国防建设、灾害应急管理、城市规划和环境保护等关键领域。

如果地理信息安全未得到有效保障,可能出现以下严重后果:

(1)国家安全威胁:军事地图的泄露可能暴露国家防御部署,危害国家安全。

(2)经济损失:物流和外卖行业中的地理数据错误可能导致服务效率下降,企业蒙受经济损失。

(3)社会影响:导航错误可能引发交通事故,影响公众的生命财产安全。

2.2　GIS 技术在日常生活中的应用

GIS 技术作为测绘地理信息行业的重要工具,其广泛应用使得生活变得更加高效和便捷。以下是几个典型应用场景:

(1)导航服务:无论是开车出行还是步行导航,GIS 技术都为用户提供了实时精准的路径规划。地图数据的精确性直接影响用户的出行体验。

(2)快递物流:快递企业利用 GIS 技术实现物流追踪和动态优化配送路径,提高了物流效率,减少了运输成本。

(3)外卖配送:外卖平台通过 GIS 技术实时计算最优配送路线,确保顾客及时收到餐品。这些都依赖于高质量的地理信息数据支持。

3 案例反思

3.1 规范生产、使用地理数据的必要性

在地理信息数据的生产与使用过程中,任何环节出现差错都可能造成重大影响。例如,地图测绘时的精度误差,可能导致导航服务偏离预定路线;物流配送中的地址信息错误,可能使快递丢失或延误。因此,从业人员需要严格遵守生产和使用规范,确保地理信息的准确性和安全性。

3.2 增强服务意识与责任感

作为测绘地理信息行业的从业者,除了掌握专业技能,还需要具备强烈的服务意识和责任感。地理信息并非单纯的数据,而是关系到千家万户的切身利益。每一个精准的数据、每一张可靠的地图,都是对社会的责任担当。

3.3 培养职业自豪感

测绘地理信息行业不仅是一份职业,更是一种使命。从业人员通过自己的努力,为社会的便利、经济的发展和国家的安全贡献力量。这份职业责任感与使命感,将转化为从业者的职业自豪感。

4 案例总结

4.1 加强法律法规意识

熟悉并严格遵守国家关于地理信息安全的相关法律法规,如《中华人民共和国测绘法》《地理信息安全管理条例》等,确保地理信息的合规生产与使用。

4.2 提升专业技能

通过技术培训和实践演练,提高地理信息数据采集、处理和分析的能力,确保数据的精准性和可靠性。

4.3 增强服务意识

从业人员要树立以用户为中心的服务理念,注重用户体验,及时发现并解决地理信息应用中的问题。

地理信息的安全与规范使用不仅是测绘地理信息行业的责任,更是国家安全和社会发展的重要保障。通过强化从业人员的服务意识和职业自豪感,我们可以更好地守护地理信息的精准与安全,为国家的发展和人民的福祉贡献力量。

项目 2　地理空间认识及表达

项目 2　地理空间认识及表达

项目概述

本项目是 GIS 的空间信息理论基础,GIS 所表达的对象是地理空间,为了描述地理空间,需要建立地球空间模型,确定地理空间参照系统,进行地图投影,对地理空间进行表达。

本项目由地理空间认识和地理空间表达 2 个任务组成。通过本项目的学习,为从事 GIS 技术岗位工作打下理论基础。

学习目标

知识目标

(1)了解地球的自然表面、大地水准面、地球椭球面。

(2)能理解并掌握地理空间参照系。

(3)能理解地图投影的概念、变形及分类。

(4)能理解高斯投影,并掌握其变形规律。

(5)能理解正轴圆锥投影。

(6)能理解我国基本比例尺地形图的分幅与编号方法。

技能目标

(1)能根据实际需要选择合适的坐标系和高程系。

(2)能根据实际需要选择合适的地图投影。

任务 1　地理空间认识

【任务描述】

地理环境是复杂多样的,要正确地认识、掌握与应用这种广泛而复杂的信息,需要进行去粗取精、去伪存真的加工,这就要求对地理环境进行科学的认识。

通过相关知识的学习,掌握 ArcGIS 中的地理坐标系、投影坐标系的设置方法,能够对地理数据进行坐标定义。

【相关知识】

地理空间取决于地球表面(球面),但在认知中经常被抽象为一个二维平面,具有大尺度特征;地理空间与时间要素紧密联系。

地理空间认知是认知心理学与地理学交叉的学科。从空间认知心理学的角度,地理空间认知是指人类在日常生活中如何逐渐理解地理空间、进行地理分析和决策。

1　地球空间模型的描述

地球近似椭球体,其表面高低不平,极其复杂。为了便于处理各种地理空间信息,假想将静止的平均海水面延伸到大陆内部,可以形成一个连续不断的、与地球比较接近的形体。把该形体视为地球的形体,其表面就称为大地水准面。

但是,由于地球内部物质分布不均匀和地面高低起伏不平,使各处的重力方向发生局部变异,处处与重力方向垂直的大地水准面显然不可能是一个十分规则的表面,且不能用简单的数学公式来表达。因此,大地水准面不能作为测量成果的计算面。

为了测量成果计算的需要,选用一个同大地体相近的、可以用数学方法来表达的旋转椭球来代替地球,且这个旋转椭球是由一个椭圆绕其短轴旋转而成的。

地球自然表面、大地水准面、参考椭球面的关系如图 2-1 所示。

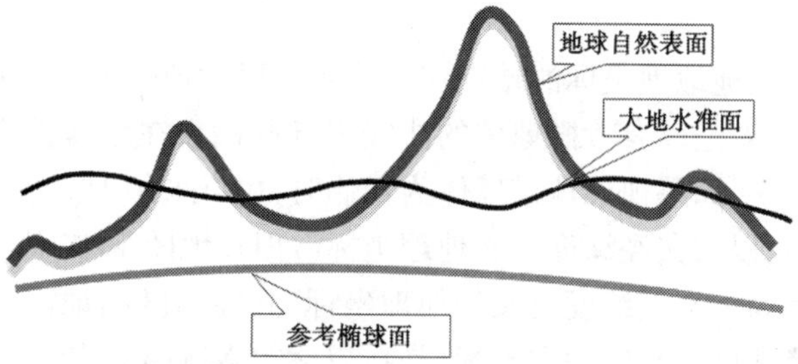

图 2-1　地球自然表面、大地水准面、参考椭球面的关系

凡是与局部地区(一个或几个国家)的大地水准面符合得最好的旋转椭球,称为参考椭球。参考椭球面是测量、计算的基准面。中华人民共和国成立之前我国采用海福特椭球参数,中华人民共和国成立之初采用克拉索夫斯基椭球参数(其大地原点在苏联,对我国密合不好,越往南方误差越大)。目前采用的是 1975 年国际大地测量学与物理学联合会(IUGG)推荐的椭球,在我国称为“1980 年国家大地坐标系”。坐标原点在陕西省咸阳市泾阳县永乐镇。2008 年 7 月 1 日我国启动了 2000 国家大地坐标系,计划用 8~10 年完成现行国家大地坐标系到 2000 国家大地坐标系的过渡与转换工作。

目前,世界各国、各地区已建立了各种规模和各种类型的 GIS,这些系统为经济、国防等各个领域的科学决策提供了依据,发挥了重要的作用。但是不论应用型 GIS 的服务目的是什么, GIS 自身的数据必须是在统一的地理参照系下的数据,也就是说,要有统一的坐标系和高程系。

2　地理空间参照系

地理空间参照系是表示地理实体要素位置的空间参照系统。主要的地理参照系类型有地理坐标系和投影坐标系。

2.1　地理坐标系

地理坐标系——用经纬度来表示地面点的位置。地面上任一点 M 的位置可由经度 λ

和纬度 φ 来决定,记为 $M(\lambda,\varphi)$(见图 2-2)。经度:经过英国格林尼治天文台的经线为 0°经线,向东为东经,向西为西经,各 0°~180°;纬度:以赤道为 0°记,分北纬和南纬,各 0°~90°。

经纬度具有深刻的地理意义,它标示物体在地面上的位置,显示其地理方位(经线与南北相应,纬线与东西相应),表示时差。此外,经纬线还标示许多地理现象所处的地理带,如气候、土壤等部门都要利用经纬度来推断地理规律。

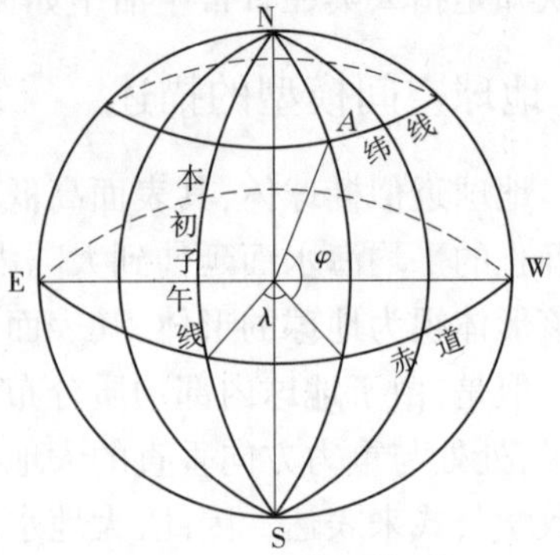

图 2-2 地理坐标

经纬度的测定方法主要有两种,即天文测量和大地测量。

以大地水准面和铅垂线为依据,用天文测量的方法,可获得地面点的天文经纬度,测有天文经纬度坐标(λ,φ)的地面点,称为天文点。

以旋转椭球和法线为基准,用大地测量的方法,根据大地原点和大地基准数据,由大地控制网逐点推算各控制点的坐标(L,B),称为大地经纬度。

天文地理坐标和大地地理坐标的差别在于前者是以大地水准面为基准的球面坐标系统的铅垂线为依据,而后者是以参考椭球体的法线为准则的。在地图投影中所用的经纬度常为大地经度和大地纬度,如果视地球椭球体为球体时,也可采用天文经度和天文纬度表示。

在大地测量学中,以天文经纬度定义地理坐标。但在地图学中,认为以大地经纬度来定义地理坐标更好。因为天文经纬度定义的地理坐标,其经纬度的地面等值线均扭曲成非平面曲线。而以大地经纬度定义的地理坐标,是在规整的椭球面上构建的,每条经纬线投影到平面上皆呈直线或平滑曲线,因此便于地图投影。但由于各国采用的大地原点和大地经纬网坐标值皆以本国规定的参考椭球为基准,因而出现世界各国间的不一致性。为此,目前世界各国的地理经度均采用天文经度。

我国的大地坐标系,包括过去使用的"1954 年北京坐标系"和现用的"1980 年国家大地坐标系"两种。

中华人民共和国成立前,我国实际上没有统一的大地坐标系。中华人民共和国成立初期从苏联 1942 年坐标系经联测和平差计算引伸到我国,建立了"1954 年北京坐标系"。该坐标系的椭球面与我国大地水准面不能很好地符合,产生的误差较大,不能满足我国空间技术、国防尖端技术、经济建设的要求。

我国在积累了 30 年测绘资料的基础上,通过全国天文大地网整体平差,建立了我国的大地坐标系。该坐标系采用 1975 年国际椭球参数,国家大地原点设在陕西省泾阳县永乐镇。该系统坐标统一、精度优良,可直接满足 1:5 000 甚至更大比例尺测图的需要。我国已在国民经济领域使用"1980 年国家大地坐标系",取代了"1954 年北京坐标系"。

随着社会的进步,国民经济建设、国防建设和社会发展、科学研究等对国家大地坐标系提出了新的要求,迫切需要采用原点位于地球质量中心的坐标系统(简称地心坐标系)作为国家大地坐标系。采用地心坐标系,有利于采用现代空间技术对坐标系进行维护和快速更新,测定高精度大地控制点三维坐标,并提高测图工作效率。

国务院批准自 2008 年 7 月 1 日启用我国的地心坐标系——2000 国家大地坐标系,英文名称为 China Geodetic Coordinate System 2000,英文缩写为 CGCS2000。

在广袤的区域上进行测量与制图,不可能独家一次完成,必然要由许多单位分期分批完成。为了保证测量成果既在精度上符合统一要求,又能互相衔接,首先必须在全国范围内选取若干有控制意义的点,并且精确测定其平面位置和高程,构成统一的大地控制网。大地控制网简称大地网,由平面控制网和高程控制网组成。

平面控制网亦称水平控制网,一般可由三角测量或导线测量完成。高程控制网是在全国范围内统一规范,由精确测定高程的地面点所构成的网,是全国测定其他所有地面点高程的控制基础。建立高程控制网的目的是精确求得地面点对大地水准面的高度。建立高程控制网主要由水准测量来完成。

2.2 平面坐标系

将椭球面上的点通过投影的方法投影到平面上时,通常使用平面坐标系。平面坐标系分为平面极坐标系和平面直角坐标系。

平面极坐标系采用极坐标法,即用某点至极点的距离和方向来表示该点位置的方法来表示地面点的坐标。

平面直角坐标采用直角坐标(笛卡儿坐标)来确定地面点的平面位置。

可以通过投影将地理坐标转换成平面坐标。

大于1:10万地形图上绘有高斯-克吕格投影平面直角坐标网,其方格为正方形,以公里(km)为单位,因此又称为公里网。公里网在图上的间隔随地形图比例尺的大小而不同,表2-1为几种比例尺地形图的公里网间隔。

表2-1 大比例尺地形图公里网间隔

地图比例尺	公里网间隔(cm)	相应的实地距离(km)
1:1万	10	1
1:2.5万	4	1
1:5万	2	1
1:10万	2	2

2.3 高程系

高程——由高程基准面起算的地面点的高度。而高程基准面是根据多年观测的平均海水面(大地水准面)来确定的。也就是说,高程(也称海拔高程、绝对高程)是指地面点至平均海水面的垂直高度。

地面点之间的高程差,称为相对高程,简称高差。

由于不同地点的验潮站所得的平均海平面之间存在着差异,所以选用不同的基准面就有不同的高程系统。

一个国家一般只能采用一个平均海水面作为统一的高程基准面。我国的高程基准原来采用"1956年黄海高程系";由于观测数据的积累,黄海平均海水面发生了微小的变化,因此启用了新的高程系,即"1985年国家高程基准"。

在采用新的高程基准后,对于一般应用,对已有地图的等高线高程的影响可忽略不计。

3　地图投影

3.1　地图投影的概念

随着用途和区域的不同,在地理信息系统中表现地理空间信息时,需要将地图用不同的投影方式表达,以正确地反映地理位置和地理关系特征。由于地球表面是一个球面,而地图是一个平面,为解决由不可展的地球椭球面到地图平面上的矛盾,采用几何透视或数学分析的方法,将地球上的点投影到可展的曲面(平面、圆柱面或椭圆柱面)上,由此建立该平面上的点和地球椭球面上的点的一一对应关系的方法,称为地图投影(见图 2-3)。

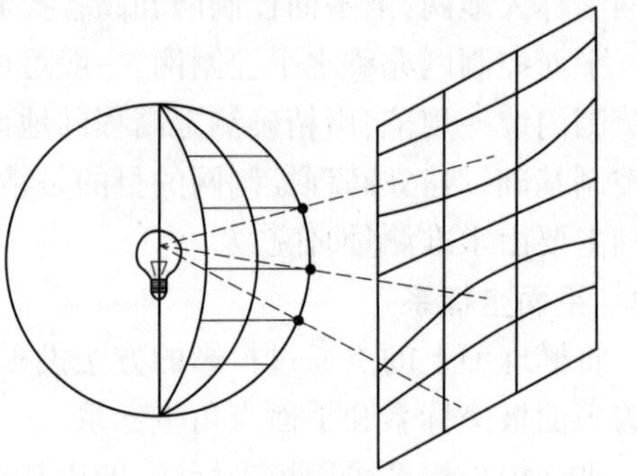

图 2-3　地图投影实质

但是,从地球表面到平面的转换总是带有变形,没有一种地图投影是完美的。每种地图投影都保留了某些空间性质,而牺牲了另一些性质。现代投影方法是在数学解析基础上建立的,是建立地球椭球面上的点的坐标(λ,φ)与平面上坐标(x,y)之间的函数关系,地图投影一般方程式的数学表达式为

$$x = f_1(\lambda,\varphi)$$
$$y = f_2(\lambda,\varphi)$$

3.2　地图投影的变形

地图投影是将不可展的地球椭球面展开成平面,并且不能有断裂,则图形必将在某些地方被拉伸,某些地方被压缩,故投影变形是不可避免的。把地图上和地球仪上的经纬线网进行比较,可以发现地图投影的变形有长度变形、面积变形、角度变形。

3.3　地图投影的分类

地图投影的种类很多,分类方法也不尽相同。

(1)按变形性质分类。

等角投影:在投影面上任意两方向线的夹角与椭球体面上相应线段的夹角相等,即投影前后角度不变。在此投影中,由于椭球体面上无限小图形投影到平面上能保持图形的相似,故又叫正形投影。要求角度正确的地图,常采取此类投影。

等积投影:在投影面上保持面积大小与椭球体面上相应的面积相等。即投影前后面积不变。由于此类投影可以保持面积没有变形,便于在图上进行面积量比,所以常用于绘制自然地图或经济地图。

任意投影:长度、面积、角度都有变形的投影,叫任意投影。在任意投影中,常见的一种是等距投影,等距投影是在特定方向上没有长度变形的任意投影。

但是,不管是什么投影,其变形分布的一般规律是:

①在等积投影上不能保持等角特性,在等角投影上不能保持等积特性。

②在任意投影上等角、等积的特性均不能保持。

③等积投影的形状变形比其他投影要大,等角投影的面积变化比其他投影要大。

④地图上所表示的范围愈大,变形愈大;离无变形的线或点愈远,变形愈大。

(2)按投影面不同分类。

将椭球面上的经纬线网投影到几何面上,然后将几何面展为平面称为几何投影。几何投影主要有以下几种:

圆柱投影:以圆柱面作投影面,使圆柱面与球面相切或相割,将球面上的经纬线投影到圆柱面上,然后将圆柱面展为平面而成。

圆锥投影:以圆锥面作投影面,使圆锥面与球面相切或相割,将球面上的经纬线投影到圆锥面上,然后将圆锥面展为平面而成。

方位投影:以平面作投影面,使平面与球面相切或相割,将球面上的经纬线投影到平面上而成。

另外,还有非几何投影,即根据某些条件,用数学解析法确定球面与平面之间点与点的函数关系。如伪方位投影、伪圆柱投影、伪圆锥投影、多圆锥投影等,不再详述。

(3)按投影面的轴和地轴的位置关系分类。

正轴投影:投影面中心轴与地轴相互重合。

斜轴投影:投影面中心轴与地轴斜向相交。

横轴投影:投影面中心轴与地轴相互垂直。

地图投影的分类,如图2-4所示。

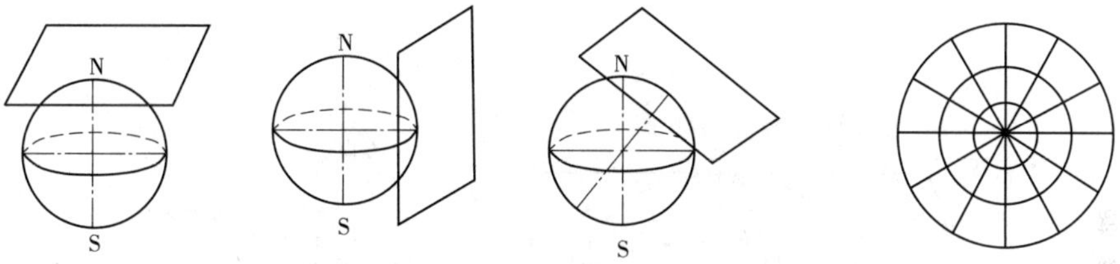

(a)正、横、斜轴方位投影

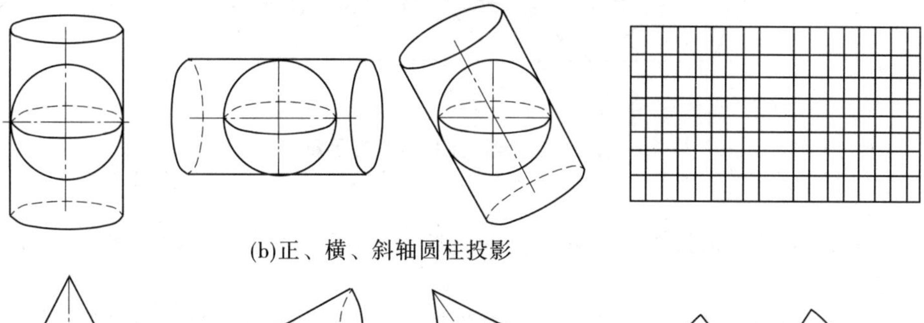

(b)正、横、斜轴圆柱投影

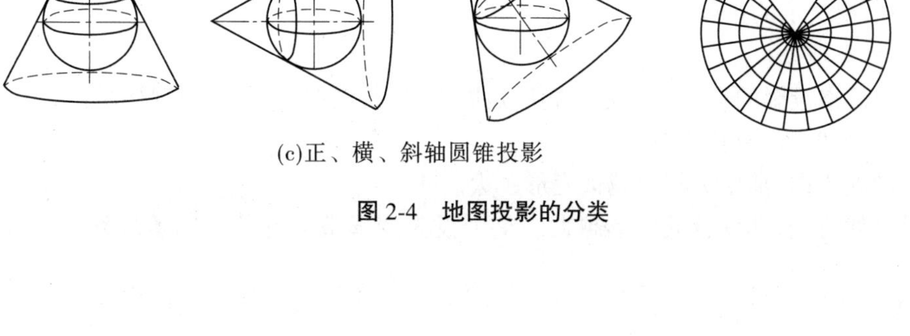

(c)正、横、斜轴圆锥投影

图2-4 地图投影的分类

3.4　GIS 中的地图投影

在 GIS 中,地理数据的显示往往可以根据用户的需要,指定各种投影。但当所显示的地图与国家基本比例尺地图系列一致时,往往采用与国家基本系列地图所用的投影。我国常用的地图投影的情况为:

(1)我国基本比例尺地形图(1:100 万、1:50 万、1:25 万、1:10 万、1:5万、1:2.5 万、1:1 万、1:5 000)除 1:100 万外均采用高斯-克吕格投影为地理基础。

(2)我国 1:100 万地形图采用了 Lambert 投影,其分幅原则与国际地理学会规定的全球统一使用的国际 1:100 万地图投影保持一致。

(3)我国大部分省区图以及大多数这一比例尺的地图也多采用 Lambert 投影和属于同一投影系统的 Albers 投影(正轴等面积割圆锥投影)。

(4)Lambert 投影中,地球表面上两点间的最短距离(大圆航线)表现为近于直线,这有利于地理信息系统中和空间分析量度的正确实施。

3.4.1　高斯-克吕格投影(横轴等角切椭圆柱投影)

以椭圆柱面作为投影面,并与椭球体面相切于一条经线上,该经线即为投影带的中央经线,按等角条件将中央经线东西一定范围内的区域投影到椭圆柱表面上,再展成平面,便构成了横轴等角切椭圆柱投影。该投影是早在 19 世纪 20 年代由德国的高斯最先设计的,后又于 1912 年经德国的克吕格对投影公式加以补充完善,故后人称该投影为高斯-克吕格投影,如图 2-5 所示。

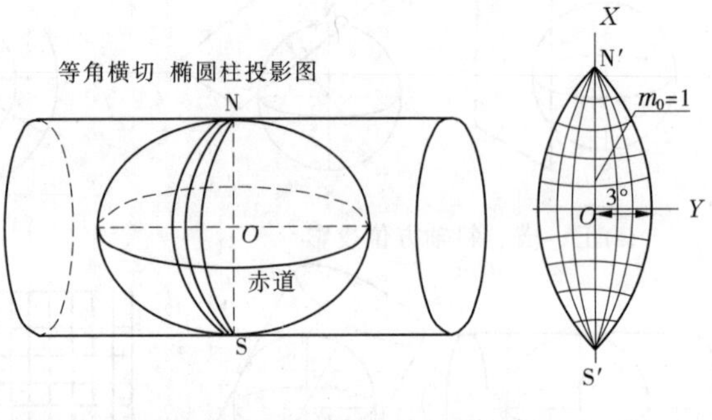

图 2-5　高斯-克吕格投影示意

1. 投影的基本条件

(1)中央经线和赤道投影成相互垂直的直线,作为直角坐标系的纵、横轴,也是经纬网图形的对称轴。

(2)具有等角投影的性质。投影后没有角度变形,任意两个方向的夹角保持不变,从而保证区域图形视觉上的正确。

2. 投影的变形分析

高斯-克吕格投影的最大特点是投影后角度不变,长度有变,其变形规律是:

(1)中央经线上没有长度变形。

(2)沿纬线方向,离中央经线越远变形越大。

(3)沿经线方向,纬度越低变形越大。整个投影变形最大部位在赤道最外一条经线的交点上。

3. 投影分带的规定

为了控制变形，采用分带（按经度分带）投影的方法，即把投影范围限制在中央经线两侧狭窄的范围内，如图 2-6 所示。

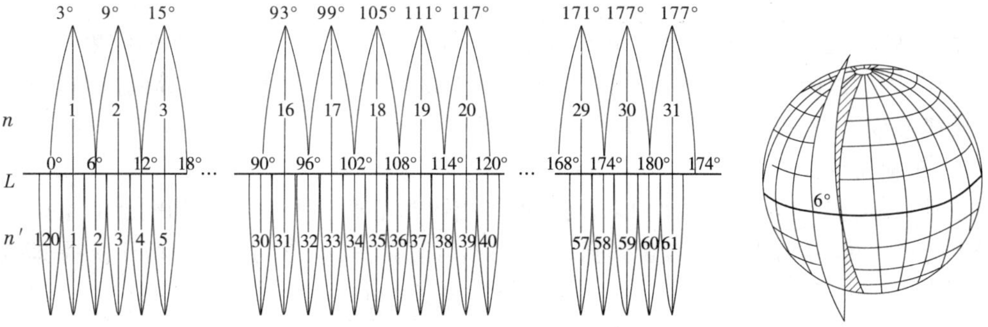

图 2-6　高斯-克吕格投影的分带

（1）6°分带法。

我国 1∶2.5 万～1∶50 万地形图采用 6°分带。

从零子午线起自西向东，每隔 6°为一带，全球共分为 60 个投影带。由于我国疆域在 72°E～136°E，因此包括了 13～23 带共 11 个投影带。

（2）3°分带法。

1∶1万及更大比例尺地形图采用 3°分带。

从东经 1°30′算起，将全球划分为 120 个投影带，用自然序数 1，2，3，…，120 编号。东经 1°30′～4°30′为第一带，其中央经线的经度为 3°；东经 4°30′～7°30′为第二带，中央经线的经度为 6°；依次类推。投影带号 n' 与中央经线的经度 $\lambda'°$ 的关系为 $\lambda'°=3n'$。图 2-6 所示为 6°投影带和 3°投影带划分及中央经线、带号相互间的关系示意。

这样分带的目的在于使 6°带的中央经线均为 3°带的中央经线，即 3°带中有半数的中央经线同 6°带的中央经线重合，在从 3°带转换成 6°带时，这些带可直接转用，不必计算。

为了便于地形图的量测作业，在高斯-克吕格投影带内布置了平面直角坐标系统。具体构成方法是：规定以中央经线为 X 轴，赤道为 Y 轴，中央经线与赤道交点为坐标原点。同时规定，x 值在北半球为正，南半球为负；y 值在中央经线以东为正，中央经线以西为负。由于我国疆域均在北半球，x 值皆为正值。为避免 y 值出现负值，还规定各投影带的坐标纵轴均西移 500 km，中央经线上原横坐标值由 0 变为 500 km，在整个投影带内 y 值就不会出现负值了，如图 2-7 所示。例如，在某投影带内有 A、B 两点，A 点位于中央经线东侧，$y_A=245\ 863.7$ m，B 点位于中央经线西侧，$y_B=-245\ 863.7$ m，当坐标纵轴西移 500 km 后，则 $y_A=745\ 863.7$ m，$y_B=254\ 136.3$ m。

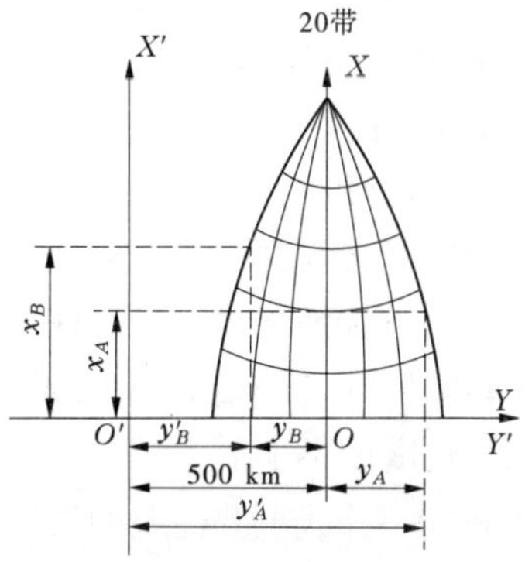

图 2-7　纵坐标轴西移 500 km 示意图

由于高斯-克吕格投影采用分带投影，并且在各带内均设有相同的平面直角坐标网，因此各带之间都有相同坐标值的点位。为了使各带间的点位能够加以区分,又规定在每个点位横坐标 y 值的百千米位数前加上所在带号,假设 A、B 两点同位于 20 带内,则其通用坐标表示为:

$$y_{A通} = 20\ 745\ 863.7\ \mathrm{m}$$

$$y_{B通} = 20\ 254\ 136.3\ \mathrm{m}$$

基于高斯-克吕格投影各投影带的划分方法相同,各带经纬线交点坐标成果相同并且可以通用,因此由国家测绘主管部门根据国家基本地形图比例尺系列,计算制成高斯-克吕格投影坐标成果表,提供各部门使用。

3.4.2 正轴圆锥投影

正轴圆锥投影使圆锥轴与地轴重合,圆锥体相切或相割于地球仪上,如图 2-8 所示,再将球面上的经纬网根据某种条件投影到圆锥面上,然后沿着一条母线将圆锥面切开、展平即成。

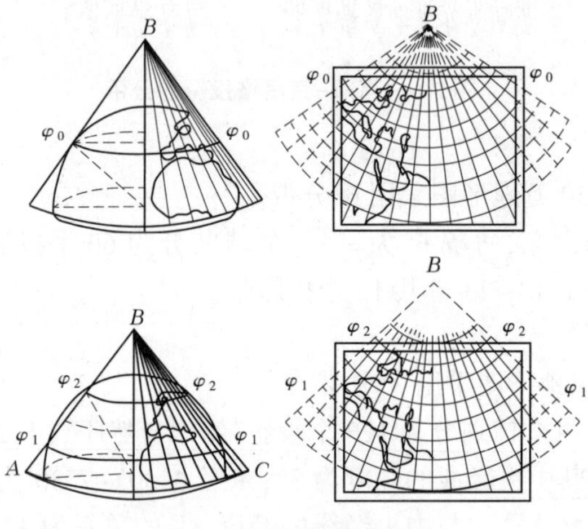

图 2-8 正轴圆锥投影

正轴圆锥投影,纬线为同心圆圆弧,经线为自纬线圆心辐射的直线束,经线间的夹角与经差成比例。

切圆锥投影,切线无变形,相切的那一条纬线叫标准纬线,或叫单标准纬线(图 2-8 中 $\varphi_0\varphi_0$ 纬线)。割圆锥投影,割线无变形,两条相割的纬线,叫双标准纬线(图 2-8 中 $\varphi_1\varphi_1$ 纬线和 $\varphi_2\varphi_2$ 纬线)。正轴圆锥投影按变形性质又有等角、等积、等距投影之分。

我国 1:100 万地形图采用的 Lambert 投影就是一种正轴等角割圆锥投影;采用双标准纬线,即圆锥面与椭球面相割的两条纬线圈,其作用是使投影变形小而均匀。

Lambert 投影变形分布规律:

(1)角度没有变形,即投影前后对应的微分面保持图形相似。

(2)等变形线和纬线一致,同一条纬线上的变形处处相等。

(3)两条标准纬线上没有任何变形。

(4)在同一条经线上,两标准纬线外侧为正变形(长度比大于 1),而两标准纬线之间为负变形(长度比小于 1)。

(5)同一纬线上等经差的线段长度相等,两条纬线间的经线长度处处相等。

另外,我国 1:100 万地形图为了保证面积不变形,也会采用 Albers 投影即正轴等面积割圆锥投影。

【任务实施】

1　地理坐标系

地理坐标系（Geographic Coordinate System,GCS）使用三维球面来定义地球上的位置，以经纬度为单位,GCS 包括角度测量单位、本初子午线和基准面(基于旋转椭球体)。

为了更好地了解地表要素及其特有的不规则性,测绘人员已对地球进行过多次测量,由这些测量结果产生了许多用来表示地球的旋转椭球体。通常,使用某个旋转椭球体来拟合一个国家/地区或者特定区域,最适合某个地区的旋转椭球体不一定适合另一个地区。

在 ArcCatalog 中,打开已有数据,在 Shapefile 文件上点击鼠标右键,选择“属性”→“XY 坐标系”,可以查看、定义、更改地理坐标系。如图 2-9 所示。

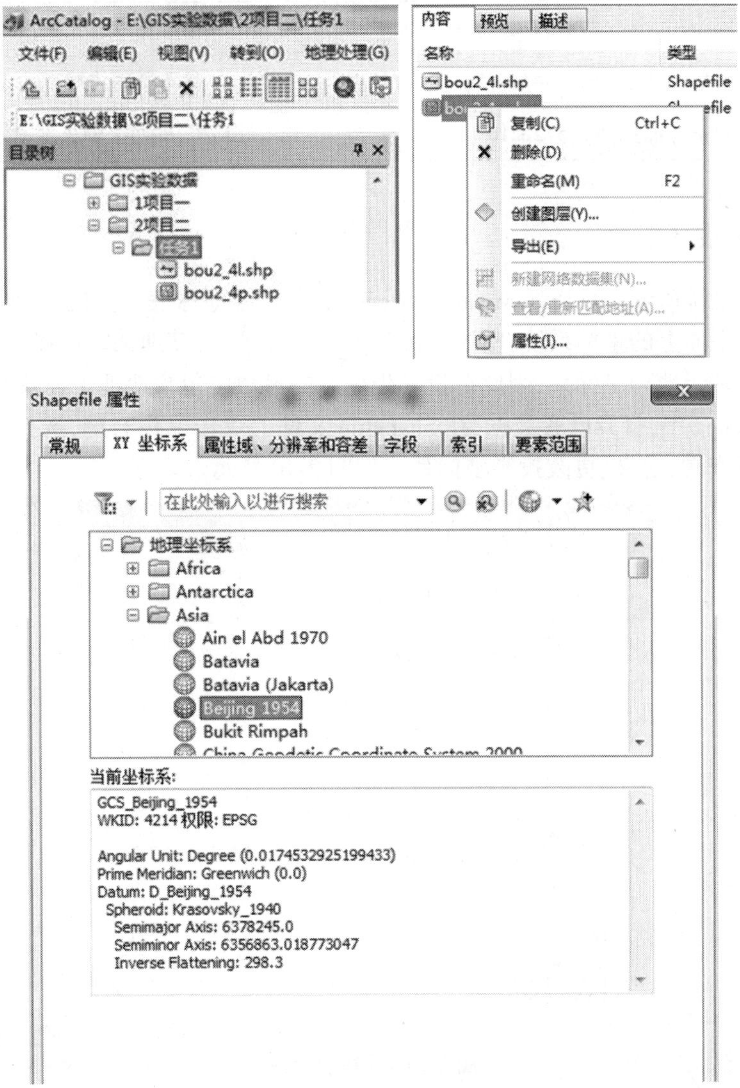

图 2-9　地理坐标系

选择常用的 2000 国家大地坐标系 GCS_China_Geodetic_Coordinate_System_2000，可以看到坐标系的相关参数（见表 2-2）。

其中，旋转椭球体由长半轴 a 和短半轴 b 定义，或者由 a 和扁率定义。扁率是两个轴长度的差异，以分数或小数表示。扁率 f 的计算公式为：$f=(a-b)/a$，由于其值非常小，这里采用的反扁率为 $1/f$。

表 2-2　地理坐标系的相关参数

Angular Unit：Degree	角度单位（°）
Prime Meridian：Greenwich（0.0）	本初子午线：格林尼治（起始经度）
Datum：D_China_2000	大地基准面
Spheroid：CGCS2000	参考椭球体
Semimajor Axis：6378137.0	参考椭球体长半轴
Semiminor Axis：6356752.314140356	参考椭球体短半轴
Inverse Flattening：298.257222101	反扁率，即两个轴长度的差异

2　投影坐标系

投影坐标系统（Projected Coordinate System）是将三维地球表面上的经纬度经过数学方法转换为二维平面上的坐标系统，实质上便是平面坐标系统，其地图单位通常为米（m）。投影坐标系必须基于地理坐标系，因此在投影坐标系的参数中包含地理坐标系的参数。

在 ArcCatalog 中，打开已有数据，在 Shapefile 文件上点击鼠标右键，选择“属性”→“XY 坐标系”，可以查看、定义、更改投影坐标系。如图 2-10 所示。

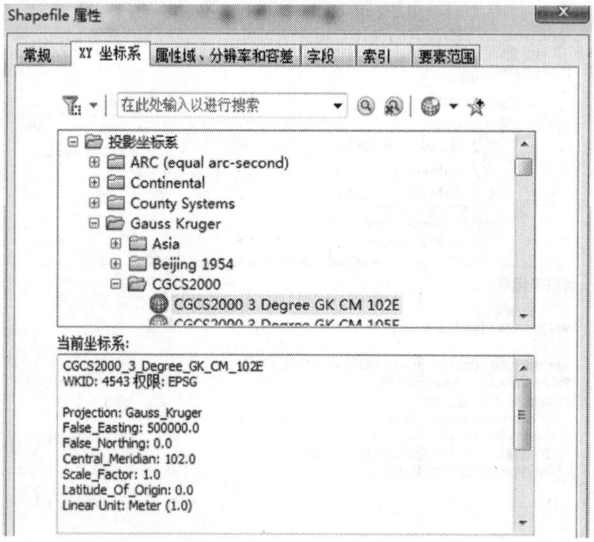

图 2-10　投影坐标系

选择大比例尺地形图使用的 Gauss_Kruger（高斯-克吕格投影），选择 CGCS2000 坐标系，可以看到有 4 种表达形式的投影坐标系。北京 1954、西安 1980 也以相同的方式表达。

CGCS2000_3_Degree_GK_CM_102E 表示 3°分带法的 2000 国家大地坐标系，中央经线在东 102°的分带坐标，横坐标前不加带号。

CGCS2000_3_Degree_GK_Zone_25 表示 3°分带法的 2000 国家大地坐标系，分带号为 25，横坐标前加带号。

CGCS2000_GK_CM_105E 表示 6°分带法的 2000 国家大地坐标系，中央经线在东 105°的分带坐标，横坐标前不加带号。

CGCS2000_GK_Zone_13 表示 6°分带法的 2000 国家大地坐标系，分带号为 13，横坐标前加带号。

其参数的说明如表 2-3 所示。

表 2-3　投影坐标系的相关参数

Projection: Gauss_Kruger	投影:高斯-克吕格
False_Easting: 500000.0	向东偏移:500 km
False_Northing: 0.0	向北偏移:0
Central_Meridian: 102.0	中央经线:102°
Scale_Factor: 1.0	比例系数:1.0
Latitude_Of_Origin: 0.0	起始纬度:0.0
Linear Unit: Meter (1.0)	线性单位:m

3　定义坐标系

对于未知坐标系或错误坐标系的地理数据，需要对其进行定义。使用 ArcToolbox→“数据管理工具”→“投影和变换”→“定义投影”，可对地理数据定义地理坐标系或投影坐标系。如图 2-11 所示。

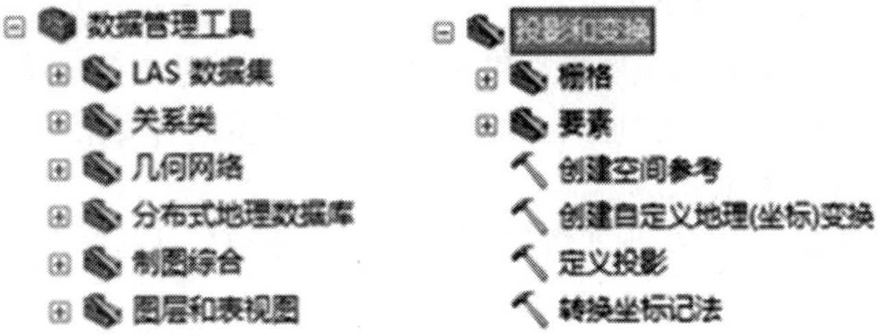

图 2-11　定义投影

在“定义投影”对话框中，输入数据集或在要素类中选择地理数据，在坐标系中选择地理坐标系或投影坐标系。使用此工具前，必须获知该数据的正确坐标系。如图 2-12 所示。

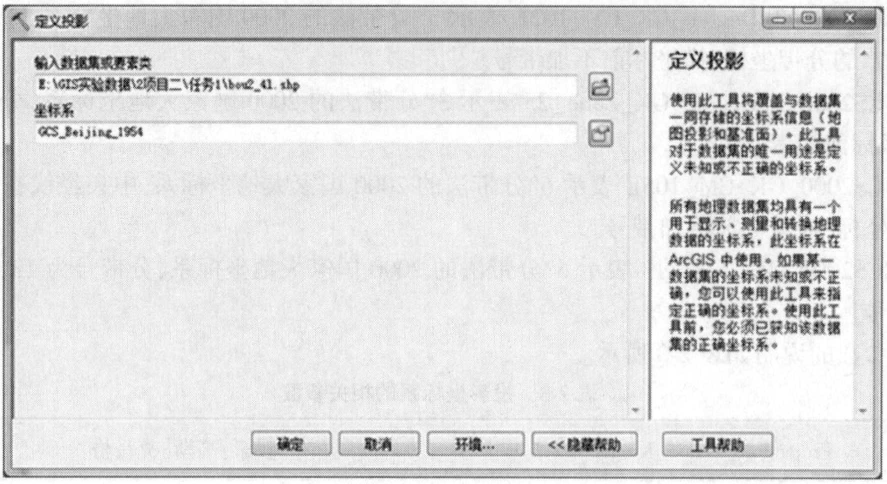

图 2-12 定义坐标系

任务 2 地理空间表达

【任务描述】

地理表达是指一组用于描述地理实体的约定，涉及地理实体及其空间关系、不确定性、地理动态等方面。地理表达是否能符合相应地学领域的要求，关键因素是这种表达方式能否可以真实地反映各类地理实体。目前地理表达正在从“模拟”走向“数字”。

【相关知识】

1 地图对地理空间的描述

地图是现实世界的模型，它按照一定的比例、一定的投影原则有选择地将复杂的三维现实世界的某些内容投影到二维平面媒介上，并用符号将这些内容要素表现出来。地图上各种内容要素之间的关系，是按照地图投影建立的数学规则，使地表各点和地图平面上的相应各点保持一定的函数关系，从而在地图上准确地表达地表空间各要素的关系和分布规律，反映它们之间的方向、距离和面积。

地图是通过地图语言来模拟现实世界的，地图语言主要包括地图符号、地图色彩等。

1.1 地图符号

地图具有负载和传递信息的功能，这一功能的实现主要依靠的就是地图符号（如图 2-13、图 2-14 所示为 MapInfo 点、面状符号样式），制图者通过运用各种符号绘制地图，读图者通过对地图符号所承载的信息的识别来认识客观世界。地图符号就是在地图上表示各地图要素的位置、大小、数量或质量特征的，具有不同的形状、大小和颜色的图形。地图符号显示了各要素的数量特征、质量特征、空间分布特征、发展趋势等信息，使得地图信息形象直观。

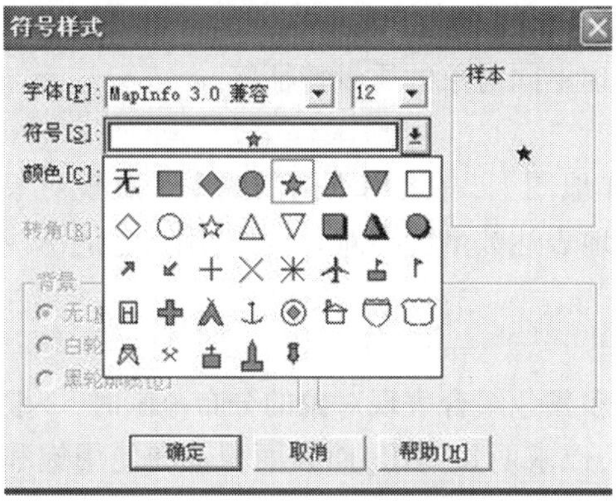

图 2-13 MapInfo 点状符号样式

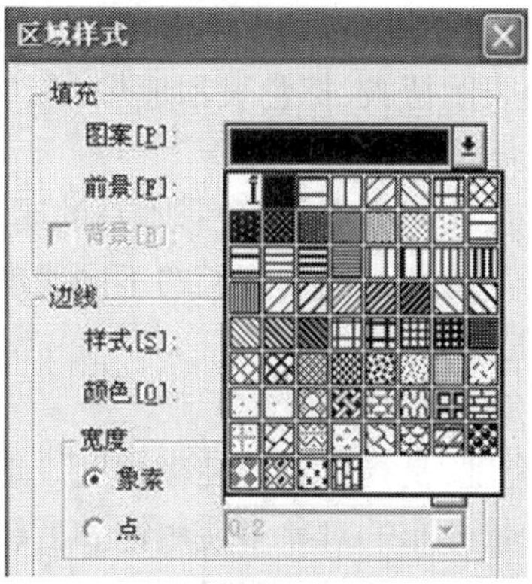

图 2-14 MapInfo 面状符号样式

地图符号多种多样，可以用来表达各种类型的制图对象，构成一幅完整明晰的地图。为了更好地应用符号来表达地理信息，就有必要从不同的角度划分地图符号，使之系统化，以便在制图中更快捷地应用。

1.1.1 按视点位置分

(1)正形符号：这类符号以正射投影为基础，符号图形为地物的平面轮廓图形，并保持有一定的比例关系。一般用于大面积的地物，如大比例尺中的房屋、街区、湖泊等。

(2)侧形符号：这类符号以透视投影为基础，符号图形与地物的侧面轮廓一致。一般用于表示比较小的独立物体，如烟囱、亭、窑洞、烈士墓等。

1.1.2 按比例关系分

(1)依比例符号：对于实地上面积较大的地物，依地图的比例尺缩小后，还能保持与实物形状相似的清晰图形，这类符号就称为依比例符号。用于表示在实地中占有相当大的面积，依比例缩小后仍能清晰地显示真形轮廓形状的地物。用轮廓线表示真实位置和形状，内部填充其他的颜色、符号等表示地物的质量或数量特征。例如大比例尺地形图的森林、湖泊、草地等。

(2)半依比例符号：实地上的线状和狭长物体，随地图的比例尺缩小后，其长度可以依比例尺表示，而宽度不能依比例尺绘出，这类符号称为半依比例符号。主要用于表示在实地狭长分布的线状物体，如道路、河流等。此种符号在地图上只能度量其长度，不能度量其宽度。

(3)不依比例尺符号：实地上面积较小的物体，不可能按地图的比例尺缩小表示出来，因而只能用夸张的方法表示它们的存在，但不能表示其实际大小，仅仅显示了地物的位置和类别。一般适用于独立地物的表示。

1.2 地图色彩

色彩在地图上的应用，使色彩成为地图符号的一个重要方面。

自然界的一切色彩可分为两大类：一类是黑、白及各种灰色，称为消色或非彩色；另一类是除黑、白、灰外的各种颜色，称为彩色。

自然界的色彩灿烂绚丽，种类繁多，但都有共同的三个要素：色相、明度、饱和度。

1.2.1 色相

色相，即每种颜色固有的相貌。色相表示颜色之间“质”的区别，是色彩最本质的属性。

色相的不同,在地图上多用于表达不同类别的对象。例如,在地形图上多用蓝色表示水系,绿色表示植被,棕色表示地貌;在专题图上表现不同对象的质量特征等。

1.2.2　明度

明度,又叫亮度,指色彩本身的明暗程度。在地图上,多运用不同的明度来表现对象的数量差异,特别是同一色相的不同明度更能明显地表达数量的增减。例如,用蓝色的深浅表示海洋的深度变化。

1.2.3　饱和度

饱和度,是指色彩的纯净程度。地图上用许多颜色组合表现对象的分布范围时,一般小面积、少量分布的对象多使用饱和度较高的色彩,以求明显突出,而大面积范围使用饱和度较低的色彩,以免过分明显刺眼。

2　地图分幅与编号

对于一个确定的制图区域来说,要求地图内容比较概略,采用较小的比例尺,才有可能将全区绘于一张图纸上。如果要求地图内容表达详细,势必就要采用较大的比例尺,比例尺增大的结果,必然增大地图幅面,这样就不可能在一张图纸上描绘出来,而要将地图进行分幅,以利于编图、印刷、保管、使用等。为此,必须研究地图的分幅和编号。

2.1　地图的分幅

分幅指用图廓线分割制图区域,其图廓线圈定的范围成为单独图幅。图幅之间沿图廓线相互拼接。通常有矩形分幅和经纬线分幅两种分幅形式。

矩形分幅是用矩形的图廓线分割图幅,相邻图幅间的图廓线都是直线,矩形的大小根据图纸规格、用户使用方便以及编图的需要确定。挂图、地图集中的地图多用矩形分幅。

经纬线分幅的图廓线由经线和纬线组成,大多数情况下表现为上下图廓为曲线的梯形。地形图、大区域的分幅图多用经纬线分幅。

不同的分幅方式都有相应的优点和缺点。

2.1.1　矩形分幅

(1)优点:图幅间拼接方便;各图幅面积相对平衡,方便使用图纸和印刷;图廓线可避开分割重要地物。

(2)缺点:制图区域只能一次投影,变形较大。

2.1.2　经纬线分幅

(1)优点:图幅有明确的地理范围;可分开多次投影,变形较小。

(2)缺点:图廓为曲线时拼接不便;高纬度地区图幅面积缩小,不利于纸张的使用和印刷。

2.2　地图的编号

编号是每个图幅的数码标记,它们应具有系统性、逻辑性和不重复性。

常见的编号方法有自然序数编号和行列式编号。如图 2-15 和图 2-16 所示。

自然序数编号,将图幅由左上角从左到右、自上而下用自然序数进行标号,挂图、小区域的分幅地图常采用这种方法编号。

行列式标号,将区域分为行和列,可以纵向为行、横向为列,也可以相反。分别用字母或数字表示行号和列号,一个行号和一个列号标定一个唯一的图幅。

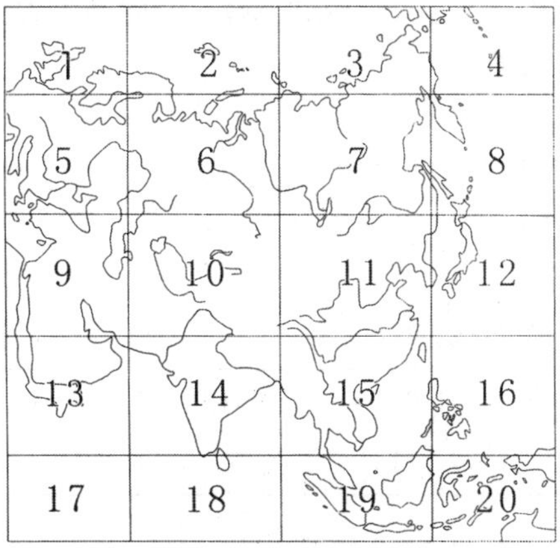

图2-15 自然序数编号法

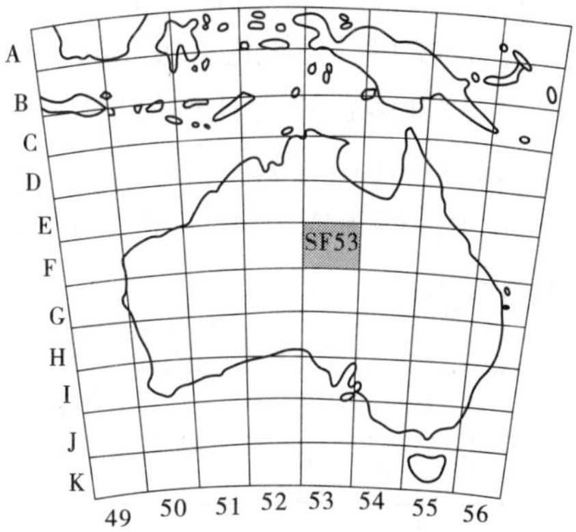

图2-16 行列编号法

我国的8种比例尺地形图都是在1∶100万比例尺地图编号的基础上进行的，前后有很大的变化。

1991年制定的《国家基本比例尺地形图分幅和编号》（GB/T 13989—2012）规定，新系统的分幅没有做任何的变动，但编号方法有了较大的变化。

1∶100万地形图的分幅按国际1∶100万地图分幅标准进行，每幅1∶100万地形图的标准分幅是经差6°、纬差4°（纬度60°~76°经差12°；纬度76°~88°经差24°）。其他比例尺的分幅在1∶100万地形图的基础上进行，其中1∶50万、1∶25万和1∶10万三种比例尺地形图的分幅与20世纪70~80年代相同，1∶5万以下比例尺地形图的分幅方法如下：

每幅1∶100万地图分为24行24列，共576幅1∶5万地形图，每幅1∶5万地形图的分幅为经差15′、纬差10′。

每幅1∶100万地图分为48行48列，共2 304幅1∶2.5万地形图，每幅1∶2.5万地形图的分幅为经差7′30″、纬差5′。

每幅1∶100万地图分为96行96列，共9 216幅1∶1万地形图，每幅1∶1万地形图的分幅为经差3′45″、纬差2′30″。

每幅1∶100万地图分为192行192列，共36 864幅1∶5 000地形图，每幅1∶5 000地形图的分幅为经差1′52.5″、纬差1′15″。

（1）1∶100万地图的编号。

20世纪90年代以前，1∶100万比例尺地图用列行式编号（横向为列、纵向为行，列号在前、行号在后）。列：从赤道算起，纬度每4°为一列，至南北纬88°有22列，用大写英文字母A、B、C、……、V表示，南半球加S，北半球加N，由于我国领土全在北半球，N字省略。行：从180°经线算起，自西向东6°为一行，全球分为60行，用阿拉伯数字1、2、3、……、60表示。一个列号和一个行号就组成一幅1∶100万地图的编号。其他比例尺地形图都是在1∶100万比例尺地图的基础上加自然序数，如北京所在的1∶100万地形图图号为J-50。

20世纪90年代及以后，1∶100万比例尺地图用行列式编号法（横向为行、纵向为列，行号在前、列号在后）。同旧系统相比，列和行对换了，有“列-行”式变为“行-列”式，把行号放在前面,列号放在后,中间不用连接号,而新系统中横向为行、纵向为列,因此新旧系统编号没有实质性的变化,如北京所在的1∶100万地形图图号为J50。

(2)1∶5 000~1∶50万比例尺地图的编号。

7种比例尺地图的编号都是在1∶100万地图的基础上进行的,如表2-4所示。它们的编号都由10个代码组成,其中前3位是所在的1∶100万地图的行号(1位)和列号(2位),第4位是比例尺代码。

表2-4　基本比例尺地形图编号比例尺代码

比例尺	1∶50万	1∶25万	1∶10万	1∶5万	1∶2.5万	1∶1万	1∶5 000
代码	B	C	D	E	F	G	H

后面6位分为两段,前3位是图幅的行号数字码,后3位是图幅的列号数字码。行号和列号的数字码编码方法是一致的,行号从上而下,列号从左到右顺序编排,不足3位时前面加"0"。如图2-17~图2-19所示。

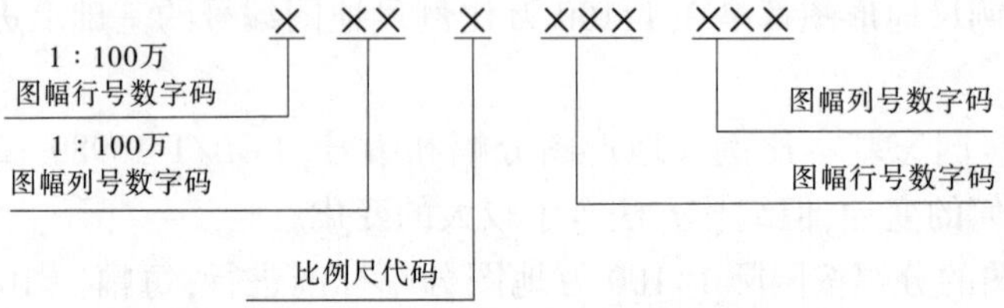

图2-17　1∶5 000~1∶50万地形图图号的构成

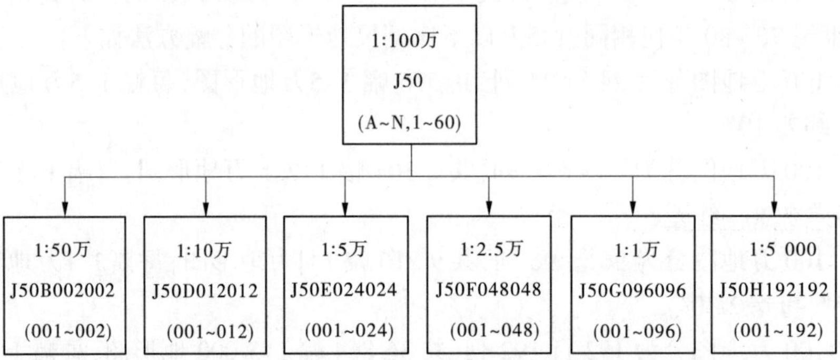

图2-18　新基本比例尺地形图分幅和编号系统

3　遥感影像对地理空间的描述

20世纪60年代以来,遥感技术在国民经济的各个方面都有了广泛的应用,如检测地表资源、环境变化,或了解沙漠化、土壤侵蚀等缓慢变化,或监视森林火灾、洪水和天气迅速变化状况,或进行作物估产,其核心是为空间信息资料的获取提供方便,进而为利用空间信息的各行各业服务。

遥感就是从空间平台上通过电磁波,高屋建瓴观测地球,获得地球表层信息的理论方法。遥感的空间分辨率是指影像中像元所代表的地面范围的大小,或可以识别的最小地面距离,或最小目标物的大小。一般来说,如图2-20所示,遥感系统的空间分辨率越高,其识

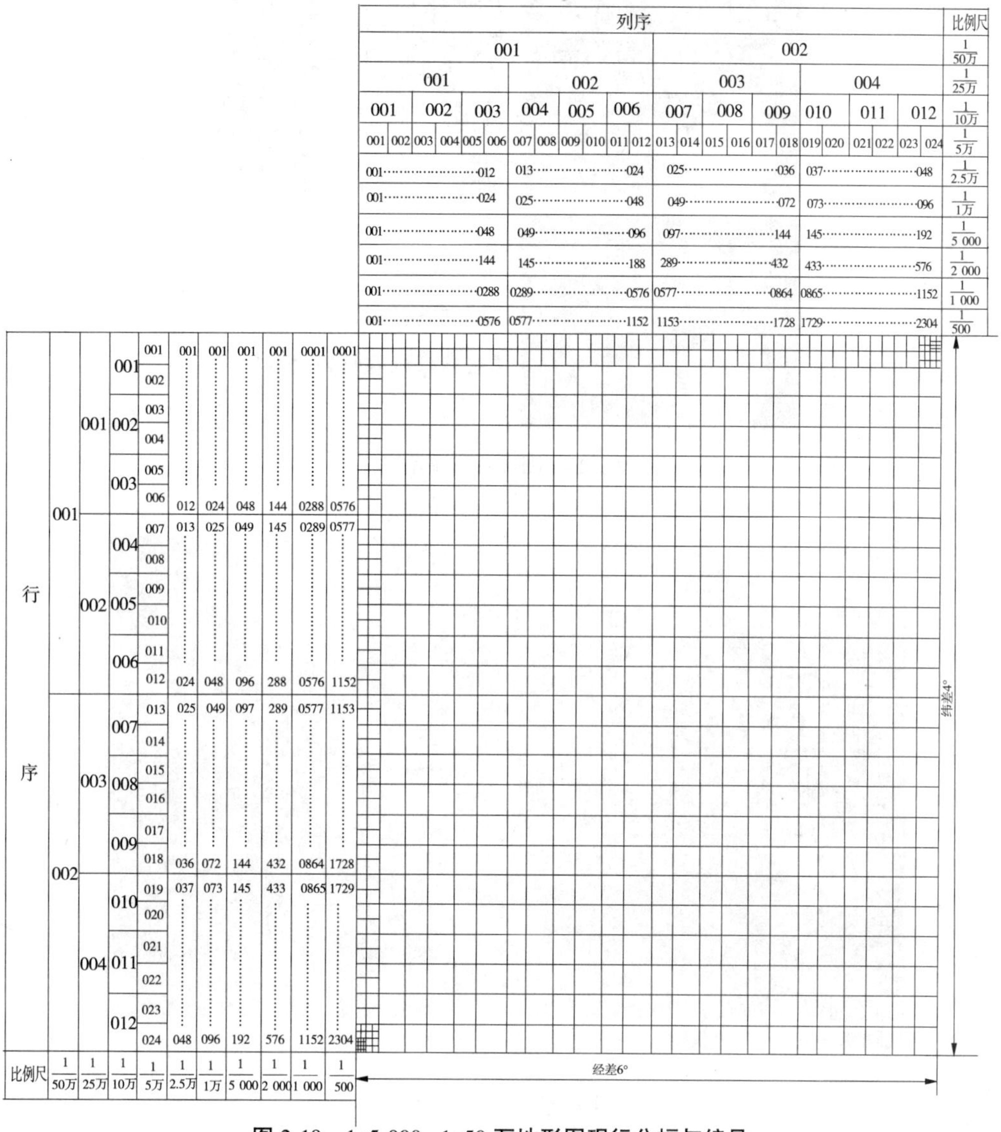

图 2-19　1∶5 000~1∶50 万地形图现行分幅与编号

别能力越强。但实际上,每一物体的可分辨程度不完全取决于空间分辨率,而是与对象的形状、大小及它与周围物体的相对亮度及结构有关。

遥感影像对空间信息的描述主要是通过不同的颜色和灰度来表示的。这是因为地物的结构、成分、分布等不同,其反射光谱特性和发射光谱特性也各不相同,传感器记录的各种地物在某一波段的电磁辐射反射能量也各不相同,反映在遥感影像上,则表现为不同的颜色和灰度信息。所以说,通过遥感影像可以获取大量的空间地物的特征信息。如图 2-21 所示的卫星影像。

图像有模拟图像和数字图像。模拟图像是灰度和位置连续变化,可用连续函数来描述。而数字图像指由一系列灰度值不连续的、按行列有规律地排列的有限的像元组成的图像,能被计算机存储和处理。

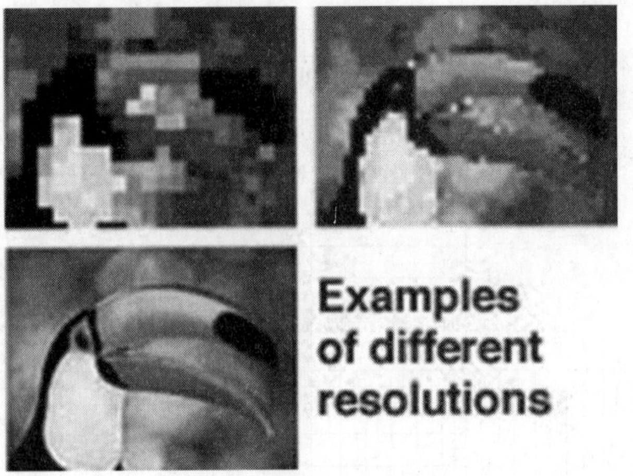

图 2-20　图像分辨率示意

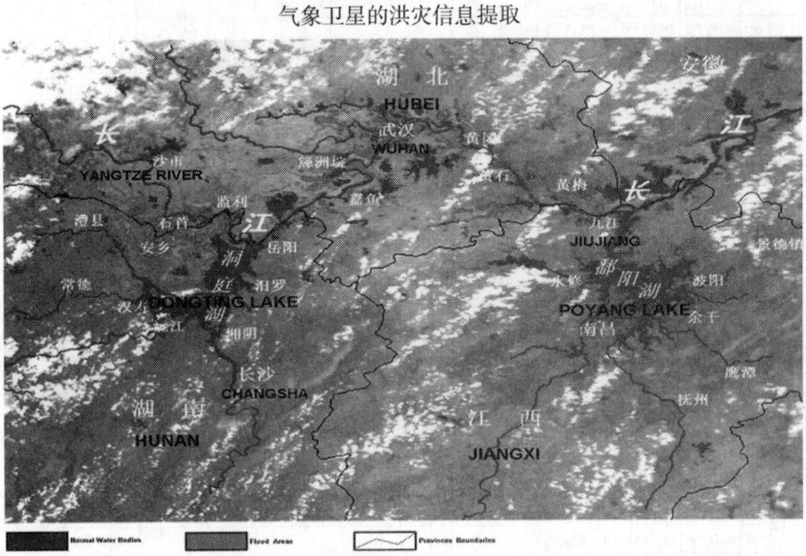

图 2-21　卫星影像

模拟图像到数字图像的转化即图像的数字化,包括采样和量化两个过程。

采样是将空间上连续的图像变换成离散点的操作,也即位置离散化,将模拟图像按纵横两方向分割为若干个形状、大小相同的像元,即等间隔取样成离散值,各像元的位置由其所在的行和列表示,一幅图像可以表示成一个矩阵。采样间隔越大,所得图像像素数越少,空间分辨率低,质量差,严重时出现像素呈块状的国际棋盘效应;采样间隔越小,所得图像像素数越多,空间分辨率高,图像质量好,但数据量大。

经采样图像被分割成空间上离散的像素,但其灰度是连续的,还不能用计算机进行处理。将像素灰度转换成离散的数值的过程叫量化,即灰度的离散化。量化参数也称灰度等级,即一幅数字图像中不同灰度值的个数称为灰度级数,用 G 表示。$G=2g$,g 就是表示图像像素灰度值所需的比特位数。量化等级越多,所得图像层次越丰富,灰度分辨率高,图像质量好,但数据量大;量化等级越少,图像层次欠丰富,灰度分辨率低,会出现假轮廓现象,图像质量变差,但数据量小。

黑白图像是指图像的每个像素只能是黑或白,没有中间的过渡,故又称为二值图像。二值图像的像素值为0或1。

灰度图像是指每个像素由一个量化的灰度值来描述的图像。它不包含彩色信息。

彩色图像是指每个像素由R、G、B三原色像素构成的图像,其中R、B、G是由不同的灰度级来描述的。

遥感数字图像指以数字形式表示的遥感影像。

因为卫星遥感可以覆盖全球每一个角落,对任何国家和地区都不存在由于自然或社会因素所造成的信息获取的空白地区,卫星遥感资料可以及时地提供广大地区的同一时相、同一波段、同一比例尺、同一精度的空间信息,航空遥感可以快速获取小范围地区的详细资料,也就是说,遥感技术在空间信息获取的现势性方面得到了很大的提高。

还需要说明的是,利用遥感影像通常可以获得多层面的信息,对遥感信息的提取一般需要具有专业知识的人员通过遥感解译才能完成。

4 地理信息的数字化描述

随着信息时代的到来,仅用传统的手段(地图和遥感影像)描述地理信息已存在许多问题:①地图的生产周期太长,目前科研、生产与管理工作都要求及时得到有关地表变化的信息,这种情况下,传统的地图存储、生产已不能满足需要。②遥感影像因为存在着变形,须首先对其进行纠正,另外,遥感影像因为其成像方式的不同,不同的影像有不同的影像特征,必须解译才能变成人们所习惯的地图方式,这需要很大的工作量。而遥感数字图像计算机解译是以遥感数字图像为研究对象,在计算机系统支持下,综合运用地学分析、遥感图像处理、地理信息系统、模式识别与人工智能技术,实现地学专题信息的智能化获取。

计算机软硬件技术的发展,使得利用计算机把地理信息数字化,并进一步对其进行管理、处理和利用成为可能。

对地理信息进行数字化描述,就是要使计算机能够识别地理事物的形状,为此,必须精确地指出空间模式如何处理、如何显示等。在计算机内描述空间实体有两种形式:显式描述和隐式描述,如图2-22所示。例如一条河流,在计算机中的显式描述,就是栅格中的一系列像元,如图2-22(b)所示,为使计算机认识这些像元描述的是河流而不是其他物体,这些像元都给予相同的编码值R或者用相同的颜色、符号、数字、灰度值来表示。

河流的隐式描述是由一系列定义了始点和终点的线及某种连接关系来描述,线的始点和终点坐标定义为一条表示河流及其河心洲形状的矢量,如图2-22(c)所示。

计算机对地理实体的显式描述也称栅格数据结构,计算机对地理实体的隐式描述也称矢量数据结构。栅格和矢量结构是计算机描述空间实体的两种最基本的方式。

在栅格数据结构中,整个地理空间被规则地分为一个个小块(通常为正方形),地理实体的位置是由占据小块的横排与竖列的位置决定的,小块的位置则由其横排竖列的数码决定,每个地理实体的形态是由栅格或网格中的一组点来构成的。这种数据结构和遥感图像的数据相同,因而数字遥感图像就是栅格数据结构。

在矢量数据结构中,地理实体的形状和位置是由一组坐标对所确定的。矢量数据结构对地理实体的描述类似于地图对地理信息的描述,一般也把地理实体分为点、线、面三种,每种实体有不同的编码方法。

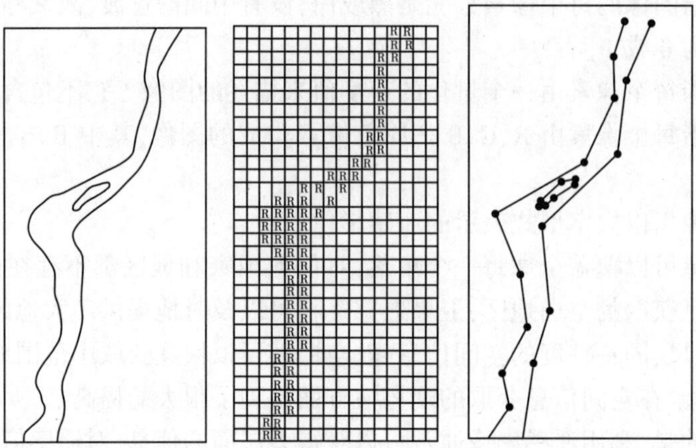

(a)　(b)　(c)

图 2-22　河流的显式和隐式描述

由此看出,至少有两种数字化的方法可以表示空间信息:

栅格法:由一系列(x,y)坐标定位的像元,每个像元独立编码,并载有属性。

矢量法:三种主要地理实体的点、线、面中,点类似于像元,但不占有面积,其余两种均由一系列内部相关联的坐标形成,一定的面或线则与一定的属性连接。

而遥感影像的产品除遥感图像外,还有遥感数字图像,采用的就是栅格结构的方式,它主要是把空间地物在某一波段电磁辐射反射强度用数字来记录,是一个二维的离散的光密度(或亮度)函数。

【任务实施】

通过提供的大量地图和相关的遥感影像,分组讨论识读,找出相关地理要素。

通过网络查找相关的地图和遥感影像并进行识读,找出自己熟悉区域对应地理空间的表达。

复习与思考题

1. 什么是地理坐标系?我国使用过哪些大地坐标系?
2. 地图投影的实质是什么?可以分为哪些种类?
3. 高斯投影的条件和变形规律是什么?
4. 我国 GIS 中的地图投影是如何规定的?
5. 地图的语言有哪些?
6. 我国地图的分幅方式有哪些?我国基本比例尺地形图的分幅编号是什么?

思政案例:大地坐标系与高程坐标系的建立

1　案例背景

大地坐标系和高程坐标系是国家地理信息体系的重要基础,是我国测绘地理信息事业取得的重要科技成果之一。其建立过程体现了我国科技工作者长期的科学探索精神和无私奉献的家国情怀。从20世纪中期到今天,我国在地理坐标系的建立与完善上取得了巨大成就,如1954年北京坐标系、1980年西安坐标系和2000年中国大地坐标系(CGCS2000)的建立。这些成果不仅提升了国家自主测绘能力,也为国防、经济建设和社会发展提供了坚实支撑。

2 案例分析

2.1 大地坐标系和高程坐标系的建立过程

(1)早期基础的奠定:1954年,北京坐标系的建立标志着我国开始系统性地构建地理信息基础设施。尽管当时技术条件有限,但科技工作者通过大量实地观测和数据整理,为国家地图测绘提供了宝贵的数据支撑。

(2)1980年西安坐标系的更新:随着测绘技术的进步,我国在1980年建立了西安坐标系。该坐标系对精度和适用范围进行了全面提升,为国家经济建设和国防需求提供了重要支撑。

(3)2000年中国大地坐标系的突破:进入21世纪,我国在引入卫星定位技术的基础上,自主建立了中国大地坐标系(CGCS2000),并广泛应用于国土资源调查、工程建设和灾害监测等领域,成为现代测绘体系的重要基石。

(4)高程坐标系的完善:从青藏高原测绘到全国海拔基准的统一,高程坐标系的建立凝聚了无数测绘工作者的智慧和心血。无论是珠峰测量还是三峡工程,测绘人员都克服了重重困难,确保了数据的精准性。

2.2 科学探索精神的体现

在坐标系的建立过程中,我国科技工作者展现了不畏艰难、勇于创新的科学探索精神。他们深入高山、戈壁和深海,攻克了技术难题,填补了测绘领域的空白。尤其是在我国自主卫星定位系统北斗的支持下,科技工作者通过独立自主的技术攻关,实现了从跟跑到并跑、再到领跑的跨越。

3 案例反思

3.1 培养科学探索精神

地理坐标系的建立并非一蹴而就,而是科技工作者长期积累、不断探索的成果。这启示我们,科学研究需要耐心与毅力,唯有沉下心来,才能有所突破,严谨的科学态度和创新精神是通向成功的必要条件。

3.2 树立科技报国的理想信念

测绘工作者在高寒、缺氧等恶劣环境中开展工作的事迹,让我们深刻感受到他们的奉献精神。这种精神是新时代青年追求进步、献身科技事业的重要榜样。

3.3 科技自立自强的重要性

从依赖国外测绘基准到自主构建国家坐标系的跨越,充分证明了科技自立自强对国家安全和发展的重要意义。这也提醒我们,作为新时代的科技工作者,必须努力掌握核心技术,服务国家需求。

4 案例总结

从大地坐标系和高程坐标系的建立过程中,我们深刻感受到科学探索精神和科技报国情怀的力量。作为新时代的青年和测绘专业学生,应以此为榜样,树立科技报国的远大志向,努力提升自身科学素养与专业能力,为实现中华民族伟大复兴贡献自己的智慧和力量。

项目3 空间数据的获取

项目3 空间数据的获取

项目概述

地理空间数据是GIS的核心,整个GIS都是围绕空间数据的采集、加工、存储、分析和显示展开的。空间数据获取是建立GIS最重要且工作量最大的一个过程,它直接影响到GIS应用的潜力、成本和效率。

本项目由认识空间数据、空间数据采集、属性数据采集和空间数据的格式转换4个任务组成。通过本项目的学习,为从事GIS数据采集岗位工作打下基础。

学习目标

知识目标

(1)了解空间数据源种类,能熟练表述GIS的数据特征和采集方法。

(2)能理解矢量数据结构的概念、存储形式,了解其编码方法。

(3)能理解栅格数据结构的概念、存储形式,理解其编码方法。

(4)能熟练掌握属性数据的含义。

(5)能熟练掌握地理空间数据的类型。

技能目标

(1)能利用相关设备进行空间数据采集,掌握空间数据采集方法。

(2)能进行属性数据采集,并将图形与属性进行连接。

(3)能进行空间数据在不同GIS平台之间的格式转换,掌握空间数据格式的转换方法。

任务1 认识空间数据

【任务描述】

空间数据是GIS的核心,而空间数据结构是GIS沟通信息的桥梁,只有充分理解GIS所采用的特定数据结构,才能正确使用GIS系统。

本次任务要求理解并认识GIS的内部数据结构,即矢量数据结构和栅格数据结构。能创建并打开ArcGIS的Shapefile文件,打开栅格数据,建立金字塔。

【相关知识】

1　空间数据的特征及类型

1.1　空间数据的特征

空间数据是现实世界地理实体或现象在信息世界中的映射,它们反映了自然界地理实体向我们传达的基本信息。空间数据即描述空间实体的数据,具有以下基本特征:

(1)空间特征——用以描述事物或现象的地理位置及拓扑关系,又称几何特征、定位特征,如界桩的经纬度等。

(2)属性特征——用以描述事物或现象的特性,即用来说明“是什么”,如事物或现象的类别、等级、数量、名称等。

(3)时间特征——用以描述事物或现象随时间的不同而变化,例如人口数的逐年变化。

1.2　空间数据的类型

根据空间数据的特征,可以把空间数据归纳为三类:

(1)属性数据——描述空间数据的属性特征的数据,也称非几何数据。即说明“是什么”,如类型、等级、名称、状态等。

(2)几何数据——描述空间数据的空间特征的数据,也称位置数据、定位数据,即说明“在哪里”,如用(x,y)坐标来表示。

(3)关系数据——描述空间数据之间的空间关系的数据,如空间数据的相邻、包含等,主要是指拓扑关系。拓扑关系是一种对空间关系进行明确定义的数学方法。

如果根据 GIS 的数据源分类,除上述数据类型外,还可包括影像数据、地形数据和元数据等。

影像数据——主要来源于卫星遥感和航空遥感等,一般为栅格方式。

地形数据——来源于地形等高线图的数字化;已建立的格网状的数字化高程模型(DEM 或 DTM);或其他形式表示的地形表面(如不规则三角网面 TIN)等。

元数据——对空间数据进行推理、分析和总结得到的关于数据的数据,如数据来源、数据权属、数据产生的时间、数据精度、数据分辨率、元数据比例尺、地理空间参考基准、数据转换方法等。

在具有智能化的 GIS 中还应有规则和知识数据。

1.3　空间数据结构

空间数据结构(Data Structure)即空间数据组织的形式,是指适合于计算机存储、管理、处理的几何数据的逻辑结构,是地理实体空间排列方式和相互关系的抽象描述。换句话说,是指几何数据以什么形式在计算机中存储和处理。

空间数据结构分为矢量数据结构和栅格数据结构(也可以称为矢量模型和栅格模型)两种。矢量模型和栅格模型都可用来描述地理实体的点、线、面三种基本类型。

空间数据编码是指空间数据结构的实现,即将遥感数据、地图数据等按一定的数据结构转换为适合于 GIS 存储的数据的过程和方法。由于 GIS 的数据量极大,一般采用压缩数据的编码方式以减少数据冗余。

2 矢量数据结构及其编码

2.1 矢量数据结构

2.1.1 矢量数据结构的概念

矢量数据结构——通过坐标值(x,y)来精确地表示点、线、面等地理实体的方法(见图3-1)。

点——由一对(x,y)坐标表示。

线——由一串有序的(x,y)坐标对表示。

面——由一串有序的且首尾坐标相同的(x,y)坐标对表示。

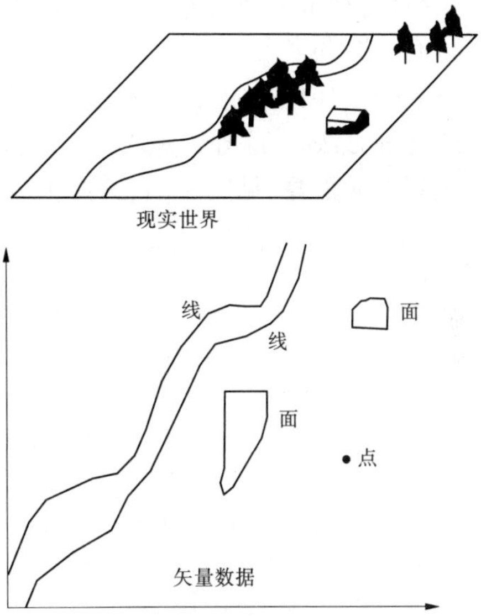

图3-1 矢量数据结构的空间实体表达

2.1.2 矢量数据结构的特点

矢量数据结构“定位明显,属性隐含”。这里(x,y)可以对应地面点的经纬度,也可以对应于平面直角坐标系的(x,y)坐标。矢量数据结构可以表示现实世界中各种复杂的实体,当问题可描述成线和边界时,特别有效。矢量数据冗余度低,结构紧凑,并具有空间实体的拓扑信息,便于深层次分析。矢量数据的输出质量好、精度高。

2.1.3 矢量数据结构的获取

(1)外业测量获取。

(2)手扶跟踪数字化法。

(3)数据结构转换法,即矢量化。由栅格数据结构转换得来。

2.2 矢量数据的编码

矢量数据的编码方法多种多样,但基本上类似,可触类旁通。

在GIS中,矢量数据的编码应考虑以下问题:

(1)矢量数据自身的存储和处理。

(2)与属性数据的联系。

(3)矢量数据之间的空间关系(拓扑关系)。

下面分别介绍矢量数据的简单数据结构和拓扑数据结构。

2.2.1 简单数据结构

矢量数据的简单数据结构没有拓扑关系,又称为面条数据模型。主要用于矢量数据的显示、输出,以及一般的查询和检索。它仅记录空间目标位置坐标和属性信息,而不记录它的拓扑关系。它可能有两种形式:一种是每个点、线、面目标直接跟随它的空间坐标;另一种是点坐标作为一个文件,线和多边形由点号组成。

在第一种形式中,每个实体的坐标都独立存储,毫不顾及相邻的多边形或线状和点状地物。具体如下:

点目标:[标识码,地物编码,(x,y)坐标]

线目标:[标识码,地物编码,(x,y)坐标系列]

面目标:[标识码,地物编码,(x,y)坐标系列]

对面状实体而言,最末点的坐标与第一点相等。

标识码:按一定的原则编码,简单情况下可顺序编号。标识码具有唯一性,是联系矢量数据和与其对应的属性数据的关键字。属性数据单独存放在数据库中。

地物编码:通常把与实体有关的基本属性(如等级、类型、大小等)作为地物编码。地物编码可以有一个和多个。

(x,y)坐标:实体的定位点,对于点实体,如果是有向点,则可以有两个坐标对。

使用这种方法时,除外轮廓线外,多边形的公共边界数据均需获取和存储两次,这就可能会产生裂隙或重叠(见图 3-2),并产生数据冗余。为了消除裂缝,一般需要编辑。

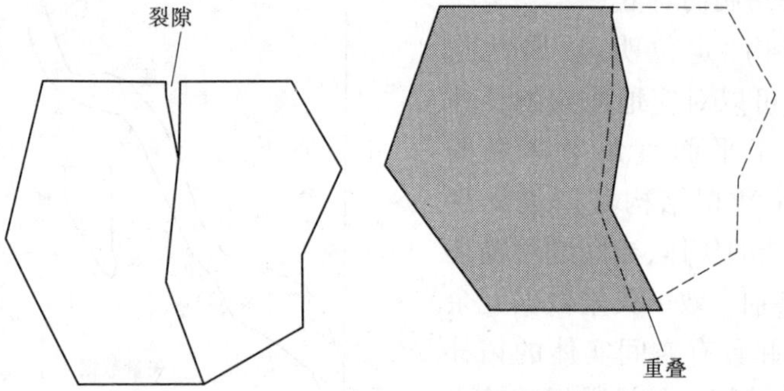

图 3-2　多边形环路中的裂隙与重叠

为克服独立实体编码的某些局限性,可以建立一个包括边界坐标点的点文件,然后建立点、线和多边形的边界表,它们由点位序号构成。方式如下:

点的矢量数据结构:[标识码,地物编码,(x,y)坐标]

线(链)的矢量数据结构:[标识码,地物编码,坐标对数 n,(x,y)坐标序号]

坐标对数 n:构成该线(链)的坐标对的个数。

(x,y)坐标序号:这是构成线(链)的矢量坐标串所对应的点文件的指针地址。

面(多边形)的矢量数据结构:[标识码,地物编码,链数 n,链标识码集]

链数 n:指构成该面(多边形)的链的数目。

链标识码集:指所有构成该面(多边形)的链的标识码的集合,共有 n 个。

这样,一个面(多边形)就可由多条链构成,每条链的坐标可由线(链)的矢量数据结构获取。这种方法可保证多边形公共边的唯一性;但多边形的分解和合并不易进行;邻域处理比较复杂,需追踪出公共边;在处理"洞"或"岛"之类的多边形嵌套问题时较麻烦,需计算多边形的包含等。同时,它仍然没有建立各个多边形实体之间的空间关系。

2.2.2　拓扑数据结构

具有拓扑关系的矢量数据结构就是拓扑数据结构,拓扑数据结构是 GIS 的分析和应用功能所必需的。拓扑数据结构的表示方式没有固定的格式,还没有形成标准,但基本原理是相同的。

1. 空间数据的拓扑关系

在 GIS 中,为了真实地反映地理实体,不仅要包括实体的位置、形状、大小和属性,还必须反映实体之间的相互关系。这些关系就是指它们之间的邻接关系、关联关系和包含关系等。

地图上的拓扑关系是指图形保持连续状态下变形,但图形关系不变的性质。地图上各种图形的形状、大小会随图形的变形而改变,但是拓扑关系则不会改变。为此,也俗称拓扑关系是绘在橡皮上的图形关系,或者说拓扑空间中不考虑距离函数。拓扑关系是一种对空间结构关系进行明确定义的数学方法。

矢量数据可抽象为点(结点)、线(链、弧段、边)、面(多边形)三种要素,即称为拓扑元素。

结点:地图上反映一定意义的零维图形,用一对坐标表示的点,包括点要素、线要素的端点、连接点以及面要素边界线的首尾点。如井、交通信号灯、道路的交叉点等。

线:两结点间的有序线段(有方向性),包括线要素和面要素的边界线。如公路、铁路、河流、境界等。

面:由一条或若干条链构成的闭合区域。如土地利用区域、岛屿、湖泊、植被、政区等。

2. 最基本的拓扑关系

拓扑关系即拓扑元素之间的关系,最基本的拓扑关系是邻接和关联。

邻接——相同拓扑元素之间的关系。如结点与结点、链与链、面与面等。邻接关系是借助于不同类型的拓扑元素描述的,如面通过链而邻接。

关联——不同拓扑元素之间的关系。如结点与链、链与多边形等。

在 GIS 的分析和应用功能中,还可能用到其他拓扑关系,如:

包含关系——面与其他拓扑元素之间的关系。如果点、线、面在该面内,则称为被该面包含,如某省包含的湖泊、河流等。

几何关系——拓扑元素之间的距离关系。如拓扑元素之间距离不超过某一半径的关系。

层次关系——相同拓扑元素之间的等级关系。如国家由省(自治区、直辖市)组成,省(自治区、直辖市)由县组成等。

3. 拓扑关系的表示

拓扑数据结构的关键是拓扑关系的表示,而几何数据的表示可参照矢量数据的简单数据结构。在目前的 GIS 中,主要表示基本的拓扑关系,而且表示方法不尽相同。下面举一表示矢量数据拓扑关系的例子(见图 3-3)。

在图 3-3 中,A,B,C,D,E 为结点;a,b,c,d,e,f,g 为线段(弧段);P_0,P_1,P_2,P_3,P_4 为面(多边形),其边界线段(弧段)方向均为顺时针方向。则拓扑关系表示为:

邻接关系:空间图形中同类元素之间的拓扑关系。例如多边形之间的邻接关系 P_2/P_3、P_1/P_2,又如结点之间的邻接关系 A 与 D、C 与 D 等。

关联关系:空间图形中不同元素之间的拓扑关系。例如结点与弧段的关联关系 A 与 e、a、c;多边形与弧段的关联关系 P_3 与 e、c、f。

包含关系:空间图形中同类但不同级元素之间的拓扑关系。例如多边形 P_1 中包含有多边形 P_4。

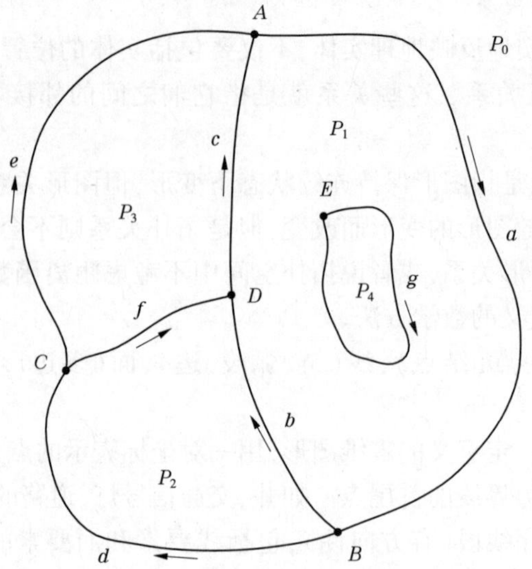

图 3-3　空间数据的拓扑关系

如果要将结点、弧段、面相互之间所有的拓扑关系表达出来，可以组成四个关系表，即表 3-1～表 3-4。

表 3-1　面域与弧段的拓扑关系

面域	弧段
P_1	$a, b, c, -g$
P_2	b, d, f
P_3	c, f, e
P_4	g

表 3-2　结点与弧段的拓扑关系

结点	弧段
A	a, c, e
B	a, d, b
C	d, e, f
D	b, f, c
E	g

表 3-3　弧段与结点的拓扑关系

弧段	结点
a	A, B
b	B, D
c	D, A
d	B, C
e	C, A
f	C, D
g	E, E

表 3-4　弧段与面域的拓扑关系

弧段	左邻面	右邻面
a	P_0	P_1
b	P_2	P_1
c	P_3	P_1
d	P_0	P_2
e	P_0	P_3
f	P_3	P_2
g	P_1	P_4

说明:表 3-1 中,弧段前的负号表示面域中含有岛。表 3-3 中每一弧段的左、右结点分别作为始结点和终结点。

上述关系也可以只用其中的部分表来表示,而其余关系则隐含其中,需要时再建立临时关系表。例如表 3-2 对于网络分析非常重要,而对于主要以面状目标的管理系统来说则可以省略。

4. 拓扑关系的意义

空间数据的拓扑关系,对数据处理与空间分析具有重要的意义。

根据拓扑关系,不需要利用坐标或距离,可以确定一种空间实体相对于另一种空间实体的位置关系。拓扑关系能清楚地反映实体之间的逻辑结构关系,它比几何关系有更大的稳定性,不随地图投影而变化。

利用拓扑关系有利于空间要素的查询,例如某条公路通过哪些地区,某县与哪些县邻接。又如分析某河流能为哪些地区的居民提供水源,某湖泊周围的土地类型及对生物栖息环境做出评价等。

可以根据拓扑关系重建地理实体。例如根据弧段构建多边形,实现道路的选取,进行最佳路径的选择等。

3　栅格数据结构及其编码

3.1　基本概念

栅格数据结构就是将地理空间进行规则的划分,划分为若干行、若干列,即像元阵列,以规则的像元阵列来表示空间地物或现象的分布的数据结构,其阵列中的每个数据表示地物或现象的属性特征。

换句话说,栅格数据结构就是像元阵列,用每个像元的行列号确定位置,用每个像元的值表示实体的类型、等级等的属性编码。

对于栅格数据结构:

点实体——表示为一个像元。

线实体——表示为在一定方向上连接成串的相邻像元的集合。

面实体——表示为聚集在一起的相邻像元的集合。

用栅格结构表示地图,首先要给定每个物体的编码,如给定高程点的编码为 9,烟囱的编码为 7,铁路的编码为 1,居民点的编码为 5,林地的编码为 3,菜地的编码为 4,则图 3-4 的地图用栅格结构表示为图 3-5。

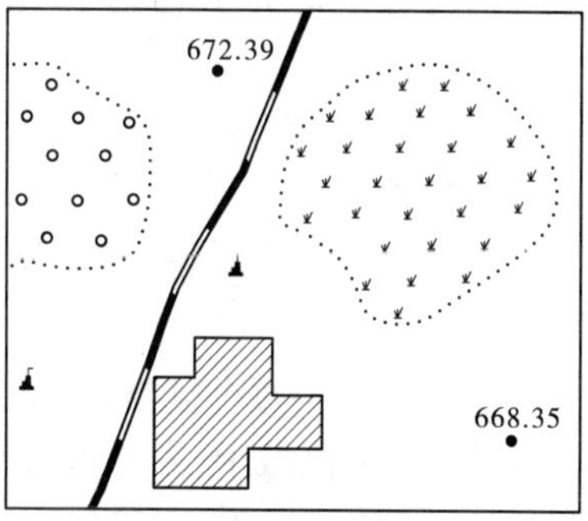

图 3-4　含有点、线、面要素的地图

栅格数据表示的是二维表面上的地理数据的离散化数值。在栅格数据中,地表被分割为相互邻接、规则排列的矩形方块(有时也可以是三角形、菱形、六边形等),每个地块与一个像元相对应。当像元所表示的面积较大时,对长度、面积等的量测有较大影响。每个像元的属性是地表相应区域内地理数据的近似值,因而有可能产生属性方面的偏差。如 Landsat MSS 卫星影像的单个像元对应着地表 79 m×79 m

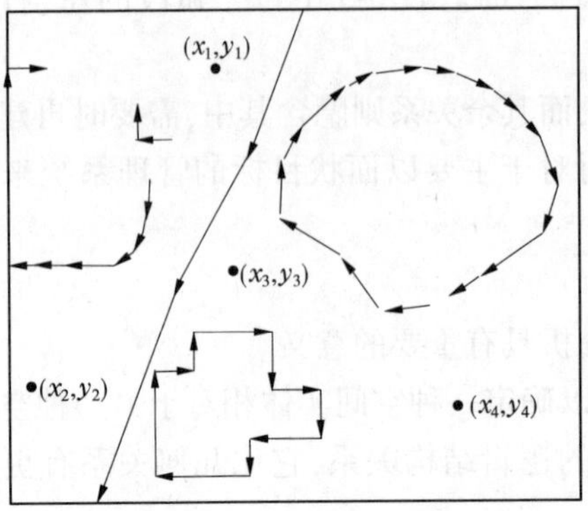

0	0	0	0	0	0	1	0	0	0	0	0
3	3	0	0	8	1	0	4	4	4	0	0
3	3	3	0	0	1	4	4	4	4	4	0
3	3	3	0	1	0	4	4	4	4	4	4
3	3	3	0	1	0	4	4	4	4	4	0
0	0	0	1	7	0	0	4	4	4	0	0
0	0	0	1	5	5	0	0	0	0	0	0
7	0	1	5	5	5	5	0	0	0	0	0
0	0	1	5	5	5	5	0	0	0	8	0
0	1	0	5	5	0	0	0	0	0	0	0

图 3-5　地图的矢量和栅格表示

的矩形区域,影像记录的光谱数据是每个像元所对应的地表区域内所有地物光谱辐射的总和。

栅格数据记录的是属性数据本身,而位置数据可以由属性数据对应的行列号转换为相应的坐标。因此,栅格数据结构“属性明显,定位隐含”。

栅格数据的阵列方式很容易为计算机存储和操作,不仅很直观,而且易于维护和修改。由于栅格数据的数据结构简单,定位存取性能好,因而在 GIS 中可与影像数据和 DEM 数据进行联合空间分析。

3.2　栅格数据的获取

(1)来自于遥感数据。通过遥感手段获得的数字图像就是一种栅格数据。它是遥感传感器在某个特定的时间、对一个区域地面影像的辐射和反射能量的扫描抽样,并按不同的光谱段分光并量化后,以数字形式记录下来的像素值序列。

(2)来自于对图片的扫描。通过扫描仪对地图或其他图件的扫描,可把资料转换为栅格形式的数据。

(3)由矢量数据转换而来。通过运用矢量数据栅格化技术,把矢量数据转换成栅格数据。这种情况通常是为了有利于 GIS 中的某些操作,如叠加分析等,或者是为了有利于输出。

(4)由手工方法获取。在专题图上均匀划分网格,逐个网格地确定其属性代码的值,最后形成栅格数据文件。

为了保证数据的质量,在确定栅格数据中某一像元点的代码时,通常采用的方法如下(见图 3-6):

中心归属法——每个栅格单元的值由该栅格的中心点所在的面域的属性来确定。在图 3-6 所示的矩形区域中,中心点 O 落在代码为 C 的地物范围内,按中心点法的规则,该矩形区域相应的栅格单元代码应为 C,中心点法常用于具有连续分布特性的地理要素,如降雨量分布、人口密度图等。

长度占优法——每个栅格单元的值由该栅格中线段最长的实体的属性来确定。

面积占优法——每个栅格单元的值由该栅格中单元面积最大的实体的属性来确定。在图 3-6 所示的例中,显见 B 类地物所占面积最大,故相应栅格代码定为 B。面积占优法常用于分类较细、地物类别斑块较小的情况。

重要性法——根据栅格内不同地物的重要性，选取最重要的地物的类型作为栅格单元的属性值，这种方法适用于具有特殊意义而面积较小的实体要素。

3.3　栅格数据的编码

3.3.1　直接栅格编码

将栅格数据看作一个数据矩阵，逐行（或逐列）记录代码，可以每行都从左到右记录，也可以奇数行从左到右，偶数行从右到左。如图3-7所示的栅格数据可存储记录为：AABB，BBCC，BBCC，BBCC。

这种记录栅格数据的文件常称为栅格文件，且常在文件头中存有该栅格数据的长和宽，即行数和列数。这样，具体的像元值就可连续存储了。其特点是处理方便，但没有压缩。

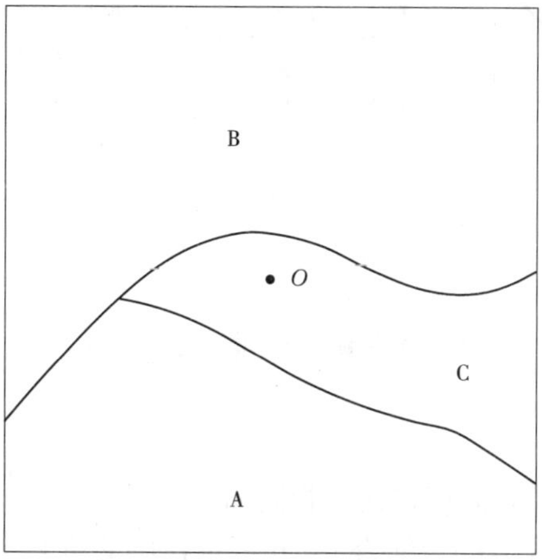

图3-6　栅格单元代码的确定

A	A	B	B
B	B	C	C
B	B	C	C
B	B	C	C

图3-7　栅格数据

3.3.2　链式编码（Chain Codes）

链式编码又称为弗里曼链码（Freeman，1961）或边界链码。链式编码主要是记录线状地物和面状地物的边界。它把线状地物和面状地物的边界表示为：由某一起始点开始并按某些基本方向确定的单位矢量链。基本方向可定义为：东=0，东南=1，南=2，西南=3，西=4，西北=5，北=6，东北=7等八个基本方向（见图3-8）。

如果对于图3-9所示的线状地物确定其起始点为像元（1，5），则其链式编码为：

1，5，3，2，2，3，3，2，3

对于图3-9所示的面状地物，假设其原起始点定为像元（5，8），则该多边形边界按顺时针方向的链式编码为：

5，8，3，2，4，4，6，6，7，6，0，2，1

链式编码的前两个数字表示起点的行、列数，从第三个数字开始的每个数字表示单位矢量的方向，八个方向以0~7的整数代表。

链式编码对线状和多边形的表示具有很强的数据压缩能力，且具有一定的运算功能，如面积和周长计算等，探测边界急弯和凹进部分等都比较容易，类似矢量数据结构，比较适于存储图形数据。缺点是对叠置运算如组合、相交等则很难实施，对局部修改将改变整体结构,效率较低,而且由于链码以每个区域为单位存储边界,相邻区域的边界则被重复存储而产生冗余。

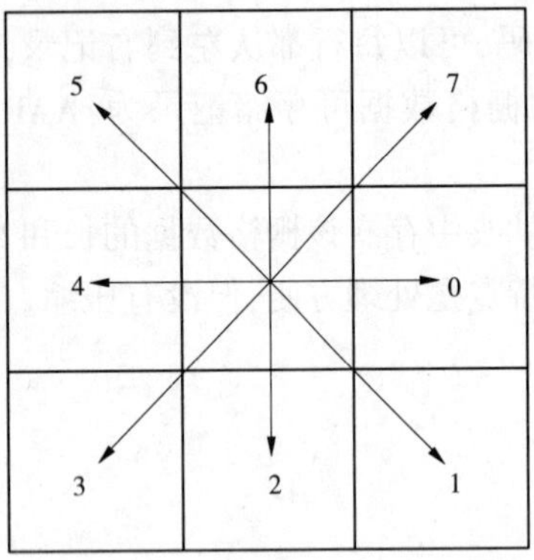

图 3-8　链式编码的方向代码

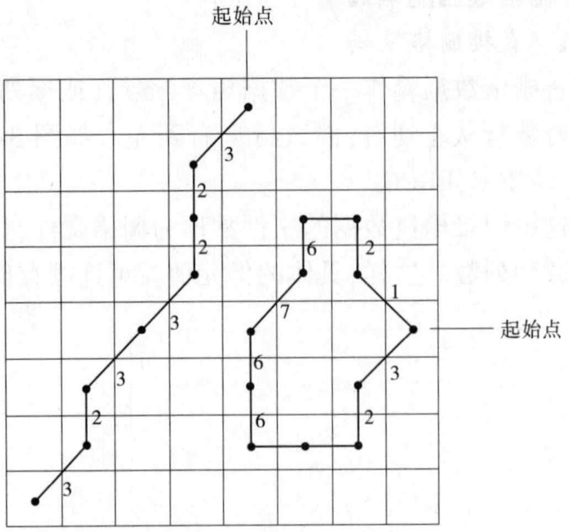

图 3-9　链式编码示意图

3.3.3　游程长度编码(Run-Length Code)

地理数据往往有较强的相关性,也就是说,相邻像元的值往往是相同的。

游程长度编码的基本思想是:按行扫描,将相邻等值的像元合并,并记录代码的重复个数。即在各行(或列)数据的代码发生变化时依次记录该代码以及相同代码重复的个数,从而实现数据的压缩。例如对图 3-7 所示的栅格数据,其游程长度编码为 A2 B2 B2 C2 B2 C2 B2 C2 。若在行与行之间不间断地连续编码,则为 A2 B4 C2 B2 C2 B2 C2 。

可见游程长度编码压缩数据是十分有效又简便的。事实上,压缩比的大小是与图的复杂程度成反比的,在变化多的部分游程数就多,变化少的部分游程数就少,图件越简单,压缩效率就越高。

游程长度编码在栅格加密时,数据量没有明显增加,压缩效率较高,且易于检索,叠加合并等操作,运算简单,适用于机器存储容量小,数据需大量压缩,而又要避免复杂的编码解码运算,增加处理和操作时间的情况。

3.3.4　块状编码(Block Code)

块状编码是游程长度编码扩展到二维的情况,采用方形区域作为记录单元,每个记录单元包括相邻的若干栅格,数据结构由初始位置(行、列号)和半径,再加上记录单元的代码组成。根据块状编码的原则,对图 3-10(a)所示图像可以用 12 个 1 单位正方形、5 个 4 单位的正方形和 2 个 16 单位的正方形就能完整表示,具体编码如下:

(1,1,2,9),(1,3,1,9),(1,4,1,9),(1,5,2,0),(1,7,2,0),(2,3,1,9),(2,4,1,0),(3,1,1,0),(3,2,1,9),(3,3,1,9),(3,4,1,0), (3,5,2,7), (3,7,2,0), (4,4,1,0),(4,2,1,0), (4,3,1,0), (4,4,1,0), (5,1,4,0), (5,5,4,7)

一个多边形所包含的正方形越大,多边形的边界越简单,块状编码的效率就越好。块状

9	9	9	9	0	0	0	0
9	9	9	0	0	0	0	0
0	9	9	0	7	7	0	0
0	0	0	0	7	7	0	0
0	0	0	0	7	7	7	7
0	0	0	0	7	7	7	7
0	0	0	0	7	7	7	7
0	0	0	0	7	7	7	7

(a)原始栅格数据

9	9	9	9	0	0	0	0
9	9	9	0	0	0	0	0
0	9	9	0	7	7	0	0
0	0	0	0	7	7	0	0
0	0	0	0	7	7	7	7
0	0	0	0	7	7	7	7
0	0	0	0	7	7	7	7
0	0	0	0	7	7	7	7

(b)四叉树编码示意图

图 3-10　四叉树编码示意图

编码对大而简单的多边形更为有效,而对那些碎部较多的复杂多边形效果并不好。块状编码在合并、插入、检查延伸性、计算面积等操作时有明显的优越性。然而对某些运算不适应,必须转换成简单数据形式才能顺利进行。

3.3.5　四叉树编码(Quad-Tree Code)

四叉树编码是最有效的栅格数据压缩编码方法之一,在 GIS 中有广泛的应用。其基本思路为:将 $2^n \times 2^n$ 像元组成的图像(不足的用背景补上)所构成的二维平面按四个象限进行递归分割,直到子象限的数值单调,最后得到一棵四分叉的倒向树,该树最高为 n 级。也就是将一幅栅格地图或图像等分为四部分。逐块检查其格网属性值(或灰度)。如果某个子区的所有格网值都具有相同的值,则这个子区就不再继续分割,否则还要把这个子区再分割成四个子区。这样依次地分割,直到每个子块都只含有相同的属性值或灰度。

图 3-10(b)表示对图 3-10(a)的分割过程及其关系。这四个等分区称为四个子象限,分为左上(NW)、右上(NE)、左下(SW)、右下(SE)。用一个树结构表示如图 3-11 所示。

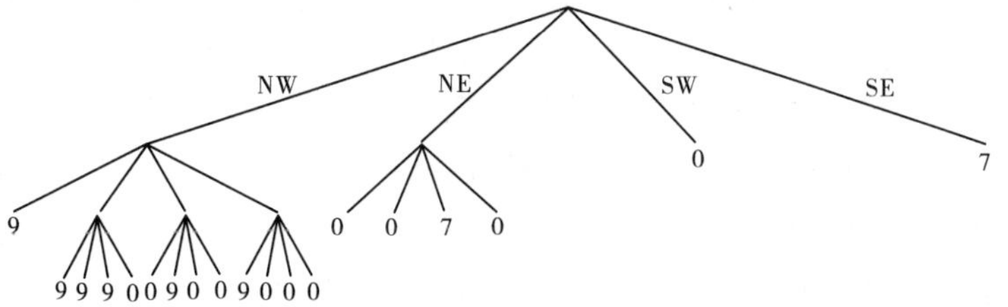

图 3-11　四叉树的树状表示

这种从上而下的分割需要大量的运算,因为大量数据需要重复检查才能确定划分。当 $n \times n$ 的矩阵比较大,且区域内容要素又比较复杂时,建立这种四叉树的速度比较慢。另一种是采用从下而上的方法建立。对栅格数据按如下的顺序进行检测。如果每相邻四个网格值相同则进行合并,逐次往上递归合并,直到符合四叉树的原则。这种方法重复计算较少,运算速度较快。

从图 3-11 中可以看出,为了保证四叉树能不断地分解下去,要求图像必须为 $2^n \times 2^n$ 的栅格阵列，n 为极限分割次数，$n+1$ 是四叉树的最大高度或最大层数。对于非标准尺寸的图像，需首先通过增加背景的方法将图像扩充为 $2^n \times 2^n$ 的图像，也就是说，在程序设计时，对不足的部分以 0 补足（在建树时，对于补足部分生成的叶结点不存储，这样存储量并不会增加）。

四叉树编码法有许多有趣的优点：①容易而有效地计算多边形的数量特征；②阵列各部分的分辨率是可变的，边界复杂部分四叉树较高即分级多，分辨率也高，而不需表示许多细节的部分则分级少，分辨率低，因而既可精确表示图形结构，又可减少存储量；③栅格到四叉树及四叉树到简单栅格结构的转换比其他压缩方法容易；④多边形中嵌套异类小多边形的表示较方便。

四叉树编码的最大缺点是转换的不定性，用同一形状和大小的多边形可能得出多种不同的四叉树结构，故不利于形状分析和模式识别。但因它允许多边形中嵌套多边形即所谓“洞”这种结构存在，使越来越多的地理信息系统工作者都对四叉树结构很感兴趣。

四叉树结构按其编码的方法不同又分为常规四叉树和线性四叉树。常规四叉树除要记录叶结点外，还要记录中间结点，结点之间的联系靠指针。因此，为了记录常规四叉树，通常每个结点需要 6 个变量，即父结点指针、四个子结点的指针和本结点的属性值。这些指针不仅增加了数据储存量，而且增加了操作的复杂性。常规四叉树主要在数据索引和图幅索引等方面应用。

线性四叉树则只存储最后叶结点的信息，包括叶结点的位置、深度和本结点的属性或灰度值。所谓深度，是指处于四叉树的第几层上。由深度可推知子区的大小。

线性四叉树叶结点的编号需要遵循一定的规则，这种编号称为地址码，它隐含了叶结点的位置和深度信息。

线性四叉树编码的基本思想是：不需记录中间结点和使用指针，仅记录叶结点，并用地址码表示叶结点的位置。

线性四叉树有四进制和十进制两种，下面介绍的是通常使用的十进制四叉树编码。十进制四叉树的地址码又称 Morton 码。

为了得到线性四叉树的地址码，首先将二维栅格数据的行列号转化为二进制数，然后将两个二进制数按行在前列在后，自左向右等位交叉合并为一个二进制数，即可得二进制 Morton 码，可以进一步将二进制转换为十进制得到 Morton 码，即为线性四叉树的地址码。

某行某列（I、J）的十进制四叉树的地址码转换过程为：

（1）将行列号（十进制）先转换为二进制。

（2）自右向左将行列对应的二进制对齐，若右缺位则补 0。

（3）对对齐的行列二进制自左向右等位按行在前、列在后，将两二进制合并为一个二进制数。

（4）最后将合并后的二进制数再转换为十进制数，即得到该像元的 Morton 码。

例如，第 5 行、第 7 列的 Morton 码见图 3-12。

这样，在一个 $2^n \times 2^n$ 的图像中，每个像元点都给出一个 Morton 码，当 $n=3$ 时如图 3-13 所示。

这样就可将用行列表示的二维图像，用 Morton 码写成一维数据，通过 Morton 码就可知道像元的位置。

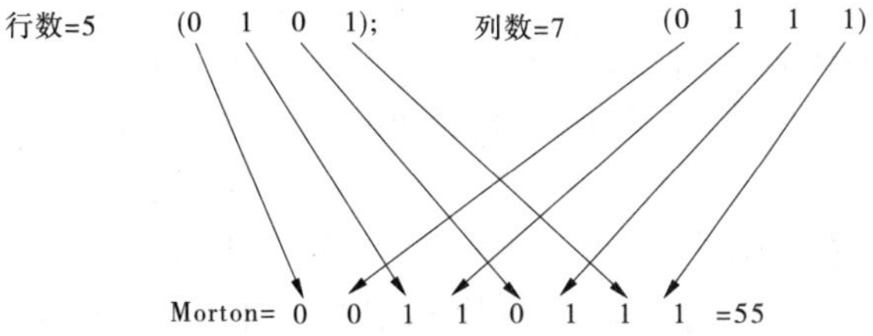

图 3-12 Morton 码对应关系

把一幅 $2^n \times 2^n$ 的图像压缩成线性四叉树的过程为：

(1)按 Morton 码把图像顺序读入一维数组。

(2)逐一将相邻的四个像元比较，一致的合并，并只记录第一个像元的 Morton 码。

(3)比较所形成的大块，相同的再合并，直到不能合并。

对用上述线性四叉树的编码方法所形成的数据还可进一步用游程长度编码压缩。压缩时只记录第一个像元的 Morton 码。

行/列	0	1	2	3	4	5	6	7
0	0	1	4	5	16	17	20	21
1	2	3	6	7	18	19	22	23
2	8	9	12	13	24	25	28	29
3	10	11	14	15	26	27	30	31
4	32	33	36	37	48	49	52	53
5	34	35	38	39	50	51	54	55
6	40	41	44	45	56	57	60	61
7	42	43	46	47	58	59	62	63

图 3-13 Morton 码记录表

对于图 3-7 所示图像压缩处理过程为：

(1)按 Morton 码将图像读入一维数组。

Morton 码：0 1 2 3 4 5 6 7 8 9 10 11 12 13 14 15 16

属性值： A A B B C C B B B B B B B C C C C

(2)逐一将四相邻像元合并，只记录第一个像元的 Morton 码；然后逐一再将更大的四邻像元合并。

0 1 2 3 4 5 6 7 8 12

A A B B C C B B B C

(3)由于不能进一步合并，则用游程长度编码压缩。

0 2 4 6 12

A B C B C

解码时,根据 Morton 码就可知道像元在图像中的位置(左上角),本 Morton 码和下一个 Morton 码之差即为像元个数。知道了像元的个数和像元的位置就可恢复出图像了。

线性四叉树编码的优点是:压缩效率高,压缩和解压缩比较方便,阵列各部分的分辨率可不同,既可精确地表示图形结构,又可减少存储量,易于进行大部分图形操作和运算。缺点是:不利于形状分析和模式识别,即具有变换不定性,如同一形状和大小的多边形可得出完全不同的四叉树结构。

4 矢量数据结构与栅格数据结构的比较

矢量数据结构可具体分为点、线、面,可以构成现实世界中各种复杂的实体,当问题可描述成线或边界时,特别有效。矢量数据的结构紧凑,冗余度低,并具有空间实体的拓扑信息,容易定义和操作单个空间实体,便于网络分析。矢量数据的输出质量好、精度高。

由于矢量数据结构的复杂性,导致了操作和算法的复杂化,作为一种基于线和边界的编码方法,不能有效地支持影像代数运算,例如不能有效地进行点集的集合运算(如叠加),运算效率低且复杂。由于矢量数据结构的存储比较复杂,导致空间实体的查询十分费时,需要逐点、逐线、逐面地查询。矢量数据和栅格表示的影像数据不能直接运算(如联合查询和空间分析),交互时必须进行矢量和栅格转换。矢量数据与 DEM(数字高程模型)的交互是通过等高线来实现的,不能与 DEM 直接进行联合空间分析。

栅格数据结构是通过空间点的密集且规则的排列表示整体的空间现象的。其数据结构简单,定位存取性能好,可以与影像和 DEM 数据进行联合空间分析,数据共享容易实现,对栅格数据的操作比较容易。

栅格数据的数据量与格网间距的平方成反比,较高的几何精度的代价是数据量的极大增加。因为只使用行和列来作为空间实体的位置标识,故难以获取空间实体的拓扑信息,难以进行网络分析等操作。栅格数据结构不是面向实体的,各种实体往往是叠加在一起反映出来的,因而难以识别和分离。对点实体的识别需要采用匹配技术,对线实体的识别需要采用边缘检测技术,对面实体的识别则需要采用影像分类技术,这些技术不仅费时,而且不能保证完全正确。

两者的比较见表 3-5。

表 3-5 栅格、矢量数据结构特点比较

比较内容	矢量格式	栅格格式
数据量	小	大
图形精度	高	低
图形运算	复杂、高效	简单、低效
遥感影像格式	不一致	一致或接近
输出表示	抽象、昂贵	直观、便宜
数据共享	不易实现	容易实现
拓扑和网络分析	容易实现	不易实现

通过以上分析可以看出,矢量数据结构定位明显,属性隐含;而栅格数据结构定位隐含,属性明显。相应地,矢量数据结构和栅格数据结构的优缺点是互补的,为了有效地实现 GIS 中的各项功能(如与遥感数据的结合、有效的空间分析等),需要同时使用两种数据结构,并在 GIS 中实现两种数据结构的高效转换。

【任务实施】

1. 根据图 3-14 所示的矢量数据,进行简单的矢量数据结构独立实体编码和拓扑矢量数据结构编码。

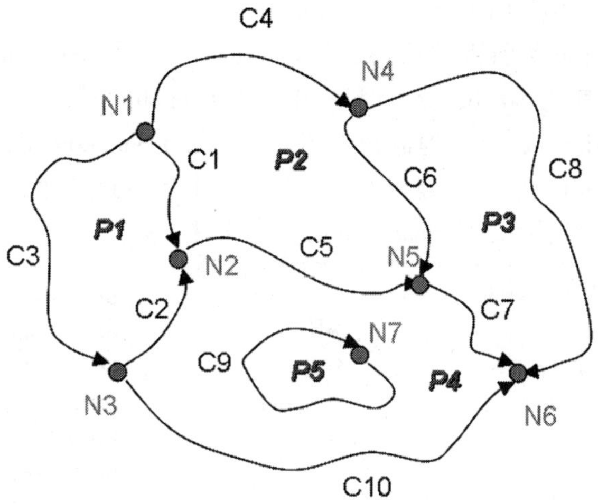

图 3-14　矢量数据

2. 学生通过网络查找矢量数据和栅格数据,列举自己接触过的矢量数据和栅格数据。

3. 根据图 3-15 所示的栅格数据分别进行直接栅格编码、游程长度编码、链式编码、块状编码和四叉树编码。

0	4	4	7	7	7	7	7
4	4	4	4	4	7	7	7
4	4	4	4	8	8	7	7
0	0	4	8	8	8	7	7
0	0	8	8	8	8	7	8
0	0	0	8	8	8	8	8
0	0	0	0	8	8	8	8
0	0	0	0	0	8	8	8

图 3-15　栅格数据

4. 在 ArcGIS 中创建并打开 Shapefile 文件,打开栅格数据,建立金字塔。

(1)矢量数据格式。

Shapefile 是一种用于存储地理要素的几何位置和属性信息的非拓扑简单格式,Shapefile 中的地理要素可通过点、线或面(区域)来表示。Shapefile 格式应存储在同一项目工作空间且使用特定文件扩展名的三个或更多文件中定义地理配准要素的几何和属性。常见的文件包括：

. shp：用于存储要素几何的主文件，是 Shapefile 的必需文件。

. shx：用于存储要素几何索引的索引文件，是 Shapefile 的必需文件。

. dbf：用于存储要素属性信息的 dBASE 表，是 Shapefile 的必需文件。

几何与属性是一对一关系，这种关系基于记录编号。dBASE 文件中的属性记录必须与主文件中的记录采用相同的顺序。

. sbn 和. sbx：用于存储要素空间索引的文件。

. prj：用于存储坐标系信息的文件，由 ArcGIS 使用。

. xml：ArcGIS 的元数据，用于存储 Shapefile 的相关信息。

各文件必须具有相同的前缀，例如 roads. shp、roads. shx 和 roads. dbf。

在 ArcCatalog（或其他 ArcGIS 应用程序）中查看 Shapefile 时，仅能看到一个代表 Shapefile 的文件，使用 Windows 资源管理器查看时，能看到与 Shapefile 相关联的所有文件。复制、删除、重命名 Shapefile 文件时，建议在 ArcCatalog 中执行这类操作，如果在 ArcGIS 之外操作 Shapefile，确保操作了组成该 Shapefile 的所有文件。如图 3-16 所示。

在 ArcCatalog 中查看 Shapefile 文件，在 Windows 资源管理器查看 Shapefile 文件

图 3-16　查看 Shapefile 文件

（2）创建 Shapefile 文件。

创建新 Shapefile 时，必须定义所含要素的类型（点要素、线要素或面要素），这些要素是否将表示路径（*M* 值）以及这些要素是否将是三维的（*Z* 值），在创建 Shapefile 后，将不能修改这些属性。同时，可以定义 Shapefile 的坐标系，如果选择以后定义 Shapefile 坐标系，则此前会一直将其归类为"未知坐标系"。如图 3-17 所示。

第 1 步：在 ArcCatalog 目录树中选择存放 Shapefile 的文件夹，在文件夹上或在右侧视图窗口中单击鼠标右键，选择"新建"→"Shapefile"。

第 2 步：在名称文本框中输入新 Shapefile 的名称，单击要素类型下拉箭头，选择 Shapefile 的几何的类型，包括点、折线、面、多点、多面体。

第 3 步：单击"编辑"定义 Shapefile 的坐标系。

第 4 步：如果 Shapefile 将存储表示路径，则选中"坐标将包含 *M* 值，用于存储路径数据"。如果 Shapefile 将存储三维要素，则选中"坐标将包含 *Z* 值。用于存储 3D 数据"。

第 5 步：点击"确定"完成创建。

练习：在文件夹中创建以下 Shapefile 文件（见表 3-6），地理坐标系采用 1954 年北京坐标系，投影坐标系采用 Gauss Kruger—Beijing1954—Beijing_1954_3_Degree_GK_CM_120E。不选择 *M* 值和 *Z* 值。

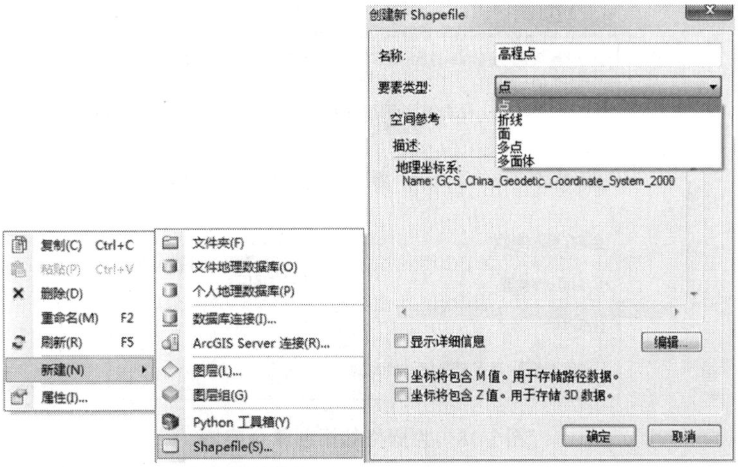

图 3-17　在 ArcCatalog 中创建 Shapefile

表 3-6　Shapefile 文件

要素类型	名称
点	高程点
	导线点
线	地面河流
	池塘
	小路
	田埂
	陡坎
	图框

(3)栅格数据格式。

栅格数据是由按行和列(或格网)组织的像元(或像素)矩阵组成的,其中的每个像元都包含一个信息值(例如类别、高度)。栅格可以是数字航空像片、卫星影像、数字图片或扫描的地图。一般常见的. tif、. jpg、. png 都是栅格数据。

在 GIS 中,栅格数据通常用来作为其他要素图层的背景。

在 ArcMap 中通过添加数据打开栅格数据。

第一次打开栅格数据时需要创建金字塔,金字塔是原始栅格数据集的缩减采样版本,有助于提高显示性能和视觉质量,特别对于数据量大的遥感影像数据,应该创建金字塔。工具位置在"ArcToolbox"→"数据管理工具"→"栅格"→"栅格属性"→"构建金字塔"。如图 3-18、图 3-19 所示。

创建金字塔后,将生成金字塔(. ovr)文件。

金字塔重采样技术有三种:最邻近法、双线性插值法和三次卷积插值法。

最邻近法是默认采用的方法,使用最邻近像元的值为输出像元分配值,通常适用于任意类型的栅格数据集。带有色彩映射表的离散数据或栅格数据集(如土地利用数据、经过扫

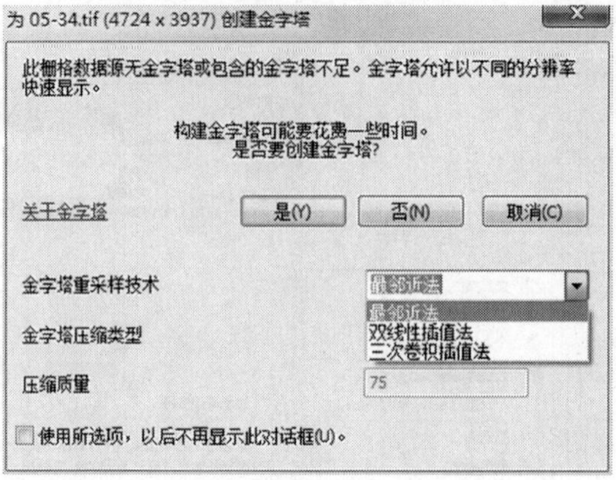

图 3-18　为栅格数据创建金字塔

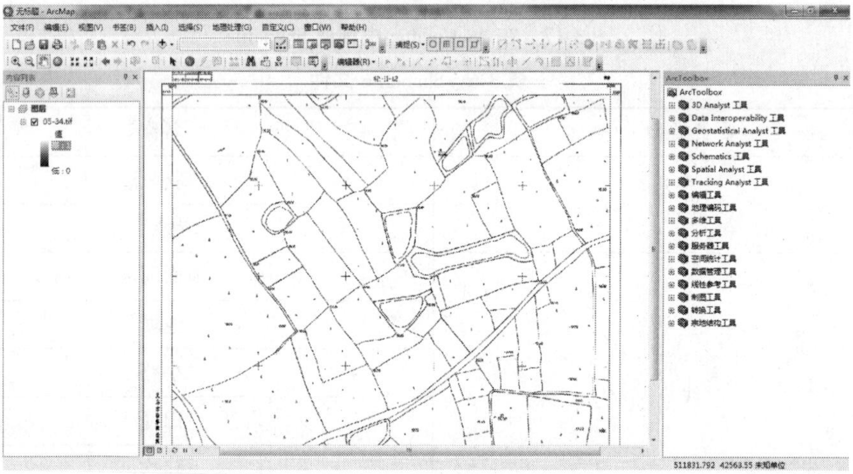

图 3-19　在 ArcMap 中显示栅格数据

描的地图和伪彩色图像)建议使用最邻近法。

双线性插值法基于四个最邻近输入像元中心的加权平均距离确定像元的新值。三次卷积插值重采样方法通过拟合穿过 16 个最邻近输入像元中心的平滑曲线确定像元的新值。

对于连续数据(如卫星影像或航空摄影)，建议使用双线性插值法或三次卷积插值法。对于 1 位 TIFF 或 IMG，建议使用双线性插值法。

金字塔压缩类型采用默认即可。

默认：如果使用小波压缩的方法压缩源数据，将使用 JPEG 压缩类型构建金字塔。

LZ77：可以用于任何数据类型。

JPEG：只有符合 JPEG 压缩规范的数据才能使用此压缩类型。如果选择 JPEG，则可设置压缩质量。

JPEG_YCbCr：使用亮度(Y)和色度(Cb 与 Cr)颜色空间组件进行的有损压缩。

无：构建金字塔时不使用压缩。

任务2 空间数据采集

【任务描述】

空间数据采集是建立GIS最重要且工作量最大的一个过程,它直接影响到GIS应用的潜力、成本和效率。本任务要求利用ArcGIS软件对扫描图像配准,并进行空间数据采集。

【相关知识】

1 GIS的数据源

GIS的数据源是指建立GIS地理数据库所需的各种数据的来源。主要包括地图、遥感数据、文本资料、统计资料、实测数据、多媒体数据、已有系统的数据等。

(1)地图。地图是GIS的主要数据源,因为地图包含着丰富的内容,不仅含有实体的类别和属性,而且含有实体间的空间关系。地图数据主要通过对地图的跟踪数字化和扫描数字化获取。地图数据不仅可以做宏观的分析(用小比例尺地图数据),而且可以做微观的分析(用大比例尺地图数据)。在使用地图数据时,应考虑到地图投影所引起的变形,在需要时进行投影变换,或转换成地理坐标。

地图数据通常用点、线、面及注记来表示地理实体及实体间的关系,如:

点——居民点、采样点、高程点、控制点等。

线——河流、道路、构造线等。

面——湖泊、海洋、植被等。

注记——道路注记、高程注记等。

(2)遥感数据。遥感数据是GIS的重要数据源。遥感数据含有丰富的资源与环境信息,在GIS支持下,可以与地质、地球物理、地球化学、地球生物、军事应用等方面的信息进行信息复合和综合分析。遥感数据是一种大面积的、动态的、近于实时的数据源,是GIS数据更新的重要手段。

(3)文本资料。文本资料是指各行业、各部门的有关法律文档、行业规范、技术标准、条文条例等如边界条约等。这些也属于GIS的数据源。

(4)统计资料。国家和军队的许多部门与机构都拥有不同领域(如人口、基础设施建设等)的大量统计资料,这些都是GIS的数据源,尤其是GIS属性数据的重要来源。

(5)实测数据。野外试验、实地测量等获取的数据可以通过转换,直接进入GIS的地理数据库。以便于进行实时的分析和进一步的应用。GPS(全球定位系统)所获取的数据也是GIS的重要数据源。

(6)多媒体数据。多媒体数据(包括声音、录像等)通常可通过通信口传入GIS的地理数据库中,目前其主要功能是辅助GIS的分析和查询。

(7)已有系统的数据。GIS还可以从其他已建成的信息系统和数据库中获取相应的数据。由于规范化、标准化的推广,不同系统间的数据共享和可交换性越来越强,这样就拓展了数据的可用性,增加了数据的潜在价值。

2 空间数据获取

地理空间数据是 GIS 的血液。实际上整个 GIS 都是围绕空间数据的采集、加工、存储、分析和表现展开的。空间数据源、空间数据的采集手段、生产工艺、数据的质量都直接影响到 GIS 应用的潜力、成本和效率。GIS 空间数据采集的任务就是将非电子的数据变成电子数据,并进一步加工处理成符合 GIS 要求的空间数据。本节将系统地讲述各种空间数据的数据源以及它们的生产技术。

2.1 野外数据采集

对于大比例尺的城市地理信息系统而言,野外数据采集是一个主要手段。野外数据采集涉及地形测量的整套技术和生产工艺,详细内容请参阅地形测量的有关教程。

2.2 地图数字化

地图数字化目前仍是 GIS 中获取空间数据的主要手段。因为它最简便、效率最高,但它的精度比野外测量差。地图数字化有两种作业方式:数字化仪的手扶跟踪数字化和地图扫描数字化。下面分别介绍。

2.2.1 手扶跟踪数字化

数字化仪,根据其采集数据的方式分为机械式、超声波式和全电子式三种, 其中全电子式数字化仪精度最高、应用最广。按照其数字化版面的大小可分为 A0、A1、A2、A3、A4 等。目前很多单位在大批量数字化时,已不再采用它,故不做详细介绍。

2.2.2 扫描数字化

扫描仪直接把图形(如地形图)和图像(如遥感影像、照片)扫描输入计算机中,以像素信息进行存储表示的设备。按其所支持的颜色分类,可分为单色扫描仪和彩色扫描仪;按所采用的固态器件又分为电荷耦合器件(CCD)扫描仪、MOS 电路扫描仪、紧贴型扫描仪等;按扫描宽度和操作方式分为大型扫描仪、台式扫描仪和手动式扫描仪。

扫描时,必须先进行扫描参数的设置(具体扫描界面如图 3-20 所示),包括:

(1)扫描模式的设置(分二值、灰度、百万种彩色)。对地形图的扫描一般采用二值扫描,或灰度扫描,对彩色航片或卫片采用百万种彩色扫描,对黑白航片或卫片采用灰度扫描。

(2)扫描分辨率的设置。根据扫描要求,对地形图的扫描一般采用 300 dpi 或更高的分辨率。

(3)针对一些特殊的需要,还可以调整亮度、对比度、色调、GAMMA 曲线等。

(4)设定扫描范围。

扫描参数设置完后,即可通过扫描获得某个地区的栅格数据。

通过扫描获得的是栅格数据,数据量比较大。如一幅 1∶5万的地形图采用 300 dpi 灰度扫描,其数据量就有约 20 Mb。此外,扫描获得的数据还存在着噪声和中间色调像元的处理问题。噪声是指不属于地图内容的斑点污渍和其他模糊不清的东西形成的像元灰度值。噪声范围很广,没有简单有效的方法能加以完全消除,有的软件能去除一些小的脏点,但有些地图内容如小数点等和小的脏点很难区分。对于中间色调像元,则可以通过选择合适的阈值选用一些软件如 Photoshop 等来处理。

一般对获得的栅格数据还要进行一些后续处理,如图像纠正、矢量化等。由于扫描仪性能价格比的提高、输入速度快、不受人为因素的影响、操作简单而越来越受到大家的欢迎,再

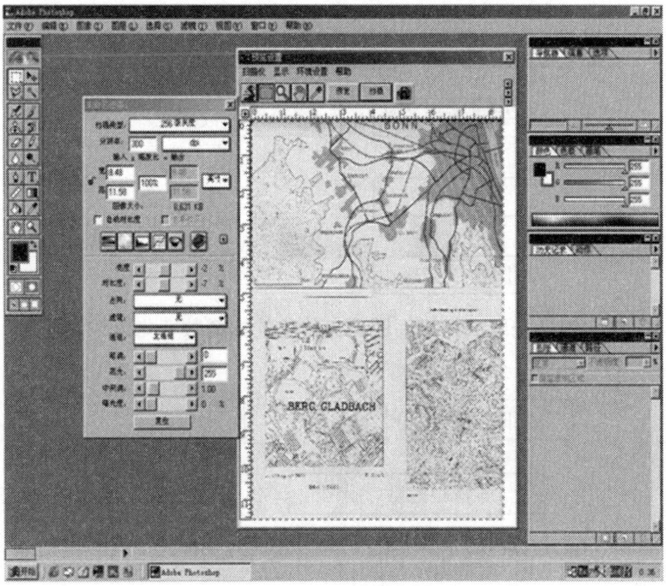

图 3-20 扫描界面

加之计算机运算速度、存储容量的提高和矢量化软件的踊跃出现,使得扫描输入已成为图形数据输入的主要方法。

扫描数字化的过程:

第一步是将地图进行扫描。根据扫描仪的不同、地图种类和用户的要求不同等,可分别得到二值影像、灰度影像和彩色影像。扫描的分辨率随用户需要而定,一般在 300~500 dpi。目前市场上的工程扫描仪都能满足地图扫描分辨率的要求。

地图扫描以后,将数字栅格影像输入扫描数字化的软件中,接下来进行图形定向(见图 3-21)。图形定向的原理与上面所述的图板定向类似。将图廓点或控制点的大地坐标输入计算机内,用鼠标点取对应的像点坐标,解算定向参数。由于当前的工程扫描仪误差较大,特别是不均匀的扫描误差加上图纸的不均匀变形,可能产生较大的扫描误差。用图框的四点定向,解算仿射变形参数,难以满足精度要求。有两种方案处理不均匀变形误差:一是扫描标准格网,在每个格网内建立一个误差方程,解算每个格网的改正参数存入计算机,以后用该扫描仪每扫描一张图纸,用这一系列(每个格网)的改正参数进行误差纠正。第二种方法是扫描有公里格网的地形图时,输入每个格网的大地坐标,由每个小格网解算一套改正参数,用每个格网的改正数纠正该格网内的影像,即可消除扫描仪和图纸的不均匀误差。

当然,也可以先数字化后,再对矢量数据进行纠正。过程和方法与上述类似。其大致的工作流程如图 3-22 所示。

地图扫描数字化可以有两种方式:自动矢量化和交互式矢量化。对于分版的等高线图、水系图、道路网等采用自动矢量化效率较高。对于城市的大比例尺图,只有采用交互式矢量化。

自动矢量化一般先将灰度影像变换成二值影像,如果是彩色影像,还要先进行分版处理,再从多级的灰度影像到二值影像。二值影像自动矢量化的方法有多种。一般包括细化、断线连接、去毛刺、矢量跟踪等。对于等高线的自动矢量化,赋高程是一项重要内容,要保证

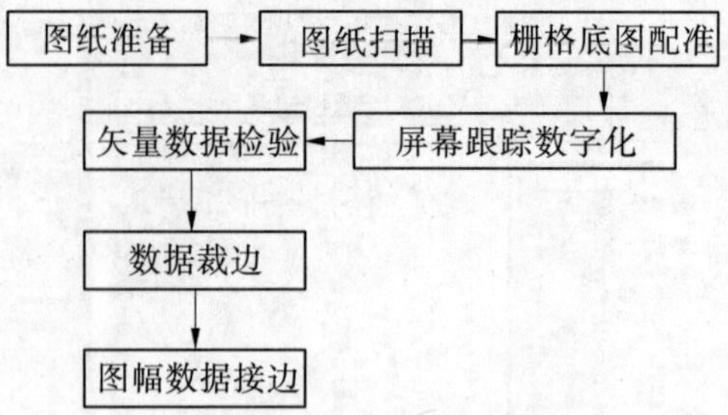

图 3-21 先配准扫描底图再矢量化的扫描数字化大致流程

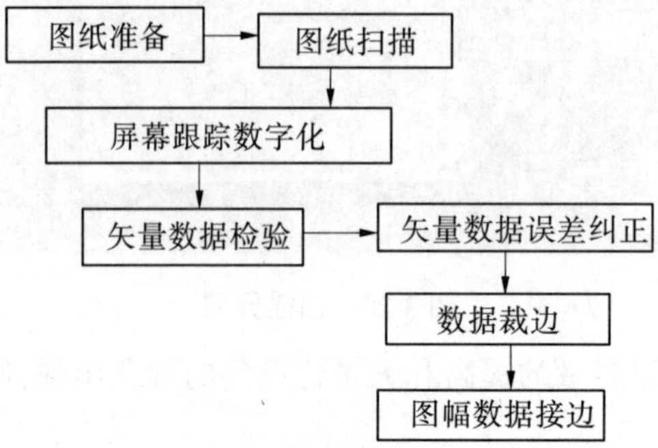

图 3-22 先矢量化再纠正的扫描数字化大致流程

每条等高线的高程值没有错误。

交互式矢量化是采取人机交互的方式。对地图上每个图形实体逐条线划进行矢量化。当线划的状态比较好时,计算机自动跟踪,到不能跟踪的位置停止,然后人机交互,再继续往前跟踪。为了提高作业效率,有些软件增加计算机自动化的功能,如使用 GeoScan 软件,在一个多边形内或外,点取一点,计算机能自动提取多边形拐点的坐标。对于一些虚线或陡坎线,系统也能自动跳过虚线或陡坎线的毛刺进行自动跟踪。此外,该软件还增加了数字和汉字识别功能,大大提高了地图数字化的作业效率。

2.3 摄影测量、遥感图像处理

摄影测量在我国基本比例尺测图生产中起了关键作用,我国绝大部分 1:1万和 1:5万基本比例尺地形图使用摄影测量方法。同样,在 GIS 空间数据采集的过程中,随着数字摄影测量、遥感图像处理技术的推广,亦将起到越来越重要的作用。详细内容请参阅航空测量的有关教程。

【任务实施】

对扫描的栅格图像进行配准,使用 Shapefile 文件进行点、线数据的采集。

1 栅格图像配准

扫描的地图数据通常不包含空间参考信息,航空摄影和卫星影像提供的位置信息通常不够充分,无法与其他现有数据完全对齐。因此,要将这些栅格数据集与其他空间数据结合使用,必须将这些数据对齐或配准到某个地理坐标系中,并通过地图投影定义到相应的平面坐标系内。

通过添加控制点,采用不同的数学方法对栅格数据进行变换。

图像配准:在 ArcGIS 工具条空白位置点击鼠标右键,选择“地理配准”,即可看到地理配准工具条。点击添加数据按钮,添加栅格图像。如图 3-23、图 3-24 所示。

图 3-23　地理配准工具条

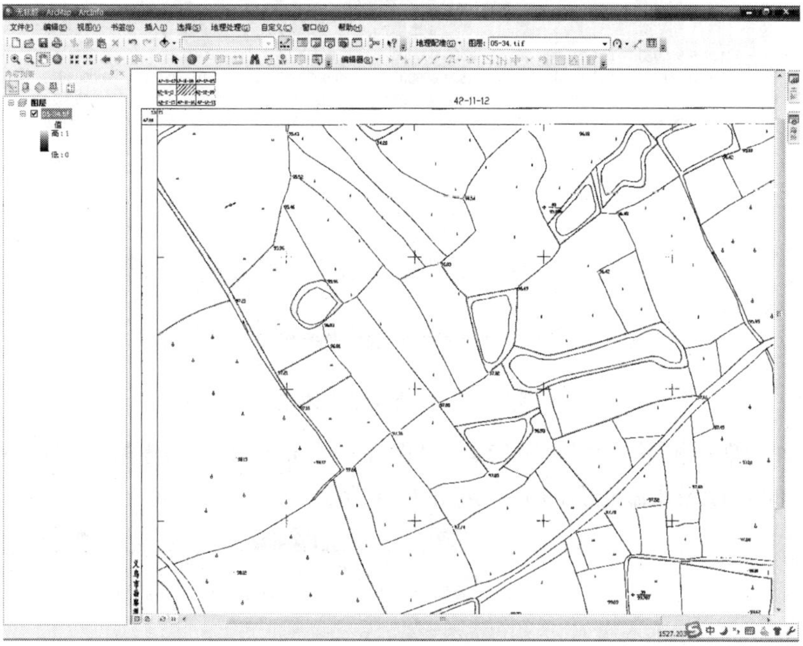

图 3-24　添加栅格影像

点击地理配准工具条上添加控制点按钮,鼠标变成十字状,移动至方里网交叉点,点击左键添加控制点,点击右键输入控制点坐标(该示例中图上单位是千米,需换算成米),点击“确定”。如图 3-25、图 3-26 所示。

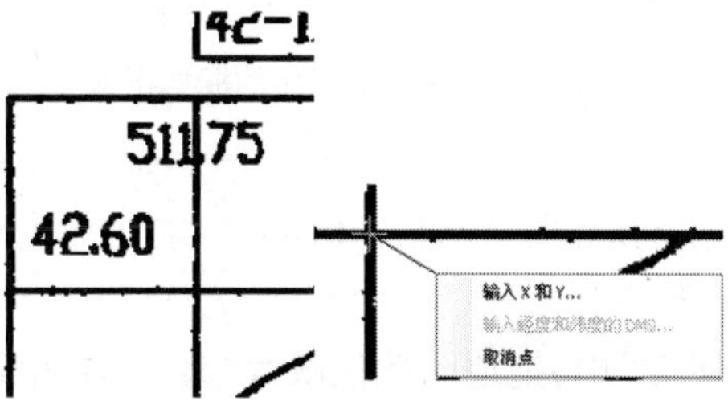

图 3-25　栅格影像的地理配准

继续添加控制点,保证至少 3 个控制点。点击工具栏上的查看链接表工具,查看控

图 3-26　输入正确的坐标

制点残差，如果残差过大，则删除该控制点重新配准。如图 3-27 所示。

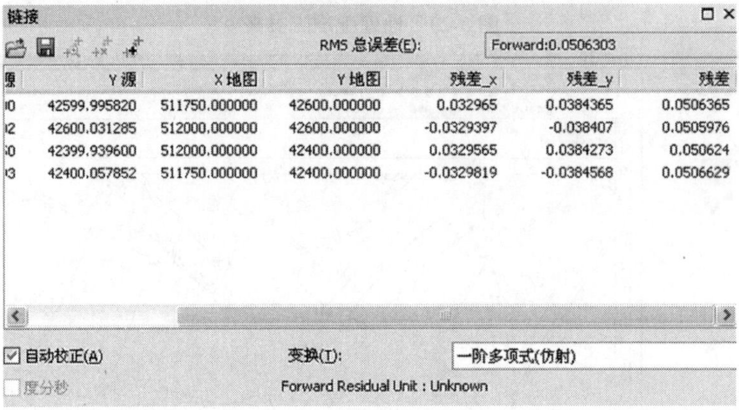

图 3-27　查看控制点残差

执行地理配准→校正，设置参数后点击“保存”，即将校正后的栅格底图进行另存，后期作业过程中，采用该图像做底图即可。如图 3-28 所示。

图 3-28　保存校正后的栅格影像

通过“ArcToolbox”→“数据管理工具”→“投影和变换”→“定义投影”，对该栅格图像定义坐标系，将其坐标系定义为 Beijing_1954_3_Degree_GK_CM_120E，与该地图的实际坐标系一致。如图 3-29 所示。

在“视图”→“数据框属性”中，把地图单位改为“米”，即完成栅格数据的配准工作。如图 3-30 所示。

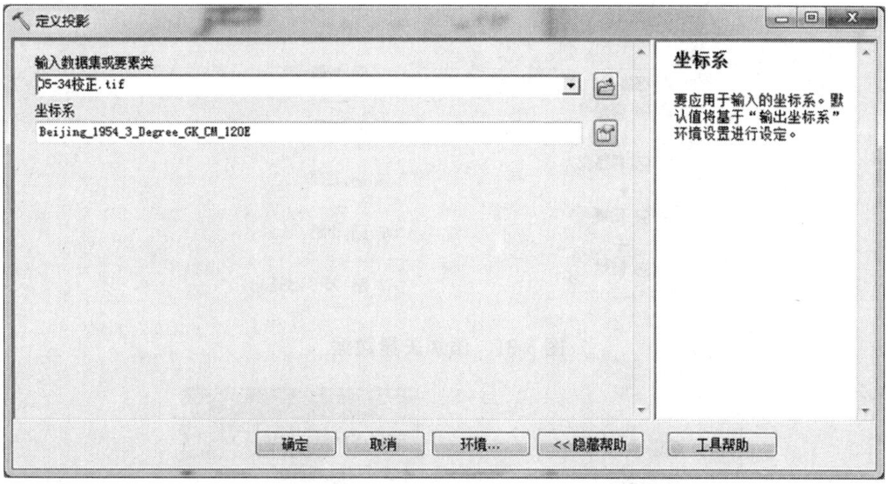

图 3-29　对栅格影像定义坐标系

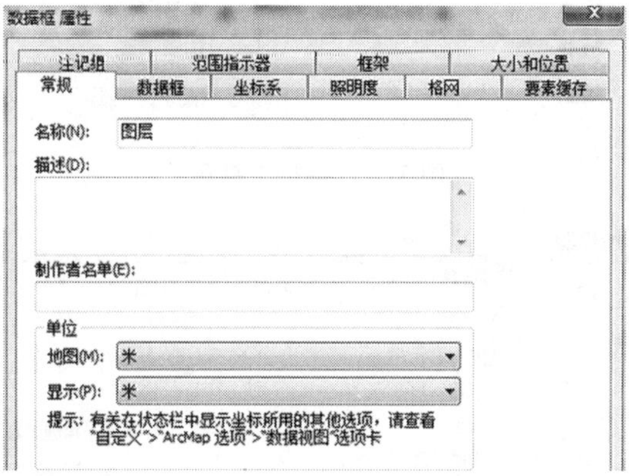

图 3-30　设置栅格影像的单位

2　点、线数据的采集

点是可创建的最简单的要素，折线由折点与线段组成，折点是使草图方向发生变化的点，如拐角，而线段则是连接折点的线。

使用编辑工具矢量化：点击添加数据按钮 ✚，将建立好的矢量数据添加进来，ArcMap 内容列表中显示的点、线要素如图 3-31 所示。

若工具栏中没有"编辑器"工具条，则在工具栏空白处单击鼠标右键，将"编辑器"打"√"。同时，打开"编辑器"→"捕捉"→"捕捉工具条"，在捕捉工具条中将"捕捉"→"捕捉到草图"打"√"。如图 3-32 所示。

点击"编辑器"，选择"开始编辑"，界面右侧出现"创建要素"面板，先进行线要素的创建，选择图框，在"构造工具"中选择"线"。操作过程中通过"编辑器"→"保存编辑内容"进行保存。如图 3-33 所示。

以底图为基础对全图线要素进行采集，矢量化时注意，线要素要连续采集，被隔开的线要素需要连接到一起，按 F2 键结束操作，或者点击鼠标右键选择"完成草图"。

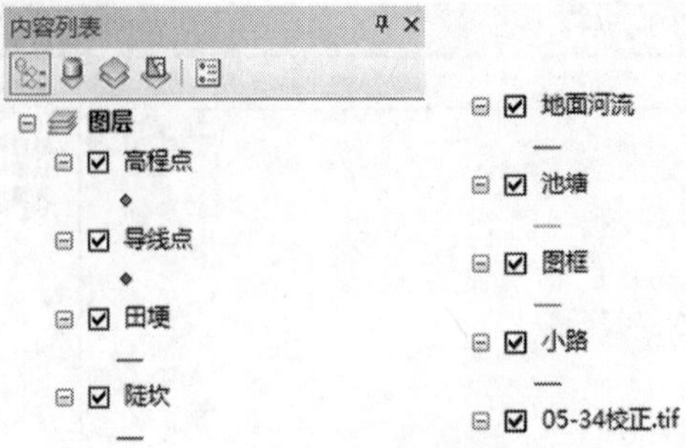

图 3-31　添加矢量数据

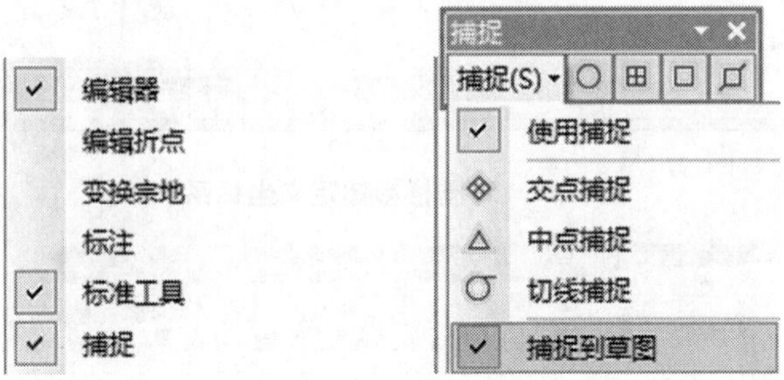

图 3-32　捕捉工具条

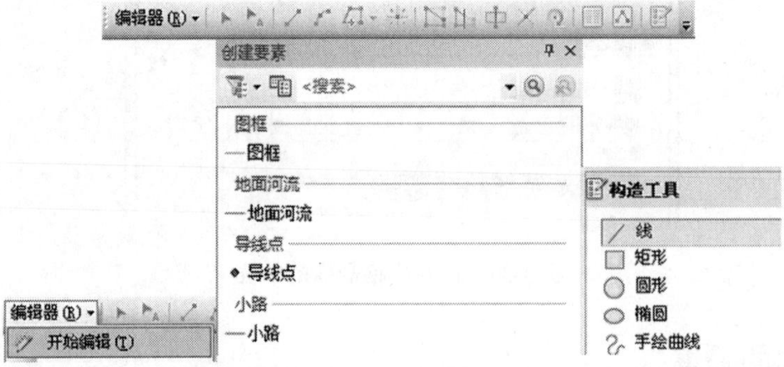

图 3-33　编辑线要素

采集过程中遇到已绘制好的线，通过捕捉把两端线连在一起，鼠标中键可以移动屏幕，按 Ctrl+Z 撤销操作，如回退节点，按 Delete 键可删除要素。如图 3-34 所示。

图 3-34　捕捉方式

再进行点要素的采集，在“创建要素”中选择高程点，在“构造工具”中选择点，以高程点为例，底图上高程点位置上点击鼠标左键进行采集。如图 3-35 所示。

图 3-35　采集点要素

3　要素转面

确定线文件不存在拓扑错误之后，在 ArcToolbox 中双击“数据管理工具”→“要素”→“要素转面”，输入要素中选择线文件，输出要素类中选择输出文件夹位置，点击“确定”。如图 3-36 所示。

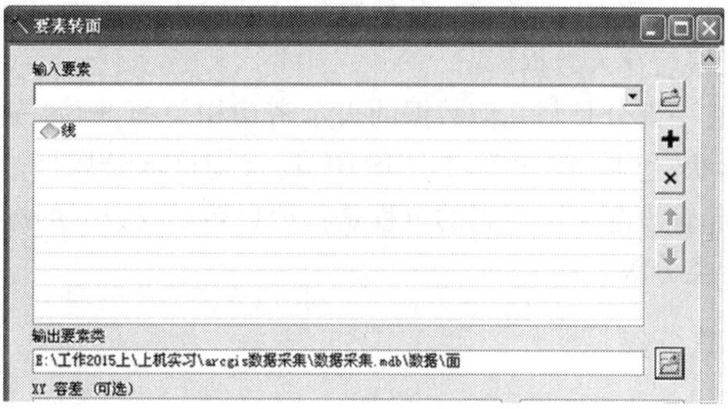

图 3-36　要素转面工具

转换成功后，面要素自动添加入内容列表中。如图 3-37 所示。

图 3-37　要素转面后成果

任务3 属性数据采集

【任务描述】

属性数据是空间数据的重要组成部分,属性数据是地理信息系统进行应用分析的核心对象,如何采集、整理、录入属性数据是数据采集过程中必不可少的内容。

本任务要求为Shapefile文件建立属性结构,掌握不同的字段类型及其含义,并能进行属性数据的采集。

【相关知识】

1 属性数据的含义

属性数据是描述空间数据属性特征的数据。例如,道路可以数字化为栅格表示的一组连续的像元或矢量表示的线,而道路的属性数据是指道路的宽度、等级、表面类型、建筑方法、建筑日期、特殊的交通规则、车流量等。这些数据可以存储在数据库中,通过唯一的标识符与相应的几何数据联系起来。

当属性数据的数据量较大时,通常与几何数据分开输入。首先将属性数据输入到一个文件,经编辑、检查无误后存入数据库。

在属性数据中,有一部分是与几何数据的表示密切相关的,例如,道路的等级、类型等,决定着道路符号的形状、色彩、尺寸等,在GIS中,通常把这部分属性数据用编码的形式表示,并与几何数据一起管理起来。编码的过程是将信息转换成数据的过程,前提是首先要对需表示的信息进行分类分级。

2 属性数据的分类分级

2.1 分类的基本原则

分类是将具有共同的属性或特征的事物或现象归并在一起,而把不同属性或特征的事物或现象分开的过程。

分类是人类思维所固有的一种活动,是认识事物的一种方法。分类的基本原则是:

(1)科学性:选择事物或现象最稳定的属性和特征作为分类的依据。

(2)系统性:应形成一个分类体系,低级的类应能归并到高级的类中。

(3)可扩性:应能容纳新增加的事物和现象,而不至于打乱已建立的分类系统。

(4)实用性:应考虑对信息分类所依据的属性或特征的获取方式和获取能力。

(5)兼容性:应与有关的标准协调一致。

2.2 分类的基本方法

2.2.1 线分类法

线分类法又称层级分类法。它是将初始的分类对象按所选定的若干个属性或特征依次分成若干个层级目录,并编排成一个有层次的、逐级展开的分类体系。其中同层级类目之间存在并列关系,不同层级类目之间存在隶属关系,同层类目互不重复、互不交叉。

线分类法的优点是容量较大、层次性好、使用方便;缺点是分类结构一经确定,不易改动,当分类层次较多时,代码位数较长。

例如:《基础地理信息要素分类与代码》(GB/T 13923—2006)中,要素分类采用线分类法,要素类型按从属关系依次分为四级:大类、中类、小类、子类。

大类包括定位基础、水系、居民地及设施、交通、管线、境界与政区、地貌、土质与植被等8类;中类在上述各大类基础上共划分出46类。地名要素作为隐含类以特殊编码方式在小类中具体体现;小类、子类按照1∶500、1∶1 000、1∶2 000,1∶5 000~1∶10万,1∶25万~1∶100万三个比例尺段进行类别划分;大类、中类不得重新定义和扩充。小类子类不得重新定义,根据需要可进行扩充。

2.2.2 面分类法

面分类法是将给定的分类对象按选定的若干个属性或特征分成彼此互不依赖、互不相干的若干方面(简称面),每个面中又可分成许多彼此独立的若干个类目。使用时,可根据需要将这些面中的类目组合在一起,形成复合类目。

面分类法的优点是具有较大的弹性,一个面内类目的改变,不会影响其他面,且适应性强,易于添加和修改类目;缺点是不能充分利用容量。

2.3 分级的基本原则

分级是对事物或现象的数量或特征进行等级的划分,主要包括确定分级数和分级界线。

2.3.1 确定分级数的基本原则

分级数应符合数值估计精度的要求。分级数多,数值估计的精度就高。

分级数应顾及可视化的效果。等级的划分在GIS中要以图形的方式表示出来,根据人对符号等级的感受,分级数应为4~7级。

分级数应符合数据的分布特征,对于呈明显聚群分布的数据,应以数据的聚群数作为分级数。

在满足精度的前提下,应尽可能选择较少的分级数。

2.3.2 确定分级界线的基本原则

保持数据的分布特征。使级内差异尽可能小,各级代表值之间的差异应尽可能大。

在任何一个等级内都必须有数据,任何数据都必须落在某一个等级内。

尽可能采用有规则变化的分级界线。

分级界线应当凑整。

2.4 分级的基本方法

在分级时大多采用数学方法,如数列分级、最优分割分级等。对于有统一标准的分级方法时,应采用标准的分级方法,如按人口数把城市分为特大城市、大城市、中等城市、小城市等。也可以定性地分级,如国家、省、市、县、镇等。

3 属性数据的编码

属性数据的编码是指确定属性数据的代码的方法和过程。代码是一个或一组有序的易于被计算机或人识别与处理的符号,是计算机鉴别、查找信息的主要依据和手段。编码的直接产物就是代码,而分类分级则是编码的基础。

3.1 编码的基本原则

唯一性——一个代码只唯一地表示一类对象。

合理性——代码结构要与分类体系相适应。

可扩性——必须留有足够的备用代码,以适应扩充的需要。

简单性——结构应尽量简单,长度应尽量短。

适用性——代码应尽可能反映对象的特点,以助记忆。

规范性——代码结构、类型、编写格式必须统一。

3.2 代码的类型

代码的类型是指代码符号的表示形式,有数字型、字母型、数字和字母混合型三类。

数字型代码——用一个或若干个阿拉伯数字表示对象的代码,特点是结构简单,使用方便、易于排序。但对对象的特征描述不直观。

字母型代码——用一个或若干个字母表示对象的代码。特点是比同样位数的数字型代码容量大,还可提供便于识别的信息,易于记忆。但比同样位数的数字型代码占用更多的计算机存储空间。

数字和字母混合型代码——是由数字、字母、专用符组成的代码。兼有数字型和字母型的优点,结构严密,直观性好。但组成形式复杂,处理麻烦。

3.3 GIS 中代码的种类

GIS 中的代码可以分为两种,一种是分类码,另一种是标识码。

分类码——是根据地理信息分类体系设计出的各专业信息的分类代码,用以标识不同类别的数据。根据它可以从数据中查询出所需类别的全部数据。

标识码(亦称识别码)——是在分类码的基础上,对每类数据设计出其全部或主要实体的识别代码,用以对某一类数据中的某个实体,如一个居民地、一条河流、一条道路等进行个体查询检索,从而弥补分类码不能进行个体分离的缺陷。标识码是联系实体的几何信息和属性信息的关键字。

3.4 编码方法

编码的一般方法是:①列出全部制图对象清单。②制定对象分类、分级原则和指标,将制图对象进行分类、分级。③拟定分类代码系统。④设定代码及其格式。设定代码使用的字符和数字、码位长度、码位分配等。⑤建立代码和编码对象的对照表。这是编码最终成果档案,是数据输入计算机进行编码的依据。

属性的科学分类体系无疑是 GIS 中属性编码的基础。目前,较为常用的编码方法有层次分类编码法与多源分类编码法两种基本类型。本书主要讲解层次分类编码法。

层次分类编码法是按照分类对象的从属和层次关系为排列顺序的一种代码,它的优点是能明确表示出分类对象的类别,代码结构有严格的隶属关系。图 3-38 以土地利用类型的编码为例,说明层次分类编码法所构成的编码体系。

根据《基础地理信息要素分类与代码》(GB/T 13923—2006),要素分类采用线分类法,要素类型按从属关系依次分为四级:大类、中类、小类、子类。其分类代码采用 6 位十进制数字码,分别为按数字顺序排列的大类、中类、小类和子类码,具体代码结构如下:

×	×	××	××
大类	中类	小类	子类

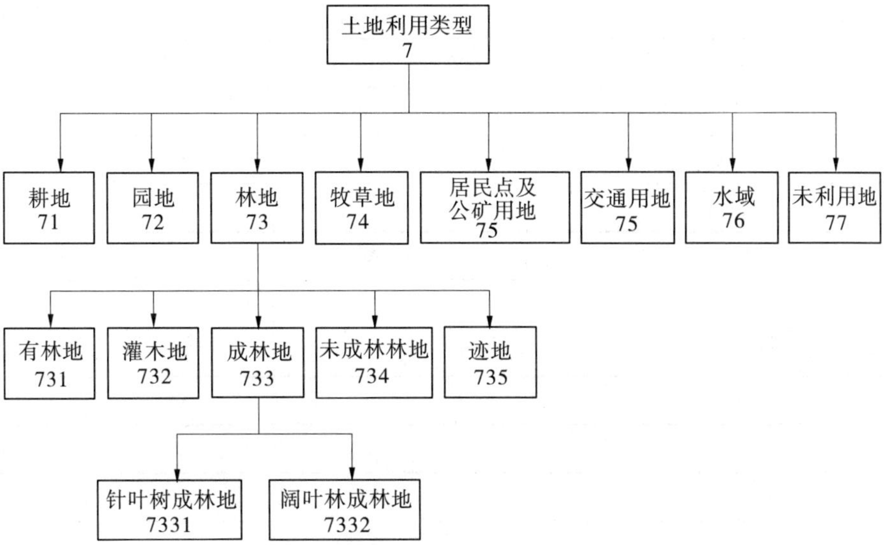

图 3-38　土地利用类型编码(层次分类编码法)

(1)左起第一位为大类码。

(2)左起第二位为中类码,是在大类码基础上细分形成的要素类。

(3)左起第三、四位为小类码,是在中类码基础上细分形成的要素类。

(4)左起第五、六位为子类码,是在小类码基础上细分形成的要素类。

各级比例尺基础地理信息要素分类与代码如图 3-39 所示。

各级比例尺基础地理信息要素分类与代码

表中"√"表示该比例尺段应包括的基础地理信息要素类

分类代码	要素名称	1∶500　1∶1 000 1∶2 000	1∶5 000~ 1∶10 万	1∶25 万~ 1∶100 万
100000	定位基础	√	√	√
110000	测量控制点	√	√	√
110100	平面控制点	√	√	√
110101	大地原点	√	√	
110102	三角点	√	√	√
110103	图根点	√		
110200	高程控制点	√	√	√
110201	水准原点	√	√	√
110202	水准点	√	√	
110300	卫星定位控制点	√	√	√
110301	卫星定位连续运行站点		√	√
110302	卫星定位等级点	√	√	
110400	其他测量控制点	√	√	√

图 3-39　《基础地理信息要素分类与代码》实例

110401	重力点	√	√	√
110402	独立天文点	√	√	√
119000	测量控制点	√	√	√
120000	数学基础	√	√	√
120100	内图廓线	√	√	√
120200	坐标网线	√	√	√
120300	经线		√	√
120400	纬线		√	√
120401	北回归线		√	√
200000	水系	√	√	√
210000	河流	√	√	√
210100	常年河	√	√	√

续图 3-39

【任务实施】

为 Shapefile 文件建立属性结构，了解不同字段类型，并进行属性数据的采集。

1　属性表结构的创建

表格信息是地理要素的基础，可用于显示、查询和分析数据。简言之，表是由行和列组成的，且所有行都具有相同的列。在 ArcGIS 中，行和列分别称为记录和字段。每个字段可存储一个特定的数据类型，如数字、日期或文本段。

使用表格数据可以执行制图、分析和数据管理任务，可以执行空间查询和分析任务，当地理数据库或数据库中的信息发生变化时，可以更新属性。

可以在 ArcCatalog、ArcMap 中对 Shapefile 文件进行属性结构的创建，在内容列表中选择某图层，点击鼠标右键，打开属性表，在属性表中点击表选项→“添加字段”。如图 3-40、表 3-41 所示。

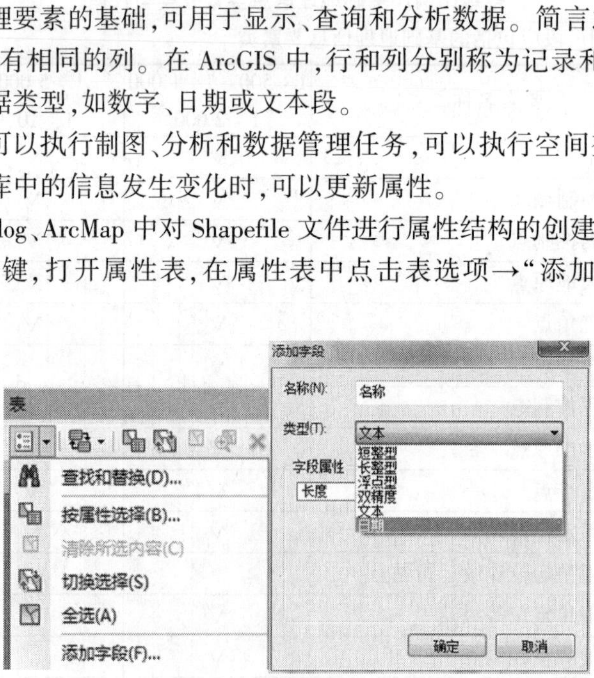

图 3-40　添加属性字段

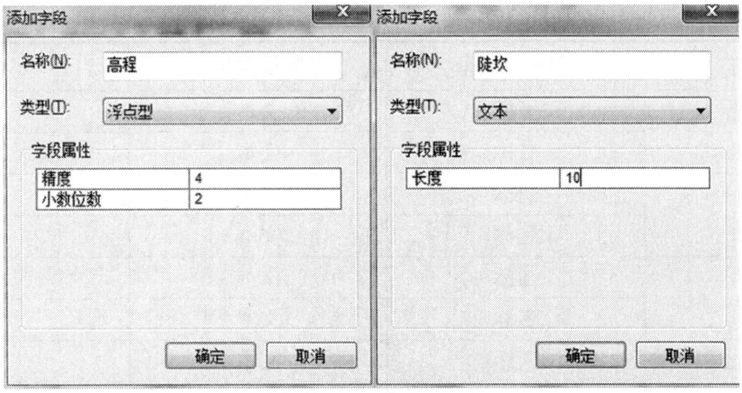

图 3-41　定义字段类型

字段类型表示该字段存储的内容属于什么类型,包括短整型、长整型、浮点型、双精度型、文本、日期。如果仅需存储整数(如 12 或 12345),可指定短整型或长整型。如果需要存储含有小数数位的小数(如 0. 23 或 1234. 5678),可指定浮点型或双精度型。如果存储的是字母数字符号等(如"地面河流"、"river"或"0550"),需要指定文本类型。如果存储的是日期,则选择日期类型。

短整型:默认精度为 5,只能存储处于范围-32768~32767 的值,占 2 个字节。

长整型:精度 6~10,存储-2147483648~2147483647 的值,占 4 个字节。

浮点型:精度 1~6,存储-3. 4E38~1. 2E38 的小数,占 4 个字节。

双精度型:精度>7,存储-2. 2E308~1. 8E308 的小数,占 8 个字节。

字段属性用于定义字段的属性,包括精度、小数位数、长度。

精度:数字字段中可存储的位数。例如,56. 78 的精度为 4。

小数位数(标度):浮点或双精度类型字段中数值的小数点右侧的位数。例如,56. 78 的小数位数(标度)为 2。标度仅适用于浮点和双精度字段类型。

长度:以字符为单位指定的文本字段的长度。

为了降低存储量、提高处理性能,尽量选择存储空间占用最小的数据类型。如国标码为标准的 5 位,选择长度为 5 的文本类型即可,虽然长度可设置为 50,但加大了存储量。

按表 3-7 内容,为各 Shapefile 文件添加字段。若编辑错误,可以右键单击该字段,选择删除字段。

表 3-7　表结构设计

字段名称	名称/国标	字段类型	字段属性
高程点 11020211	国标	文本	8
	名称	文本	10
	高程	浮点型	精度 4,小数位数 2
导线点 11010711	国标	文本	8
	名称	文本	10
	高程	浮点型	精度 5,小数位数 3

续表 3-7

字段名称	名称/国标	字段类型	字段属性
地面河流	国标	文本	8
21010121	名称	文本	10
池塘	国标	文本	8
23010221	名称	文本	10
小路	国标	文本	8
44030021	名称	文本	10
田埂	国标	文本	8
81020021	名称	文本	10
陡坎	国标	文本	8
76020121	名称	文本	10
图框	国标	文本	8
12010021	名称	文本	10

2 属性的采集

(1)打开属性表,双击一条记录,将光标定位到实际位置,根据地图内容填写相应属性。如打开高程点属性表,双击第一条记录,根据图上内容,在属性表中国标一栏填写 11020211,名称一栏填写高程点,高程一栏填写 95.43。如图 3-42 所示。

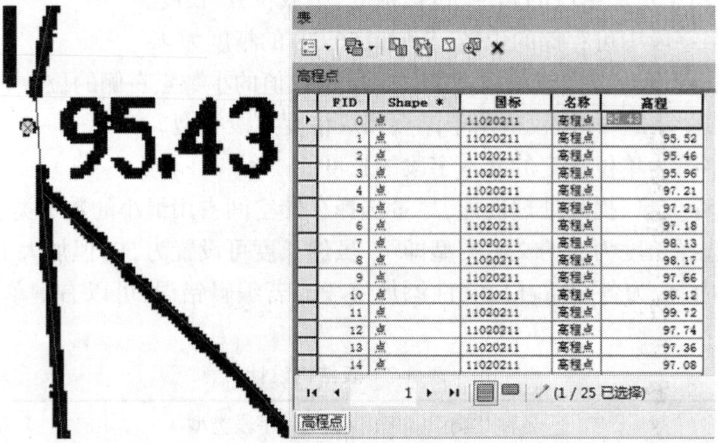

图 3-42 属性表操作

(2)使用编辑条中的编辑工具,选择某一几何要素,点击鼠标右键选择属性,在弹出的属性框中输入该要素的属性内容。如图 3-43 所示。

3 属性表的其他操作

打开属性表后,常见的几个工具包括表选项、关联表、按属性选择、切换选择、清除所选内容、缩放至所选项、删除所选项。如图 3-44 所示。

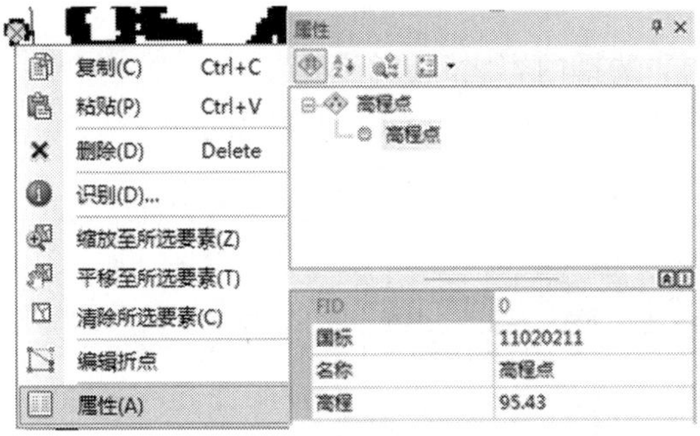

图 3-43　属性数据的输入

图 3-44　属性表工具条

在表选项中有查找替换、按属性选择、切换选择、添加字段、连接和关联、创建图表、导出等常用操作。在表头的右键菜单中有升序排列、降序排列、字段计算器、删除字段、属性等常用操作。

(1)按属性选择。

属于一种 SQL 选择,通过表达式选择要素。如选择高程值小于 96 的高程点,需要在“按属性选择”对话框中,输入表达式“[高程] < 96”([高程]等可以通过双击直接添加到表达式中),点击“应用”,高程小于 96 的要素会高亮显示。如图 3-45、图 3-46 所示。

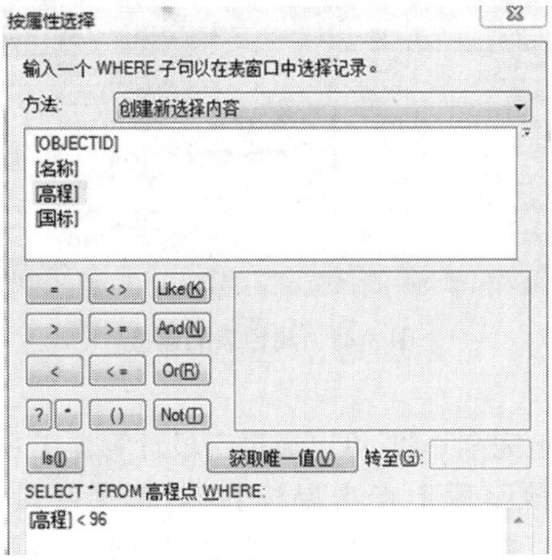

图 3-45　按属性选择

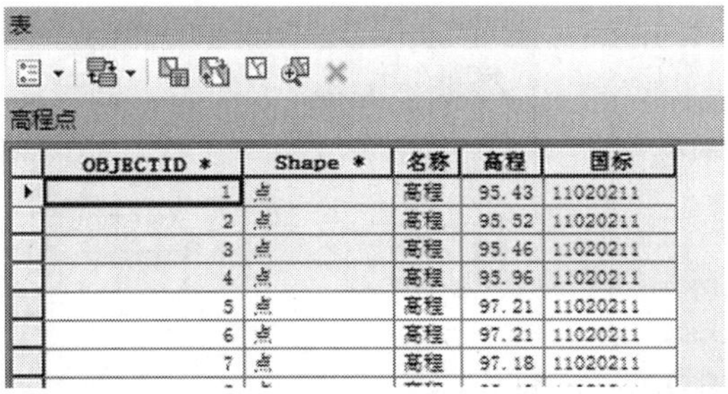

OBJECTID *	Shape *	名称	高程	国标
1	点	高程	95.43	11020211
2	点	高程	95.52	11020211
3	点	高程	95.46	11020211
4	点	高程	95.96	11020211
5	点	高程	97.21	11020211
6	点	高程	97.21	11020211
7	点	高程	97.18	11020211

图 3-46　选择结果

(2)不同方式的选择。

通过属性表底端的“显示所有记录”和“显示所选记录”可在所有记录和选择记录

之间进行切换。

通过“切换选择”，可以在选择内容和非选择内容之间进行切换。

通过“清除选择”，可以将选择的内容清除(非删除)。如图 3-47 所示。

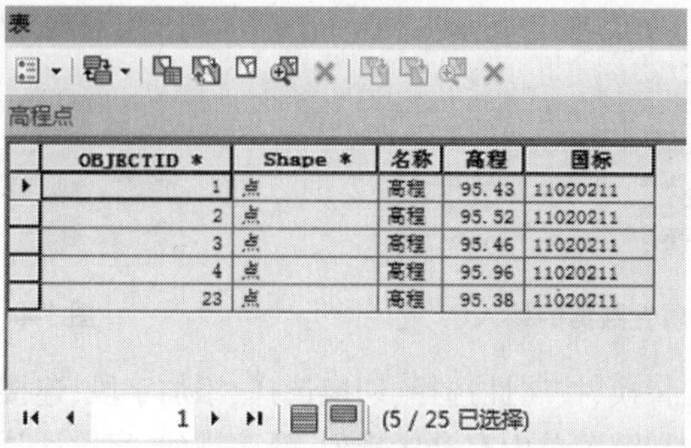

图 3-47 切换选择方式

(3)连接表。

基于两个表的公用字段,可以将属性从一个表追加到另一个表上,如果没有公用字段,则无法连接。如图 3-48 所示。

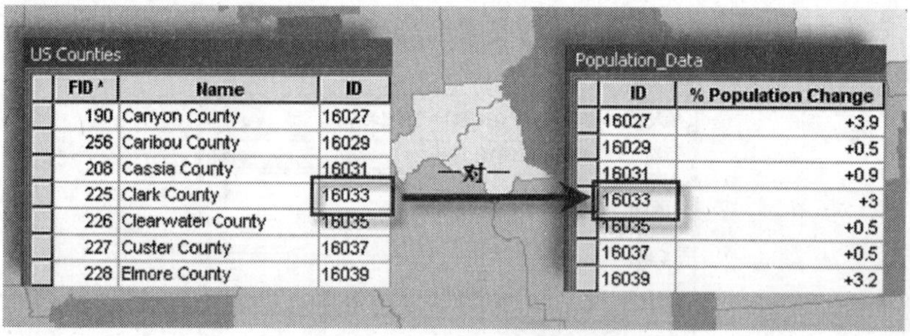

图 3-48 属性表的连接

(4)字段计算器。

如果某一字段的属性值完全一致,可以通过字段计算器工具快速输入属性。如高程点的国标都是 11020211,在该字段上点击鼠标右键,选择字段计算器,在表达式中输入 11020211(注意:数字可以直接输入,文本类型需要使用英文双引号,如“高程点”),即可把该字段统一赋值。如图 3-49 所示。

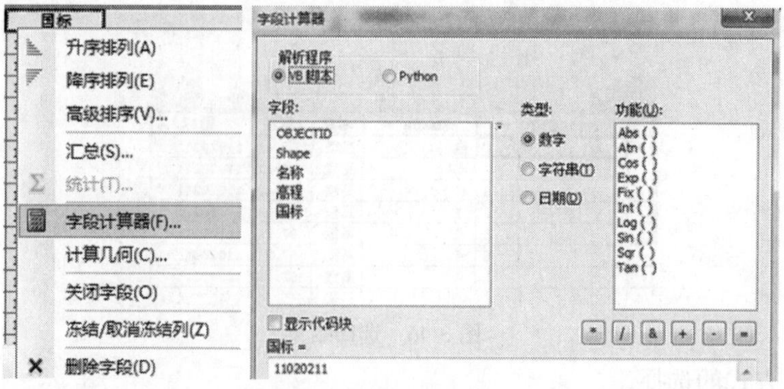

图 3-49 字段计算器

任务4 空间数据的格式转换

【任务描述】

随着地理信息系统的普及应用,许多单位存在大量已经数字化了的空间数据。较之传统地图生产资料的来源,用户有更多的选择。为使数据物尽其用,以提高数据获取和数据生产的效益,人们不断对现有数据进行多次开发,以满足越来越多的用户对各类数据的需求,从而导致了数据的商品化和标准化。所以,空间数据转换作为空间数据获取的手段之一,在现代 GIS 的建设中起到越来越重要的作用。

本任务要求在不同的 GIS 平台间实现空间数据格式的转换,要求空间数据和属性数据内容正确完整。

【相关知识】

1 常用的 GIS 及图形数据格式简介

1.1 MapInfo 的 MIF/MID

采用双数据库存储模式,空间数据与属性数据分开存储。MapInfo 通过 MIF 及 MID 明码文件(结构公开)与其他软件建立数据接口。MIF 及 MID 文件可通过 MapInfo 的菜单命令转入及转出操作来输入和产生。

MIF 文件内保存有图形信息,由图形文件头和图形数据段组成。文件头的主要信息是图形属性信息的属性子段名的名称、类型、长度;数据段中主要有每个图形实体的图形数据。MID 文件内保存有图形的属性信息,为对应实体的属性数据。通过 MIF 文件中的每个图形数据与 MID 文件中每个属性数据之间的顺序排列对应关系建立图形和属性的关系。

1.2 AutoCAD 的 DWG/DXF

与 GIS 的制图软件不同,AutoCAD 的文件由多种图形实体组成,其实体采用坐标描述,实体间不具备拓扑描述信息。

DWG 文件是用来存储 AutoCAD 最终图形产品的二进制文件,它是由文件头、实体段、块表段、层表段、字型表段、线型表段、视图表段、图块段组成的。

DXF 文件是 AutoCAD 用以将内部图样信息传递到外部进行数据交换的明码数据文件。由于 AutoCAD 软件的流行,DXF 文件已成为大多数绘图软件进行数据交换的事实上的标准格式之一。DXF 文件是一种 ASCII 码文本文件,其总体结构分为如下五个段:

(1)标题段。有关图形的总体信息。如系统当前设置状态参数等。

(2)表段。包括以下各项目的定义:线型表、图层表、字体表、视图表。

(3)图块段。包括定义图块实体的描述。

(4)实体段。图中各实体图表的具体描述。该段是 DXF 文件的核心部分。

(5)文件结束标志 EOF。

1.3 ArcView 的 Shapefile

Shapefile 格式文件是 Esri 于 1992 年推出的矢量数据格式。它是工业标准的矢量数据文件,也是 ArcGIS 中最基本、最常用的数据格式。Shapefile 是 ArcView GIS 3. x 的原生数据格式,属于简单要素类,用点、线、多边形存储要素的形状,却不能存储拓扑关系,即并不包含拓扑数据结构,具有简单、快速显示的优点。

Shapefile 是一种基于文件方式存储 GIS 数据的文件格式。至少由 SHP、DBF、SHX 三个文档组成,分别存储空间信息、属性信息及空间和属性信息之间的关系。每个属性记录有一个一对一相关的 shape 记录。另外,还可以有其他的可选文档,如 SBN、SBX、FBN 等。Shapefile 是 GIS 系统中比较通用的一种数据格式。

Shapefile 的三个基本文件,每个 Shapefile 都至少由这三个文件组成,其中:

*.shp:存储的是几何要素的空间信息,也就是 (X,Y) 坐标。

*.shx:存储的是有关 *.shp 存储的索引信息。它记录了在 *.shp 中,空间数据是如何存储的,(X,Y) 坐标的输入点在哪里,有多少(X,Y) 坐标对等信息。

*.dbf:存储地理数据的属性信息的 dBase 表。

1.4 ARC/INFO 的 Coverage 和 E00

Coverage 是 ArcInfo workstation 的原生数据格式。Coverage 称为“基于文件夹的存储”,在 Windows 资源管理器下,它的空间信息和属性信息分别存放在两个文件夹里。空间信息以二进制文件的形式存储在独立的文件夹中,文件夹名称即为该 Coverage 名称,属性信息和拓扑数据则以 INFO 表的形式存储,空间信息和属性信息用同一 ID 连接。Coverage 将空间信息与属性信息结合起来,并存储要素间的拓扑关系。通过 ArcCatalog,能将存储空间信息的文件夹中的 Coverage 二进制文件与存储属性信息的 INFO 文件夹中的 INFO 表联合表达为 Coverage,当使用 ArcCatalog 对 Coverage 进行创建、移动、删除或重命名等操作时,ArcCatalog 将自动维护它们的完整性,将 Coverage 和 INFO 文件夹中的内容同步改变。所以对 Coverage 进行操作,一定要在 ArcCatalog 中进行。

Coverage 是一个非常成功的早期地理数据模型,多年来深受用户欢迎,很多早期的数据都是 Coverage 格式的。ESRI 不公开 Coverage 的数据格式,但是提供了 Coverage 格式转换的一个交换文件(E00),并公开数据格式,这样就方便了 Coverage 数据与其他格式的数据之间的转换。即 E00 是 ESRI 公司提供的对 ARC/INFO 数据的一种数据交换的标准格式。

1.5 ArcGIS 的 Geodatabase

地理数据库(Geodatabase)是第三代 GIS 数据模型,是一种面向对象的空间数据模型,Geodatabase 建立在标准的关系数据库(RDBMS)基础之上,加入了空间数据管理的模式。

Geodatabase 作为 ArcGIS 的原生数据格式,体现了第三代地理数据模型的优势,ArcGIS 的 Geodatabase 类型如下:

(1)文件地理数据库。以文件夹形式存储的各种类型的 GIS 数据集的集合,单文件数据量上限为 1 TB,不支持并发编辑。

(2)个人地理数据库。存储于 Microsoft Access 数据文件内,最大容量为 2 GB,不支持并发编辑。

(3)ArcSDE 地理数据库。①通过 ArcSDE 空间数据库引擎在关系数据库的基础上增加了处理空间数据的能力;②可以存储海量数据;③支持多用户并发编辑;④可以有弹性地选择数据库的规模和大小;⑤支持 SQL 语言;⑥在大型企业级 GIS 中,一般采用 ArcSDE 地理数据库进行空间数据的存储和服务。

在 Geodatabase 中，不仅可以存储类似 Shapefile 的简单要素类，还可以存储类似 Coverage 的要素集。

2 数据格式转换方法

数据格式转换就是将具有相同信息，但存储格式不同的数据从原存储格式转换到目标存储格式的过程。数据格式转换一般由计算机程序来完成。多数 GIS 及制图软件本身提供数据交换功能，可以方便地进行不同数据格式之间的转换。

空间数据转换的内容主要包括三个方面的信息：其一是空间定位信息（实体的坐标）；其二是空间关系（如一条弧段的起结点、终结点、左多边形、右多边形等）；其三是属性数据。

2.1 操作方法

空间数据转换目前主要通过外部数据交换文件进行。系统之间的数据一般要通过2~3次的转换。如图 3-50 所示，从系统 A 的内部数据转换到系统 B 可能经过 2~3 次转换。先从系统 A 的内部文件转到系统 A 的交换文件，如果系统 B 能够直接读系统 A 的交换文件，即转换 2 次即可；否则，要从系统 A 的外部交换文件到系统 B 的外部交换文件，再从系统 B 的外部交换文件到系统 B 的内部文件，此时经过 3 次转换。

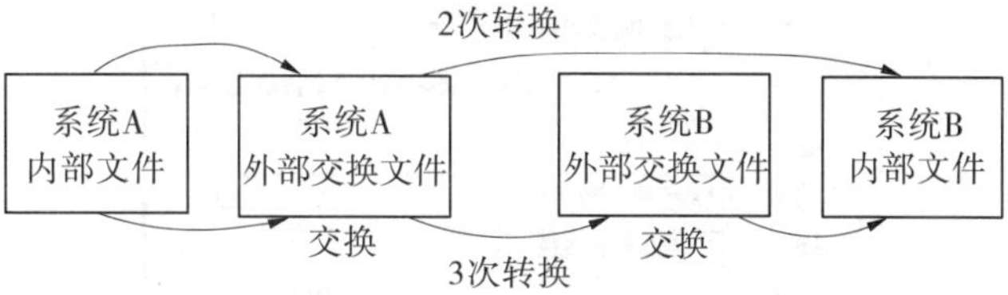

图 3-50 两个系统间的空间数据转换

下面以使用 MapInfo 的通用转换器为例，介绍数据格式转换的操作方法：

（1）打开 MapInfo，在"工具"中选择"通用转换器"，弹出"通用转换器"的对话框。如图 3-51、图 3-52 所示。

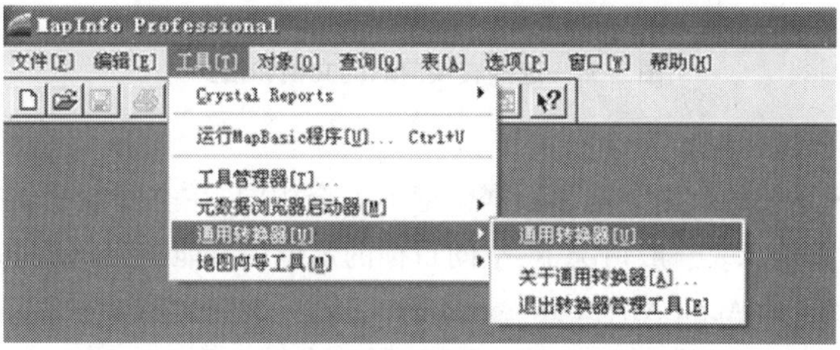

图 3-51 选择通用转换器

（2）选择被转换文件的数据格式以及文件的路径。"源"中"格式"后的下拉列表中列出了在目前环境下能够转换的所有数据格式。如图 3-53 所示。

（3）选择转换后的数据格式以及文件的存储位置。"目标"中"格式"后的下拉列表列出了已选文件能够转换成的数据格式。如图 3-54 所示。

（4）点击"确定"，完成转换。

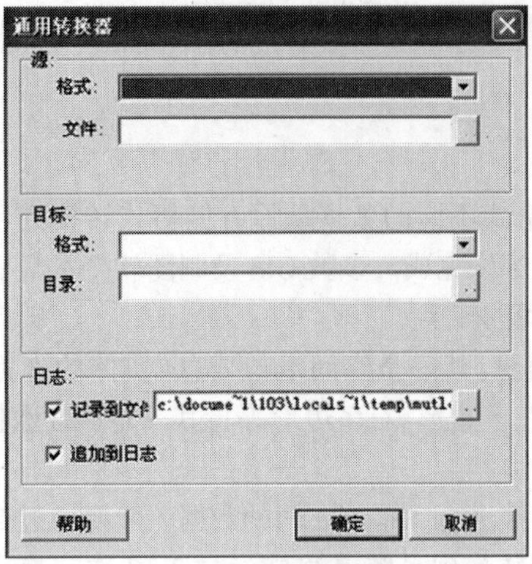

图 3-52　通用转换器

图 3-53　可供转换的数据格式

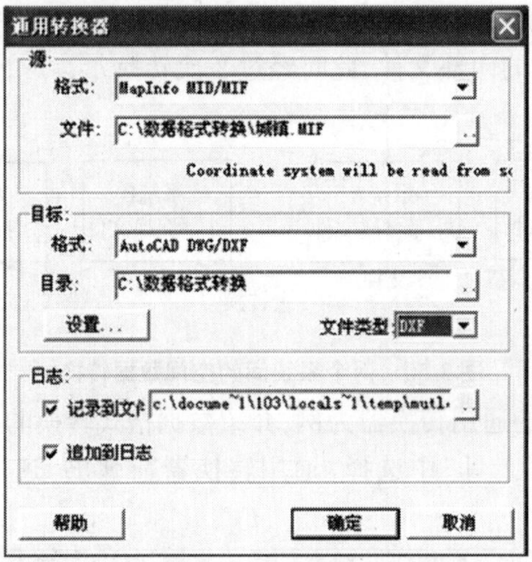

图 3-54　选择转换前后的文档和格式

2.2　转换产生的问题

由于每个 GIS 系统的数据结构和数据模型不完全相同，在空间数据转换过程中往往丢失，甚至得不到有关信息。一般情况下，空间目标的定位信息能够完整地进行转换。但是有些基于 CAD 的系统，如 AutoCAD 和 MicroStation，它们可能包含数学曲线，如三点圆、圆弧、光滑曲线等；而 GIS 中一般没有这些图形元素，所以在转换到 GIS 时一般将它们内插成折线，这样难免会损失精度。

转换过程中最容易丢失的信息是拓扑关系的信息和属性信息。如果数据模型基本一致，拓扑关系的信息在转换过程中丢失后，可以在数据转换后的系统中重构拓扑关系而得以恢复，但是数据结构不一样时，如 MapInfo 等软件没有拓扑关系，空间数据的转入和转出就不可能带有拓扑关系。对于属性数据，大部分 GIS 系统都能够进行转换，但用户经常用到的 AutoCAD 的外部数据交换文件 DXF 早期的版本不含有属性数据，此时要得到属性数据需通过其他途径。

2.3　数据交换格式的标准化

由于数据格式转换中存在很多问题，因此需要一个统一的标准来确定数据的交换格式。

我国的数据交换格式标准规定了矢量和栅格两种空间数据的交换格式。适用于多种矢量数据、影像数据和格网GIS数据以及数字高程模型(DEM)等的数据交换。具体参见《地球空间数据交换格式》。

美国国家空间数据协会(NSDI)制定了统一的空间数据格式规范SDTS(Spatial Data Transformation Standard)，包括几何坐标、投影、拓扑关系、属性数据、数据字典，也包括不同的空间数据格式的转换标准。目前，许多软件利用SDTS提供了标准的空间数据交换格式。

有了空间数据交换的标准格式后，如果每个系统都提供读写这一标准格式空间数据的程序，可以避免大量编程工作，而且数据转换仅需要两次即可。如图3-55所示，从系统A的内部格式到标准的外部交换格式，再从标准的外部交换格式到系统B的内部文件仅需两次转换，而且它省去为每种GIS软件都编写一个数据交换程序的步骤。

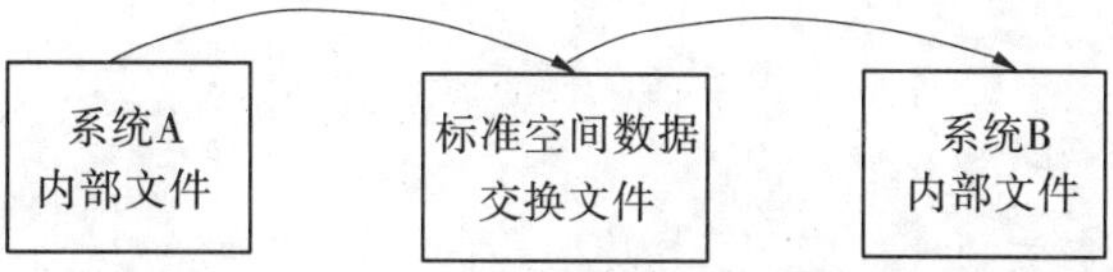

图3-55　通过标准格式交换进行两个系统间的空间数据

有了空间数据交换标准以后，省去了软件开发商用于数据转换的软件编程工作。但是对用户来说，它仍然需要两次转换。能否将空间数据的转换变成一次，或者不进行转换。这就是Open GIS的思想，即实现不同GIS软件系统之间空间数据的互操作。Open GIS最初和最简单的设想是制定一套读写空间数据的标准函数，每个系统软件都按这一套标准提供读写自己系统空间数据的驱动程序，其他软件就可以通过调用这一程序，直接读到对方的内部数据。如图3-56所示，从系统A到系统B只需要一次转换。

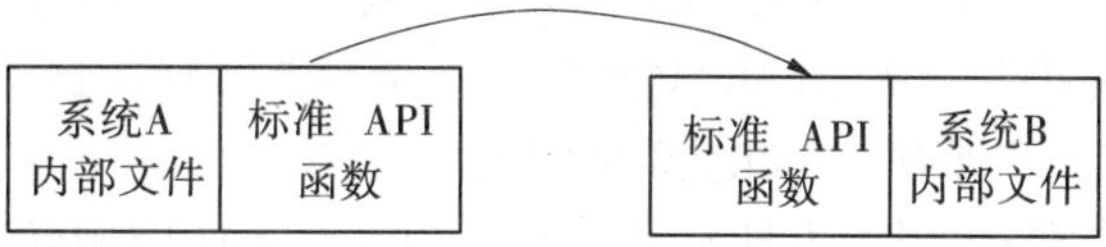

图3-56　通过Open GIS的空间数据交换

如果要将系统A的数据转成系统B自己的内部文件，则要一次转换，如果不想以系统B的数据格式保存，只需在内存进行处理，处理完以后仍以原来的数据格式存储，则并不需要进行空间数据文件的转换。在这种工作模式中，有些软件不通过Open GIS也能读取其他GIS软件的内部格式，直接进行空间数据的查询与分析，如吉奥之星的Internet GIS—GeoSurf即可直接读取多种GIS平台的数据，在网上进行查询与分析。

【任务实施】

在数据生产过程中，不同生产单位使用不同的GIS软件，导致生产的数据格式不同，如MapInfo的MIF/MID、AutoCAD(Cass)的DWG/DXF、MAPGIS的wt/wl/wp、ArcGIS的Shapefile等。数据格式转换一般由计算机程序来完成。多数GIS及制图软件本身提供数据交换功能,可以方便地进行不同数据格式之间的转换。

1　MAPGIS 数据转换为 ArcGIS 数据

以 MAPGIS 6.7 版本为例,MAPGIS 软件提供点(.wt)、线(.wl)、面(.wp)数据直接转换为 Shapefile,但转换过程中存在数据丢失、自相交等问题,因此采用先将 MAPGIS 数据转为 MapInfo 的 MIF 格式,再通过 MapInfo 软件的通用转换器,将 MIF 格式转为 ArcGIS 的 Shapefile 文件。

(1)打开 MAPGIS 6.7,设置自己的文件夹位置,打开"图形处理"→"文件转换"。如图 3-57 所示。

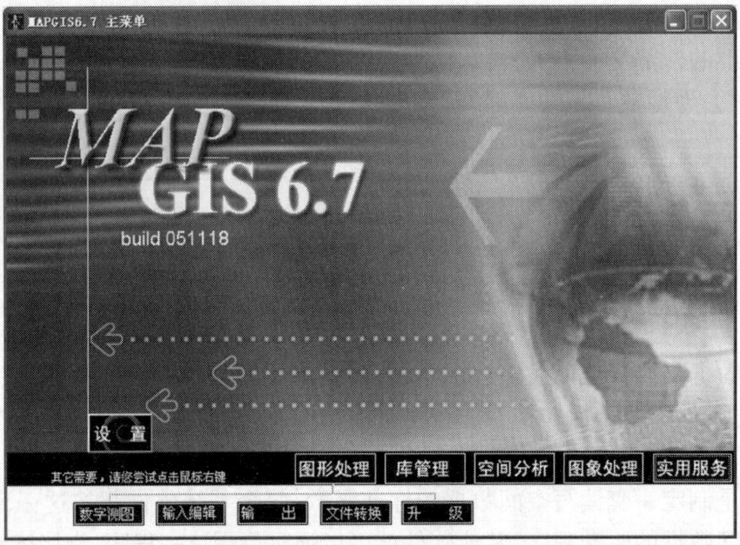

图 3-57　MAPGIS 文件转换功能

(2)"文件"→"装入区";窗口上点击鼠标右键→复位窗口。如图 3-58 所示。

(3)菜单栏选择"输出"→"输出 MapInfo 格式",选择要转换的区文件,选择存储的文件夹,输入文件名"区",点击"保存"。如图 3-59 所示。

(4)打开 MapInfo 软件,Tools(工具)→Universal Translator(通用转换器),在第一栏中选择 MapInfo MID/MIF 格式,第二栏中选择自己"MapInfo"文件夹内的"区.mif";第三栏选择"ESRI Shape",第四栏选择要存储的位置。点击"OK",转换完成,可以使用 ArcMap 打开文件进行查看。如图 3-60 所示。

2　AutoCAD 数据转换为 ArcGIS 数据

AutoCAD(Cass)是生产单位进行实测成图使用率较高的软件,ArcGIS 软件可以直接打开 AutoCAD(Cass)的 dxf/dwg 数据,并针对 AutoCAD(Cass)中的不同要素分别读取,也提供了数据转换的工具。

(1)使用 ArcCatalog 可以对 AutoCAD(Cass)数据进行预览和数据转换。其中 Annotation 为注记、Point 为点、Polyline 为多段线、Polygon 为面。如图 3-61 所示。

(2)在要转换的对象上点击右键,选择"导出"→"转为 Shapefile 文件",并对存储路径和要素名称进行定义,点击"确定"即完成转换。如图 3-62 所示。

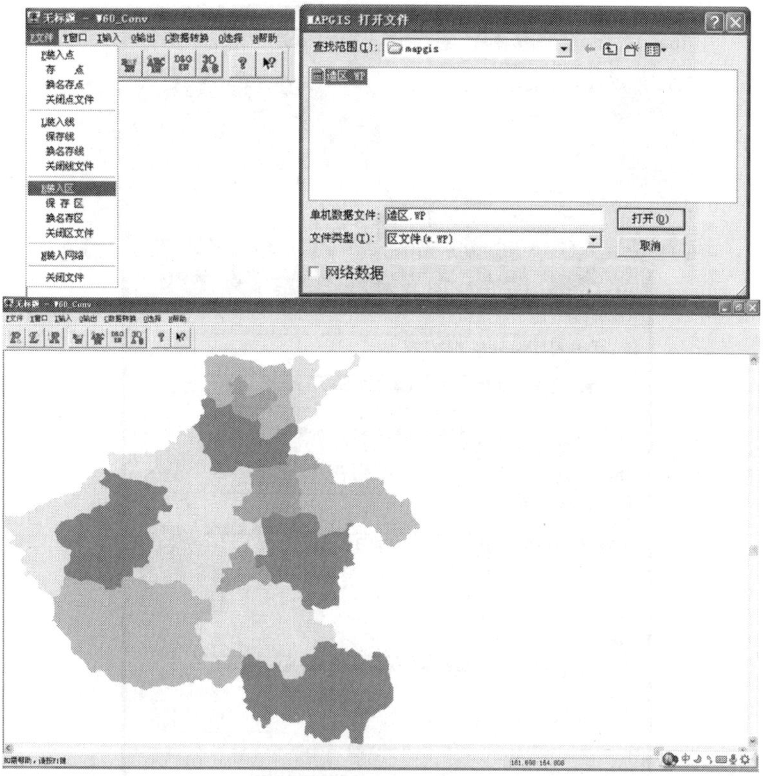

图 3-58　装入要转换的文件

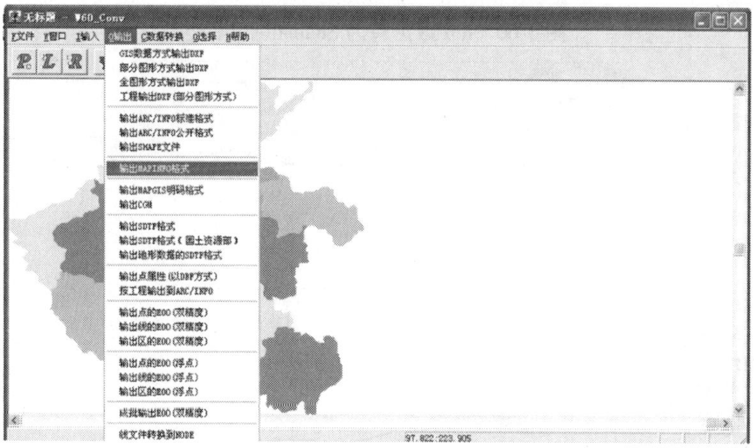

图 3-59　转为 MapInfo 格式

3　存储坐标信息的 Excel 表转换为 ArcGIS 数据

在数据生产过程中,采用 Excel 表的方式记录点坐标,ArcGIS 可以将这些点坐标生成图形数据和属性数据。

(1)打开 ArcMap 软件,在文件菜单下选择“添加数据”→“添加 XY 数据”。如图 3-63 所示。

(2)“从地图中选择一个表或浏览到另一个表”选择需要转换的 Excel,注意要选择

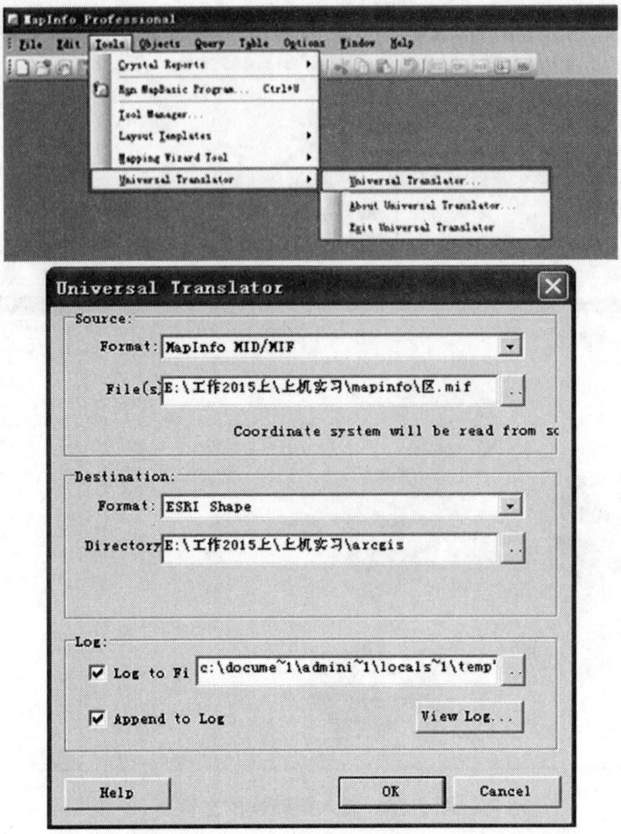

图 3-60 mif 数据转为 Shapefile 文件

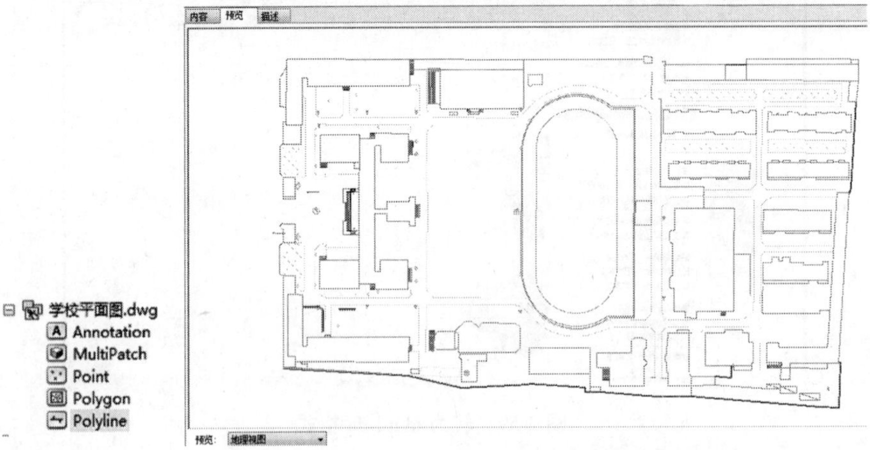

图 3-61 ArcCatalog 中打开 dwg 数据并预览

"Sheet1",指定字段选择经纬度,坐标系选择 WGS84 坐标,点击"确定"。如图 3-64 所示。

(3)在内容列表的"Sheet1 事件"上点击鼠标右键,选择"数据"→"导出数据"。在"导出数据"对话框中,对输出要素类的文件夹位置进行选择,并注意在保存类型中选择 Shapefile,点击"确定",即转换为 Shapefile 的点要素文件。

转换完成后,可打开属性表查看属性数据,与 Excel 表中的数据完全一致,使几何数据和属性数据同时转换成功。如图 3-65 所示。

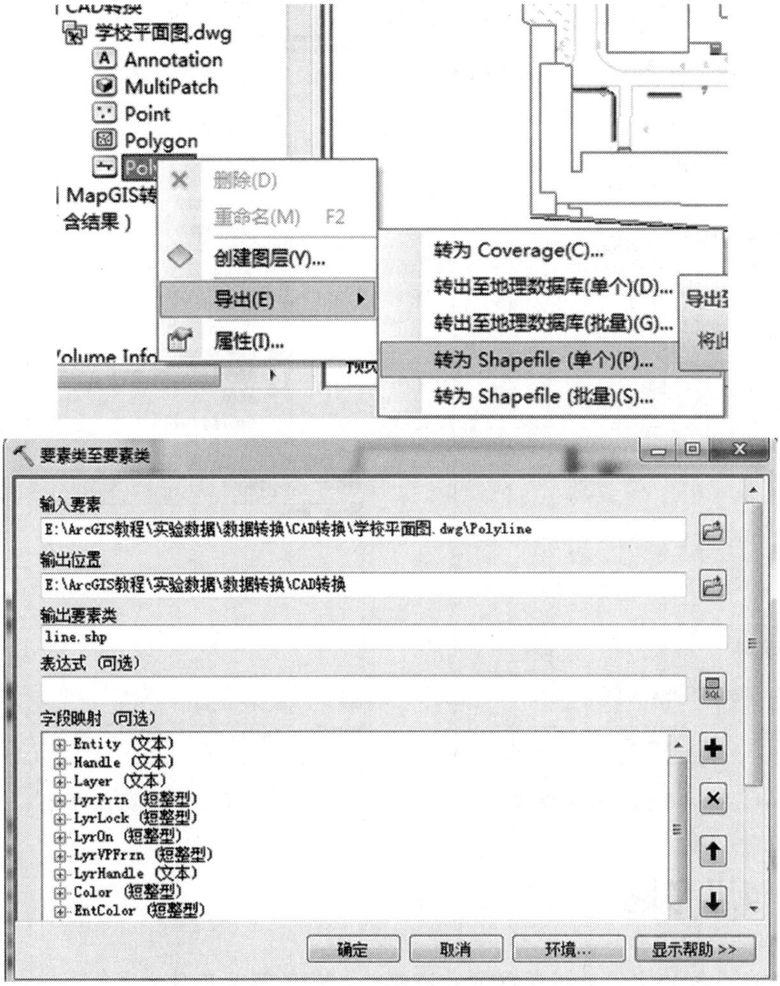

图 3-62 dwg 数据转换方法

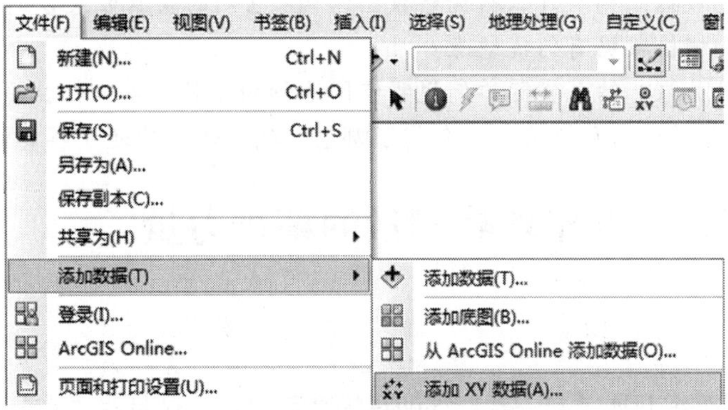

图 3-63 添加 XY 数据

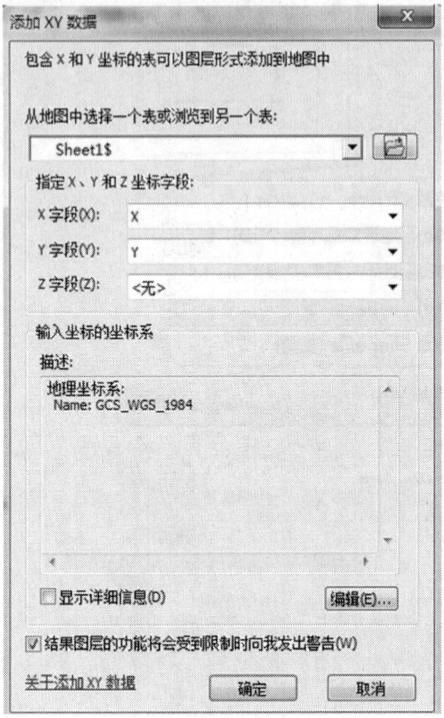

图 3-64　Excel 表数据转换参数

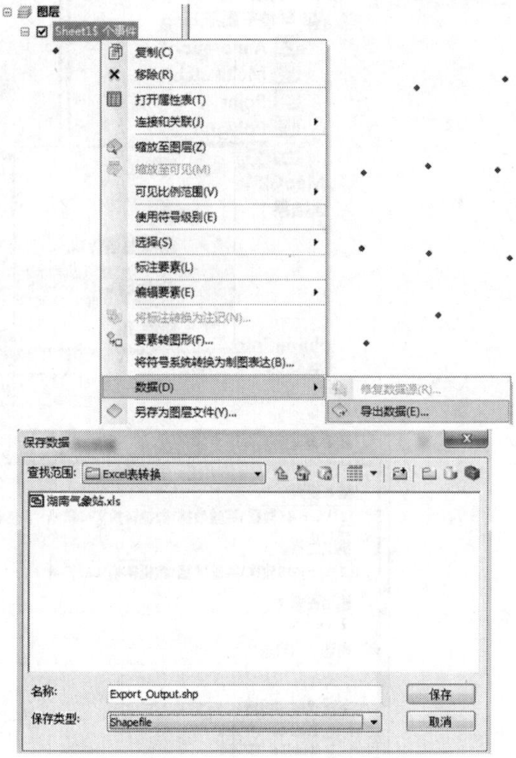

图 3-65　数据导出

复习与思考题

1. 地理信息系统的空间数据获取方式有哪些？你了解哪几种方式？
2. GIS 的数据源有哪些？空间数据具有哪些基本特征？空间数据具有哪些类型？
3. 什么叫矢量数据结构？什么叫栅格数据结构？它们的获取方式分别有哪些？
4. 矢量数据和栅格数据有何优缺点？
5. 什么是拓扑关系？结合实际举例说明空间地物的拓扑关系。拓扑关系有哪些类型？
6. 本书中，对矢量数据和栅格数据介绍了哪些编码方法？你还了解其他的编码方法吗？

思政案例：2020 年珠峰测量的精神力量

1　案例背景

2020 年，我国组织开展了新一轮珠穆朗玛峰高程测量。这是我国在复杂地理环境和极端气候条件下进行的一次重大科学行动，也是对珠峰最新高度的再确认。珠峰测量的背后，是测绘人员艰苦奋斗的心路历程，以及他们克服重重困难、追求科学真理的生动实践。珠峰测量充分体现了我国科技自立自强的精神，彰显了中国测绘队伍不畏艰险、勇于创新的优良品质。

2 案例分析

2.1 测量人员的心路历程

珠峰测量的过程不仅是一场科学考验,更是一场心理与意志的双重历练。从出发前的严密准备,到实地测量中的团队协作,每一名测绘队员都表现出了强大的内心力量。他们深知,自己肩负着的不仅仅是一项任务,更是国家对科学测量的期盼与信任。

珠峰高程测量任务艰巨且危险。无论是在高寒缺氧的环境中长时间工作,还是面对未知的天气变化,队员们始终保持坚定的信念。他们常说:“哪怕只有一个人站上峰顶,这项任务也必须完成。”这种无私奉献的精神感染了每一个人。

2.2 测量过程的艰难

珠峰测量是世界上最复杂的地理测绘任务之一,主要面临以下挑战:

(1)极端自然环境:珠峰海拔 8 848.86 米,高寒、缺氧、强风等自然条件对测绘设备和人体生理极限构成严峻考验。队员们需要在氧气稀薄的环境中背负重达几十公斤的设备长时间作业。

(2)高精度技术需求:为确保测量数据的精确性,必须将传统地面测量方法与现代卫星遥感技术相结合。这需要在峰顶完成 GNSS(全球导航卫星系统)测量,并确保设备在极端环境下的稳定运行。

(3)团队协作的要求:测绘任务需要队员之间的高度配合,无论是在技术操作还是物资运输上,每个环节都至关重要。

尽管困难重重,但测量队员们凭借着过硬的专业技能和不屈不挠的精神,最终完成了这项壮举。

3 案例反思

3.1 培养艰苦奋斗精神

珠峰测量的过程充分展现了测绘工作者不畏艰难、敢于挑战的品质。在日常学习与工作中,我们也需要秉持这种精神,面对困难时不轻言放弃,迎难而上。

3.2 增强独立自主意识

2020 年珠峰测量充分体现了我国科技自立自强的能力。从测量设备的研发到数据处理的技术攻关,均为自主完成。这提醒我们,要想在国际竞争中占据优势,必须依靠自主创新,掌握核心技术。

3.3 树立不断创新的观念

珠峰测量的成功离不开技术的不断迭代与创新。从传统的三角测量到现代的北斗导航与遥感技术结合,科学的每一步进步都源于探索与创新。我们需要将这种精神融入到学习和工作中,敢于打破常规、开拓新路。

4 案例总结

2020 年珠峰测量的成功不仅是一项科学成就,更是一堂深刻的思政教育课。它让我们认识到艰苦奋斗、独立自主和不断创新的重要性,也为新时代的青年树立了科技报国的榜样。作为测绘专业的学生和从业者,我们应当以珠峰测量队员为榜样,立志投身科技事业,不断提升自身能力,为祖国的繁荣富强贡献力量。

项目 4　空间数据的处理

项目4　空间数据的处理

项目概述

由于空间数据源的复杂性,加上面临问题的多样性,使 GIS 中数据源种类繁多,表达方法各不相同。数据源中往往还存在着比例尺及投影坐标不统一、数据结构类型不一致、数据冗余、数据错误等一系列问题。通过本项目的实施可实现数据的规范化。

本项目由空间数据编辑、空间数据的几何变换、矢量数据拓扑关系的建立、GIS 数据质量和图形拼接 5 个任务组成。通过任务的实施,为从事 GIS 数据处理员岗位工作打下基础。

学习目标

知识目标

(1)掌握进行实体要素编辑与处理的方法。

(2)掌握建立矢量数据拓扑关系的方法。

(3)掌握进行空间数据坐标变换的方法。

(4)掌握 GIS 数据质量评价的方法。

(5)掌握图形拼接的方法。

技能目标

(1)能进行实体要素编辑与处理。

(2)能建立矢量数据拓扑关系。

(3)能进行空间数据坐标变换。

(4)能进行 GIS 数据质量评价。

(5)能进行图形拼接。

任务 1　空间数据编辑

【任务描述】

由于各种空间数据源本身的误差,以及数据采集过程中不可避免的错误,使得获得的空间数据不可避免地存在一些错误。为了满足空间分析与应用的需要,在数据采集完成之后,必须对数据进行必要的检查,包括空间实体是否遗漏、是否重复录入某些实体、图形定位是否错误、属性数据是否准确以及与图形数据的关联是否正确等。数据编辑是数据处理的主要环节,并贯穿于整个数据采集与处理过程,以满足数据库建库的需要。

【相关知识】

1 误差或错误的检查

通过矢量数字化或扫描数字化所获取的原始空间数据,都不可避免地存在着错误或误差,属性数据在建库输入时,也难免会存在错误,因此对图形数据和属性数据进行一定的检查、编辑是很有必要的。

1.1 空间数据的误差类型

1.1.1 图形数据误差

(1)空间数据的不完整或重复:主要包括空间点、线、面数据的丢失或重复,区域中心点的遗漏,栅格数据矢量化时引起的断线。

(2)空间数据位置的不准确:主要包括空间点位的不准确、线段过长或过短、线段的断裂、相邻多边形节点的不重合等。

(3)空间数据的比例尺不准确。

(4)空间数据的变形。

(5)空间属性和数据连接有误。

在数字化后的地图上,经常出现的错误有以下几种(见图 4-1):

(1)伪节点(Pseudo Node)。当一条线没有一次录入完毕时,就会产生伪节点,伪节点使一条完整的线变成两段。

(2)悬挂节点(Dangling Node)。当一个节点只与一条线相连接,那么该节点称为悬挂节点。悬挂节点有过头和不及、多边形不封闭、节点不重合等几种情形。

(3)碎屑多边形(Sliver Polygon)。碎屑多边形也称条带多边形。因为前后两次录入同一条线的位置不可能完全一致,就会产生碎屑多边形,即由重复录入而引起。另外,当用不同比例尺的地图进行数据更新时也可能产生。

(4)不正规多边形(Weird Polygon)。在输入线的过程中,点的次序倒置或者位置不准确会引起不正规的多边形。在进行拓扑生成时,会产生碎屑多边形。

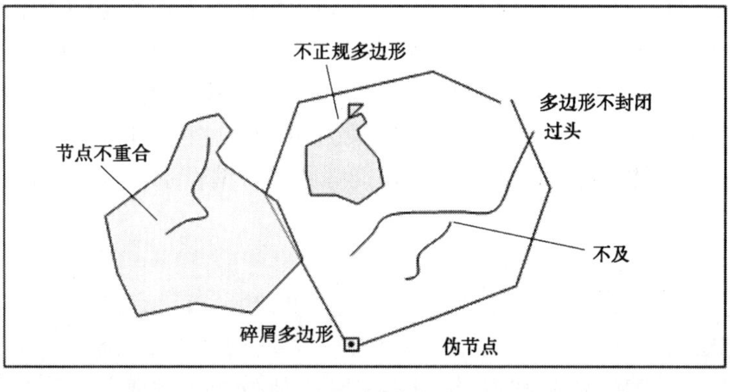

图 4-1 数据错误示意图

1.1.2 属性数据的误差

属性数据的误差有以下几种：

(1)属性数据与空间数据是否正确关联，标识码是否唯一，不含空值。

(2)属性数据是否准确，属性数据的值是否超过其取值范围等。

(3)属性数据不完整。

空间数据采集过程中，人为因素是造成图形数据错误的主要原因。如数字化过程中手的抖动、两次录入之间图纸的移动等都会导致位置不准确，并且在数字化过程中，难以实现完全精确的定位。常见的数字化错误是线连接过头和不及两种情况。

1.2 数据的检查方法

1.2.1 图形误差检查方法

为发现并有效消除图形误差，一般采用如下方法进行检查：

(1)叠合比较法。是空间数据数字化正确与否的最佳检核方法，按与原图相同的比例尺把数字化的内容绘在透明材料上，然后与原图叠合在一起，在透光桌上仔细地观察和比较。

一般情况下，对于空间数据的比例尺不准确和空间数据的变形马上就可以观察出来，对于空间数据的位置不完整和不准确，则必须用粗笔把遗漏、位置错误的地方明显标注出来。如果数字化的范围比较大，分块数字化时，除检核一幅(块)图内的差错外，还需对已存入计算机的其他图幅的接边情况进行检核。

(2)目视检查法。指在屏幕上用目视检查的方法，检查一些明显的数字化误差与错误，包括线段过长或过短、多边形的重叠和裂口、线段的断裂等。

(3)逻辑检查法。根据数据拓扑一致性进行检验，将弧段连成多边形，进行数字化误差的检查。有许多软件已能自动进行多边形节点的自动平差。另外，对属性数据的检查一般也最先用这种方法，检查属性数据的值是否超过其取值范围。属性数据之间或属性数据与地理实体之间是否有荒谬的组合。

1.2.2 属性数据误差检查方法

属性数据错误检查可通过以下方法完成：

(1)可以利用逻辑检查，检查属性数据的值是否超过其取值范围、属性数据之间或属性数据与地理实体之间是否有荒谬的组合。在许多数字化软件中，这种检查通常使用程序来自动完成。例如有些软件可以自动进行多边形节点的自动平差、属性编码的自动查错。

(2)把属性数据打印出来进行人工校对，这和用校核图来检查空间数据准确性相似。

对属性数据的输入与编辑，一般在属性数据处理模块中进行。但为了建立属性数据与几何图形的联系，通常需要在图形编辑系统中设计属性数据的编辑功能，主要是将一个实体的属性数据连接到相应的几何目标上，也可在数字化及建立图形拓扑关系的同时或之后，对照一个几何目标直接输入属性数据。一个功能强的图形编辑系统可提供删除、修改、复制属性等功能。

2 图形编辑

2.1 结点的编辑

结点是线目标(或弧段)的端点，结点在 GIS 中地位非常重要，它是建立点、线、面关联拓扑关系的桥梁和纽带。GIS 中相当多的编辑工作是针对结点进行的。针对结点的编辑主要分为以下三类。

2.1.1 结点吻合(snap)

结点吻合(snap)或称结点匹配和结点符合。例如三个线目标或多边形的边界弧段中的结点本来应是一点,坐标一致,但是由于数字化的误差,三点坐标不完全一致,造成它们之间不能建立关联关系。为此需要经过人工或自动编辑,将这三点的坐标匹配成一致,或者说三点吻合成一个点。

结点匹配有多种方法。第一种是结点移动,分别用鼠标将其中两个结点移动到第三个节点上,使三个结点匹配一致;第二种方法是用鼠标拉一个矩形,落入这个矩形中的结点坐标符合成一致,即求它们的中点坐标,并建立它们之间的关系;第三种是通过求交点的方法,求两条线的交点或延长线的交点,即是吻合的结点;第四种方法是自动匹配,给定一个容差,在图形数字化时或图形数字化之后,在容差范围之内的结点自动吻合在一起(见图4-2)。一般来说,如果结点容差设置合适的话,大部分结点能够互相吻合在一起,但有些情况下还需要使用前三种方法进行人工编辑。

2.1.2 结点与线的吻合

在数字化过程中,经常遇到一个结点与一个线状目标的中间相交,这时由于测量误差,它也可能不完全交于线目标上,而需要进行编辑,称为结点与线的吻合(见图4-3)。编辑的方法也有多种:一是结点移动,将结点移动到线目标上;二是使用线段求交,求出 AB 与 CD 的交点;三是使用自动编辑的方法,在给定的容差内,将它们自动求交并吻合在一起。

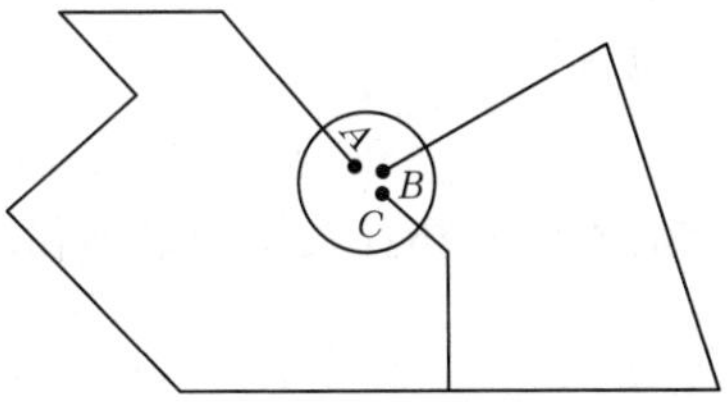

图4-2 没有吻合在一起的三个结点

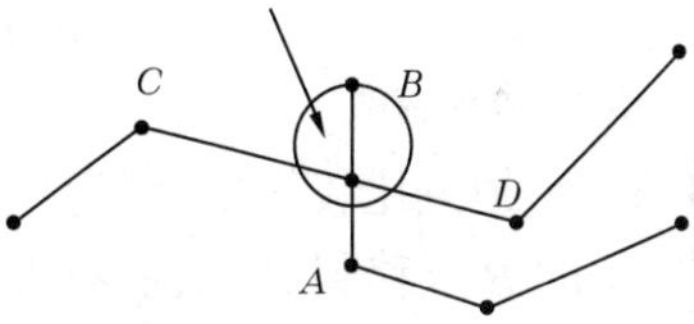

图4-3 结点与线的吻合

结点与结点的吻合以及结点与线目标的吻合可能有两种情况需要考虑:一是仅要求它们的坐标一致,而不建立关联关系;二是不仅坐标一致,而且要建立它们之间的空间关联关系。在后一种情况下,在图4-3中,CD 所在的线目标要分裂成两段,即增加一个结点,再与结点 B 进行吻合,并建立它们之间的关联关系。但对于前一种情况,线目标 CD 不变,仅 B 点的坐标做一定修改,使它位于直线 CD 上。

2.1.3 清除假结点

仅有两个线目标相关联的结点称为假结点,如图4-4所示。有些系统要将这种假结点清除掉(ArcMap),即将线目标 a 和 b 合并成一条,使它们之间不存在结点。但有些系统不要求清除假结点,如GeoStar等。因为这些所谓的假结点并不影响空间查询、空间分析和制图。

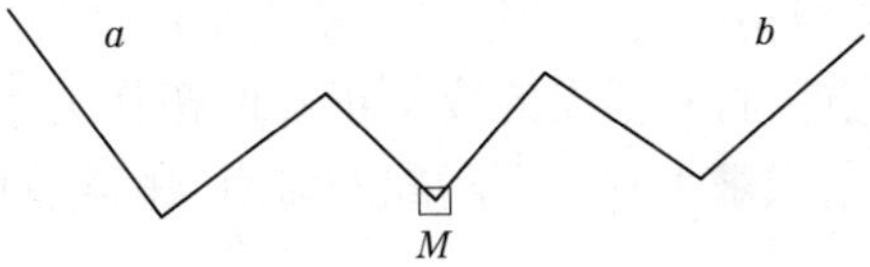

图4-4 两个线目标间的假结点

2.2　图形编辑方法

图形编辑包括用鼠标增加一个点、线、面实体，删除一个点、线、面实体，移动、拷贝、旋转一个点、线、面实体。对于这些编辑工作，不同的软件操作规程有所不同，这里不做详细介绍，这里仅对线目标或多边形弧段的顶点的编辑做一简单的介绍，因为这一操作在 GIS 的图形编辑中使用频繁。

2.2.1　删除与增加一个结点

如图 4-5(a)所示，删除顶点 *D*，此时由于删除顶点后线目标的顶点个数比原来少，所以该线目标不用整体删除，只是在原来存储的位置重新写一次坐标，拓扑关系不变。相反，对有些系统来说，如果要在 *CD* 之间增加一个顶点，则操作和处理都要复杂得多。在操作上，首先要找到增加顶点对应的线 *CD*，给一个新顶点位置，如图 4-5(b)所示的 *K* 点，这时 7 个顶点的线目标 *ABCDEFG* 变成由 *A*、*B*、*C*、*D*、*E*、*F*、*G*、*K* 8 个顶点组成，由于增加了一个顶点，它不能重写于原来的存储位置(指文件管理系统而言)，而必须给一个新的目标标识号，重写一个线状目标，而将原来的目标删除，此时需要做一系列处理，调整空间拓扑关系。

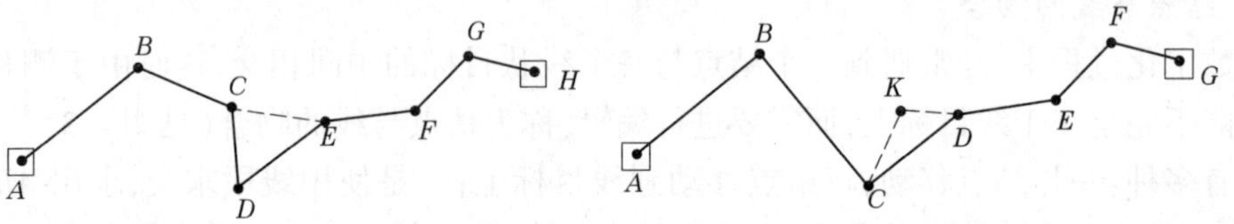

(a)删除一个顶点　　(b)增加一个顶点

图 4-5　删除与增加一个顶点

2.2.2　移动一个顶点

移动一个顶点比较简单，因为只改变某个点的坐标，不涉及拓扑关系的维护和调整。如图 4-6 所示的 *B* 点移到 *P* 点，所有关系不变。

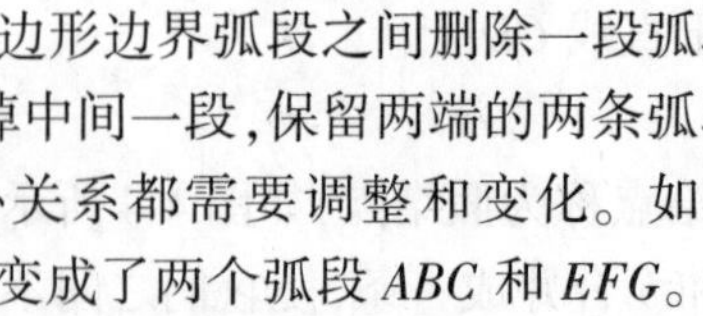

图 4-6　顶点移动

2.2.3　删除一段弧段

有时需要在一线目标或多边形边界弧段之间删除一段弧段，此时的处理也比较复杂，先要把原来的弧段分成三段，去掉中间一段，保留两端的两条弧段。这时由于赋了两个新的目标标识，原来建立的空间拓扑关系都需要调整和变化。如图 4-7 所示，原来的弧段 *ABCEFG*，经过删除弧段 *CE*，现在变成了两个弧段 *ABC* 和 *EFG*。

2.3　资料检查与清理

资料检查与清理主要是指拓扑关系的检查。检查结点是否匹配、是否存在悬挂结点、多边形是否闭合、是否有假结点。将有错误的或不正确的拓扑关系的点、线、面用不同的颜色或符号标示出来，例如用红色或■表示没有匹配的结点，用蓝色或△表示假结点，这样就便于进行人工检查和修改。

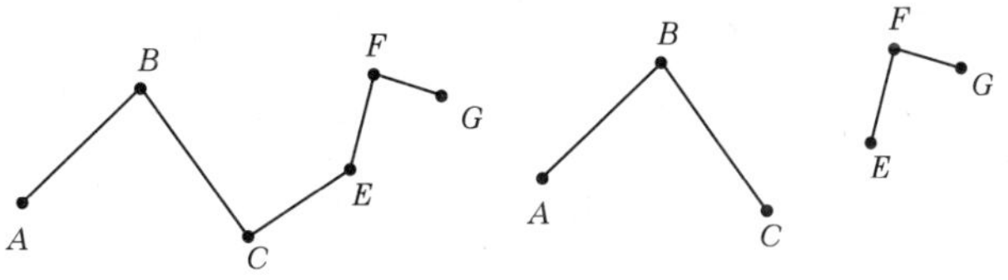

图 4-7　删除一段弧段

数据清理是指用自动的方法清除空间数据的错误,例如给定一个结点吻合的容差,使该容差范围之内的结点自动吻合在一起,并建立拓扑关系。给定短弧的容限,使小于该容差的短弧自动删除。

2.4　撤销与恢复编辑(Undo 与 Redo)功能

Undo 与 Redo 功能是必要的,但功能的实现是困难的。当撤销编辑时,即恢复目标,要恢复目标的标识和坐标、拓扑关系。

这一处理过程相当复杂,因此有些 GIS 不在图形编辑时实时建立和维护拓扑关系,如 Arc/Info 等,而在图形编辑之后,发 Clean 或 Build 命令重新建立拓扑关系。这样,在每次进行任何一次编辑,都要重新 Clean 或 Build,对用户不便。

2.5　曲线化简(矢量数据的压缩)

在矢量数据结构中,数据压缩的主要任务是根据线性要素中心轴线和面状要素的边界线的特征,减少弧段矢量坐标串中节点的个数(顶点不能去除),常用的数据压缩方法有垂距法、道格拉斯-普克法(Douglas-Peucker)、光栏法及间隔取点法等。

2.5.1　垂距法

该方法的基本思想是:每次顺序取曲线上的三个点,计算中间点与其他两点连线的垂线距离 D,并与控制数据压缩的极差 d 比较,若 $D<d$,则中间点去掉;否则,保留中间点。然后顺序取下三个点继续处理,直到这条线结束(见图 4-8)。

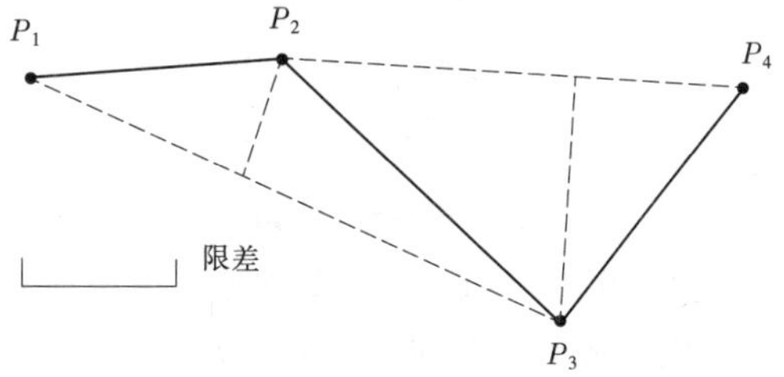

图 4-8　垂距法

2.5.2　道格拉斯-普克法(Douglas-Peucker)

道格拉斯-普克法(Douglas-Peucker) 的基本思想可描述如下:对每一条曲线的首末端点虚连一条直线,求出曲线上所有点与该直线的距离,并找出最大距离值 D_{max}。假设控制数据压缩的极差为 D,若 $D_{max}<D$,那么这条曲线上的中间点可以全部抹去;若 $D_{max}\geq D$,保留 D_{max} 对应的坐标点,并以该点为界,把曲线分为两部分,对这两部分曲线重复使用该方法,直至整条曲线处理结束,见图 4-9。压缩效果好,但必须在对整条曲线数字化完成后才能进行,且计算量较大。

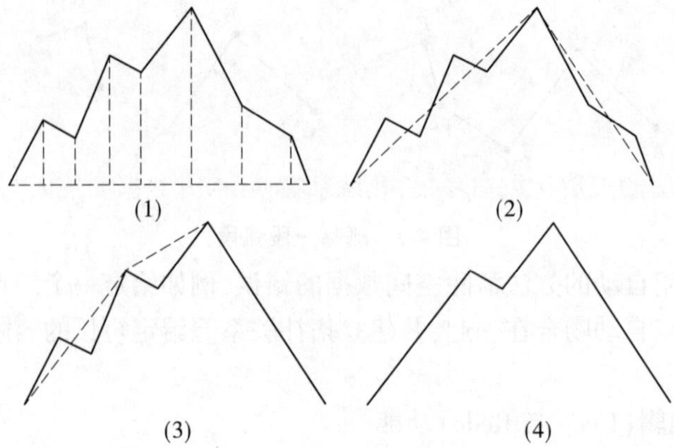

图 4-9　道格拉斯-普克法

2.5.3　光栏法(偏角法)

光栏法的基本思想:定义一个扇形区域,通过判断曲线上的点在扇形外还是在扇形内,确定保留还是舍去,见图 4-10。光栏法算法简单,速度快,但有时会将曲线的弯曲极值点 p 值去掉而失真。

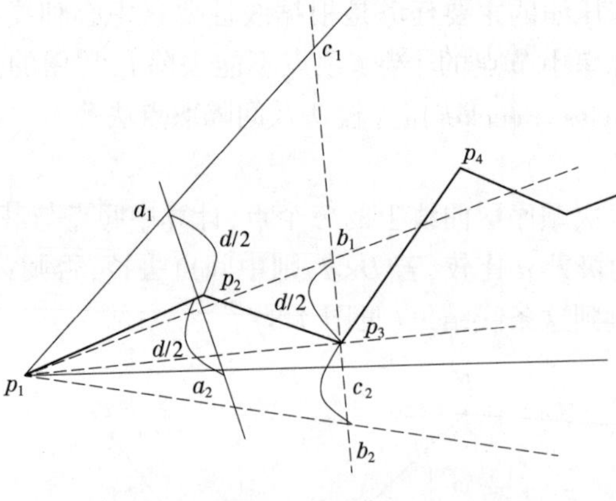

图 4-10　光栏法(偏角法)

通过对比上述几种压缩方法可得出:在大多数情况下道格拉斯-普克法的压缩效果较好,但必须在对整条曲线数字化完成后才能进行,且计算量较大;光栏法较复杂,但可在数字化时实时处理,且计算量较小,因此也是一种较好的压缩算法;垂距法和间隔取点法算法的优点是运算简单、速度快,缺点是可能导致化简后曲线的形状"失真"。

2.6　曲线光滑处理

曲线光滑是指假想曲线(或接近它们的曲线)为一组离散点,寻找形式比较简单、性能良好的曲线解析式。曲线光滑有两种方式:插值方式与逼近方式,前者所得到的曲线通过原先给定的离散点,而后者的曲线与所给的离散点相当"接近"。拉格朗日插值曲线(David F. Rogers,1981)和三次参数曲线是插值方式的曲线,Bezier 曲线和 B 样条曲线是逼近方式的曲线。另外,还有分段圆弧法、分段三次多项式插值法等方法。

【任务实施】

1　实验目的

通过练习对底图的矢量化数据采集，熟练掌握 ArcGIS 数据的输入与编辑处理。

2　实验准备及要求

（1）底图“区划图”数据位于随书练习数据…\EX4\EX4-1 中。

（2）新建点要素“town”，绘制图中乡镇中心。

（3）新建线要素“road”，绘制图中道路。

（4）新建面要素“county”，绘制图中区划面。

3　实训步骤

3.1　启动 ArcGIS，加载地图数据

（1）启动 ArcGIS Desktop10.3，打开入 ArcMap 工作环境，新建地图文档命名为 EX4-1.mxd。

（2）点击“添加数据”按钮，加载底图数据“区划图”到地图文档中。

（3）鼠标双击图层，弹出“数据框属性”对话框，进入“常规”选项，检验或修改“地图”和“显示”单位“米”，完成后按“确定”键返回。

3.2　新建 Shapefile

在标准工具条中点击“目录”按钮（或者在主菜单中选用“窗口”→“目录”），右侧出现目录窗口（见图 4-11），这是 ArcCatalog 的简要界面，在目录窗口中展开\EX4\EX4-1（通常显示为默认工作目录）。鼠标右键点击文件夹 temp，选择“新建”→“Shapefile”，进入新建 Shapefile 对话框，见图 4-12。

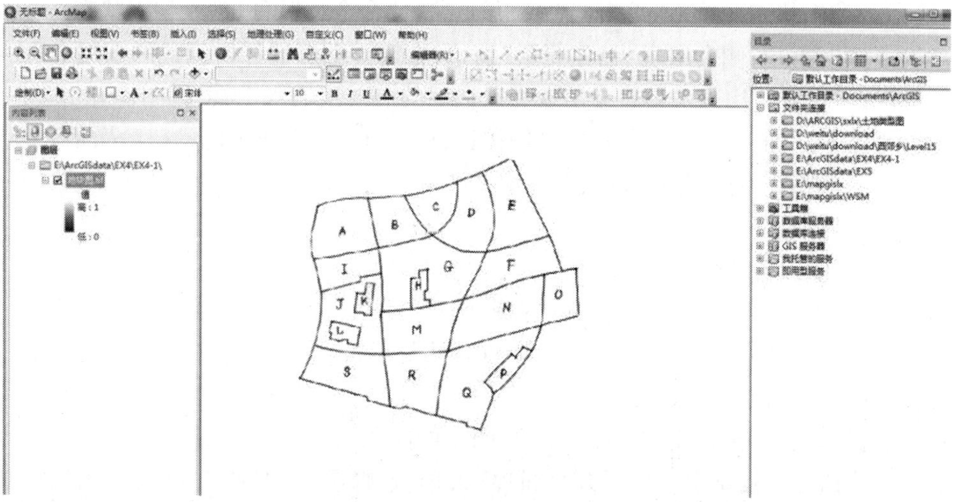

图 4-11　加载底图及目录窗口

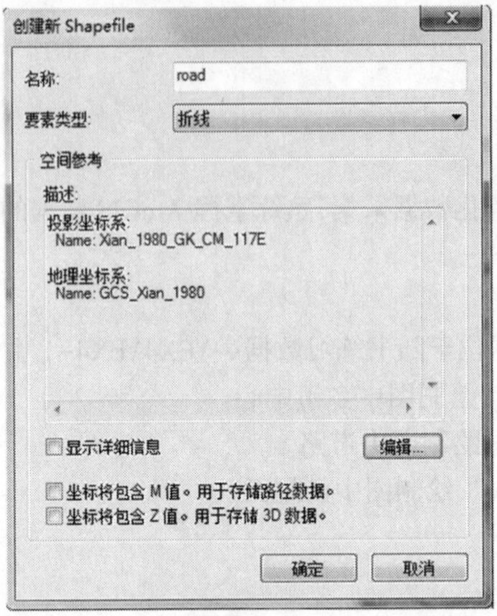

图 4-12　新建线要素“road” Shapefile

点击下方 “编辑”进入“空间参考属性”对话框,展开投影坐标系,选择“GaussKruger”→“Xian 1980”→“Xian 1980 3 Degree GK CM 117E”,点击“确定”键,显示该空间参考的有关参数,点击“确定”键返回,一个名为 Road 的线要素类 Shapefile 建立,自动加载到 ArcMap 的当前数据框,成为一个新的图层。

继续使用鼠标右键点击文件夹,新建两项 Shapefile,面要素“county”及点要素文件“town”,新建的要素文件自动加载到地图文档中,都是空的。

3.3　要素输入与编辑

(1)打开编辑工具。启动 ArcMap 后,在默认的状态下,编辑工具并没有打开,要进行编辑就必须打开编辑工具条。

(2)进入编辑状态。单击“编辑器”→“开始编辑”命令,就可以进入编辑状态。

(3)在地图窗口右侧会出现“创建要素”窗口,在窗口上侧选择要创建的图层名称,例如点要素“town”,下面的构造工具栏会出现可以选用的点要素输入工具,见图 4-13。

编辑过程中,点击标准工具条中的撤销按钮,撤销前一步编辑(也可向后撤销),还可选择“编辑器”→“保存”编辑内容,持久保存编辑结果,编辑完成后,选择“编辑器”→“停止编辑”,退出编辑状态。

3.4　线要素的输入与编辑

(1)“创建要素”窗口,在窗口上侧选择要创建的图层名称,例如点要素“road”,下面的构造工具栏会出现可以选用的线要素输入工具,见图 4-14。

(2)利用捕捉功能。

启动捕捉功能。选择 “编辑器”工具条上的菜单,展开后选择“捕捉”→“捕捉工具条”,在随后弹出的捕捉工具条中下拉展开 “捕捉”菜单,选择“使用捕捉”,就启动了捕捉功能,“捕捉”菜单选择“选项”出现“捕捉选项”对话框,见图 4-15。

(3)线要素的高级编辑。

对于已经输入的线要素,ArcMap 还提供一些高级编辑方法,如平行复制(Copy Parallel)、打断(Split)、旋转(Rotate)、延伸(Extend)、剪切(Trim)、加圆角(Fillet)等。这些编辑工具有些在基本的编辑工具条中,更多的是在高级编辑工具条(Advanced Editing Bar)内。

图 4-13 创建点要素工具

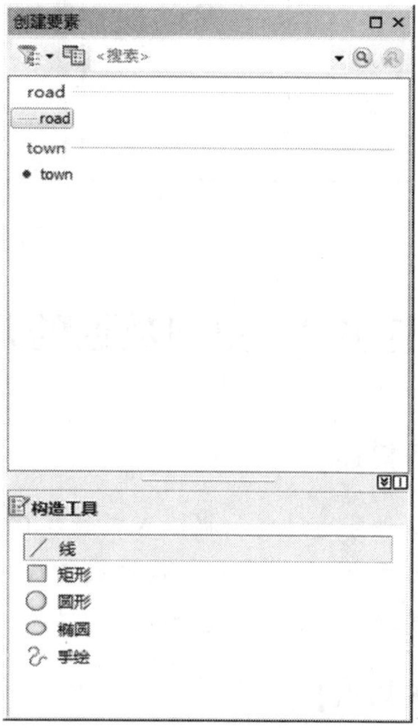

图 4-14 创建线要素工具

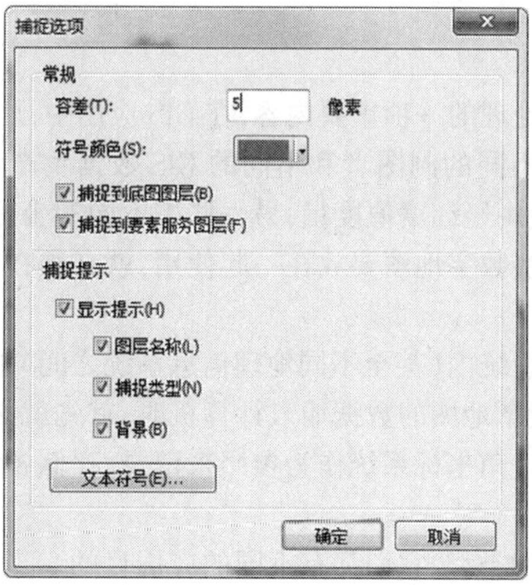

图 4-15 捕捉选项设置

3.5 多边形要素的输入与编辑

(1)面要素可以视为由线要素组成,而线要素由点要素组成。可以认为面要素是由一系列点组成边界线,由边界线围成最终的面要素。面要素的输入及其编辑操作可细化为边界点编辑操作。

(2)自动完成多边形。

创建一个和已有多边形共享边界的新多边形时就可以用这个工具。不过要先选中已有的多边形,见图 4-16。

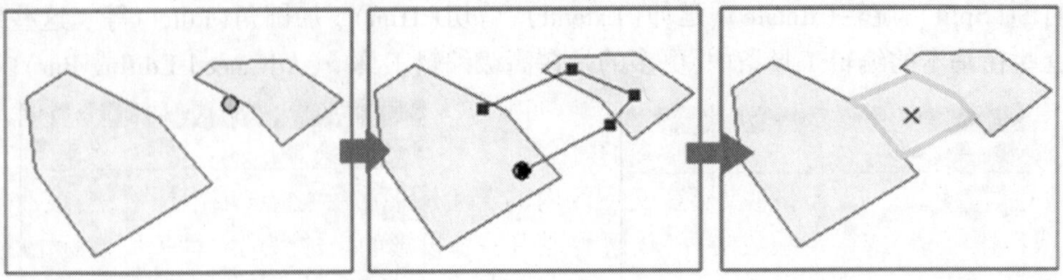

图 4-16　自动完成多边形

任务 2　空间数据的几何变换

【任务描述】

本任务通过对扫描输入或数字化输入后的图形进行误差校正,清除图形的变形,使之满足项目要求,为从事 GIS 数据采集员、处理员岗位工作打下基础,使读者具备利用软件进行几何变换基本操作的能力。

【相关知识】

1　地图投影变换

1.1　投影变换

投影变换是空间数据处理的一项重要内容,在 GIS 应用中,地图的各个图层应具有相同的坐标系统,但是,实际上不同的制图者和不同的 GIS 数据生产者使用数百种不同的坐标系。例如,一些数字地图使用经纬度值度量,另一些用不同的坐标系,这些坐标系只使用于各自的 GIS 项目。如果这些数字地图要放在一起使用,就必须在使用前进行投影或投影变换处理。

为保证同一地理信息系统内(甚至不同地理信息系统之间)的信息数据能够实现交换、配准和共享,在不同地图投影地图的数据输入计算机时,首先就必须将它们进行投影变换,用共同的地理坐标系统和直角坐标系统作为参照来记录、存储各种信息要素的地理位置和属性。

地图投影的方式有多种类型,它们都有不同的应用目的。当系统使用的数据取自不同地图投影的图幅时,需要将一种投影的数字化数据转换为所需要的投影的坐标数据。

在地图数字化完毕后,经常需要进行坐标变换,得到经纬度参照系下的地图。对各种投影进行坐标变换的原因主要是输入时地图是一种投影,而输出的地图产物是另外一种投影。进行投影坐标变换有两种方式:一种是利用多项式拟合,类似于图像几何纠正;另一种是直接应用投影变换公式及进行变换。

1.2　投影变换的方法

投影变换的方法可以采用正解变换、反解变换和数值变换。

(1)正解变换。通过建立一种投影变换为另一种投影的严密或近似的解析关系式,直接由一种投影的数字化坐标(x,y)变换到另一种投影的直角坐标(X,Y)。

(2)反解变换。即由一种投影的坐标反解出地理坐标($x,y \to B,L$),然后将地理坐标代入另一种投影的坐标公式中($B,L \to X,Y$),从而实现由一种投影的坐标到另一种投影坐标的变换($x,y \to X,Y$)。

(3)数值变换。根据两种投影在变换区内的若干同名数字化点,采用插值法,或有限差分法,或有限元法,或待定系数法等,从而实现由一种投影的坐标到另一种投影坐标的变换。

2 空间数据的几何校正

纠正地图在进行数字化时产生的整体变形,或者要把数字化仪坐标、扫描影像坐标变换到投影坐标系,或两种不同的投影坐标系之间进行变换时,需要进行相应的坐标系统变换,这个过程统称为坐标几何校正。

2.1 几何纠正种类和方法

2.1.1 基本的坐标变换(缩放、平移、旋转)

在 GIS 中,往往要对图形进行平移、旋转、缩小、放大等操作,其实质是图形的坐标变换。下面介绍几种常见的坐标变换方法。

1. 平移

平移是将图形的一部分或者整体移动到笛卡儿坐标系中另外的位置,如图 4-17 所示,其变换公式如下:

$$\begin{cases} X' = X + T_x \\ Y' = Y + T_y \end{cases} \tag{4-1}$$

2. 旋转

在地图投影变换中,经常要应用旋转操作,如图 4-18 所示。实现旋转操作要用到三角函数,假定顺时针旋转角度为 θ,其公式如下:

$$\begin{cases} X' = X\cos\theta + Y\sin\theta \\ Y' = - X\sin\theta + Y\cos\theta \end{cases} \tag{4-2}$$

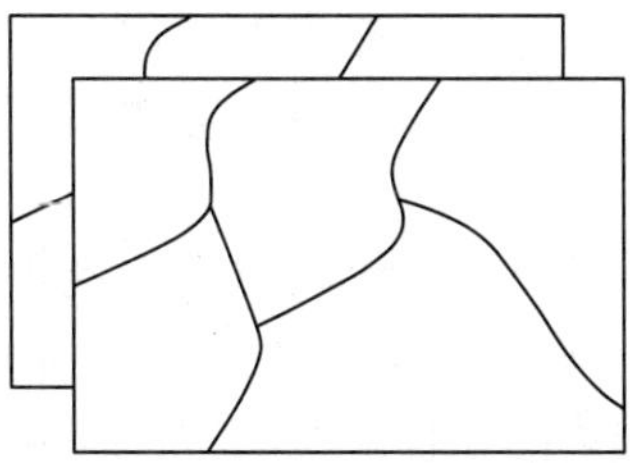

图 4-17 平移

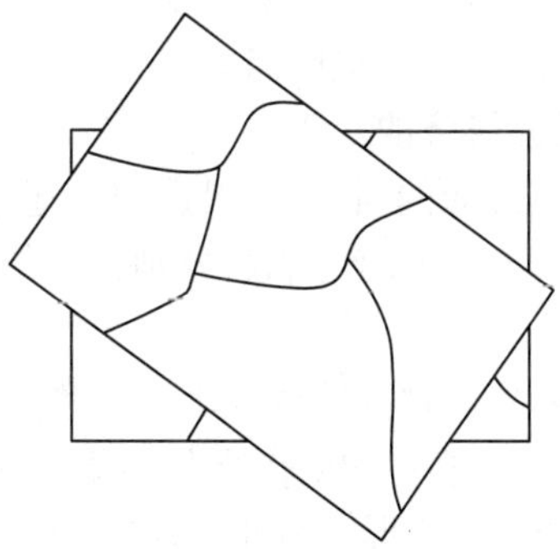

图 4-18 旋转

3. 缩放

缩放操作可用于输出大小不同的图形,如图 4-19 所示,其公式如下:

$$\begin{cases} X' = XS_x \\ Y' = YS_y \end{cases} \tag{4-3}$$

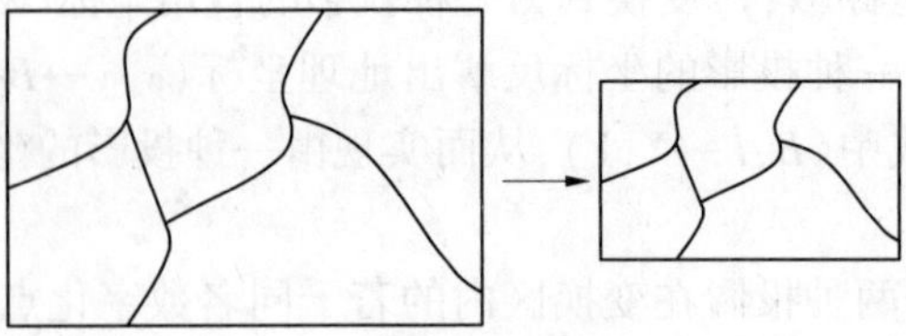

图 4-19　图形缩放

2.1.2　仿射变换

如果坐标在 X、Y 方向上的比例因子不一致,如图纸存在仿射变形,此时需要采用仿射变换公式。令 m_1 和 m_2 分别表示 X 和 Y 方向的比例尺,则变换公式为:

$$\begin{cases} X = m_1(x\cos\alpha - y\sin\alpha) + A_0 \\ Y = m_2(x\sin\alpha + y\cos\alpha) + B_0 \end{cases} \tag{4-4}$$

令 $A_1 = m_1\cos\alpha, A_2 = -m_1\sin\alpha, B_1 = m_2\sin\alpha, B_2 = m_2\cos\alpha$,则上式简化为

$$\begin{cases} X = A_0 + A_1x + A_2y \\ Y = B_0 + B_1x + B_2y \end{cases} \tag{4-5}$$

在数字化仪定向和扫描地图定向中,一般总是多于两个或三个定向点,以便提高定向精度和发现定向点的误差。因此,计算这种变换,至少需要对应坐标系的 3 个对应控制点,计算 6 个变换参数。

2.2　地形图的纠正

对地形图的纠正,一般采用四点纠正法或逐网格纠正法。

四点纠正法,一般是根据选定的数学变换函数,输入需纠正地形图的图幅行、列号、地形图的比例尺、图幅名称等,生成标准图廓,分别采集四个图廓控制点坐标来完成。

逐网格纠正法,是在四点纠正法不能满足精度要求的情况下采用的。这种方法和四点纠正法的不同点就在于采样点数目的不同,它是逐方里网进行的,也就是说,对每一个方里网都要采点。

具体采点时,一般要先采源点(需纠正的地形图),后采目标点(标准图廓);先采图廓点和控制点,后采方里网点。

2.3　遥感影像的纠正

遥感影像的纠正,一般选用与遥感影像比例尺相近的地形图或正射影像图作为变换标准,选用合适的变换函数,分别在要纠正的遥感影像和标准地形图或正射影像图上采集同名地物点。

具体采点时,要先采源点(影像),后采目标点(地形图)。选点时,要注意选点的均匀分布,点不能太多。如果在选点时没有注意点位的分布或点太多,这样不但不能保证精度,反而会使影像产生变形。另外,选点时点位应选由人工建筑构成的并且不会移动的地物点,如渠或道路交叉点、桥梁等,尽量不要选河床易变动的河流交叉点,以免点的移位影响配准精度。

【任务实施】

1　实训目的

有规划地块和设计地块,位置不匹配,通过对数据仿射变换,对设计地块 design 进行移动，旋转拉伸，使其与规划地块 plan 相匹配，熟练掌握 ArcGIS 数据的坐标校正处理。

2　实训数据及要求

（1）随书练习数据\EX4\EX4-2 中。

（2）地图文档为 EX04-2. mxd。

3　实训步骤

3.1　打开地图文档

启动 ArcGIS Desktop10. 3，进入 ArcMap 工作环境，打开地图文档 EX04-2. mxd。

激活数据框 1，有规划地块和设计地块，位置不匹配，对设计图 design 进行移动、旋转、拉伸，使其与规划地块 plan 相匹配，见图 4-20。

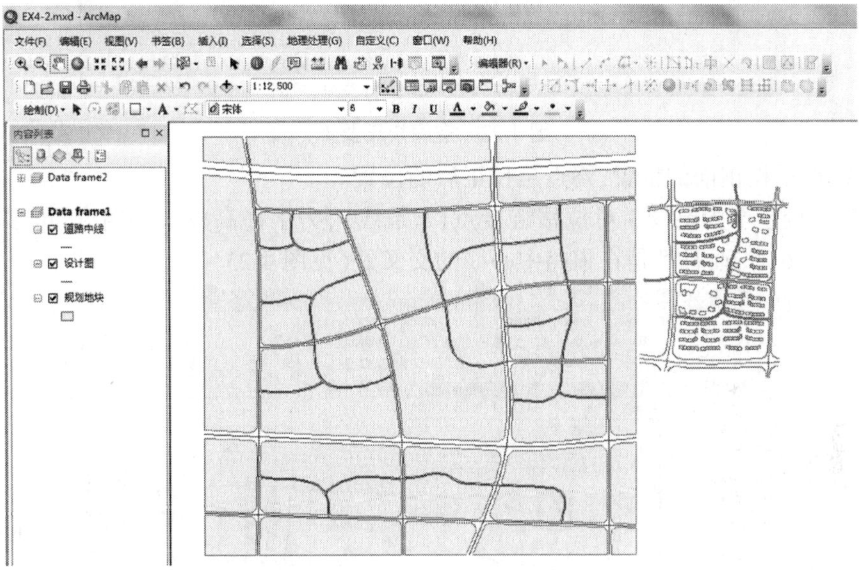

图 4-20　“设计图”需要校正坐标

3.2　选择校正对象

（1）单击“编辑器” →“开始编辑”命令，进入编辑状态。

（2）单击“编辑器”→“更多编辑工具”→“空间校正”，弹出空间校正工具条（见图 4-21）。在空间校正工具条中选择菜单 “空间校正”设置校正数据，选择带校正的数据 “设计图”，见图 4-22。

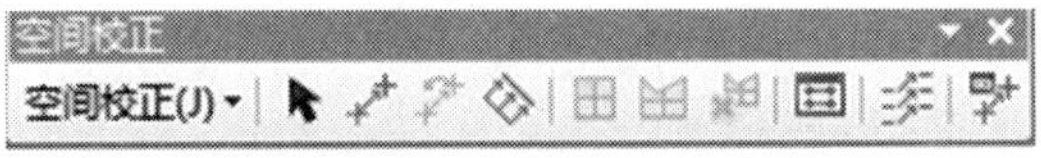

图 4-21　空间校正工具条

3.3　设置位连接线

（1）打开捕捉工具。

（2）设置位移链接。在空间校正工具条中点击（新建位移链接工具），先在需要校正的图层 “设计图”上找到主要道路中心线的某一交叉点为特征点，单击鼠标确定，再到“道路中线”图层上找到应该校正到的正确位置，单击鼠标确定另一个特征点，就绘出了一条位移

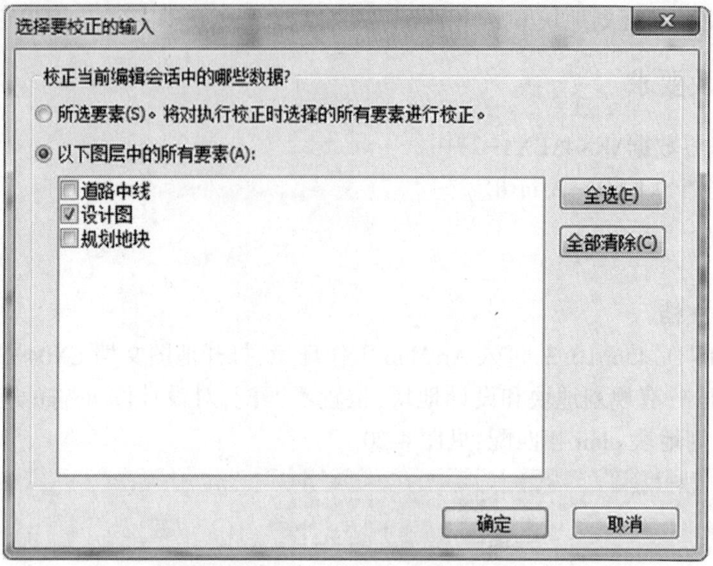

图 4-22　空间校正要素

链接线。起点是校正前的位置,终点是校正后的位置。

(3)仿射校正至少要设 3 对位移链接点(3 条线),为了提高校正的精度,可多设几对,本练习建议设 6 对,而且都是在道路中心线的交叉处(见图 4-23)。

图 4-23　设置位移链接线

3.4　实现校正

(1)空间校正工具条勾选“空间校正”→“校正方法”→“变换”→“仿射”,再选“ 空间校正”→“校正预览 ”可以大致观察校正后的效果。

(2)如未能达到回到上一步,继续删除、增设、调整位移链接线。

(3)选用菜单“空间校正”→“校正”。图层“设计图”的要素经计算实现仿射变换、位移链接线自动消失,见图 4-24。

图 4-24　图层“设计图”校正后

任务 3　矢量数据拓扑关系的建立

【任务描述】

空间关系指各空间实体之间的关系，包括拓扑空间关系、顺序空间关系和度量空间关系。由于拓扑空间关系对 GIS 查询和分析具有重要意义，在 GIS 中，空间关系一般指拓扑空间关系。

在 GIS 中空间拓扑关系的核心是建立点(或称结点)、线(或称弧段)、面(或称多边形)的关联关系，这里归结为点、线拓扑关系的自动建立和多边形拓扑关系的自动建立。

【相关知识】

1　欧拉定理

欧拉公式在 GIS 中有着重要的意义，主要用来检查空间拓扑关系的正确性，能发现点、线、面不匹配的情况和多余、遗漏的图形元素。对于多边形图形，n、a、b 分别表示结点数、弧段数、多边形数(见图 4-25)，则：

$c=n-a+b$ 或 $c+a=n+b$　　c+弧=点+面

c 为常数，其取值为：$c=2$，包含外多边形；$c=1$，不包含外多边形。

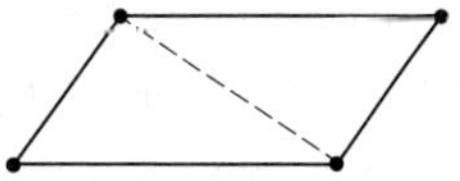

图 4-25　欧拉公式

2　图形修改

图形修改又叫图形编辑、数据编辑，是指对地图资料数字化后的数据进行编辑加工，其主要目的是在改正数据差错的同时，相应地改正数字化资料的图形。

图形编辑是一交互处理过程，GIS 具备的图形编辑功能的要求是：

(1)具有友好的人机界面,即操作灵活、易于理解、响应迅速等。

(2)具有对几何数据和属性编码的修改功能,如点、线、面的增加、删除、修改等。

(3)具有分层显示和窗口操作功能,便于用户的使用。

3 点、线拓扑关系的建立

点、线拓扑关系的实质是建立结点—弧段、弧段—结点的关系表格,有两种方案:

(1)在图形采集与编辑时自动建立。主要记录两个数据文件:一个记录结点所关联的弧段,即结点弧段列表;另一个记录弧段的两个端点(起始节点)的列表。数字化时,自动判断新的弧段周围是否已存在结点。若有,将其结点编号登记;若没有,产生一个新的结点,并进行登记。

(2)在图形采集和编辑后自动建立。

4 多边形拓扑关系的建立

4.1 基本多边形

多边形有四种基本图形,如图 4-26 所示。

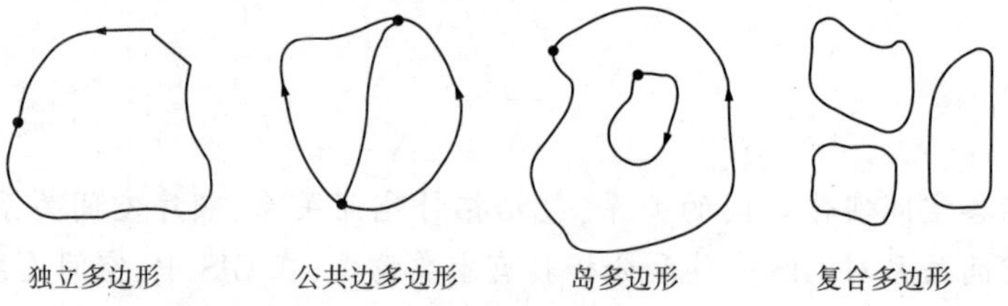

图 4-26 基本多边形

第一种是独立多边形,它与其他多边形没有共享边界,例如独立房屋、独立水塘等,这种多边形在数字化过程中直接生成,因为它仅有一条周边弧段,该弧段就是多边形的边界。

第二种是具有公共边的简单多边形,在数据采集时,仅采集弧段数据,然后用一种算法,自动将多边形的边界聚合起来,建立多边形文件。

第三种是带岛的多边形,除要按第二种方法自动建立多边形外,还要考虑多边形的内岛。

第四种是复合多边形,它是由两个或多个不相邻的多边形组成的,对这种多边形一般是在建立单个多边形以后,再用人工或某一种规则组合成复合多边形。

4.2 多边形拓扑关系建立

建立多边形拓扑关系是矢量数据自动拓扑关系生成中最关键的部分,算法比较复杂。多边形矢量数据自动拓扑主要包括 4 个步骤:

(1)链的组织。主要找出在链的中间相交而不是在端点相交的情况,自动切成新链;把链按一定顺序存储(如按最大或最小的 x 或 y 坐标的顺序),这样查找和检索都比较方便,然后把链按顺序编号。

(2)结点匹配。结点匹配是指把一定限差内的链的端点作为一个结点,其坐标值取多个端点的平均值。然后,对结点顺序编号。

(3)检查多边形是否闭合。检查多边形是否闭合可以通过判断一条链的端点是否有与之匹配的端点来进行,弧 a 的端点 p 没有与之匹配的端点,因此无法用该条链与其他链组成闭合多边形,见图4-27。多边形不闭合的原因可能是结点匹配限差的问题,造成应匹配的端点不匹配,或由于数字化误差较大,或数字化错误,这些都可以通过图形编辑或重新确定匹配限差来确定。另外,这条链可能本身就是悬挂链,不需要参加多边形拓扑,这种情况下可以做一标记,使之不参加下一阶段的拓扑建立多边形的工作。

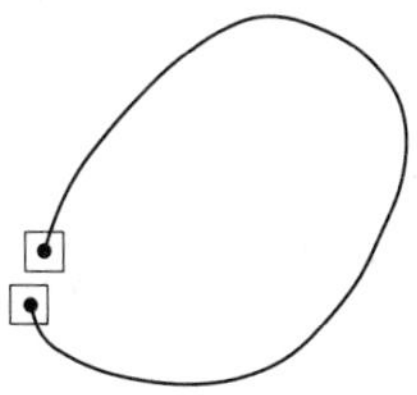

图4-27　多变形不闭合

(4)建立多边形拓扑关系。根据多边形拓扑关系自动生成的算法,建立和存储多边形拓扑关系表格。

【任务实施】

利用拓扑检查,需要找出错误线的位置,并把错误纠正过来。

1　实训目的

对已有的数据进行拓扑检查,通过本次任务,熟练数据拓扑处理的具体流程,包括拓扑创建、拓扑验证,查找拓扑错误与修复拓扑错误,加深对空间数据的检查与编辑处理。

2　实训数据及要求

(1)数据位于随书练习数据\EX4\EX4-3 中。

(2)"地块边界"为导入的 CAD 宗地地块线数据。

(3)对"地块线"建立拓扑关系,执行拓扑验证,并以过长、未及和重复数字化的线为例,讲述如何利用建立拓扑规则的方法来检查并修复拓扑错误。

3　实训步骤

3.1　在 ArcCatalog 中查看要素集

通过"开始"→"所有程序""ArcGIS",启用 ArcCatalog。在 ArcCatalog 目录树中,找到数据文件夹 EX4-3,如果目录树中无法找到\ EX4-3\,可借助文件夹连接按钮,将操作路径连接到\ EX4-3\,在 EX4-3 目录内,有图"土地数据库",双击该数据项名称前的图标,数据库展开,其中有数据集,再双击展开数据集,其中有线要素类"地块边界"见图4-28。

3.2　创建地理数据库拓扑

(1)设置拓扑名称及容差。

鼠标右键点击"数据集",在弹出的快捷菜单中选择"新建"→"拓扑...",出现"新建拓扑"对话框,见图4-29,按"下一步(N)"键,输入拓扑名称:topology1 ,输入拓扑容差:0. 05米,见图4-30。

(2)选择要参与的要素类。

按"下一步(N)"键,继续提示选择"数据集"中的要素类,勾选"地块界线",表示为该要素类建立拓扑关系,见图4-31。

(3)添加拓扑规则。

按"下一步(N)"键,提示设置要素类等级,保持默认值再按"下一步(N)" 键,提示"指定拓扑规则”，按右侧“添加规则”键，添加“不能有悬挂点”，见图 4-32，“显示错误”勾选，要求显示错误信息。按“确定”键返回新建拓扑对话框，按“下一步(N)”键，再按“完成(F)”键。

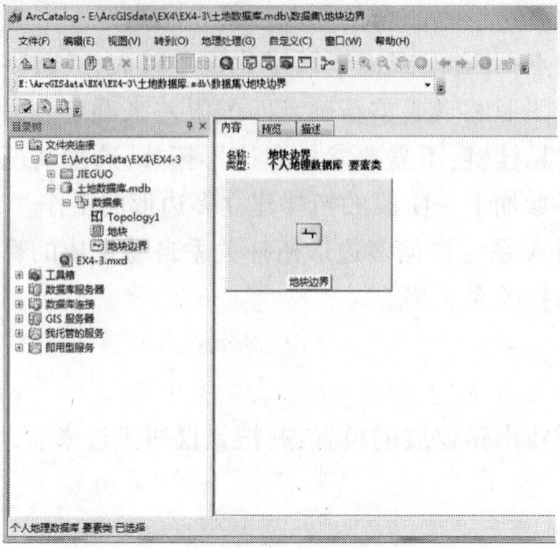

图 4-28　ArcCatalog 中查看数据集

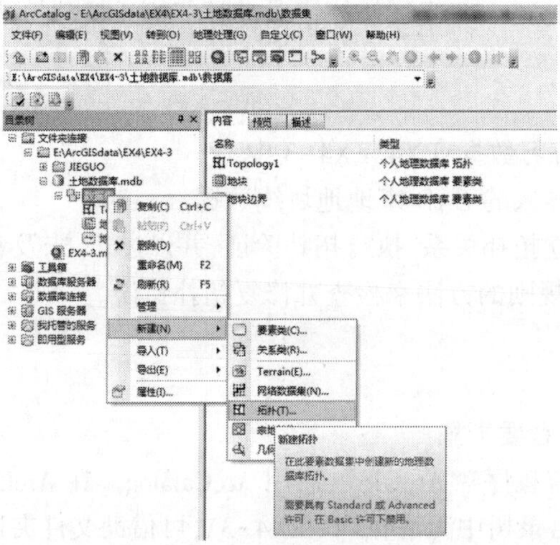

图 4-29　新建拓扑

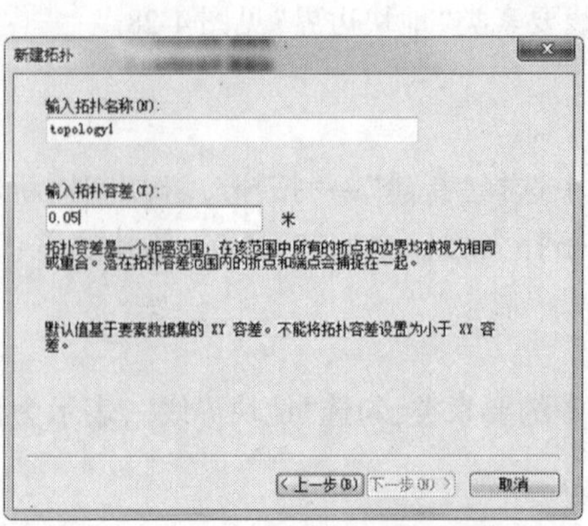

图 4-30　设置拓扑名称及容差

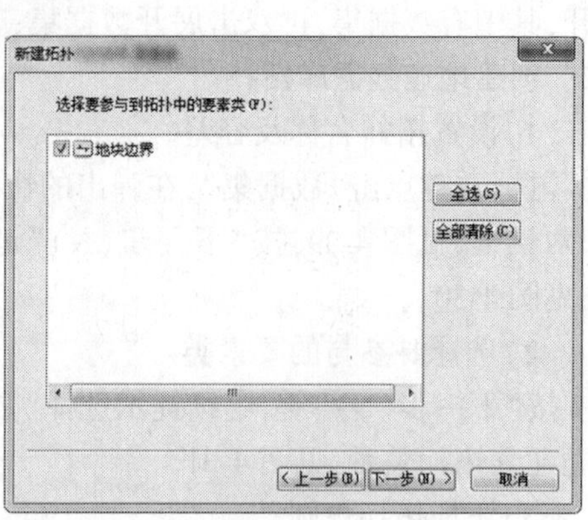

图 4-31　选择参与拓扑要素类

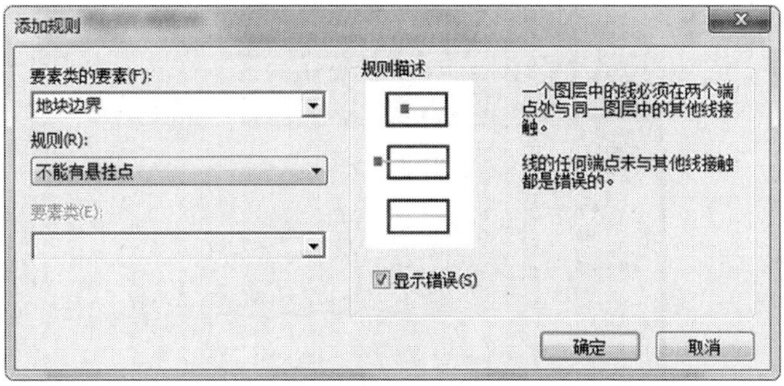

图 4-32 添加拓扑规则

(4)验证拓扑。

ArcCatalog 进行处理,根据设定的规则,建立拓扑关系。提示“已创建新拓扑,是否要立即验证?”,点击“是(Y)”。可以看到在“数据集”下多了一个拓扑类数据项 Topology1,鼠标点击 Topology1,在 ArcCatalog 右侧窗口,点击“预览”选项,可看到 3 个悬挂点为红色小方块(见图 4-33),不符合预定的拓扑规则,将影响线要素生成多边形的正确性。

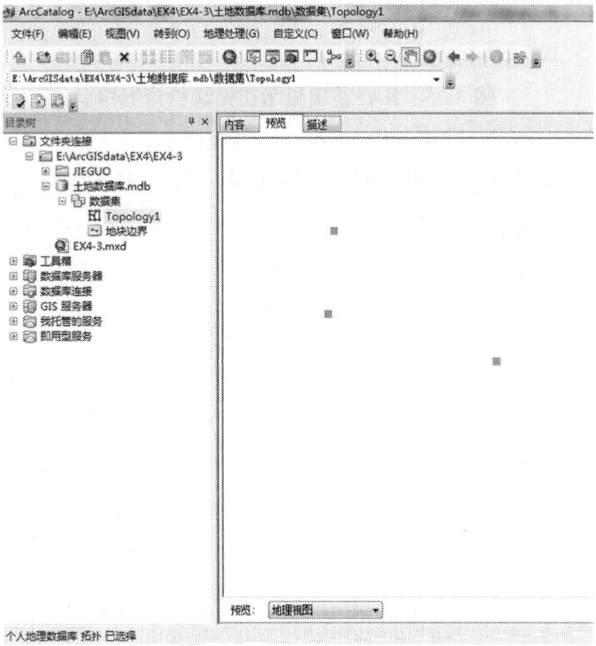

图 4-33 三处悬挂点错误

3.3 查找差错

(1)关闭 ArcCatalog,启动 ArcMap,新建空白地图文档,加载图层到 ArcMap 中,按“添加”,提示“是否将参与到‘Topology1’中所有要素类都添加到地图文档中?”,点击“是”,加载拓扑 Topology1 及“地块界线”要素类到地图文档中,保存地图文档为 EX4-3 或练习者名字,见图 4-34。注意保存为相对工作路径。

(2)打开“编辑器”工具条,进入编辑状态,加载“拓扑”工具条,单击“错误检查器”按钮,打开“错误检查器”窗口,如图 4-35 所示。

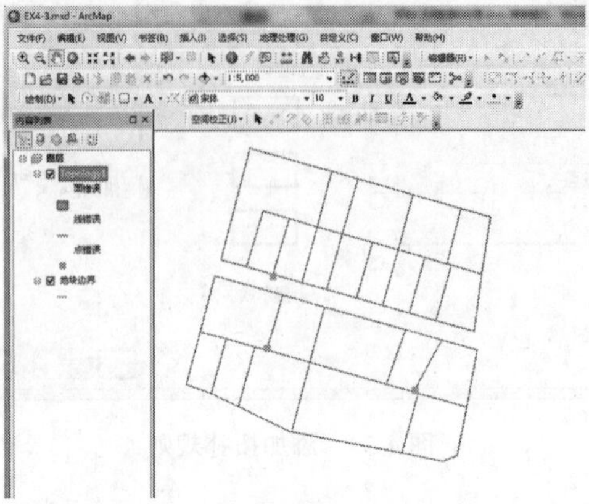

图 4-34　加载拓扑要素类“Topology1”

图 4-35　拓扑错误显示在错误检查器中

3.4　修改错误

(1)选中最上端的悬挂结点错误并放大,发现是“线过长”造成的,可用“高级编辑”中的修剪工具修正,如图 4-36、图 4-37 所示。

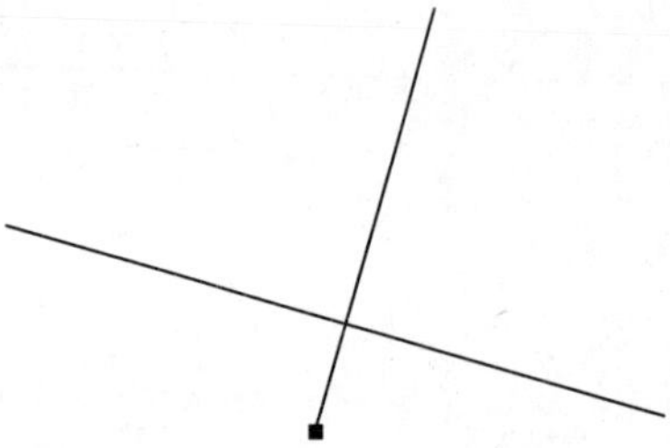

图 4-36　线过长错误

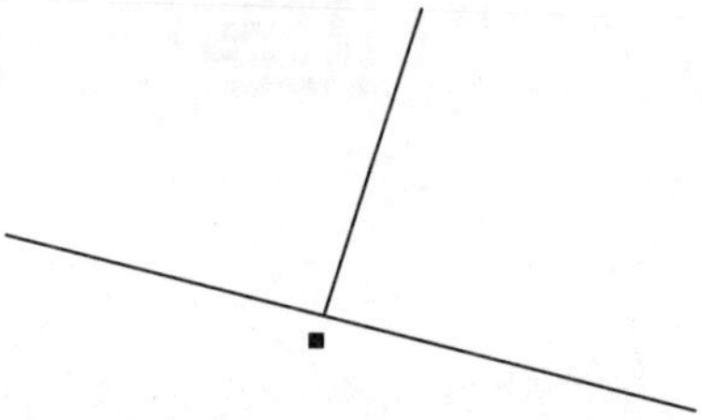

图 4-37　线过长修正后

(2)选中左下端的悬挂结点错误并放大,发现是“线不及”造成的,可用“高级编辑”中的延伸工具修正,如图 4-38、图 4-39 所示。

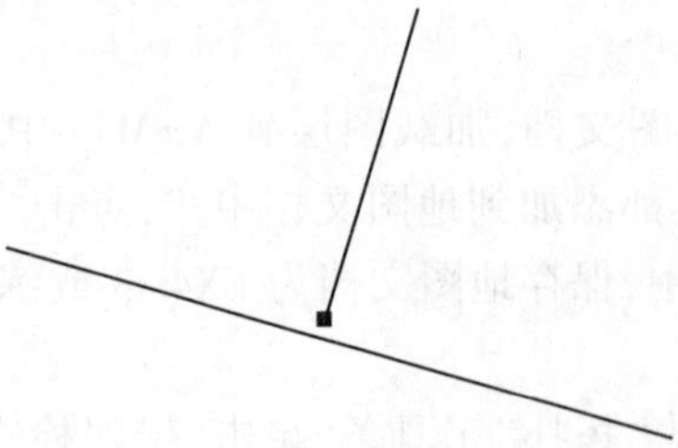

图 4-38　线不及错误

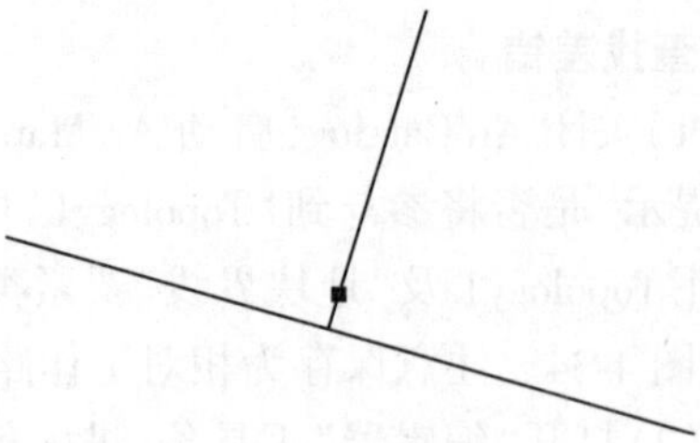

图 4-39　线不及修正后

(3)选中右侧下端的悬挂结点错误并放大,发现是重复画线造成的,可直接选择多余的线,用键盘上的“Delete”键删除即可,如图4-40所示。

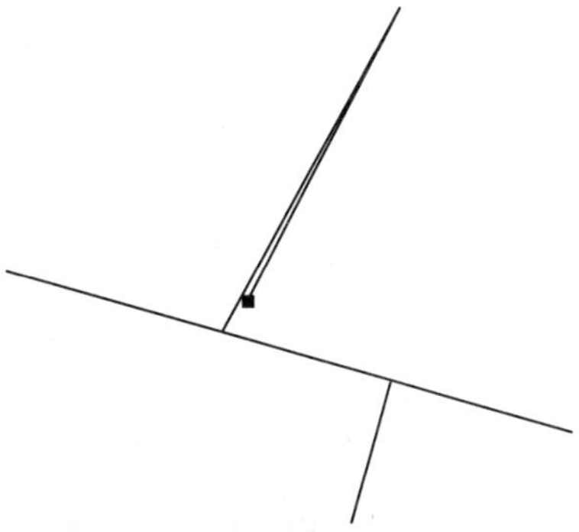

图4-40 线多余错误

3.5 拓扑验证

(1)修改完毕,还需要验证编辑过的地方是否还有错误。在内容列表窗口中用鼠标右键点击“Topology1”,快捷菜单中选“属性”,进入“符号系统”。勾选“脏区”,按“确定”键返回。地图中编辑过的地方会产生3个蓝色矩形框,它们是“脏区”,如图4-41所示。

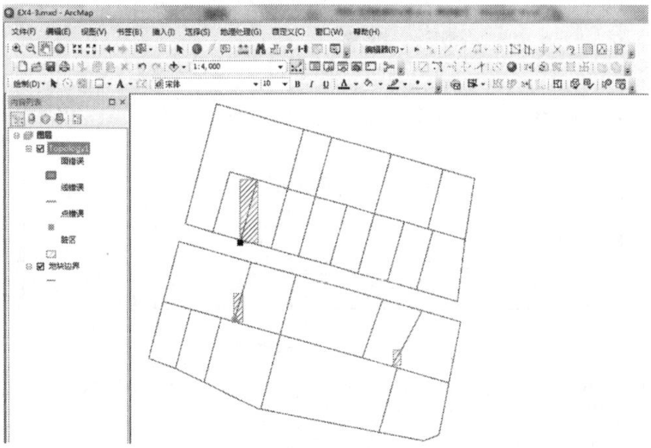

图4-41 “脏区”

(2)要对脏区验证拓扑关系。拓扑工具条中点击选“地理数据库拓扑”,下拉选择“Topology1”,按“确定”键返回,再选工具栏(验证指定区域中的拓扑),依次用鼠标框选3个蓝色矩形框,如果蓝色矩形消失,说明该范围内不存在悬挂点,见图4-42,如果还有,需要进一步编辑修正。如果线要素类“地块界线”的差错都已改正,质量检验完成,选择编辑器工具条中“编辑器”→“停止编辑”根据提示,点击“是(Y)”,保存并结束编辑。

3.6 生成地块多边形

通过修正错误,线要素类“地块边界”满足了生成地块多边形的要求。在主菜单中选择“地理处理”→“ArcToolbox”,调出ArcToolbox窗口,展开、双击启用,选择“数据管理工具”→“要素”→“要素转面”,弹出“要素转面”对话框,选择要转换的线要素类“地块界线”和输出要素类及容差,见图4-43,按“确定”生成“地块”多边形,见图4-44。

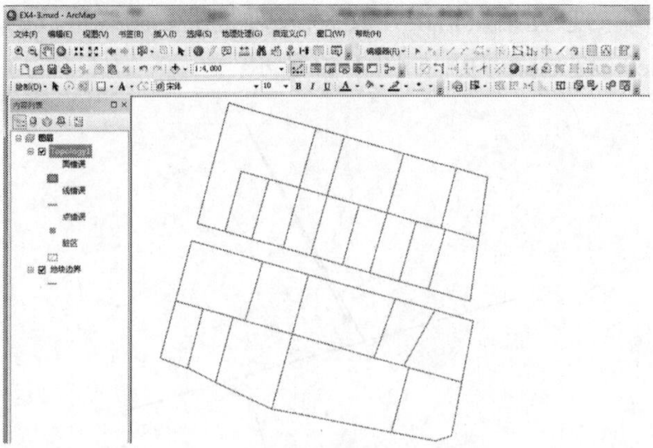

图 4-42 对脏区验证拓扑结果

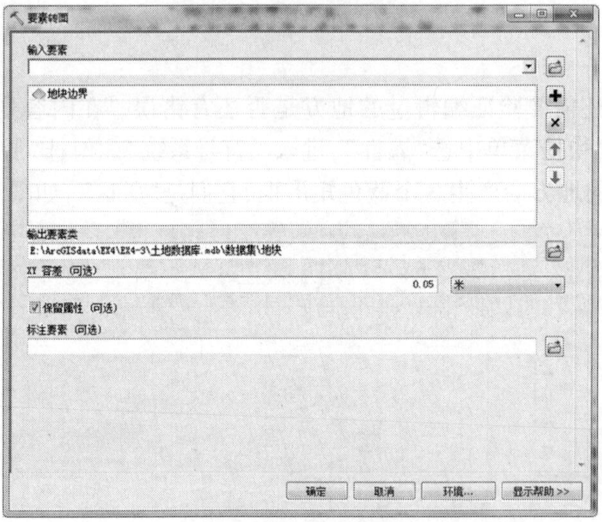

图 4-43 要素转面

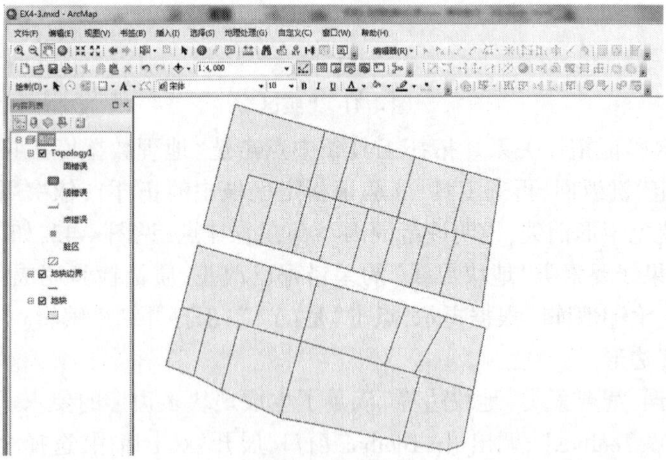

图 4-44 生成地块

任务 4　GIS 数据质量

【任务描述】

GIS 数据质量的优劣将直接影响 GIS 应用分析结果的可靠程度和应用目标的实现。GIS 产品的质量是伴随着数据采集、处理和应用的过程而产生并表现出来的，对 GIS 数据质量进行检查是确保 GIS 数字产品符合 GIS 应用的保证。

本任务要求掌握 GIS 数据质量的控制与分析方法，对做过的数据进行全面的质量检查，从而提供符合质量指标的 GIS 产品。

【相关知识】

空间数据是 GIS 最基本和最重要的组成部分，也是一个 GIS 项目中成本比重最大的部分，数据质量的好坏，关系到分析过程的效率高低，以及影响着系统应用分析结果的可靠程度和系统应用目标的真正实现。因此，对数据质量的评价与控制就显得尤为重要。

1　GIS 数据质量概念

GIS 数据质量是指 GIS 中空间数据（几何数据和属性数据）的可靠性，是空间数据在表达实体空间位置、特征和时间所能达到的准确性、一致性、完整性及三者统一性的程度，以及数据适用于不同应用的能力。通常用以下几个指标来度量：

（1）误差（Error）。误差是指数据与真值之间的差异，是一种常用的数据准确性的表达方式。误差主要包括位置误差（点的位置的误差、线的位置的误差和多边形的位置的误差）和属性误差。误差与不确定性有着不同的含义。不确定性指的是未知或未完全知。因此，不确定性是基于统计的推理、预测。这样的预测既针对未知的真值，也针对未知的误差。

（2）准确度（Accuracy）。准确度是记录值（量测值）与它的真实值之间的接近程度，可用误差来衡量。空间数据的准确度经常是根据数据的位置、拓扑或非空间属性来分类的。

（3）精度（Precision）。精度指对现象描述的详细程度。数据的精度表示在对某个量的多次量测中，各量测值之间的离散程度，即数据表示的有效位数。对同样的两点，精度低的数据并不一定准确性也低。精度要求测量能以最好的准确性来记录，但是这可能误导测量仪器提供较大的精度，因为超出一个测量仪器的已知准确度的数字在效率上是冗余的。

（4）不确定性（Uncertainty）。不确定性是关于空间过程和特征不能被准确确定的程度，是自然界各种实体或现象本身固有的属性。在内容上是以真值为中心的一个范围，这个范围越大，数据的不确定性就越大。

GIS 的不确定性包括空间位置的不确定性、属性不确定性、时域不确定性、逻辑上的不一致性及数据的不完整性。空间位置的不确定性是指 GIS 中某一被描述物体与其地面上真实物体位置上的差别；属性不确定性是指某一物体在 GIS 中被描述的属性与其真实的属性的差别；时域不确定性是指在描述地理现象时，时间描述上的差错；逻辑上的不一致性是指数据结构内部的不一致性，尤其是指拓扑逻辑上的不一致性；数据的不完整性是指对于给定的目标，GIS 没有尽可能完全地表达该物体。

2 GIS 数据质量评价

2.1 GIS 数据质量标准

空间数据质量标准是生产、使用和评价空间数据的依据。数据质量是数据整体性能的综合体现。空间数据质量标准的建立必须考虑空间过程和现象的认知、表达、处理、再现等全过程。空间数据质量标准要素及其内容如下：

(1)数据说明，要求对空间数据的来源、数据内容及其处理过程等做出准确、全面和详尽的说明。

(2)位置精度，指空间实体的坐标数据与实体真实位置的接近程度，常表现为空间三维坐标数据的精度，包括数学基础精度、平面精度、高程精度、接边精度、形状再现精度、像元定位精度等。

(3)属性精度，指空间实体的属性值与其真值相符的程度。它取决于地理数据的类型，常常与位置精度有关，包括要素分类与代码的正确性、要素属性值的准确性及其名称的正确性等。

(4)时间精度，指时间的现势性，可以通过数据更新的时间和频度来体现。

(5)逻辑一致性，指地理数据关系上的可靠性，包括数据结构、数据内容，以及拓扑性质上的内在一致性。

(6)完整性，指地理数据在范围、内容及结构等方面满足所有要求的完整程度，包括数据，空间实体类型、空间关系分类、属性特征分类等方面的完整性。

(7)表达形式的合理性，指数据抽象、数据表达与实体的吻合性，包括空间特征、专题特征和时间特征表达的合理性等。

2.2 GIS 数据质量评价

2.2.1 GIS 数据质量指标

为了描述空间数据质量，许多国家和国际组织都制定了相应的空间数据质量标准和指标。空间数据质量指标的建立必须考虑空间过程和现象的认知、表达、处理、再现等全过程。从实用的角度来讨论空间数据质量，GIS 数据质量指标一般应包括以下几个方面。

1. 完备性

完备性指数据库对所描述的客观世界对象的遗漏误差，如数据分类的完备性、实体类型的完备性、属性数据的完备性、注记的完整性等。完备性包括两个方面的具体指标：

(1)多余，即数据集中多余的数据。

(2)遗漏，即数据集中缺少的数据。

2. 逻辑一致性

逻辑一致性指数据库中没有存在明显的矛盾，如多边形的闭合、结点匹配、拓扑关系的正确性或一致性等。检查对数据结构、属性及关系的逻辑规则的依附度，数据结果可以是概念上的、逻辑上的或物理上的。它包括四个具体指标：

(1)概念一致性，即对概念模式规则的符合情况。

(2)值域一致性，即值对值域的符合情况。

(3)格式一致性，即数据存储同数据集的物理结构匹配程度。

(4)拓扑一致性，即数据集拓扑特征编码的准确度。

3. 现势性

数据的采集时间、数据的更新时间的有效性等。

4. 位置精度

位置精度是空间实体的坐标数据与真实实体位置的接近程度。常表现为空间三维坐标数据的精度，包括数学基础精度、平面精度、高程精度、接边精度、形状再现精度、像元定位精度等。

5. 时间精度

时间精度指事件能被识别的最小持续时间，它受间隔记录持续时间和事件变化速率的交互影响。它包括三个具体指标：

(1)时间量测准确度，即时间参照的正确性(时间量测误差报告)。

(2)时间一致性，即事件时间排序或时间次序的正确性。

(3)时间有效性，即时间上数据的有效性。

6. 属性精度

属性精度是指空间实体的属性值与其真值相符的程度。它取决于地理数据的类型，常与位置精度有关，包括要素分类与代码的正确性、要素属性值的正确性及其名称的正确性等。

2.2.2　数据质量的评价方法

空间数据质量评价方法分为直接评价法、间接评价法和非定量描述法三种。

1. 直接评价法

直接评价法包括用计算机程序自动检查和随机抽样检查。

用计算机程序自动检查是指某些类型错误可以用计算机软件自动检查发现，数据中不符合要求的数据项的百分率或平均质量等级也可由计算机软件算出。

随机抽样检查是通过对数据集抽样并将抽样数据与各项参考信息(评价指标)进行比较，最后统计得出数据质量结果，在确定抽样方案时，应考虑数据的空间相关性。

2. 间接评价法

间接评价法是一种基于外部知识或信息进行推理来确定空间数据的质量的方法，用于推理的外部知识或信息如用途、数据历史记录、数据来源的质量、数据生产方法、误差传播模型等。

3. 非定量描述法

非定量描述法是指通过对数据质量的各组成部分的评价结果进行的综合分析来确定数据的总体质量的方法。

3　GIS 空间数据的误差类型

GIS 空间数据的误差可分为源误差、处理误差和传播误差。

3.1　源误差

源误差是指数据采集和录入中产生的误差，包括以下几方面：

(1)遥感数据摄影平台、传感器的结构及稳定性、分辨率等。

(2)测量数据：人差(对中误差、读数误差等)、仪差(仪器不完善、缺乏校验、未做校正等)、环境(气候、信号干扰等)。

(3)属性数据的录入、数据库的操作等。

(4)GPS 数据:信号的精度、接收机精度、定位方法、处理算法等。

(5)地图控制点精度,编绘、清绘、制图综合等的精度。

(6)地图数字化精度纸张变形、数字化仪精度、操作员的技能等。

3.2 处理误差

处理误差是指 GIS 对空间数据进行处理时产生的误差,如在下列处理中产生的误差:

(1)几何纠正。几何纠正所用控制点的精度、纠正的数学模型精度是产生这类误差的主要原因。

(2)坐标变换。控制点的布局、精度、转换的数学模型是产生这类误差的主要原因。

(3)几何数据的编辑。在编辑过程中,节点、线的移动,交点的增加、删除、移动等都会产生编辑误差。

(4)属性数据的编辑。属性取值的合理性是误差产生的主要原因。

(5)空间分析,如多边形叠置等。叠加算法的自动取舍、误差容限的给定是主要原因。

(6)图形化简,如数据压缩。压缩算法是主要原因。

(7)数据格式转换。数据格式转换会丢失数据信息,如拓扑关系信息。

(8)计算机截断误差。与算法规则有关。

(9)空间内插。与内插的算法有关,与数据点的分布有关。

(10)矢量栅格数据的相互转换。与算法有关,与二值化和细线化有关。二值化和细线化会影响线的中心位置的确定,栅格分辨率也是影响因素。

4 GIS 数据质量控制

数据质量控制是个复杂的过程,要控制数据质量,应从数据质量产生和扩散的所有过程与环节入手,分别用一定的方法减少误差。空间数据质量控制常见的方法如下:

(1)传统的手工方法。质量控制的人工方法主要是将数字化数据与数据源进行比较,图形部分的检查包括目视方法、绘制到透明图上与原图叠加比较,属性部分的检查采用与原属性逐个对比或其他比较方法。

(2)元数据方法。数据集的元数据中包含了大量的有关数据质量的信息,通过它可以检查数据质量,同时元数据也记录了数据处理过程中质量的变化,通过跟踪元数据可以了解数据质量的状况和变化。

(3)地理相关法。用空间数据的地理特征要素自身的相关性来分析数据的质量。如从地表自然特征的空间分布着手分析,山区河流应位于微地形的最低点。因此,叠加河流和等高线两层数据时,如河流的位置不在等高线的外凸连线上,则说明两层数据中必有一层数据有质量问题,如不能确定哪层数据有问题,可以通过将它们分别与其他质量可靠的数据层叠加来进一步分析。因此,可以建立一个有关地理特征要素相关关系的知识库,以备各空间数据层之间地理特征要素的相关分析之用。

【任务实施】

1 实训目的

深刻理解 GIS 的数据质量的检查与验收。

2 实训任务

结合自己专业,查找 GIS 数据采集与处理过程中的误差来源、误差的鉴别和度量方法、控制和削弱误差的方法等,查找 GIS 的数据质量检查与验收相关规范,撰写读书报告。

3 实训步骤

(1)明确主题,查找 GIS 的数据质量的检查与验收。
(2)通过网络、图书馆检索测绘地理信息相关规范。
(3)写出文档报告,打印提交。
(4)对做过的数据进行质量检查。

任务5 图形拼接

【任务描述】

在 GIS 的应用中,通常要将不同图幅的数字化数据连接在一起,组成连续统一的图幅数据,以便加入大型数据库或输出拼接后的图形。把单独数字化的相邻图幅的空间数据在逻辑上和几何上融成一个连续一致的数据体,这就是 GIS 中的图幅接边(图形拼接)问题。

【相关知识】

在进行拼接处理时,在相邻图幅的边缘部分,常常会有边界不一致的情况,这是由于原图本身数字化误差,使得同一实体的线段或弧段的坐标数据不能相互衔接,或者由于坐标系统、编码方式等不统一,就需要进行图幅数据边缘匹配处理。主要包括以下几个方面。

1 逻辑一致性的处理

将分幅的数字化地图进行拼接,使它们在空间图形和属性上连续,这个过程被称为图形拼接。由于空间数据采集的误差和人工操作的误差,两个相邻图幅的空间数据在结合处可能出现几何裂隙和逻辑裂隙。

在对分幅地图数字化输入后进行拼接时,常常会有边界不一致的情况,由数据文件边界分开的一个地物的两部分不能精确地衔接,这种裂隙称为几何裂隙,见图 4-45。

由于人工操作的失误,两个相邻图幅的空间数据库在结合处可能出现逻辑裂隙,当一个地物在一幅图的数据文件中具有地物编码 A,而在另一幅图中的数据文件却具有地物编码 B,或者同一个地物在两个数据文件中具有不同的属性,这种裂隙被称为逻辑裂隙,见图 4-46。

对于两个相邻图幅的空间数据库在结合处可能出现的逻辑裂隙,必须使用交互编辑方法,使两相邻图斑的属性相同,取得逻辑一致性。

2 识别和检索相邻图幅

每次对图幅数据的边沿匹配总是在相邻两幅图之间进行的,要将相邻两幅图的数据集中在一起,首先要识别它们,这可以通过图幅编号与分幅数字化的数据联系起来的方法来解决。

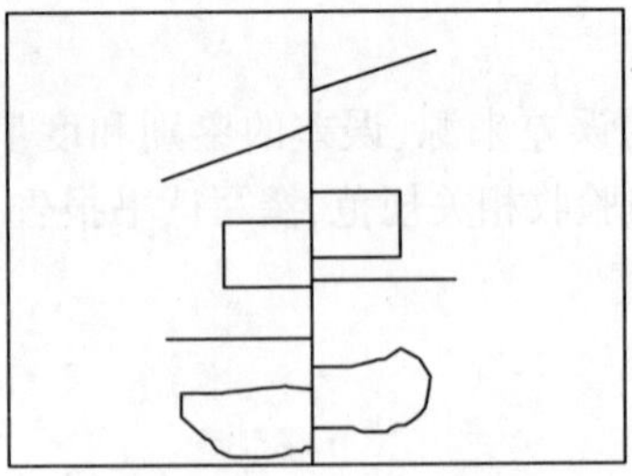

图 4-45　几何裂隙

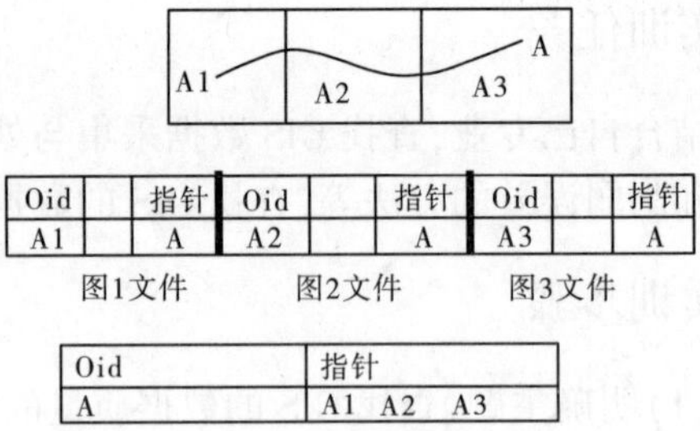

图 4-46　逻辑裂隙

首先,将待拼接的图幅数据按图幅进行编号,编号有两位,其中十位数指示图幅的横向顺序,个位数指示纵向顺序,并记录图幅的长、宽标准尺寸。因此,当进行横向图幅拼接时,总是将十位数编号相同的图幅数据收集在一起;进行纵向图幅拼接时,将个位数编号相同的图幅数据收集在一起,见图 4-47。

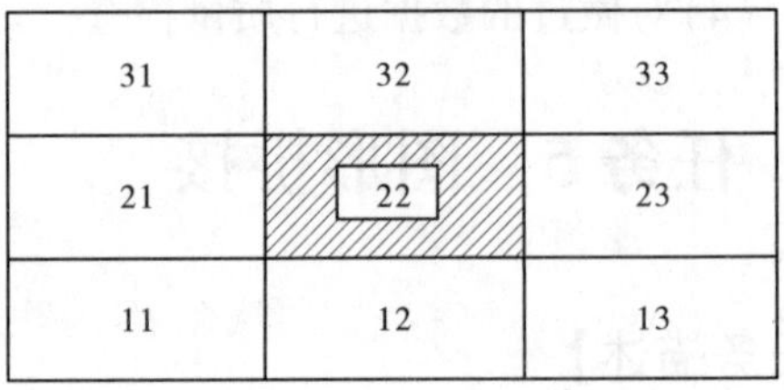

图 4-47　图幅编号及接图范围

其次,图幅数据的边缘匹配处理主要是针对跨越相邻图幅的弧段或弧而言的,为了减少数据容量,提高处理速度,一般只提取图幅边界 2 cm 范围内的数据作为匹配和处理的目标。同时要求,图幅内空间实体的坐标数据为配合进行图幅接边需要先进行编辑处理工作。

3　相邻图幅边界点坐标数据的匹配

相邻图幅边界点坐标数据的匹配采用追踪拼接法。追踪拼接有四种情况,只要符合下列条件,两条线段或两条弧段即可匹配衔接:相邻图幅边界两条线段或弧段的左右码各自相同或相反;相邻图幅同名边界点坐标在某一允许范围内(如±0.5 mm),见图 4-48。

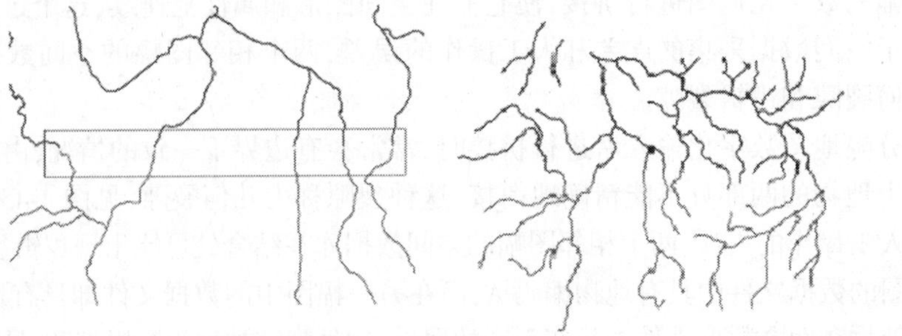

图 4-48　图幅拼接

匹配衔接时是以一条弧段或线段为处理单元,因此当边界点位于两个结点之间时,需分别取出相关的两个结点,然后按照结点之间线段方向一致性原则进行数据的记录和存储。

4　相同属性多边形公共边界的删除

当图幅内图形数据完成拼接后,相邻图斑会有相同的属性。因此,应将相同属性的两个或多个相邻图斑合并成一个图斑,即消除公共边界,并对共同属性进行合并。

多边形公共边界的删除,可以通过构成每一面域的线段坐标链,删去其中共同的线段,然后建立合并多边形的线段链表,见图 4-49。

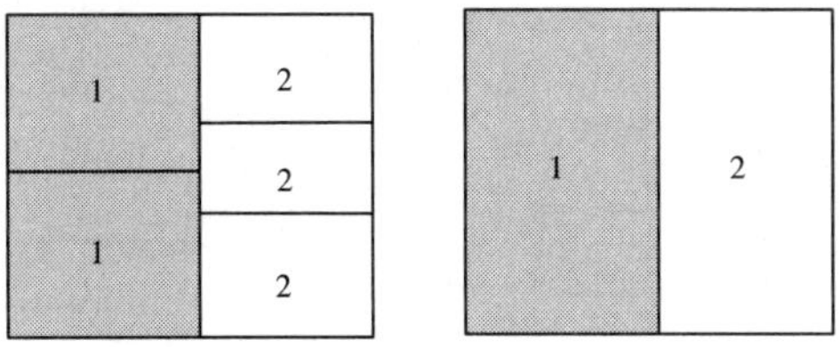

图 4-49　相同属性多边形公共边界的删除

对于多边形的属性表,除多边形的面积和周长需要重新计算外,其余属性保留其中之一图斑的属性即可。

【任务实施】

1　实训目的

通过对数据图幅边缘的拼接处理,熟练掌握数据的边缘匹配处理方法。

2　实训数据及要求

(1)随书练习数据…\EX4\EX4-5 中。

(2)地图文档为 EX04-5. mxd。

(3)road1(线)、road2(线)。

ArcGIS 中有两个图层,它们的坐标系一致,在图幅边缘的拼接处并不严格对接,稍有错位,两者的坐标误差均在允许的范围内,进行匹配处理。

3　实训步骤

3.1　打开地图文档

启动 ArcGIS Desktop10. 3,打开进入 ArcMap 工作环境,打开地图文档 EX04-5. mxd,有 road1(线)、road2(线),边缘不匹配,对 road2(线)进行移动,使其与 road1(线)相匹配,见图 4-50。

3.2　选择校正对象

(1)单击“编辑器” →“开始编辑”命令,进入编辑状态。

(2)单击“编辑器”→“更多编辑工具”→“空间校正”。弹出空间校正工具条。在空间校正工具条中选择菜单 “空间校正”设置校正数据,选择带校正的数据 “road2”。

3.3　选择校正方法

(1)在空间校正工具条中选择“空间校正”→“校正方法”→“边捕捉”。

(2)再选择“空间校正”→“选项”,进入“常规”选项,针对校正方法,先下拉选择“边捕捉”,见图 4-51。

(3)再点击右侧“选项”按钮,点选“平滑”,按“确定”键返回,见图 4-52。

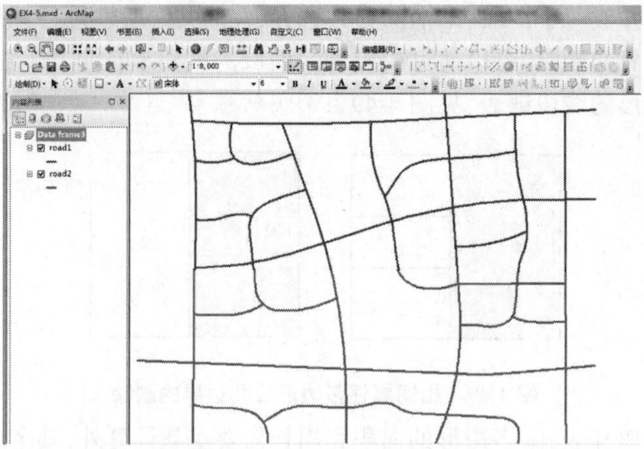

图 4-50　不同图层数据边缘不连接

(4)再进入"边匹配"选项,设置源图层(需要校正的图层)和目标图层(不发生变化的图层),见图 4-53,按"确定"键逐级返回。

(5)选择"编辑器"→"捕捉"→"选项",容差像素可设定为 20,使用边匹配工具,用光标在屏幕上拉出一个选择框,各拼接点被纳入选择框,经计算,实际需要处理的有 3 处,见图 4-54,自动生成位移链接线。

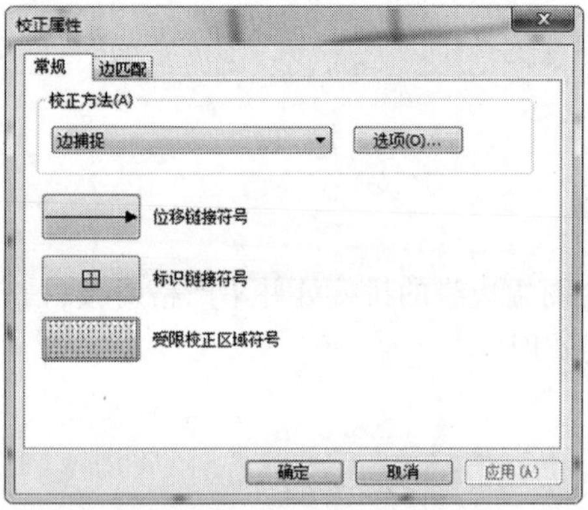

图 4-51　校正属性对画框

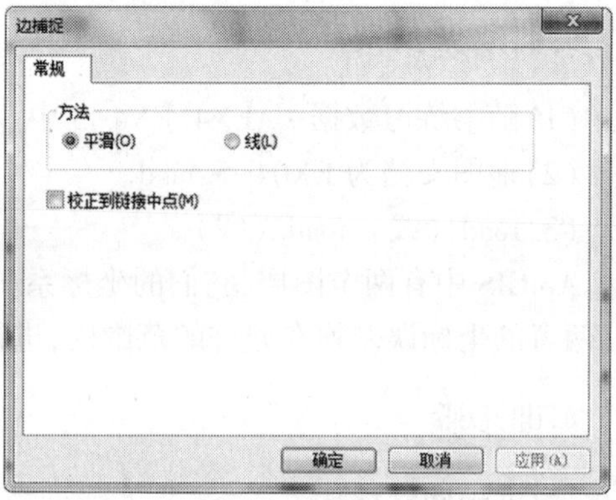

图 4-52　边捕捉设置

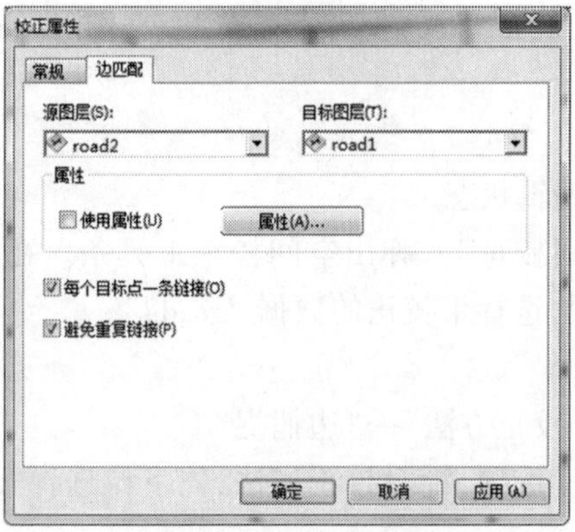

图 4-53　设置匹配数据源

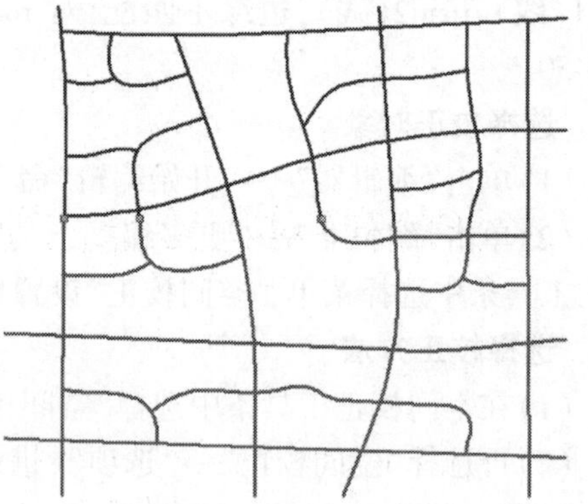

图 4-54　需要拼接位置

(6)选择菜单"空间校正"→"校正预览",可预览接边后的变化,单击"空间校正"→"校正",完成 road1 与 road2 两个图层的拼接,线的端点严格对齐,位移链接线自动消失,见图 4-55。选择"编辑器"→"停止编辑"。结束编辑状态,按提示保存接边结果,也可放弃,恢复到校正前的状态。关闭编辑器工具条。

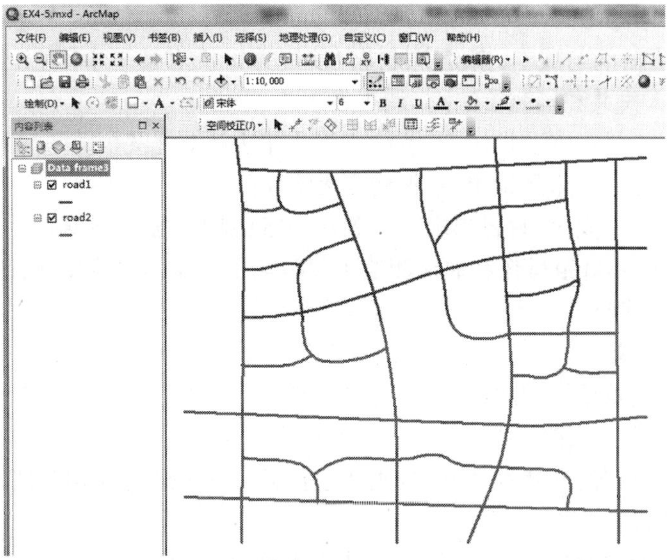

图 4-55　道路完成拼接

复习与思考题

1. GIS 的数据源有哪些?简述其特征并叙述通过何种途径来获取这些数据源。

2. 假设一条矢量等高线上的点太过密集了,如何减少占用系统的存储空间?你能给出多少方法?各有什么适用范围?

3. 从地图上能得到 GIS 需要的所有数据吗?请举例说明。

4. 如何发现进入 GIS 中的数据有错误?

5. 数据格式转换的途径有哪些?

6. 简述空间数据入库流程。

7. 简述 GIS 空间数据编辑的主要内容和方法。

8. 如何评价 GIS 的数据质量,以野外测量为例,分析其数据误差的来源。

思政案例:对测绘违法坚决说"不"

1　案例背景

2024 年,某企业因未经审批擅自使用无人机进行测绘,被查处为一起严重的违法测绘案件。这起事件不仅造成了国家地理信息数据的外泄风险,还因测绘数据不符合规范导致一项重要工程建设延误,直接经济损失数千万元。这一事件充分暴露了测绘活动中不规范操作和法律意识淡薄的问题,也提醒我们,测绘工作必须严格执行标准,规范作业,杜绝任何形式的"非法测绘"。

2 案例分析

2.1 事件经过及问题剖析

该企业为节省时间与成本,未经审批擅自使用无人机对某军事敏感区域进行高精度测绘,违反了《中华人民共和国测绘法》。调查发现:

(1)测绘人员未受过专业训练,对测绘相关法律法规知之甚少。

(2)无人机测绘设备未经检定,数据精度无法保证。

(3)企业忽视国家安全,盲目追求商业利益,导致测绘数据外泄风险。

这起事件表明,不规范操作和非法测绘不仅破坏了行业的规范发展,还对国家安全和社会稳定构成了严重威胁。

2.2 事件的警示意义

(1)规范作业的重要性:测绘活动需要遵守严格的技术标准与法律要求,任何偏离规范的行为都可能引发严重后果。

(2)强化法律意识的必要性:测绘行业从业者必须熟悉并遵守相关法律法规,确保所有测绘活动依法合规。

(3)团队协作的关键性:测绘项目的成功离不开分工明确、协作高效的团队,每个成员都需要明确自身职责,严格执行任务。

3 案例反思

3.1 严格执行标准和规范作业的意识

测绘工作是一项精细化、标准化的工作,任何一个环节的不规范操作都可能导致数据失真甚至危害国家利益。养成规范作业的习惯,认识到"精准"与"合规"是测绘工作的核心。

3.2 树立杜绝"非法测绘"的意识

非法测绘不仅损害行业声誉,还可能带来严重的法律后果和国家安全隐患。我们应深刻理解测绘法规的重要性,做到知法守法,坚决杜绝非法行为。

3.3 传承精益求精的工匠精神

测绘工作要求极高的精度,这需要从业者具备精益求精的精神。我们应注重细节,把每一次测绘任务当作锻炼专业技能、追求卓越的机会。

3.4 分工协作、互助友爱

测绘工作通常以团队形式展开,各环节的紧密配合决定了项目的成败。我们应通过团队合作培养互相帮助、共同进步的精神,做到分工明确、协调高效。

4 案例总结

这起测绘违法事件警示我们,测绘行业的发展离不开严格的标准执行与规范作业。通过培养测绘人员严格执行标准、杜绝非法测绘的意识,以及精益求精的工匠精神和团队合作精神,才能够为行业输送更加合格的专业人才,助力国家测绘事业的规范与发展。同时,这也为新时代青年践行法律精神、弘扬职业操守树立了榜样。

项目5 空间数据的管理

项目5 空间数据的管理

项目概述

空间数据是GIS的重要组成部分,它的组织和管理比其他业务数据要复杂些。建立空间数据库可以更好地管理空间数据,提高空间数据的管理效率,完善GIS的功能,促进地理信息系统更广泛地应用在多个行业。

本项目由数据库基本知识、空间数据管理与组织及空间数据库的设计与实现3个工作任务组成。通过本项目的学习,为从事GIS数据管理岗位工作打下基础。

学习目标

知识目标

(1)掌握数据项、记录、文件和数据库的基本概念。

(2)掌握数据间的逻辑联系、数据库与数据库管理系统的概念与组成。

(3)掌握主要的数据库模型。

(4)掌握空间数据管理与组织的基本知识。

(5)掌握空间数据库的设计与实现。

技能目标

(1)能说出数据项、记录、文件和数据库的基本概念。

(2)能说出数据间的逻辑联系、数据库与数据库管理系统的组成。

(3)能进行空间数据管理与组织。

(4)能进行GIS数据质量评价。

(5)能进行空间数据库的设计与实现。

任务1 数据库基本知识

【任务描述】

本任务主要介绍数据组织的分级、数据间的逻辑联系、数据库与数据库管理系统及数据库模型等基础知识。

【相关知识】

1 数据组织的分级

数据是描述现实世界中信息的载体。为表达有意义的信息内容,数据必须按照一定的方式进行组织和存储。数据库中的数据组织一般可分为四个级别:数据项、记录、文件和数据库。

1.1 数据项

数据项是文件中可存取的数据的基本单位,也是可以定义数据的最小单位,也叫基本项、字段等,它具有独立的逻辑意义,例如一个编码、一个坐标等。数据项与实体的属性相对应,用来描述物体的属性,有一定的取值范围,称为域。数据项的值可以是数值、字母、字母数字以及汉字等形式。每个数据项都有一个名称,叫作数据项名,用以说明该数据项的含义。数据项的物理特点在于它具有确定的物理长度,一般用字节数目来表示。数据项组是由在逻辑上具有某种共同标志的若干数据项组成的,如“日期”可以由日、月、年三个数据组合而成。

1.2 记录

记录是由一个或多个数据项或数据项组组成的,是应用程序输入/输出的逻辑单位。对数据库系统来说,是信息处理和存储的基本单位,是对一个实体信息描述的数据总和,记录的数据项表示实体的若干属性。记录中总有某个或某几个数据项,它们的值唯一地标识一个记录,这个(或这些)数据项称为关键字,有主关键字、次关键字之分。

记录有逻辑记录和物理记录。逻辑记录按信息逻辑在逻辑上的独立意义划分数据单位,物理记录按数据存储单位划分。两者之间的关系为:一个物理记录对应一个逻辑记录,一个物理记录对应若干个逻辑记录,一个逻辑记录对应若干个物理记录。

1.3 文件

文件是一给定类型的(逻辑)记录的全部具体值的集合,文件用文件名称标识。文件的数据量通常很大,所以一般放在外存上。文件组织是指数据记录以某种结构方式在外存储设备上的组织。因此,文件一般是指存储在外部介质上数据的集合。

文件根据记录的组织方式和存取方法可以分为顺序文件、索引文件、直接文件和倒排文件等。在简单文件中,每个逻辑记录包含相同数目的数据项。在较为复杂的文件中,由于重复组的存在,每个记录包含不同数目的数据项。

1.4 数据库

数据库是具有特定联系的数据集合,也可以看成是多类型记录的集合,是比文件更大的数据组织。数据库的内部构造是文件的集合,文件之间存在某种联系,不能孤立存在。

数据组织的层次有两类分级方法:①逻辑分级。从人的观测角度及描述对象之间的关系,有数据项、记录、文件和数据库。②物理分级。在存储介质上的存储单位,有比特、字节、字、块、桶和卷。

2 数据间的逻辑联系

数据间的逻辑联系主要是指记录与记录之间的联系。记录是表示现实世界中的实体的。实体之间存在着一种或多种联系,这样的联系必然要反映到记录之间的联系上来。数据之间的逻辑联系主要有三种:一对一的联系、一对多的联系、多对多的联系。

(1)一对一(1∶1)。

如果对于实体集 A 中的每一个实体,实体集 B 中至多有一个(也可以没有)实体与之联系,反之亦然,则称实体集 A 与实体集 B 具有一对一联系,记为 1∶1,如图 5-1 所示。例如,实体省和省会之间的联系就是一个一对一的联系,即一个省只能有一个省会城市,而一个省会城市只能属于一个省。

(2)一对多(1∶*N*)。

如果对于实体集 A 中的每一个实体,实体集 B 中有 n 个实体($n \geqslant 0$)与之联系;反之,对于实体集 B 中的每一个实体,实体集 A 中至多只有一个实体与之联系,则称实体集 A 与实体集 B 有一对多联系,记为 1∶*N*,如图 5-2 所示。行政区域就是一对多的联系,一个省对应有多个县,一个县有多个镇,一个镇有多个村。

(3)多对多(*M*∶*N*)。

如果对于实体集 A 中的每一个实体,实体集 B 中有 N 个实体($N \geqslant 0$)与之联系;反之,对于实体集 B 中的每一个实体,实体集 A 中也有 M 个实体($M \geqslant 0$)与之联系,则称实体集 A 与实体集 B 具有多对多的联系,记为 *M*∶*N*,如图 5-3 所示。空间实体中的多对多联系是很多的,例如土壤类型与种植的作物之间有多对多的联系,同一种土壤类型与可以种植不同的作物,同一作物又可种植在不同的土壤类型上。

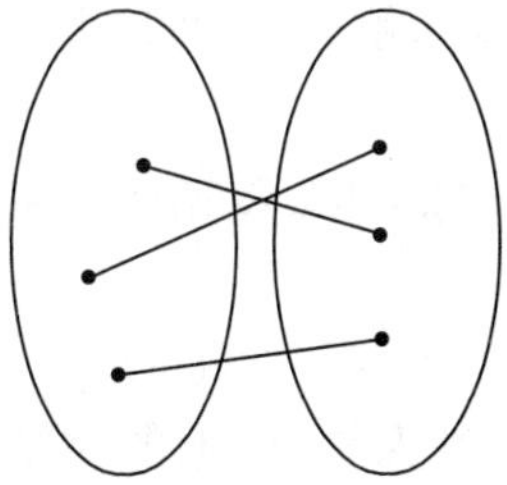

图 5-1　一对一的联系

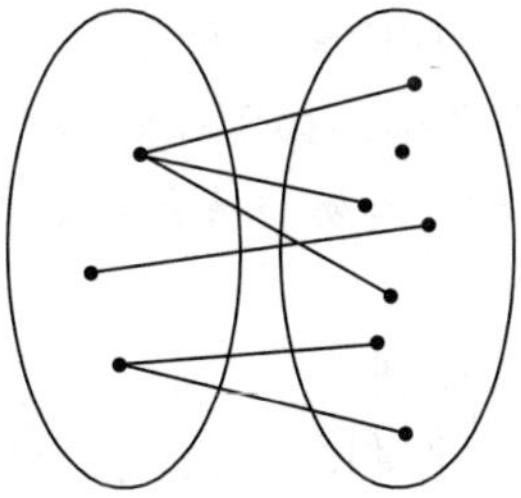

图 5-2　一对多的联系

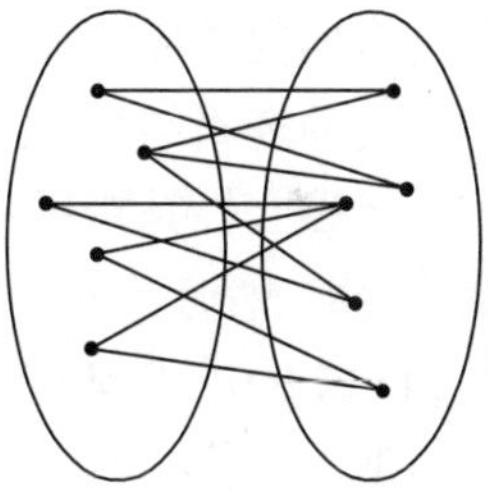

图 5-3　多对多的联系

3　数据库与数据库管理系统

3.1　数据库的概念

数据库,顾名思义,是存放数据的仓库。只不过这个仓库是在计算机存储设备上且数据是按一定格式存放的。

人们收集并抽取一个应用所需要的大量数据之后,应将其保存起来以供进一步加工处理,进一步抽取有用信息。在科学技术飞速发展的今天,人们的视野越来越广,数据量急剧增加。过去人们把数据存放在文件柜中,现在人们借助计算机和数据库技术科学地保存和管理大量复杂的数据,以便能方便而充分地利用这些宝贵的信息资源。

因此,数据库是指长期存储在计算机内的、有组织的、可共享的数据集合。数据库中的数据按一定的数据模型组织、描述和存储,具有较小的冗余度、较高的数据独立性和易扩展性,并可为不同用户共享。

3.2　数据库的主要特征

与人工管理和文件系统相比,数据库系统的主要特征有以下四个方面:

(1)数据结构化。

数据库中的数据不再是仅仅针对某一应用,而是面向整个系统,不仅数据是结构化的,整体也是结构化的,而且存取数据的方式也很灵活,可以存取数据库中的某一个数据项、一组数据项、一个记录或一组记录。

数据库系统实现了整体数据的结构化,这是数据库的主要特征之一,也是数据库系统与文件系统的主要区别。

(2)数据的共享性高、冗余度低、易扩充。

在数据库系统中,由于数据不再是面向某个特定应用,而是面向整个系统,所以数据可以被不同的用户和不同的应用共享,这样可以减少数据的冗余,节约存储空间,易于增加新的应用,使得数据库系统易于扩充。

数据共享还能够避免数据之间的不相容性与不一致性。所谓数据的不一致性,是指同一数据不同拷贝的值不一样。采用人工管理或文件系统管理时,由于数据被重复存储,不同的使用和修改不同的拷贝时就很容易造成数据的不一致。在数据库中数据共享,减少了由于数据冗余造成的不一致现象。

(3)数据独立性高。

数据独立性包括物理独立性和逻辑独立性,数据库系统是通过 DBMS(数据库管理系统)的二级映射实现这两种独立性的。

物理独立性是指用户的应用程序与存储在磁盘上的数据库中数据是相互独立的,数据在磁盘上的数据库中如何存储是由 DBMS 管理的,用户程序不需要了解,应用程序要处理的只是数据的逻辑结构,不需要考虑数据的物理存储是否改变。

逻辑独立性是指用户的应用程序与数据库的逻辑结构是相互独立的,数据的逻辑结构改变了,用户程序也可以不变。

(4)数据由 DBMS 统一管理和控制。

数据库提供了四个方面的数据控制功能,分别为数据的安全性保护、数据的完整性检查、并发控制和数据库恢复。

①数据的安全性(Security)保护。让每个用户只能按指定的权限访问数据,防止不合法地使用数据,造成数据的破坏和丢失。比如学生对于课程的成绩只能进行查询,不能修改。

②数据的完整性(Integrity)检查。保证数据的正确性,要求数据在一定的取值范围内互相之间满足一定的关系。比如规定考试成绩在 0~100 分,血型只能是 A 型、B 型、AB 型和 O 型中的一种等。

③并发(Concurrency)控制。对多用户的并发操作加以协调和控制,防止多个进程同时存取、修改数据库中的数据时发生冲突、造成错误。比如在学生选课系统中,某门课只剩下最后一个名额,但有两个学生在两台选课终端上同时发出了选这门课的请求,必须采取某种措施,确保两名学生不能同时拥有这最后一个名额。

④数据库恢复(Recovery)。当数据库系统出现硬件、软件的故障或者遇上误操作时,DBMS 应该有能力把数据库恢复到最近某个时刻的正确状态上来。

3.3 数据库的系统结构

数据库系统(DataBase System,DBS)是指在计算机系统中引入数据库后的系统,一般由数据库、数据库管理系统(及其开发工具)、应用系统、数据库管理员和用户构成,如图 5-4 所示。

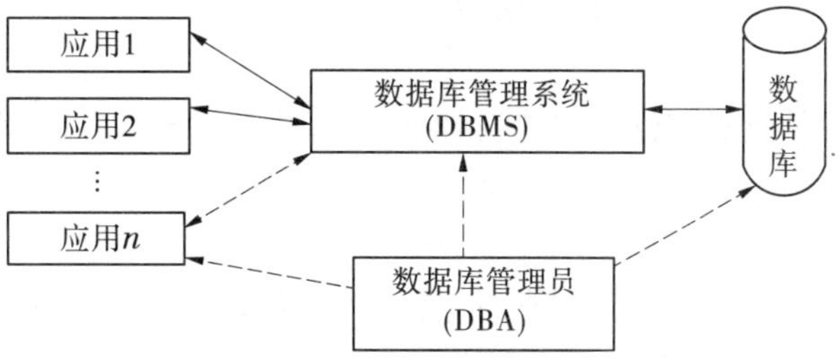

图 5-4 数据库系统

包含数据库的计算机应用系统需要有足够大的内存空间来存放操作系统、DBMS、各类应用程序等,而且还需要有足够的外存空间来存储海量的数据信息。

DBMS 对数据进行管理,是构成整个数据库系统运行的核心,是用户与数据库之间的接口。DBMS 接收、分析并解释用户提出的命令请求,然后转到相应的处理程序去操纵(检索、存储、更新)数据库中的数据。

应当指出的是,数据库的建立、使用和维护等工作只靠一个 DBMS 是远远不够的,还要有专门的人员来完成,这些人被称为数据库管理员(DataBase Administrator, DBA),DBA 负责数据库管理系统的全面维护工作,包括对数据库中的信息进行组织与存储,对数据库的性能及运行状况进行监控,对用户身份的合法性和有效性进行校验,从而保证数据库的正常生命周期。

3.4 数据模型

3.4.1 数据模型的概念

数据是对事物描述的符号记录,是信息存在的一种形式,只有通过解释或处理才能成为有用的信息。

模型是现实世界特征的模拟和抽象。例如,一张地图,一组建筑设计沙盘,一架精致的航模飞机,都是具体的模型。一眼望去,就会使人联想到真实生活中的事物。

数据模型(Data Model)也是一种模型,它是现实世界数据特征的抽象。由于计算机不可能直接处理现实世界中的具体事物,所以人们必须事先把具体事物转换成计算机能够处理的数据。在数据库中用数据模型这个工具来抽象、表示和处理现实世界中的数据与信息。通俗地讲,数据模型就是现实世界的模拟,是用来描述现实世界的,因此越自然越好,更易于理解。

3.4.2 数据模型的组成要素

数据模型是指数据库的组织形式,是严格定义的一组概念的集合。这些概念精确地描述了系统的静态特性、动态特性和完整性约束条件。因此,数据模型通常由数据结构、数据操作和完整性约束三部分组成。

1. 数据结构

数据结构是所研究的对象类型的集合。这些对象是数据库的组成成分,它们包括两类:一类是与数据类型、内容、性质有关的对象,例如网状模型中的数据项、记录,关系模型中的域、属性、关系等;另一类是与数据之间联系有关的对象,例如网状模型中的系型(Set type)。数据结构是刻画一个数据模型性质最重要的方面,是对系统静态特性的描述。因此,在数据库系统中,通常按照其数据结构的类型来命名数据模型。例如层次结构、网状结构和关系结构的数据模型分别命名为层次模型、网状模型和关系模型。

2. 数据操作

数据操作是对系统动态特性的描述，指对数据库中各种对象（型）的实例（值）允许执行的操作的集合，包括操作及有关的操作规则。

数据库主要有检索和更新（包括插入、删除、修改）两大类操作。数据模型必须定义这些操作的确切含义、操作符号、操作规则（如优先级）以及实现操作的语言。

3. 完整性约束

数据的约束条件是一组完整性规则的集合。完整性规则是给定的数据模型中数据及其联系所具有的制约和依存规则，用以限定符合数据模型的数据库状态以及状态的变化，以保证数据的正确、有效、相容。

3.4.3　数据模型的分级

在数据库中，针对不同的使用对象和应用目的，采用多级数据模型，一般可分为三级。

1. 概念数据模型（与 DBMS 无关）

主要用来描述一个单位的概念化结构，面向用户、面向现实世界，是一种语义模型，常用 E-R 图表示，接近人的思维，容易理解。

2. 逻辑数据模型（与 DBMS 有关）

用概念数据模型表示的数据必须转化为逻辑数据模型表示的数据，才能在 DBMS 中实现。因此，逻辑模型既要面向用户，也要面向现实。

3. 物理数据模型（与 DBMS、OS 硬件有关）

它反映数据的存储结构，如物理块、指针、索引等。物理数据模型不但与 DBMS 有关，还与 OS 硬件有关。

3.4.4　常用的数据模型

根据组织方式的不同，目前常用的数据模型有以下四种。

1. 层次模型（Hierarchical Model）

层次模型是以记录数据为节点的树，节点之间的联系像一棵倒放的树，树根、树的分枝点、树叶都是节点。节点是分层的，树根是最高层。例如家谱、企事业单位中各部门编制之间的联系。

2. 网状模型（Network Model）

网状模型是以记录数据为结点的连通图，节点之间的联系像一张网，网上的连接点都是节点。节点之间是平等的，不分层次。例如同事、同学、朋友、亲戚之间的联系。

3. 关系模型（Relational Model）

关系模型中每个关系对应一张二维表，采用二维表来表示数据及其联系，表格与表格之间通过相同的属性建立联系。由于关系模型有很强的数据表示能力和坚实的数学理论，且结构单一、数据操作方便，最容易被用户接受，是目前应用最广的一种数据模型。例如学生成绩表、人事档案表。

4. 面向对象模型（Object Oriented Model）

面向对象数据库系统支持面向对象数据模型（简称 OO 模型）。也就是说，一个面向对象数据库系统是一个持久的、可共享的对象库的存储和管理者；而一个对象库是由一个 OO 模型所定义的对象的集合体。

3.5　数据库管理系统(DBMS)

数据库管理系统是位于用户与操作系统之间的一层数据管理软件,是为了科学地组织和存储数据,高效地获取和维护数据。数据库管理系统的主要功能包括以下几个方面:

(1)数据定义功能。

DBMS 提供数据定义语言(Data Definition Language,DDL),用户通过它可以方便地对数据库中的数据对象进行定义。

(2)数据操纵功能。

DBMS 还提供数据操纵语言(Data Manipulation Language,DML),用户可以使用 DML 操纵数据,实现对数据库的基本操作,如查询、插入、删除和修改等。

(3)数据库的运行管理。

数据库在建立、运用和维护时,由数据库管理系统统一管理、统一控制,以保证数据的安全性、完整性、多用户对数据的并发使用及发生故障后的系统恢复。

(4)数据库的建立和维护功能。

它包括数据库初始数据的输入、转换功能,数据库的转储、恢复功能,数据库的重组织功能和性能监视、分析功能等。这些功能通常是由一些实用程序完成的。

4　数据库模型

数据库模型是指数据库的组织形式,根据组织方式的不同,目前常用的数据模型有四种,分别是层次模型、网络模型、关系模型和面向对象模型。其中,层次模型、网络模型和关系模型是传统的数据模型,它们是计算机中以文件系统组织的数据模型的继承和发展。下面以两个简单的空间实体为例(见图 5-5),简述这几个数据模型中的数据组织形式及其特点。

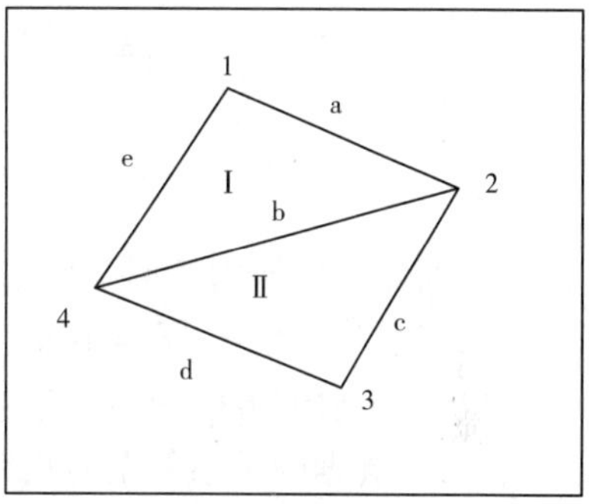

图 5-5　地图 M 及其空间实体Ⅰ、Ⅱ

4.1　层次模型

层次模型是将数据组织成一对多(或双亲与子女)关系的结构,其特点为:①有且仅有一个结点无双亲,这个结点即树的根;②其他结点有且仅有一个双亲。对于图 5-5 所示多边形地图,可以构造出图 5-6 所示的层次模型。

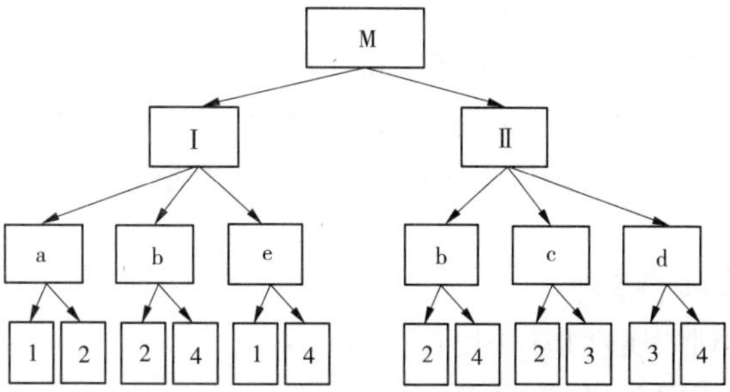

图 5-6　层次模型

层次数据库结构特别适用于文献目录、土壤分类、部门机构等分级数据的组织。例如全国—省—县—乡是一棵十分标准的有向树，其中“全国”是根节点，省以下的行政区划单元都是子节点。这种数据模型的优点是层次和关系清楚，检索路线明确。

层次模型不能表示多对多的联系，这是令人遗憾的缺陷。在 GIS 中，若采用这种层次模型将难以顾及公共点，线数据共享和实体元素间的拓扑关系，导致数据冗余度增加，而且给拓扑查询带来困难。

4.2　网状模型

在网状模型中，各记录类型间可具有任意连接的联系。一个子结点可有多个父结点；可有一个以上的结点无父特点；父结点与某个子结点记录之间可以有多种联系（一对多、多对一、多对多）。图 5-7 是图 5-5 的网状模型。

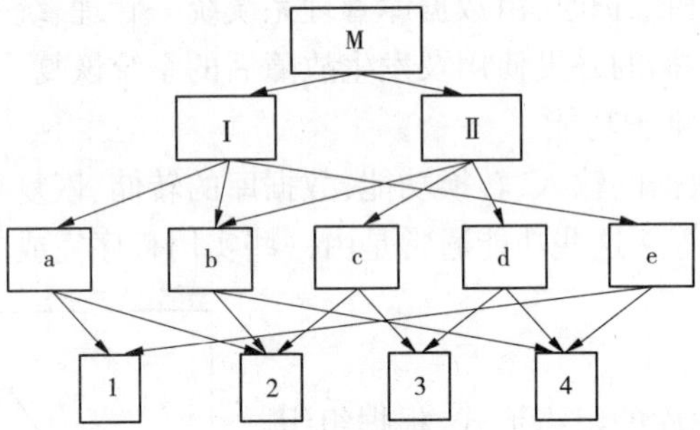

图 5-7　网络模型

网络数据库结构特别适用于数据间相互关系非常复杂的情况，除上面说的图形数据外，不同企业部门之间的生产、消耗联系也可以很方便地用网状结构来表示。

网络数据库结构的缺点是：由于数据间联系要通过指针表示，指针数据项的存在使数据量大大增加，当数据间关系复杂时指针部分会占大量数据库存储空间。另外，修改数据库中的数据，指针也必须随着变化。因此，网络数据库中指针的建立和维护可能成为相当大的额外负担。

4.3　关系模型

关系模型的基本思想是用二维表形式表示实体及其联系。二维表中的每一列对应实体的一个属性，其中给出相应的属性值，每一行形成一个，由多种属性组成的多元组，或称元组，与一特定实体相对应。实体间联系和各二维表间联系采用关系描述或通过关系直接运算建立。元组（或记录）是由一个或多个属性（数据项）来标识，这一个或一组属性称为关键字，一个关系表的关键字称为主关键字，各关键字中的属性称为元属性。关系模型可由多张二维表形式组成，每张二维表的“表头”称为关系框架，故关系模型即是若干关系框架组成的集合。如图 5-5 所示的多边形地图，可用表 5-1 所示关系表示多边形与边界及结点之间的关系。

关系模型中应遵循以下条件：

（1）二维表中同一列的属性是相同的；

（2）赋予表中各列不同名字（属性名）；

（3）二维表中各列的次序是无关紧要的；

（4）没有相同内容的元组，即无重复元组；

表 5-1 关系表

关系 1：边界关系		
多边形号(P)	边号(E)	边长
Ⅰ	a	30
Ⅰ	b	40
Ⅰ	c	30
Ⅱ	b	40
Ⅱ	c	25
Ⅱ	d	28
关系 2:边界—结点关系		
边号(E)	起结点号(SN)	终结点号(EN)
a	1	2
b	2	4
c	2	3
d	3	4
e	4	1
关系 3:结点坐标关系		
结点号(N)	X	Y
1	19.8	34.2
2	38.6	25.0
3	26.7	8.2
4	9.5	15.7

(5)元组在二维表中的次序是无关紧要的。

关系数据库结构的最大优点是它的结构特别灵活,可满足所有用布尔逻辑运算和数学运算规则形成的询问要求;关系数据还能搜索、组合和比较不同类型的数据,加入和删除数据都非常方便。关系模型用于设计地理属性数据的模型较为适宜。因为在目前,地理要素之间的相互联系是难以描述的,只能独立地建立多个关系表,例如:地形关系,包含的属性有高度、坡度、坡向,其基本存储单元可以是栅格方式或地形表面的三角面;人口关系,含的属性有人的数量、男女人口数、劳动力、抚养人口数等。基本存储单元通常是对应于某一级的行政区划单元。

关系数据库的缺点是许多操作都要求在文件中顺序查找满足特定关系的数据,如果数据库很大的话,这一查找过程要花很多时间。搜索速度是关系数据库的主要技术标准,也是建立关系数据库花费高的主要原因。

4.4 面向对象模型

4.4.1 面向对象的基本概念

面向对象的定义是:无论怎样复杂的事例都可以准确地由一个对象表示。每个对象都是包含了数据集和操作集的实体,即是说,面向对象的模型具有封装性的特点。

1. 对象

面向对象的系统中,每个概念实体都可以模型化为对象。对于多边形地图上的一个结点、一条弧段、一条河流、一个区域或一个省都可看成对象。一个对象是由描述该对象状态的一组数据和表达它的行为的一组操作(方法)组成的。例如,河流的坐标数据描述了它的位置和形状,而河流的变迁则表达了它的行为。由此可见,对象是数据和行为的统一体。

一个对象 object 可定义成一个三元组:

$$object=(ID,S,M)$$

其中,ID 为对象标识,M 为方法集,S 为对象的内部状态,它可以直接是一属性值,也可以是另外一组对象的集合,因而它明显地表现出对象的递归。

2. 类

类是关于同类对象的集合,具有相同属性和操作的对象组合在一起。属于同一类的所有对象共享相同的属性项和操作方法,每个对象都是这个类的一个实例,即每个对象可能有不同的属性值。可以用一个三元组来建立一个类型:

$$class=(CID,CS,CM)$$

其中,CID 为类标识或类型名,CS 为状态描述部分,CM 为应用于该类的操作。

显然有,当 $object \in class$ 时,$S \in CS$ 和 $M \in CM$。

因此,在实际的系统中,仅需对每个类型定义一组操作,供该类中的每个对象应用。由于每个对象的内部状态不完全相同,所以要分别存储每个对象的属性值。

3. 集合

集合是面向对象数据库一个重要的组成部分。集合提供了组织对象以及处理它们之间关系的途径。把相关的对象组合起来,就意味着这些对象集合合成为一种新类。具有新的属性和操作方法。集合本身也是对象,在其内部对象属性和方法的基础上也定义自己的属性和方法。集合中的对象必须与组合中定义的对象所支持类相匹配。

通过这个基本的抽象集合类型,可以创建更为特殊的集合,如类集、包、列表、数组等。这些类型被很多面向对象数据库所支持。

4.4.2 面向对象数据库(OODB)模型的特征

1. 对象和对象标识符

任一现实世界中的实体都模拟成一个对象,由唯一对象标识符与之对应。

2. 属性和方法

属性有单值的,也有多值的。属性不受第一范式的约束,不必是原子的,而是另一个对象。方法是作用在对象上的方法集合。

3. 类

同一类对象共用相同的属性集和方法集。

4. 类层次和继承

类是低层次的概括;而子类继承了高层次类的所有属性和方法,亦有自己特有的属性和方法。

4.4.3 面向对象数据库的设计方法

面向对象数据库的设计主要是定义对象类或对象集合,定义对象属性,定义操作。

1. 确定对象及对象类

(1)从真实世界中抽取有意义的物体和概念作为对象,并将某类作为数据库系统的基础类。

(2)根据数据抽象化的原则,如果表示一组物体的对象集合具备系统所需要的相似特性和操作,那么该集合应用类来表示。

2. 确定操作

要详细分析系统的需求,研究对各类对象起作用的操作,包括对象自身的操作和该对象对另一类对象起作用的操作。

(1)构造操作又称创建操作:在OODB中产生该类的一个新的对象或实例,并赋予属性值。

(2)访问操作:提供附加访问的功能,能产生该类的实例的某些特征。

(3)变更操作:用来改变特定对象的属性值。

【任务实施】

1　实训任务

结合自己专业,查找数据库技术在测绘地理信息行业的具体应用,撰写读书报告。

2　实训目的

深刻理解数据库技术在测绘地理信息行业中的地位和作用。

3　实训步骤

(1)明确主题,查找数据库技术在测绘地理信息行业的具体应用。

(2)通过网络、图书馆检索来查找。

(3)写出文档报告,打印提交。

任务2　空间数据管理与组织

【任务描述】

本任务主要介绍空间数据管理与组织。空间数据管理主要介绍空间数据管理方法、现行空间数据库及空间数据库管理方案;空间数据组织主要介绍空间数据的空间分幅、图幅内空间数据的组织、图库管理及属性数据的组织。

【相关知识】

1　空间数据管理

1.1　空间数据管理的方法

空间数据管理实现方式从文件发展到数据库主要经历了四个阶段:

(1)初级式的管理模式。代表性GIS为ArcInfo的Coverage文件管理模式。其空间分析功能和属性处理分别直接调用空间数据文件和属性数据文件进行数据处理。

(2)混合式的管理模式。代表性 GIS 为 ArcInfo、ArcView GIS 的 Shape 文件和 MapInfo 的 TAB 文件等管理模式。其空间分析功能调用空间数据管理模式块对空间数据文件进行处理，属性数据利用属性数据库进行管理。

(3)扩展式的管理模式(引擎方式)。代表性 GIS 为 ArcInfo 的 GeoDatabase(Spatial Database Engine，SDE)。它是在常规数据库管理系统之上添加一层空间数据库引擎，以获得常规数据库管理系统功能之外的空间数据存储和管理的能力。

(4)集成式的管理模式。代表性系统为 Oracle Spatial Cartridge(对象—关系数据库)。它是直接对常规数据库管理系统进行功能扩展，加入一定数量的空间数据库存储与管理功能。

1.2　空间数据库

空间数据库是指以特定的信息结构(如国土、规划、环境、交通等)和数据模型(如关系模型、面向对象模型等)表达、存储和管理从地理空间中获取的某类空间信息，以满足 Internet/Intranet 上的不同用户对空间信息需求的数据库。

由于空间数据不仅具有普通对象的属性特征，而且具有与位置有关的空间特征，在 GIS 应用中还经常需要大量的空间数据操作和查询，所以，空间数据库除一般数据库特征外，还具有一些区别于其他一般数据库的特点，主要表现为以下几个方面：

(1)海量数据特征。空间数据库面向的是地学及其相关对象，空间数据量是巨大的，通常称海量数据。一个城市 GIS 的数据量可能达几十个 GB，如果考虑影像数据的存储，可能达几百个 GB 乃至 TB 级。这样的数据量在城市管理的其他数据库中是很少见的。

(2)空间特征。空间特征是空间数据最主要的特征，它描述了空间物体的位置、形态，甚至需要描述物体的空间拓扑关系。例如，描述一条河流，一般数据侧重于河流的流域面积、水流量、枯水期；而空间数据则侧重于描述河流的位置、长度、发源地等和空间位置有关的信息，复杂一点的还要处理河流与流域内各河流间的距离、方位等空间关系。

(3)抽象特征。空间数据描述的是真实世界所具有的综合特征，非常复杂，必须经过抽象处理。不同主题的 GIS 数据库，人们所关心的内容也有差别。在不同的抽象中，同一自然地物可能会有不同的语义。如既可以被抽象成水系要素，也可以被抽象成行政边界，如省界、县界等。

(4)空间关系特征。空间数据除空间坐标隐含了空间分布关系外，空间数据中也记录了拓扑数据结构表达的多种空间关系。这种拓扑数据结构一方面方便了空间数据的查询和空间分析，另一方面也给空间数据的一致性和完整性维护增加了复杂程度。

(5)多尺度与多态性。不同观察尺度具有不同的比例尺和精度，同一地物在不同情况下会有形态差异。例如，任何城市在地理空间都占据一定范围的区域，可以作为面状空间对象。在比例尺较小的 GIS 数据库中，城市是作为点状空间对象来处理的。

(6)非结构化特征。空间数据不能满足结构化要求。若将一条记录表达成一个空间对象，它的数据项可能是变长的，例如某条弧段的坐标，其长度是不可限定的，它可能是 2 对坐标，也可能是 10 万对坐标。此外，1 个对象可能包含另外的三个或多个对象，例如，1 个多边形，它可能含有多条弧段。

(7)分类编码特征。一般而言，每一个空间对象都有一个编码，而这种分类编码往往同于国家标准，或行业标准，或地区标准，每一种地物的类型在某个 GIS 中的属性项个数是相同的。

1.3 现行空间数据库的管理方案

一个完整的数据库系统应该包括数据库存储系统、数据库管理系统(DBMS)和数据可应用系统三个组成部分。其中,数据库存储系统是按照一定的结构组织在一起的相关数据的集合,通常是一系列相互关联的数据内文件;数据库管理系统是提供数据库建立、使用和管理工具的软件系统。典型的数据库管理系统有:微软公司的 Access、SQL Server,甲骨文公司的 Oracle,以及 Sybase、IBM DB2、MySQL 等。而数据库应用系统则是为了满足特定的用户数据处理需求而建立起来的,具有数据库访问功能的应用软件,它提供给用户一个访问和操作特定数据库的用户界面。

空间数据库系统由三个部分所组成。其中空间数据库存储系统指的是 GIS 在计算机存储介质上存储的应用相关的地理空间数据的总和,一般是以一系列特定结构的文件形式存储在硬盘、光盘等存储介质中的,如图 5-8 所示。

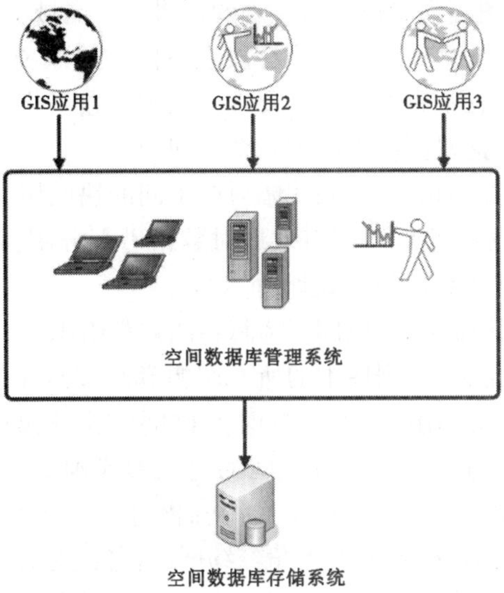

图 5-8 空间数据库系统组成

空间数据库管理系统则是指能够对介质上存储的地理空间数据进行语义和逻辑上的定义,提供必需的空间数据查询检索和存取功能,以及能够对空间数据进行有效地维护和更新的一套软件系统。空间数据库管理系统的实现是建立在常规的数据库管理系统之上的。它除需要完成常规数据库管理系统所必需的功能外,还需要提供特定的针对空间数据的管理功能。

由 GIS 的空间分析模型和应用模型所组成的系统可以看作是空间数据的数据库应用系统,通过它不但可以全面地管理空间数据,还可以运用空间数据进行分析和决策。

GIS 中空间数据的存储方式有两类:①空间数据的文件方式管理和属性数据的关系数据库管理;②空间数据和属性数据的全关系数据库管理。目前,基于数据库的 GIS 系统已经实现了图形数据和属性数据的无缝结合,所有空间、属性和栅格影像数据都存储于中央数据库中,既方便了数据的维护,又确保了数据的完整性和一致性。基于关系数据库或者对象关系数据库(ORDB)的空间数据管理已经成为 GIS 发展的趋势。

2 空间数据的组织

随着GIS应用领域的不断扩大,一个大型的空间数据库系统,如城市规划系统、地下管网管理系统、土地管理系统、公安警用系统等,由于其管理的数据量很大,且比例尺也大,这些系统空间数据库的数据量级可达G字节甚至T字节,通常称为海量数据。如何解决海量空间数据管理问题就成为空间数据库技术的关键所在。

2.1 图幅内空间数据的组织

由于海量空间数据具有数据量巨大且分布范围广的特征,产生了无限的地球空间信息与有限的计算机资源之间的矛盾,为了解决这个矛盾,采用了分幅存储、管理和处理。

目前,多数GIS应用系统,都是以图幅为单位进行管理。即按图幅将大区域空间数据进行分割,现在世界各国的一般方法是采用经纬线分幅或采用规则矩形分幅。

海量空间数据库是以图幅为单位进行管理的。将某一区域的空间信息按照某种分幅方式分割成多个数据图幅,以文件或表的形式存放在不同的目录或数据库中。在空间数据库中,用图幅来表示地理区域互不重叠的单一要素。在进行数字化录入和数据编辑等操作时,均是对单幅图处理,然后将这些图幅组织到一个空间中。

各个图幅的地理范围都不相同,不同图幅对应不同的块区域,它们从空间上拼接成一个完整的地图。空间数据的分幅组织可以有效地对数据进行分割,解决不能容纳较大数据集的问题,从而实现对海量空间数据的有效管理。

在对空间数据库进行图幅组织管理时,为将各图幅都组织到一个大区域空间上,首先要对该空间的组织形式进行定义,数据库中的所有图幅都须按定义的形式进行录入。主要包括坐标单位、经度和纬度跨度(用经纬线分幅时)、比例尺、图幅的宽和高(用矩形分幅时)、地图投影类型、椭球体参数等。在大区域空间的组织形式确定后,就可逐一将图幅输入库中。输入时须指出该图幅的文件名(可能一个图幅含有多个文件)和用于确定图幅在库中的位置的横向纵向序号(矩形分幅)或左下角经纬度(经纬线分幅)。

对系统而言,当用户要求按某局部范围进行检索时,系统可对所指定范围对应的图幅文件进行检索;当用户要求按分类要素进行检索时,系统可根据图幅之间的邻接关系将所有需要的要素检索出来。

2.2 图库管理

面向GIS地理数据模型是由点、线、面和体组成的,为了便于管理和应用开发,解决海量数据的存储问题,一方面,从存储硬件方面考虑,要开发研制大容量的存储设备;另一方面,要采用合理的数据处理与组织等软措施,如信息压缩技术、分布式存储技术等。

对海量空间信息进行有效的组织,需要对所得到的地理数据重新进行分类、组织,来提高空间信息的存取与检索速度。通常,人们习惯于在二维空间上按不同比例尺、横向分幅(标准分幅或区域分幅等),在垂直方向上纵向分层(专题层等)来组织海量空间数据。在GIS数据模型逻辑设计过程中,按照层次结构组织空间数据,采用横向上按范围分块、纵向上按专题属性分层的数据组织管理方法,最终体现无缝的管理,将是一种有效的数据管理与组织形式。

分层结构和分块结构是空间数据库从纵、横两个方向的延伸,是两种完全不同的划分方法。在图层和图幅中,最基本的组成单位是空间对象。将现实世界中的空间对象层层细分,先将地图按专题分层，每层再按照临近原则分块，每块也称为对象集合，如有需要，再将大块分为小块，最后为单个对象。一个图幅可以按专题分成多个图层，也可以将一个图层按空间范围划分成多个图幅，如果需要，再将大块分为小块。

2.3 属性数据的组织

空间对象的一般属性，是指空间对象的名称、编号、周长、面积等属性；而图示属性，则用来描述如何显示空间对象，包括基本的画笔、画刷、颜色、字体等信息。空间数据库是图层和图幅的逻辑再集成。那么，图层与图幅之间、图层与图层之间以及图层与要素之间又是一种什么联系呢？它们之间的联系是用一种非常有别于属性实体的叠互式结构来表达的。只有把图层组织成图库时，图层间的关系才更清楚，通过图库可判断图层的相对叠置位置顺序和显示顺序，以及组成专题图时图层数据流之间相互使用影响。

图库由若干个空间数据图层及其相关属性数据组织而成，一个空间数据图层又是以若干个空间坐标的形式存储的。一般空间数据采用自上而下的层次模型结构，这一模型中图幅则是这个模型的最高层次，图层及其属性信息在这一模型中属于最基础层次，其逻辑组织模型如图5-9所示。上面的图层由多来源、多层次、不同类别的简单图层按一定的相互关系构造，而简单图层又由更简单或基本图元组成。各层次之间是通过确定的代码相联系的，用户可以随时借助各级代码，调用全部或部分所需的图幅文件、信息层或图形要素，每一层数据有其相应的属性与空间等信息，叠瓦式层状数据的管理在物理上是分离的，层次结构不但描述方便，而且便于空间数据的有序管理。

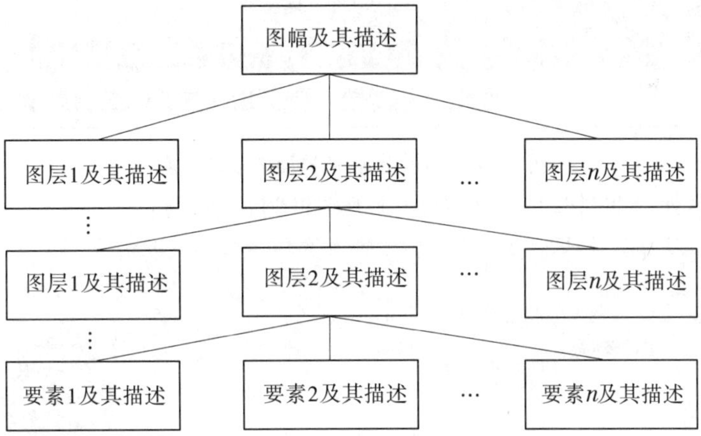

图5-9 地理空间数据的逻辑组织模型

【任务实施】

1 实训目的

进行新的国家基本比例尺地形图分幅编号。

根据分幅与编号的方法，在MAPGIS软件中进行国家基本比例尺地形图的图框制作，检查其分幅与编号是否正确。

2 实训要求

利用地形图西南角经纬度坐标生成标准图框，本任务生成图框所在的地形图图幅号为 H49G002068；地图高程系统为 1985 年国家高程基准；坐标系统为 1980 年国家大地坐标系；该图比例尺为 1 : 1 万；该图西南点坐标为纬度 31°55′00″，经度 112°11′15″。

3 实训步骤

（1）进入 MAPGIS 主界面→“实用服务”→“投影变换”，见图 5-10。

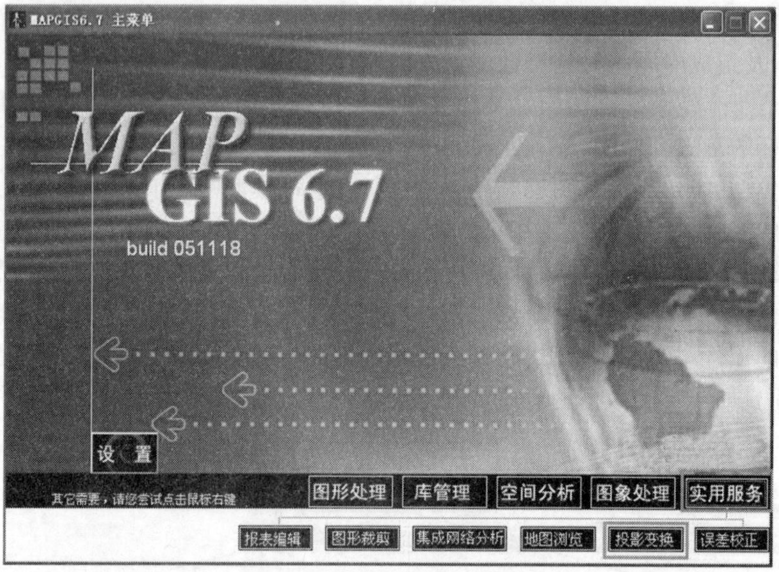

图 5-10 MAPGIS 软件界面中投影变换

（2）选择“系列标准图框”→“生成 1 : 1 万图框”，见图 5-11。

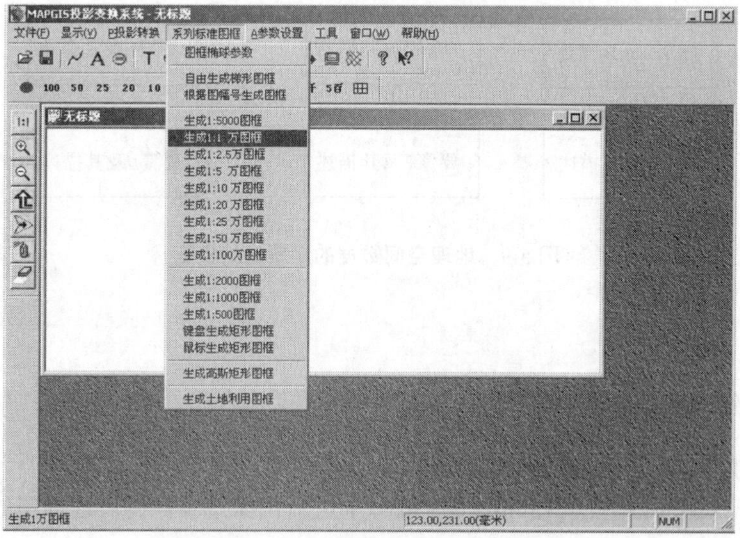

图 5-11 MAPGIS 软件生成图框对话框

(3)在弹出的下列对话框中设置图框参数。

选择图框模式:在此选择系统默认的高斯坐标实线公里网。

参数输入(DMS):在此输入图框左下角经纬度和网间间距。(一般情况下,网间间距不需修改,使用默认参数即可。只需输入图框左下角的经纬度。在此,输入左下角的纬度为315500,经度为1121115。)

输入图框文件名:图框文件名可通过点击“图框文件名”按钮输入,也可直接在其后的空白框内输入。选择椭球参数:点击“椭球参数”按钮选择椭球参数。此例中选择“西安80”的椭球体,见图5-12。

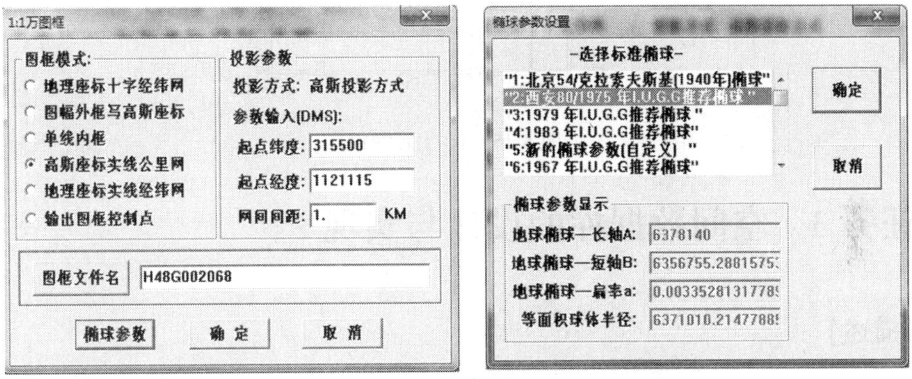

图5-12 1:1万图框参数及椭球参数设置

(4)主要参数都输入完毕以后,点击“确定”按钮,系统会弹出如图5-13所示对话框。

需要选择时在选项前面打“√”,若不需要选择则去掉选项前面的“√”。

(5)图框的辅助选项输入完毕后,点击“确定”按钮,系统即自动绘制出所该图框的接图表信息,见图5-14。

(6)点击“确定”按钮,系统即自动绘制出所要求的标准图框,见图5-15。

(7)将技能训练的结果文件保存并提交。

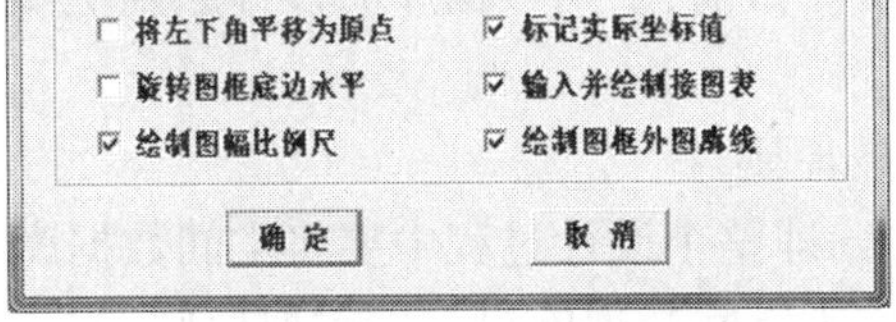

图5-13 图框参数输入对话框

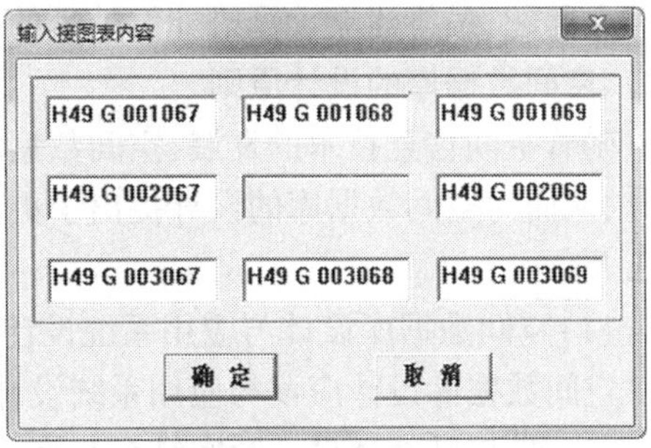

图5-14 输入接图表

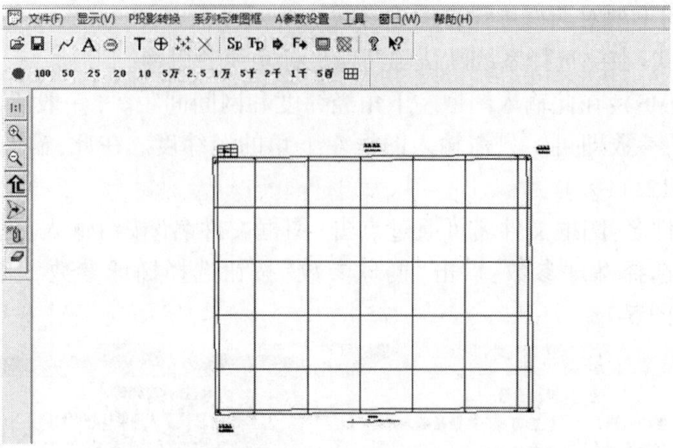

图 5-15　1∶1 万图框

任务 3　空间数据库的设计与实现

【任务描述】

本任务主要介绍空间数据库的设计与实现,主要包括空间数据库设计的原则和步骤、空间数据库的实现与维护。任务实施以泸县教育数据库的设计与实现为例,学习空间数据库的设计和实现的过程。

【相关知识】

1　空间数据库设计

空间数据库的设计,是指在现有数据库管理系统的基础上建立空间数据库的整个过程,其核心工作是将地理现实抽象成计算机能够处理的数据模型,其实质是将地理空间客体以一定的组织形式在数据库系统中加以表达的过程,也就是地理信息系统中空间客体数据的模型化问题,最终建立计算机能够处理的数据模型。

1.1　空间数据库的设计原则

随着空间信息技术的发展,空间数据库所能表达的空间对象日益复杂,用户功能日益集成化,从而对空间数据库的设计提出了更高的要求。目前,空间数据库的设计原则主要包括以下几点:

(1)空间数据库设计与应用系统设计相结合的原则。

空间数据库设计应该与应用系统设计相结合。即整个设计过程中要将空间数据库结构设计与对数据的处理设计紧密结合起来,并将此作为空间数据库设计的重要原则。

(2)数据独立性原则。

数据独立性分为数据的物理独立性和数据的逻辑独立性。

数据的物理独立性是指数据的存取与程序分离,这样可以保证数据存储结构与存取方法的改变不必要求修改程序,使初步数据共享成为可能,只要知道数据存取结构,不同程序可共用同一数据文件。

数据的逻辑独立性是指数据的使用与数据的逻辑结构相分离，通过建立对数据逻辑结构即数据之间联系关系的描述文件、应用程序服务等方法实现。这样可以保证当全局数据逻辑结构改变时，不一定要求修改程序，程序对数据使用的改变也不一定要求修改全局数据结构，使进一步实现深层次数据共享成为可能。

（3）共享度高、冗余度低原则。

在设计空间数据库时，要充分考虑"数据库从整体角度看待和描述数据"这一特点，即数据不再面向某一个应用而是面向整个系统，因此数据可以被多个用户、多个应用共享使用（用最优的方式服务于一个或多个应用程序）。同时，数据共享还能够避免数据之间的不相容与不一致。

数据共享可以大大减少数据冗余，节约存储空间。因为同一系统包含大量重复数据，不但浪费大量存储空间，还有潜在不一致的危险，即同一记录在不同文件中可能不一样（如修改某个文件中某个数据而没有在另外的文件中做相应的修改）。所以，在数据库中数据共享，减少了由于数据冗余造成的数据不一致现象。

但是，有时为了某种需要（如缩短访问时间或简化寻址方法），系统也需要一定量的冗余数据。所以，在设计数据库时，要遵守最小冗余度原则（数据尽可能不重复），而不能要求消除一切冗余数据。

（4）用户与系统的接口简单性原则。

用户与系统的接口简单，可以及时满足用户访问空间数据的需求，并能高效地提供用户所需的空间数据查询结果。同时，能满足用户容易掌握、方便使用系统，使其能更有效地通过非过程化的SQL语句查询、更新、管理系统。

（5）系统可靠性、安全性与完整性原则。

一个数据库系统的可靠性体现在它的软、硬件故障率小，运行可靠，出故障时能迅速恢复到可用状态。

数据的安全性是指系统对数据的保护能力，防止非法使用造成数据泄密和破坏。即对数据进行控制，使用户按系统规定的规则访问数据，防止数据有意或无意地泄露。

完整性是指数据的正确性、有效性和相容性。完整性检查将数据控制在有效的范围内，或保证数据之间满足一定的关系。通常设置各种完整约束条件来解决这一问题。

（6）系统具有重新组织、可修改与可扩充性原则。

系统为了适应数据访问率的变化，提高系统性能，改善数据组织的零乱和时空性能差，需要改变文件的结构或物理布局，即改变数据的存储结构或移动它们在数据库中的存储位置，这种改变称为数据的重新组织。一般通过数据库系统自动完成该任务。

要充分考虑到一个数据库通常不是一次性建立起来的，而是通过分期、分批逐步建立起来的。因此，整个系统在结构和组织技术应该是容易修改和扩充的，即设计数据库时要考虑与未来应用接口的问题，以防将来系统有所变化而使整个数据库设计推倒重来，或使已经建成的数据库系统不能正常工作。当然，修改和扩充后的系统，不必修改或重写原有的应用程序，也不应影响所有用户的使用。

总之，设计的系统应该是弹性较大，容易扩充，有较强的适应性，能不断满足新的需求。

1.2　空间数据库的设计步骤

空间数据库的设计是指在现在数据库管理系统的基础上建立空间数据库的过程。实际的数据库设计要以用户需求分析为基础,并考虑数据库应用。完整的数据库系统分为六个阶段:用户需求分析、概念结构设计、逻辑结构设计、物理结构设计、数据库实施、运行与系统维护。

1.2.1　需求分析

需求分析主要通过收集空间数据库设计涉及的用户的需要,并加以规格化和分析,这些需要被汇总、分类、评估、筛选和确认后,形成完整的文档,详细地说明了项目必须或应当做什么。需求分析的主要参与者是系统分析员和用户。系统分析员希望通过需求分析,认识、理解和掌握组织与用户的基本需要;而用户是希望通过项目实施引进技术,从而达到自己的目的。需求分析是整个空间数据库设计与建立的基础,主要进行以下工作:

(1)调查用户需求。了解用户特点和要求,取得设计者与用户对需求的一致看法。

(2)需求数据的收集和分析。包括信息需求(信息内容、特征、需要存储的数据)、信息加工处理要求(如响应时间)、完整性与安全性要求等。

(3)编制用户需求说明书。包括需求分析的目标、任务、具体需求说明、系统功能与性能、运行环境等,是需求分析的最终成果在需求分析阶段完成数据源的选择和对各种数据集的评价。

1.2.2　概念结构设计

概念结构设计是整个数据库设计的关键,以需求分析为基础,通过对用户需求进行综合、归纳与抽象,将需求分析转换成通用的信息结构模型,形成局部概念模式(局部视图)和全局概念模式(全局视图)。它是从用户的角度对现实世界的一种信息描述,因而它不依赖于任何空间数据库软件和硬件环境。

概念模型是对现实世界抽象产生的通用信息模型,独立于系统实现的细节。概念模型是系统设计者和用户之间对系统的认识进行沟通的有效手段。概念模型的设计应满足下述要求:

(1)提供一个便于非专家理解的系统结构框架。

(2)包含丰富的结构类型,能够尽可能完整地描述系统的复杂性。

(3)能够转换成与实施相关的模型(例如逻辑和物理数据模型),以便能够设计和实施系统。

概念结构设计是逻辑结构设计和物理结构设计的基础,概念模型最有力的表现工具是实体-联系模型(E-R 模型),也是使用最广泛的概念设计方法。E-R 模型包含三个基本成分,即实体、联系和属性。概念设计的结果可以用 E-R 模型进行直观的描述和表达。图 5-16 是用 E-R 模型表现的市区要素的概念模型结构设计。

1.2.3　逻辑结构设计

逻辑结构设计的主要任务是把信息世界中的概念模型转换为计算机世界中受数据库管理系统所支持的数据模型,并用数据描述语言表达出来。在这一阶段,概念模型被匹配到特定的数据库管理系统(DBMS),称为逻辑数据模型,它决定数据库要素的逻辑结构。例如,如果 DBM 是关系数据模型,那么第二阶段的部分工作将是建立关系模式。

逻辑结构设计的步骤主要有三步:第一,将概念模型转化为一般的数据模型;第二,将一般的数据模型向特定的 DBMS 所支持的数据模型转换;第三,对数据模型进行优化,产生全

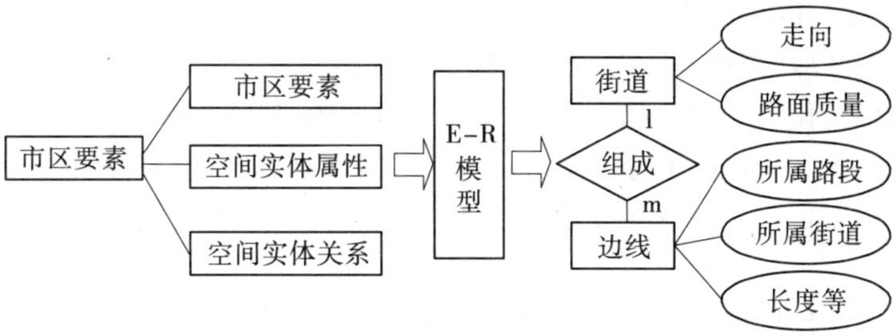

图 5-16 E-R 模型表现的市区要素

局逻辑结构,并设计出外部模式。如图 5-17 所示。

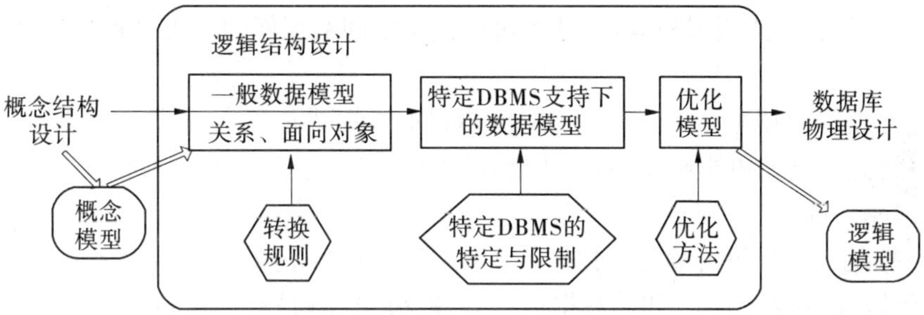

图 5-17 逻辑结构设计示意图

1.2.4 物理结构设计

物理结构设计是将数据库的逻辑模型在实际的物理存储设备上加以实现,从而建立一个具有较好性能的物理数据库。该过程依赖于给定的计算机系统。这一阶段实施构造物理数据模型,它包含所有的物理实施细节。例如,数据文件如何在特定的介质上存储的细节,包括文件结构、内存和磁盘空间、访问和速度等因素。

数据库物理结构设计从空间数据库的存储策略和空间数据库中的关系模式设计两个方面来研究,其物理结构设计的内容包括两个方面:

(1)物理表示组织。层次模型的物理表示方法有物理邻接法、表结构法、目录法。网络模型的物理表示方法有变长指针法、位图法和目录法等。关系模型的物理表示通常用关系表来完成。物理组织主要是考虑如何在外存储器上以最优的形式存储数据,通常要考虑操作效率、响应时间、空间利用和总的开销等因素。

(2)空间数据的存取。常用的空间数据存取方法主要有文件结构法、索引文件和点索引结构三种。文件结构法包括顺序结构、表结构和随机结构。

2 空间数据库的实现与维护

2.1 空间数据库的实现

在完成空间数据库的设计之后,就可以建立空间数据库。数据库的建立是一个费时间、费人力、成本高的工作,通常会耗费大量的精力。一般要经过资料准备和预处理、数据采集、数据处理、数据库建库等阶段。

2.1.1 空间数据库建设方法

空间数据来源不同,生产方法根据数据源的条件和建库区域不同而灵活选用。空间数据库建设的流程也不相同。基本原则如下：

(1)对于无图区域,采用基于解析测图仪的数字测图或全数字测图测制数字地形。

(2)对于地貌变化不大而地物变化很大的老地形图,应采用基于解析测图仪的数字测图、全数字测图或基于正射影像的地物要素采集重新测制数字地形图地物要素层。

(3)对于地貌变化小而地物变化也不大的地形图,应采用地形图扫描矢量化或地形图更新的方法。

(4)已有新的大比例地形图时应采用缩编方法。

根据资料现状和可能获得的数据源,选择生产实施过程中作业方法。

2.1.2　空间数据库实现过程

根据空间数据库逻辑设计和物理设计的结果,就可以在计算机上创建起实际的空间数据库,装入空间数据,并测试和运行,这个过程就是空间数据库的实现过程,它具体包括以下几个方面：

(1)建立空间数据库结构。利用 DBMS 提供的数据描述语言描述逻辑设计和物理设计的结果,得到概念模式和外模式,编写功能软件,经编译、运行后形成目标模式,建立起实际的空间数据库结构。

(2)数据装入。一般由编写的数据装入程序或 DBMS 提供的应用程序来完成。在装入数据之前要做许多准备工作,如对数据进行整理、分类、编码及格式转换。装入的数据要确保其准确性和一致性。最好是把数据装入和调试运行结合起来,先装入少量数据,待调试运行基本稳定了,再大批量装入数据。

(3)调试运行。装入数据后,要对地理数据库的实际应用程序进行运行,执行各功能模块的操作,对地理数据库系统的功能和性能进行全面测试,包括需要完成的各功能模块的功能、系统运行的稳定性、系统的响应时间、系统的安全性与完整性等。经调试运行,若基本满足要求,则可投入实际运行。

2.2　空间数据库的维护

系统维护包括以下几个方面的工作：

(1)程序的维护。在系统维护阶段,会有一部分程序需要改动。根据运行记录,发现程序的错误时需要改正;或者随着用户对系统的熟悉,用户有更高的要求,部分程序需要改进;或者环境发生变化,部分程序需要修改。

(2)数据文件的维护。业务发生了变化,从而需要建立新文件,或者对现有文件的结构进行修改。

(3)代码的维护。随着环境的变化,旧的代码不能适应新的要求,必须进行改造,制定新的代码或修改旧的代码体系。代码维护的困难主要是新代码的贯彻,因此各个部门要有专人负责代码管理。

(4)数据库的转储和恢复。数据库的转储和恢复是系统正式运行后最重要的维护工作之一。数据库管理员针对不同的应用要求制订不同的转储计划,定期对数据库和日志文件进行备份,以保证一旦发生故障, 能利用数据库备份及日志文件备份,尽快将数据库恢复到某种一致性状态,并尽可能减少对数据库的破坏。

(5)数据库性能的监督、分析和改进。在数据库运行过程中,监督系统运行,对监测数据进行分析,找出改进系统性能的方法是数据库管理员的又一重要任务。通过仔细的分析,判断系统是否处于最佳运行状态,如果不是,则需要通过调整某些参数来进一步改善数据库性能。

(6)机器、设备的维护。进行机器、设备的日常维护与管理。一旦发生小故障,要有专人进行修理,保证系统的正常运行。做好计算机病毒的预防与清除工作,有安全组织专门负责对计算机病毒的预防和清除工作。对外来的拷贝软件及软盘一律要在专用设备上进行病毒检测,消除病毒后才能使用,还应做好数据备份。新购机器或经维修后的机器,启用前需经病毒检查,做好数据备份后方可运行。需要定期用病毒检测软件检测计算机病毒,能消除的病毒要立即清除,不能清除的新病毒要报告有关部门,给以清除。

【任务实施】

泸县教育资源空间数据库的设计与实现。

1 实训目的

通过以泸县学校分布图、泸县地图等作为建库主要资料,进行矢量化,并为各图层添加相应属性信息。理解并掌握在 ArcGIS 中一个小型空间数据库的设计与实现过程。

2 实训数据及要求

(1)数据位于随书练习数据…\EX5\EX5-3 中。

(2)新建的要素类及属性结构见表 5-2。

3 软件平台

本次实训基于 ArcGIS Desktop10. 3 平台,以确保数据库设计与实现工作顺利进行。

4 实训步骤

4.1 新建地理数据库

打开 ArcCatalog 目录树中选择存储数据库的位置\EX5\EX5-3,然后单击鼠标右键选择“新建”→“个人地理数据库”(或“文件地理数据”),将新建的数据库重新命名为“泸县教育资源. mdb”,见图 5-18。

4.2 新建要素集

(1)新建“行政区划”“道路”“学校”三个要素集。

在 ArcCatalog 目录树中,鼠标右击“泸县教育资源. mdb”,在“新建”中选择“要素集”命名为“行政区划”要素集(见图 5-19),也可以根据需要建立多个要素集,本项目建立“行政区划”“道路”“学校”三个要素集。

(2)为要素集设立坐标系统。

点击“空间参考”选项后面的按钮,在“空间参考属性”对话框中的“坐标系”选项页下,将选择合适的坐标系统,点击“选择”按钮(见图 5-20),在 Projected Coordinate Systems 目录下,选择 Gauss Kruger→Xian 1980→Xian_1980_Degree_GK_CM_105E. prj。

4.3 要素集中新建要素类

在已建的要素集的基础上新建要素类。常用的要素类主要有点要素、线要素和面要素等。例如新建要素类“学校”，为点状要素类，如图 5-21、图 5-22 所示。

表 5-2　泸县教育资源空间数据库数据结构

数据库	要素数据集	要素类	要素类型	字段名	字段类型	字段长度	备注
泸县教育资源数据库	行政区划	县界	线	界线类别	文本型	20	
		镇界	线	界线类别	文本型	20	
		县	面	县名	文本型	10	
				行政代码	文本型	6	
				人口	长整型		
				面积	双精度		
				备注	文本型	100	
		镇	面	镇名	文本型	10	
				行政代码	文本型	9	
				人口	长整型		
				面积	双精度		
				备注	文本型	100	
	道路	高速公路	线	路名	文本型	20	
				长度	双精度		
				备注	文本型	100	
		普通公路	线	路名	文本型	20	
				等级	文本型	10	高级、一般
				长度	双精度		
				备注	文本型	100	
	学校	学校	点	校名	文本型	20	
				学校等级	文本型	10	中、小、幼
				是否重点	文本型	2	
				教师编制数	长整型		
				高级职称所占百分比	双精度		
				中级职称所占百分比	双精度		
				初级职称所占百分比	双精度		
				学生人数	长整型		
				生师比	双精度		
				所在乡镇	文本型	10	
				所在乡镇代码	文本型	9	
				占地面积	双精度	30	
				建校时间	日期型		
				备注	文本型	100	
	泸县地图		栅格图	—	—	—	—
	泸县学校分布图			—	—	—	—

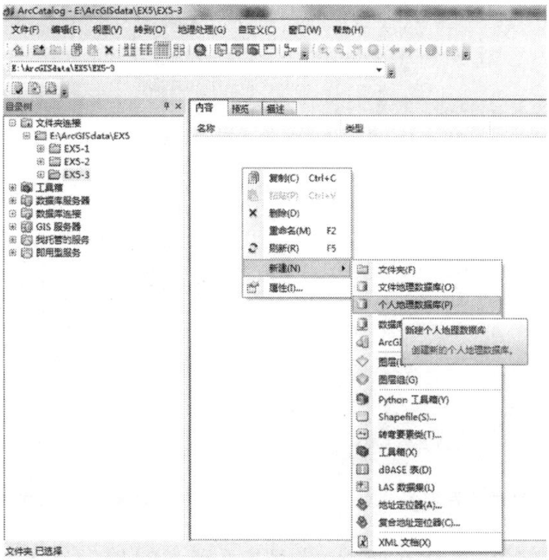

图 5-18　新建个人数据库

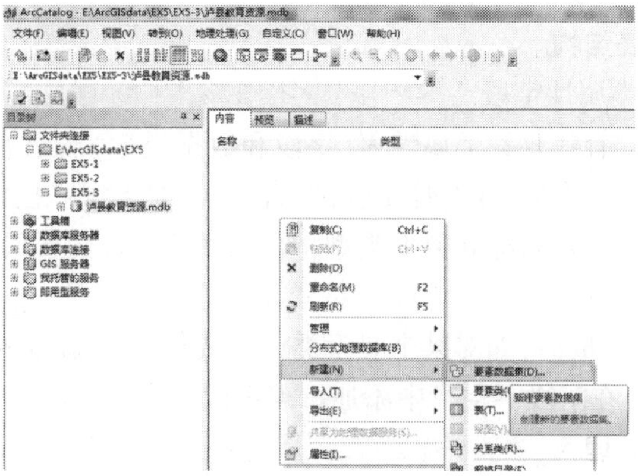

图 5-19　新建要素集

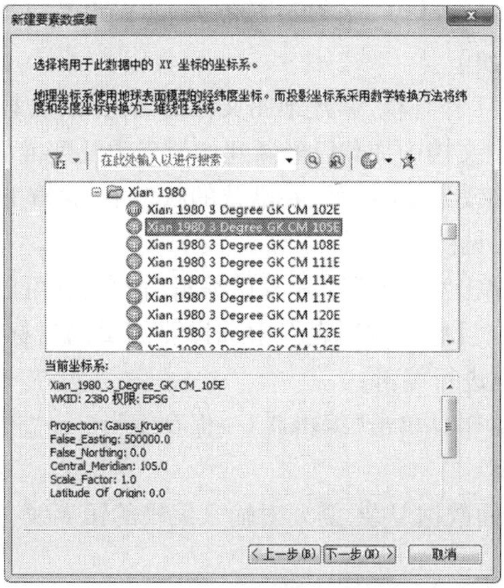

图 5-20　要素集设置坐标系统

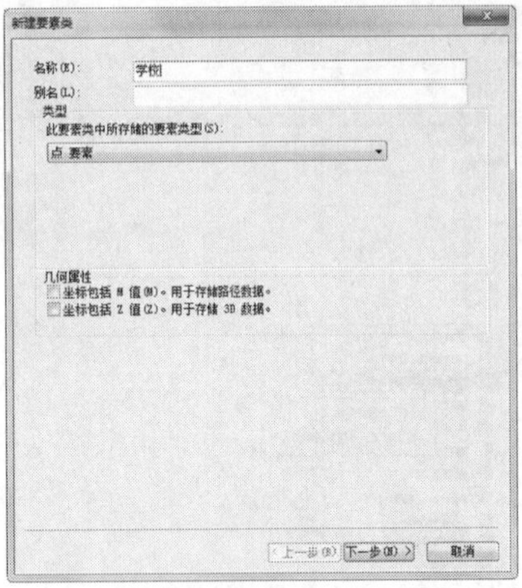

图 5-21　新建“学校”要素类

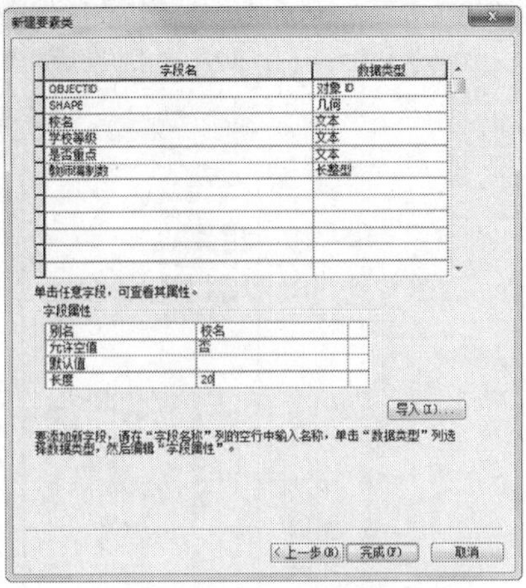

图 5-22　添加学校的属性字段

这里仅添加了三个字段，具体在建立“学校”要素类时按照表 5-2 的学校要素类属性结构描述添加相应的属性字段。

4.4　导入或修改属性表结构

(1) 导入已有要素类属性字段。

在建立新要素类时，有些要素类属性表(字段和数据类型)与已有要素类一样或部分一样，则不需要依次定义字段名称和数据类型，可直接点击“导入”按钮，选择要参照的要素类，导入后参照要素类的字段名称和数据类型将自动赋给新建的要素类，再根据需要修改。

(2) 添加字段。

在属性表结构建立完成后，如对某个要素类还需要修改或添加字段，可以在“要素类属性”对话框中选“字段”，在字段下空行中添加所需字段。

4.5　矢量数据采集与处理

如果已经有矢量数据可以通过已有数据导入或其他格式数据转换至数据库中，前文已述。现主要介绍数据采集录入过程。在建立数据库、要素集及要素类之后，进入数据采集与编辑处理阶段。具体步骤如下：

(1) 打开进入 ArcMap 工作环境，新建地图文档命名为“泸县教育资源数据库. mxd”。

(2) 加载数据。在地图文档中加载已经新建的要素类及配准后的影像图。

(3) 打开编辑工具。启动 ArcMap 后，在默认的状态下，编辑工具并没有打开，要进行编辑就必须打开编辑工具条，见图 5-23。

(4) 进入编辑状态。单击“编辑器”→“开始编辑”命令，就可以进入编辑状态。

(5) 执行数据编辑。在目标下拉列表框中选择要编辑的目标后，在任务下拉列表框选择相应的编辑任务，对数据进行编辑。

(6) 保存并结束数据编辑。单击“编辑器”→保存编辑” →“停止编辑”命令。

4.6　对数据拓扑检查处理

由于要生成行政区划面数据复杂，需要对输入编辑的镇界线、县界线等线状数据进行拓扑检查。简要步骤如下：

(1) 拓扑差错。

在 ArcCatalog 目录树中，鼠标右击“行政区划”数据集，建立拓扑要素类 topolopy1，选择镇界线和线界线进行拓扑检查，添加拓扑规则（不能有悬挂点）。验证拓扑，检查数据错误之处。

（2）修改错误。

打开 ArcMap，加载 topolopy1 及参与拓扑的要素类，在编辑器中进行编辑处理，修改错误之处，与数据输入编辑操作一样。错误修改后，验证拓扑，保存编辑。

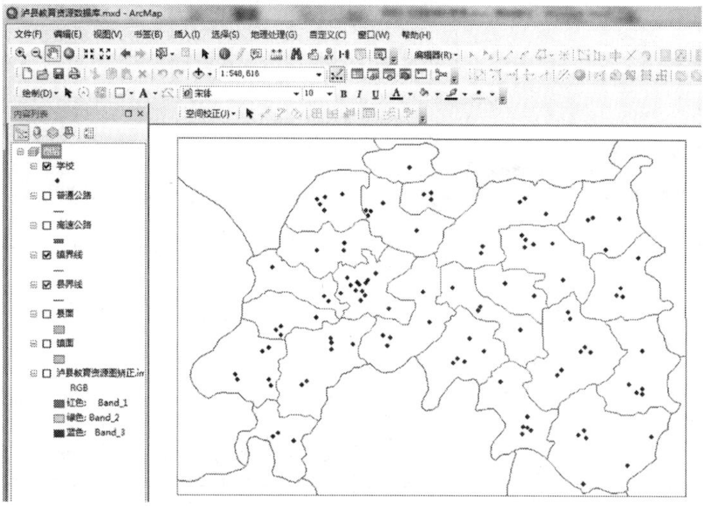

图 5-23　要素编辑与处理

4.7　要素属性数据输入

选择图层要素“学校”，单击鼠标右键打开属性表，打开编辑器，开始编辑，在相应字段中输入数据即可，见图 5-24。其他要素的属性数据的输入方法同上。在属性输入时要注意图形和属性的对应关系。

表

学校

OBJECTID *	SHAPE *	校名	学校等级	教师编制数
1	点	大同小学	小	36
2	点	得胜小学	小	78
3	点	得胜中学	中	51
4	点	得胜幼儿园	幼	20
5	点	保安小学	小	21
6	点	泸县九中	中	286
7	点	牛滩小学	小	62
8	点	牛滩幼儿园	幼	16
9	点	青龙中学	中	43
10	点	青龙小学	小	62
11	点	天兴中学	中	35
12	点	天兴小学	小	66
13	点	天兴幼儿园	幼	17
14	点	瓦子中学	中	33
15	点	瓦子小学	小	62
16	点	潮河幼儿园	幼	14
17	点	龙脑桥中学	中	35
18	点	龙脑桥小学	小	60
19	点	泸县六中	中	273

图 5-24　“学校”属性的输入

4.8　栅格地图数据入库

选择需要导入的数据库,单击鼠标右键,选择“导入栅格数据集”,选择要导入栅格图的路径即可完成扫描图片、遥感影像等栅格数据的入库,如图 5-25、图 5-26 所示。

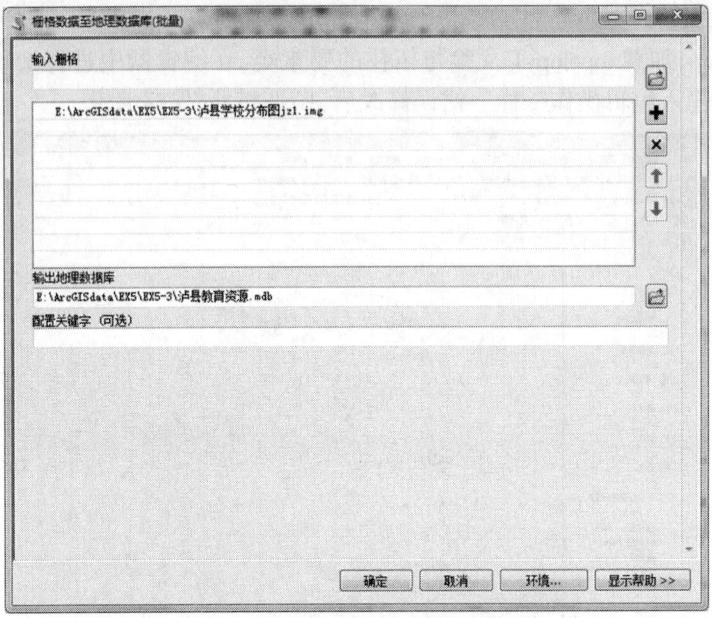

图 5-25　选择导入的栅格地图

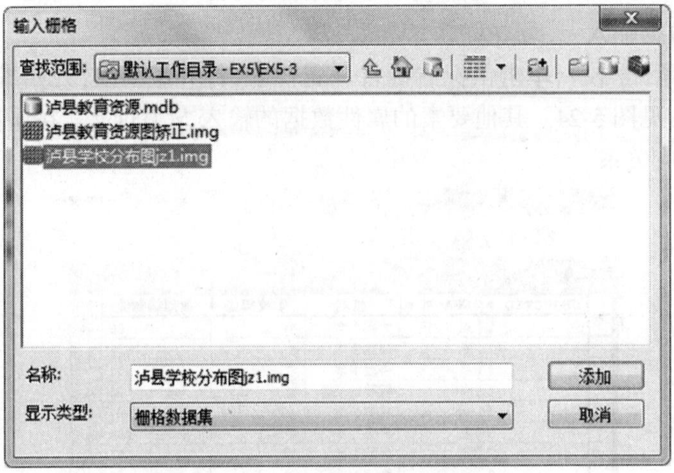

图 5-26　数据库中导入栅格地图

4.9　数据符号化显示与地图输出

按等级对“学校”图层进行符号化显示,点击“学校”图层属性,弹出“图层属性”对话框,在“符号系统”→“类别”选择“学校等级”字段,对“学校”进行符号化显示。用同样的方法对不同的图层设置不同的符号及样式,见图 5-27、图 5-28。

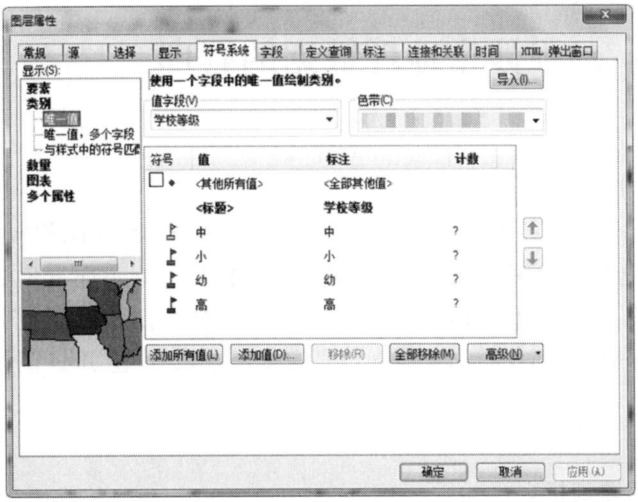

图 5-27 设置不同等级学校的符号

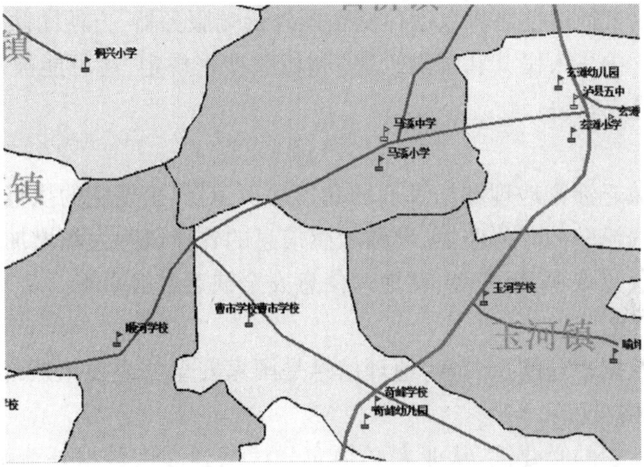

图 5-28 不同要素的显示

复习与思考题

1. 简述数据库、数据库管理系统、数据库系统的基本概念，说明三者之间的关系。
2. 什么是数据模型？数据模型分为哪三个层次，其关系如何？
3. 什么是 E-R 模型？E-R 模型的组成要素有哪些？
4. 简述关系模型的定义以及关系模型的优缺点。
5. 什么是空间数据库？空间数据库具有哪些特点？
6. 空间数据管理模式经历了哪些阶段？

思政案例:加强涉密地理数据的管理

1 案例背景

近年来,随着地理信息技术的快速发展,地理数据的采集、存储和应用变得日益广泛。然而,一些涉密地理数据由于管理不善、意识薄弱或操作不规范而发生泄露的事件屡见不鲜,严重威胁国家安全。例如,某地一家企业在未经授权的情况下将涉密地理数据上传至国外服务器,导致数据外泄,不仅给国家地理信息安全带来隐患,还引发了国际争议。

2 案例分析

2.1 事件经过及问题剖析

某企业在参与一项工程测绘时,获取了涉及军事基地位置的高精度地理数据。由于缺乏保密意识,该企业未经审批便将数据存储至国外云端服务器,方便团队成员远程访问。这一行为不仅违反了《中华人民共和国测绘法》和相关涉密规定,还可能被别有用心的第三方利用,对国家安全造成威胁。

调查发现:

(1)企业员工缺乏涉密地理数据管理的基本常识,对保密规定的执行不到位。

(2)缺乏对数据流转的严格监控,导致敏感信息的外泄风险大幅增加。

(3)企业管理层重效率、轻安全,对地理信息安全缺乏足够重视。

2.2 事件的警示意义

(1)涉密地理数据管理的重要性:地理信息是国家安全的重要组成部分,涉密地理数据的管理必须做到严格、规范。

(2)增强保密意识的必要性:从业者必须充分认识到涉密数据外泄可能带来的严重后果,并在工作中严格遵守保密规定。

(3)维护地理信息安全的紧迫性:技术的进步虽然便利了数据的采集与分享,但也增加了安全隐患。只有通过有效管理,才能最大限度地减少风险。

3 案例反思

3.1 培养严格遵守涉密规定的意识

涉密地理数据的管理是一项极其严肃的任务,任何疏忽都可能导致重大后果。我们应在学习中深刻理解国家相关法律法规的重要性,做到严格遵守涉密规定。

3.2 树立维护国家地理信息安全的责任感

国家地理信息安全不仅关乎个人职业道德,更关乎国家的长治久安。我们需树立强烈的责任感,自觉维护国家利益。

3.3 培养精益求精的工匠精神

地理数据管理的每一个环节都需要严谨的态度和高超的技能。我们应在学习中培养精益求精的精神,把控每一处细节,确保数据安全无误。

3.4 强化团队协作与互助精神

地理数据的安全管理往往涉及多个部门和团队的密切配合。我们应在实践中学习团队协作,养成互助友爱的工作习惯。

4 案例总结

涉密地理数据管理的重要性不容忽视,任何一个环节的疏忽都可能威胁国家安全。通过培养从业人员严格遵守涉密规定的意识,树立维护国家地理信息安全的责任感,弘扬精益求精的工匠精神,强化团队协作与互助精神,我们能够为测绘行业和国家地理信息安全输送高素质的人才。这不仅是对行业规范的遵循,更是新时代青年的责任与使命。

项目 6　空间查询与空间分析

项目 6　空间查询与空间分析

项目概述

空间分析是 GIS 的核心功能之一，它特有的对地理信息（特别是隐含信息）的提取、表现和传输功能，是 GIS 区别于一般信息系统的主要功能特征。

空间分析的最终目的是解决人们所涉及的地理空间的实际问题，提取和传输地理空间信息，特别是隐含信息，以辅助决策。

本项目由空间数据查询、缓冲区分析、叠置分析、DEM 分析、网络分析和泰森多边形分析 6 个任务组成。通过本项目的学习，为从事 GIS 数据分析岗位工作打下基础。

学习目标

知识目标

（1）理解并掌握空间数据查询的方式。

（2）理解并掌握缓冲区分析、叠置分析、数字高程模型分析、网络分析、泰森多边形分析的方法，并了解其用途。

技能目标

（1）能利用 GIS 软件进行空间数据查询，提取有用信息。

（2）能利用 GIS 软件进行简单的缓冲区分析、叠置分析、DEM 分析、网络分析和泰森多边形分析。

任务 1　空间数据查询

【任务描述】

在 GIS 中，为进行深层次分析，往往需要查询、定位空间对象，并用一些简单的量测值对地理分布或现象进行描述。本任务要求利用 ArcGIS 软件，完成相关的查询操作。

【相关知识】

空间数据查询是地理信息系统的一项重要功能，查询是用户与系统交流的途径，它可以向人们提供与地理空间、时间空间相关的空间数据，或者是与其关联的属性数据。目前大多数成熟的商品化 GIS 软件的查询功能都能完美地实现对空间实体的简单查找，如根据鼠标所指的空间位置,系统可查找出该位置的空间实体和空间范围(由若干个空间实体组成)以及它们的属性,并显示出该空间对象的属性列表,并可以进行有关统计分析。

1 空间数据查询的含义

空间数据查询是指给出查询条件,然后系统经过空间量算,或在空间数据库和与其相联系的属性数据库中快速检索,返回满足条件的内容。

查询是 GIS 用户最经常使用的功能,用户提出的很大一部分问题都可以通过查询的方式解决,查询的方法与查询的范围在很大程度上决定了 GIS 的应用程度和应用水平。

通过数据查询可以定位空间对象,提取对象信息,为地理信息系统的高层次空间分析奠定基础。

GIS 查询可以根据图形查询属性和根据属性条件查询相应的图形。GIS 数据查询包含了图形和属性的双向查询以及基于时间要素的图形、属性联合查询。

2 空间数据查询的方式

2.1 空间关系查询

空间关系查询包括空间拓扑关系查询和缓冲区查询。空间关系的查询有一些是通过拓扑数据结构直接查询得到的,有些是通过空间运算,特别是空间位置的关系运算得到的。

空间实体间存在着多种空间关系,包括拓扑、顺序、距离、方位等关系。通过空间关系查询和定位空间实体是 GIS 不同于一般数据库系统的功能之一。如用户希望查询出满足如下条件的旅游景点:

(1)在郑州三环以外。

(2)距离三环线不超过 10 km。

(3)景点选择区域是特定的多边形。

整个查询过程涉及空间顺序方位关系:在郑州三环以外,距离三环线不超过 10 km;空间拓扑关系:特定的选择区域之内。

GIS 中简单的点、线、面相互关系的查询包括:

(1)面面查询。如与某个多边形相邻的多边形有哪些(与河南省相邻的省市有哪些)。

(2)面线查询。如某个多边形的边界有哪些线(密云水库的边界)。

(3)面点查询。如某个多边形内有哪些点状地物(北京地区有哪些旅游景点)。

(4)线面查询。如某条线经过(穿过)的多边形有哪些,某条链的左、右多边形是哪些(京广铁路穿过哪些省、市)。

(5)线线查询。如与某条河流相连的支流有哪些,某条道路跨过哪些河流。

(6)线点查询。如某条道路上有哪些桥梁,某条输电线上有哪些变电站。

(7)点面查询。如某个点落在哪个多边形内(泰山位于哪个省内)。

(8)点线查询。如某个结点由哪些线相交而成(经过郑州的铁路线)。

2.1.1 邻接查询

多边形邻接查询,如查询与面状地物 A 相邻的所有多边形。

该问题可用拓扑查询执行:

第一步,从多边形与弧段关联的表中,检索出该多边形关联的所有弧段。

第二步,从弧段关联的左右多边形的表中,检索出这些弧段所关联的多边形,即为与 A 相邻的多边形,如图 6-1 所示。

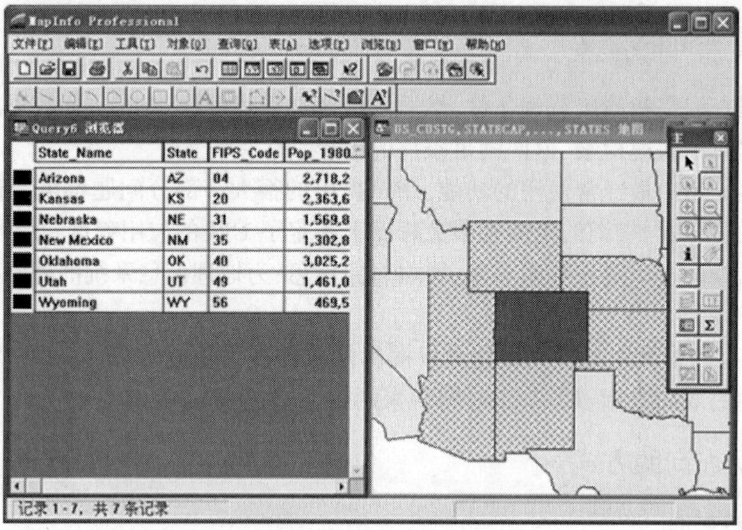

图 6-1　与面块相邻的多边形

第二类邻接查询是线与线的邻接查询,例如查询所有与主河流 A 关联的支流。这一问题也可通过拓扑关系表查询得以完成。

第一步,从线状地物表中查找出组成线状地物 A 的所有弧段及关联的结点。

第二步,从结点表中查找出与这些结点相关联的弧段(线状目标)即为与 A 关联的支流,如图 6-2 所示。

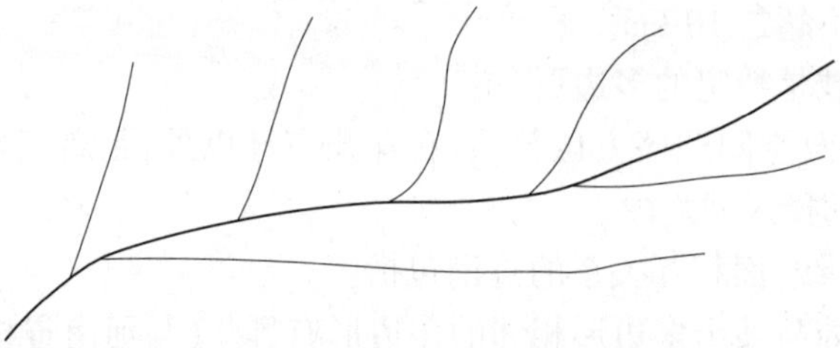

图 6-2　与主河流 A 邻接的支流

邻接关系查询还可能涉及一个结点关联的线状目标和面状目标等。

2.1.2　包含关系查询

查询某一个面状地物所包含某一类的空间对象。被包含的空间对象可能是点状地物、线状地物或面状地物。它实际上与前面所述的按多边形的定位查询相似。这种查询使用空间运算执行。

2.1.3　穿越查询

往往需要查询某一公路或某一河流穿越了哪些县、哪些乡,完成这一操作,即可使用穿越查询。

穿越查询一般采用空间运算方法执行。根据一个线状目标的空间坐标,计算出哪些面状地物或线状地物与它相交。如图 6-3 所示检索出铁路所经过的州。

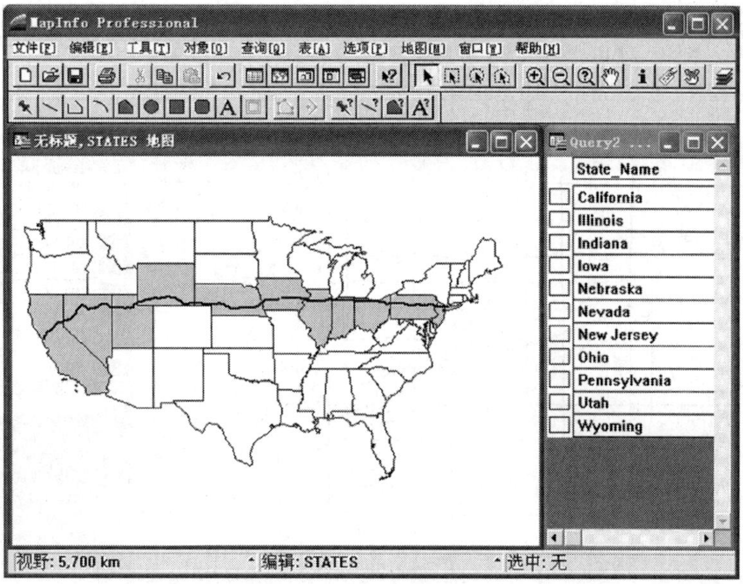

图6-3 铁路所经过的州

2.1.4 落入查询

有时我们需要了解一个空间对象落在哪个空间对象之内。例如,查询一个一等测量钢标落在哪个乡镇的地域内,以便找到相应行政机关给予保护。执行这一操作采用空间运算即可,即使用点在多边形内、线在多边形内或面在多边形内的判别方法。

2.1.5 缓冲区查询

缓冲区查询与后面所述的缓冲区分析有一点差别,缓冲区查询不对原有图形进行切割,只是根据用户需要给定一个点缓冲、线缓冲或面缓冲的距离,从而形成一个缓冲区多边形,再根据前面所述的多边形检索的原理,检索出该缓冲区多边形内的空间地物。如图6-4所示为检索的道路沿线100 m范围内的邮局。

2.2 SQL 查询

上面是根据空间图形查询空间关系及相应的属性,下面将介绍如何根据属性查找图形。

2.2.1 查找

查找(find)是最简单的由属性查询图形的操作,它不需要构造复杂的SQL命令,仅需选择一个属性表,给定一个属性值,找出对应的属性记录和空间图形。这一步操作是先执行数据库查询语言,找到满足条件的数据库记录,得到它的目标标识,再通过目标标识在图形数据文件中找到对应的空间对象。查找的另外一种方式是:当屏幕上已显示一个属性表时,用户根据属性表的记录内容,用鼠标在表中任意点取某一个或某几个记录,图形界面即特殊显示(如闪烁或特殊颜色)被选取的空间对象,如图6-5所示。

2.2.2 SQL 查询

GIS软件通常支持标准的SQL查询语言。“SQL”是英文 Structured Query Language(结构化查询语言)的缩写。SQL常被读为“Sequel”,也可以读为“S. Q. L”。SQL是用于对存放在计算机数据库中的数据进行组织、管理和检索的工具。实际上,SQL是用于特定类型的数据库——关系数据库的高级语言,并随着关系数据库模型而得到普及。标准SQL查询语言

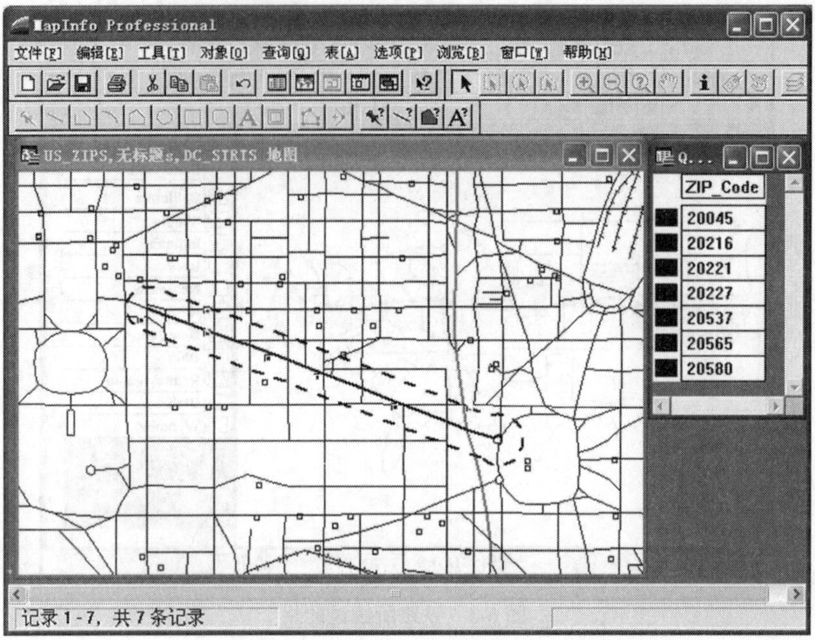

图 6-4　道路沿线 100 m 范围内的邮局

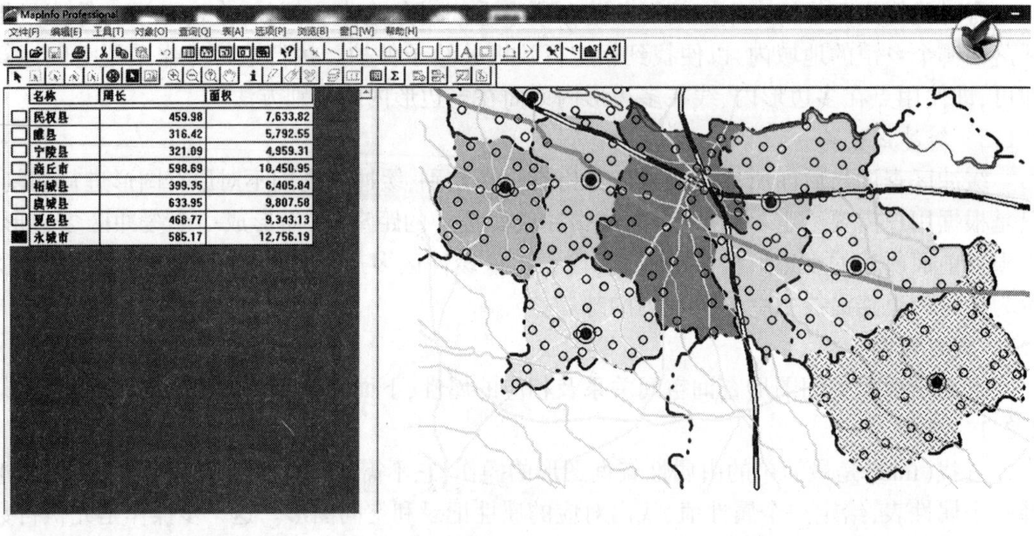

图 6-5　从属性表中查找空间对象

主要包括：

Select	指定需要显示的属性项
From	指定属性表
Where	指定条件(可以加逻辑判断 OR、And、Not 等)
Order by	指定排序的属性项
Group by	指定分组的属性项

进一步复杂的查询还可以进行嵌套。即 Where 的条件中可以进一步嵌套 Select 语句。

但是,一般的 GIS 软件都设计了比较好的用户界面,交互选择和输入上面 Select 语句有关的内容,代替键入完整的 Select 语句。例如图 6-6 所示的是 MapInfo 采用的 SQL 语句的输入对话框。

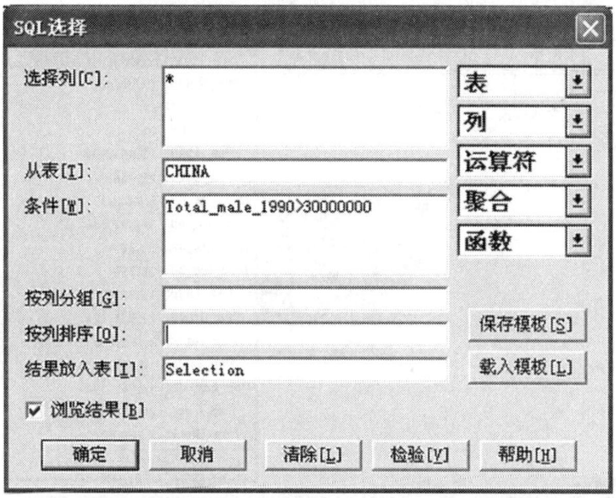

图 6-6　MapInfo 中的“SQL 选择”对话框

在输入 Select 语句有关的内容和条件以后,系统转化为标准的关系数据库 SQL 查询语言,由数据库管理系统执行(ODBC)或由某种计算机语言执行,查询得到满足条件的空间对象。得到一组空间对象的标识以后,在图形文件中找到并选中被查询的空间地物。图 6-7 查询到的是我国 1990 年男性人口大于 3 000 万的省市。

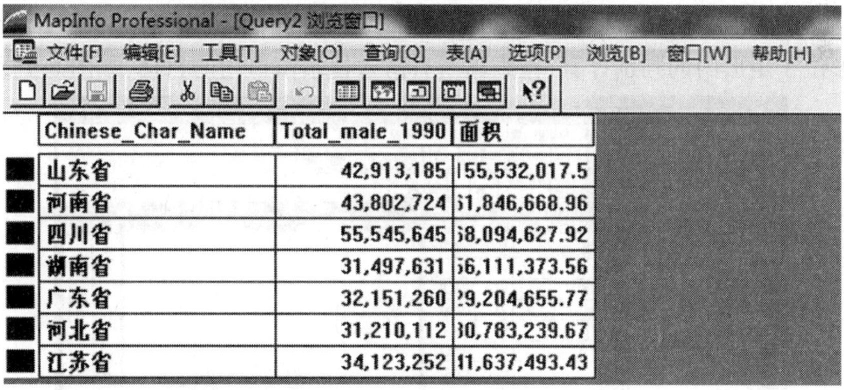

图 6-7　SQL 查询的结果

2.3　几何参数查询

一般的 GIS 软件都提供了查询空间对象的几何参数的功能,包括点的位置坐标、两点间的距离、一个或一段线目标的长度、一个面状目标的周长或面积等。

2.4　空间定位查询

空间定位查询是指给定一个点或一个几何图形,检索出该图形范围内的空间对象以及相应的属性。

2.4.1 按点查询

给定一个鼠标点位,检索出离它最近的空间对象,并显示它的属性,回答它是什么,它的属性是什么。如图 6-8 所示是 MapInfo 按点查询的信息显示。

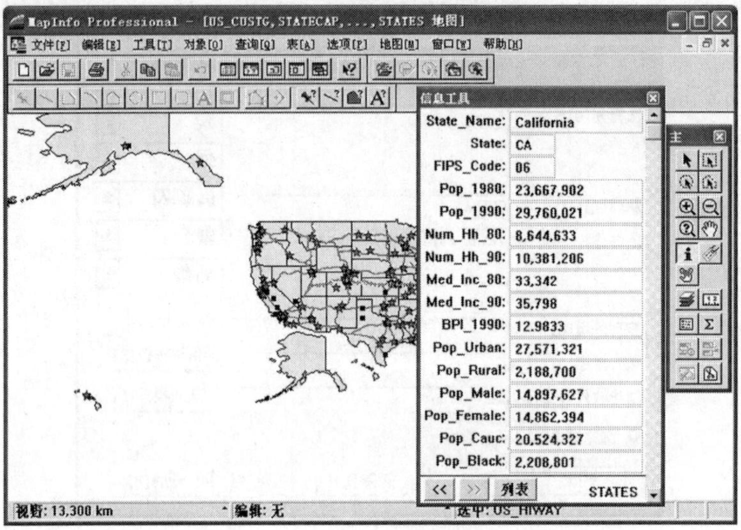

图 6-8 MapInfo 按点查询的信息显示

2.4.2 按矩形查询

给定一个矩形窗口,查询出该窗口内某一类地物的所有对象。如果需要,显示出每个对象的属性表。在这种查询中往往需要考虑检索是包含在该窗口内的地物,还是只要该窗口涉及的地物,无论是被包含的还是穿过的都被检索出来。这种检索过程异常复杂,它首先需要根据空间索引,检索到哪些空间对象可能位于该窗口内,然后根据点在矩形内、线在矩形内、多边形位于矩形内的判别计算,检索出所有落入检索窗口内的目标,如图 6-9 所示。

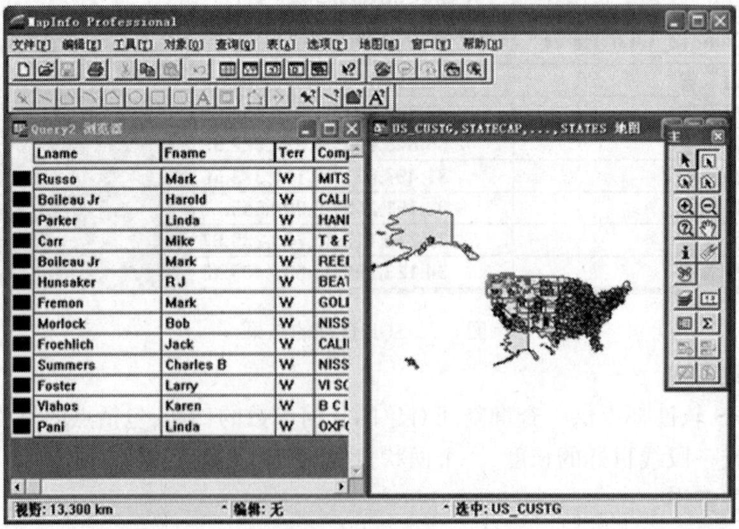

图 6-9 矩形查询

2.4.3 按圆查询

给定一个圆或椭圆,检索出该个圆或椭圆范围内的某个类或某一层的空间对象,其实现方法与按矩形查询类似。

2.4.4　按多边形查询

用鼠标给定一个多边形，或者在图上选定一个多边形对象，检索出位于该多边形内的某一类或某一层的空间地物，这一操作的工作原理与按矩形查询相似，但是它比前者要复杂得多，它涉及点在多边形内、线在多边形内、多边形在多边形内的判别计算，这一操作也非常有用，用户经常需要查询某一面状地物，特别是行政区所涉及的某类地物，例如查询通过湖北省的主要公路。

3　查询结果的显示方式

空间数据查询不仅能给出查询到的数据，还应以最有效的方式将空间数据显示给用户。对于查询到的地理现象的属性数据，能以表格、统计图表的形式显示，或根据用户的要求来确定。空间数据的最佳表示方式是地图，因而空间数据查询的结果最好以专题地图的形式表示出来。

【任务实施】

GIS 的一个主要特色就是能够根据图形查询到属性和根据属性条件查询到相应的图形。ArcMap 中比较常用的查询方法集中在“选择”菜单以及工具条的识别工具。优先在“选择”→“选择选项”中按查询需求进行设置，包括 3 种选项方式：“选择部分或完全位于方框或图形范围内的要素”“选择完全位于方框或图形范围内的要素”“选择完全包含方框或图形的要素”，选择方式不同，选择结果是完全不同的。如图 6-10 所示。

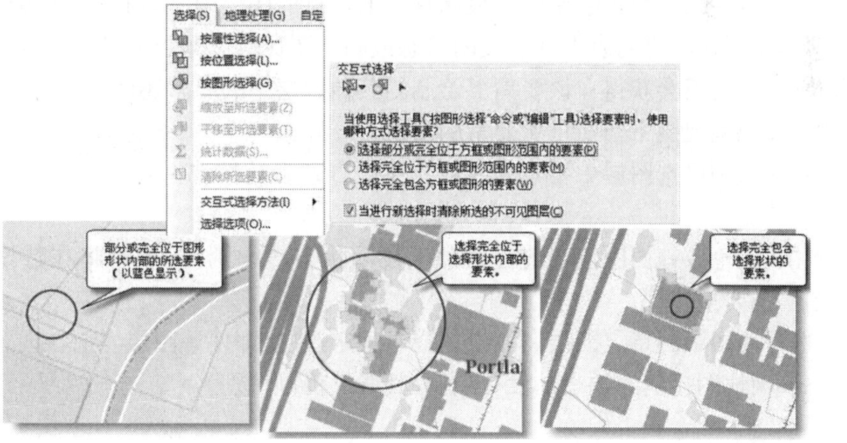

图 6-10　选择

1　识别要素

查找(find)是最简单的由属性查询图形的操作，它不需要构造复杂的 SQL 命令，仅需选择一个属性表，给定一个属性值。找出对应的属性记录和空间图形。这一步操作是先执行数据库查询语言，找到满足条件的数据库记录，得到它的目标标识，再通过目标标识在图形数据文件中找到对应的空间对象。查找的另外一种方式是：当屏幕上已显示一个属性表时，用户根据属性表的记录内容，用鼠标在表中任意点取某一个或某几个记录，图形界面即特殊显示(如闪烁或特殊颜色)被选取的空间对象。

在基础工具条上,单击识别工具,单击数据框中的某个位置以识别该位置处的要素,属性显示在识别窗口中。或者也可通过框选来识别一组要素。如图 6-11 所示。

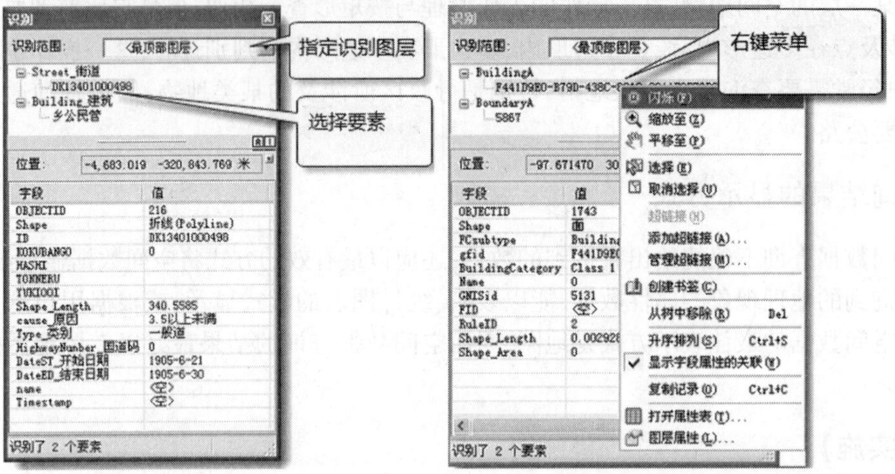

图 6-11　识别窗口

可使用右键单击要素以闪烁、缩放至、平移至该要素,或执行创建书签、打开属性表、查看图层属性等操作。

在使用识别工具时,默认情况下,它会识别地图中的最顶部图层。使用位于识别窗口顶部的识别范围列表,可选择要识别的特定图层。

最顶部图层:在内容列表绘制顺序最高且当前可见的图层中,识别一个或多个要素的属性。此选项不识别在内容列表中处于关闭状态或因地图比例问题当前没有绘制的图层中的要素。在此设置下,不会获得在该要素下绘制的其他图层中的要素属性。

可见图层:识别地图中当前可见要素的属性。

可选图层:识别可选图层中要素的属性。在内容列表的按选择列出视图中管理可选图层列表。

所有图层:无论各地图图层当前是否处于显示状态,"识别"工具都将在数据框中显示所有地图图层的要素属性。

图层:选择地图中的特定图层。如果选择了特定图层,即使该图层当前在内容列表中处于关闭状态或因地图比例问题当前没有绘制,其属性仍可识别。

2　按属性选择

按属性选择属于一种 SQL 选择。

一般的 GIS 软件都设计了比较好的用户界面,交互选择和输入与 Select 语句有关的内容,代替键入完整的 Select 语句。

在输入与 Select 语句有关的内容和条件以后,系统转化为标准的关系数据库 SQL 查询语言,由数据库管理系统执行(ODBC)或由某种计算机语言执行,查询得到满足条件的空间对象。得到一组空间对象的标识以后,在图形文件中找到并选中被查询的空间地物。

例如,在面要素中选择名称为"旱地"的要素,打开"选择"→"按属性选择"对话框,在图层中选择面要素,表达式中依次双击“名称”→单击“ = ”→单击“获取唯一值”→双击“旱地”,得到“[名称] ='旱地'”的表达式,点击“确定”即得到选择结果。如图 6-12 所示。

图 6-12　按属性选择

3　按位置选择

利用按位置选择工具,可以根据要素相对于另一图层要素的位置来进行选择,通过“选择”→“按位置选择”打开对话框。以项目 2 的地形数据示例:选择距田埂 10 m 范围内的高程点。

在目标图层中选择“高程点”,在源图层中选择“田埂”,在空间选择方法中选择“与源图层要素相交”,在应用搜索距离中输入 10,单位选择“米”,点击“确定”,即可选择距田埂 10 m 范围内的高程点。如图 6-13 所示。

图 6-13　按位置选择

目标图层是从中选择要素的图层,而源图层是确定与目标图层空间关系的图层。

空间选择方法有多种,应根据需求不同选择正确的方法,以下为一些选择方法。如图 6-14~图 6-17 所示。

相交:返回与源要素完全或部分重叠的要素,见图 6-14。

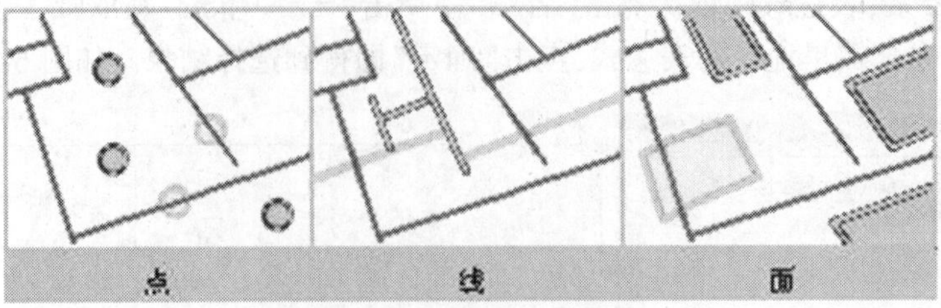

图 6-14　选择相交的要素

返回某一距离内的要素：使用源要素周围的缓冲距离创建缓冲区，并且返回所有与缓冲区域相交的要素，见图 6-15。

图 6-15　选择缓冲区相交的要素

包含：源要素的几何图形（包括其边界）必须落在目标要素的几何图形之内，见图 6-16。

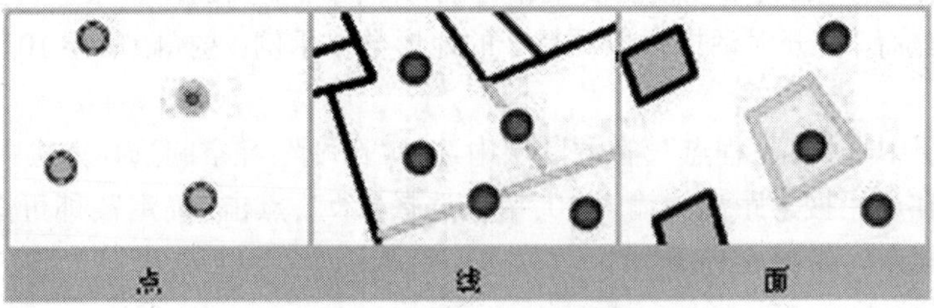

图 6-16　选择包含的要素

与其他要素共线：如果源要素与目标要素的几何有至少两个共用的连续折点，那么它们将被认为共线，见图 6-17。

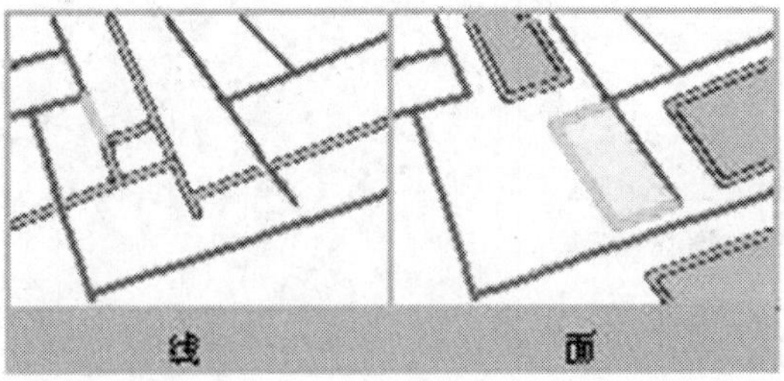

图 6-17　选择共线的要素

4　按图形选择

利用按图形选择命令，可以（从所有可选的图层中）选择与选中的图形元素相交的要素，需要打开绘图工具条，绘制点、线、面元素。可以使用选择元素工具选择、编辑图形。

注意：ArcGIS 中的要素和元素是不同的概念，要素具有几何和属性、空间参考等，元素指在地图文档中显现的几何图形、文本、符号等。因此，编辑工具、选择要素工具只能选择要素而不能选择元素，选择元素工具只能选择元素而不能选择要素。

绘制图形后，点击“选择”→“按图形选择”，即得到与图形相交的要素，如图 6-18 所示。

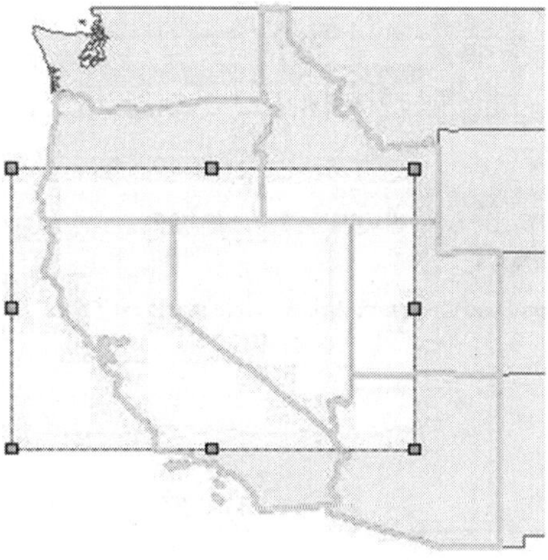

图 6-18　矩形选择工具

5　使用所选要素

通过不同方法选择的要素，根据需求可进行缩放、导出、统计、在表中查看等操作。

在主菜单上单击“选择”可以查看用于操作所选要素的各种命令，如图 6-19 所示。

图 6-19　选择菜单栏

通过右键单击内容列表中的图层名称，然后单击“数据”→“导出数据”，可将所选要素导出为一个新的数据集。在随即弹出的“导出数据”对话框上，可以选择导出完整的数据源，也可以选择仅导出所选要素，如图 6-20 所示。

在地图中选择要素的同时，其对应的记录行也会在表视图和图表中高亮显示，如图 6-21 所示。

6　数据统计

在 ArcGIS 中创建图表以对数据进行可视化和发掘，可借助图表以直观易懂的方式呈现地图要素的相关信息以及它们之间的关系，也可以为非空间表格数据创建图表，并且可以通过图表显示地图中要素的附加信息，或以另一种不同的方式显示这些信息。图表与地图是相辅相成的，因为图表简单、直观地传达了通常以数字形式汇总或从表格中发掘的信息。通过图表可以快速轻松地比较各要素，从而深入了解各要素之间的功能关系，由此以可视化方法显示其他方式难以呈现的数据分布、趋势和模式。

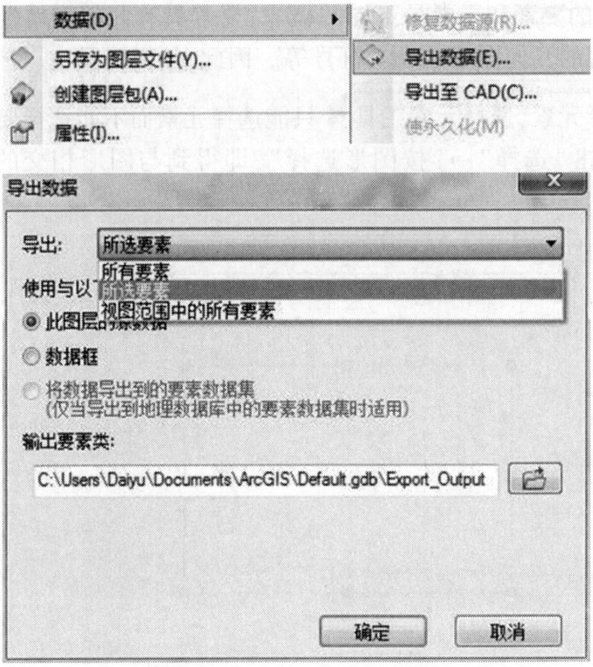

图 6-20　将所选要素导出

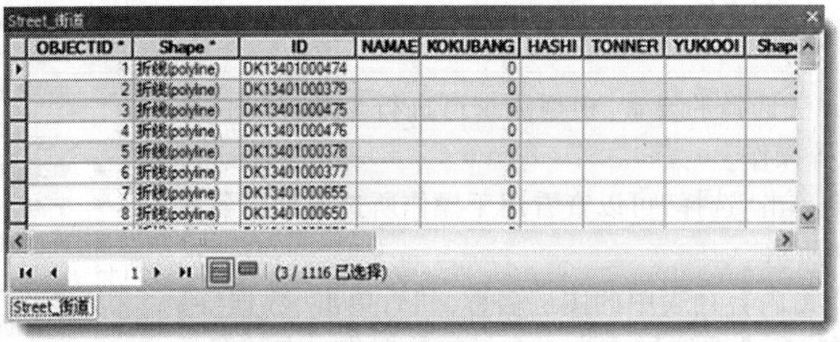

图 6-21　选择要素在属性表中的显示方式

典型图表在笛卡儿网格上绘制,其刻度显示在两条互相垂直的轴(X 轴和 Y 轴)上。通常,自变量在水平轴(X 轴)上表示,因变量在垂直轴(Y 轴)上表示。两个互相垂直的轴在原点相交,并且以数据值表示的数量单位进行校准。图表上显示的每个数据点都由数据源中两个(或多个)字段值的交点来定义。

创建图表后,便可以将图表添加到地图并进行打印,也可以将图表以图片格式导出。

在菜单栏中选择“视图”→“图表”→“创建图表”,打开创建图表的对话框,以此进行设置得到所需的图表,如图 6-22 所示。

在创建的图表上点击鼠标右键,可以通过“高级属性”或“属性”进行修改,通过“保存”或“导出”保存为图表文件或图片。

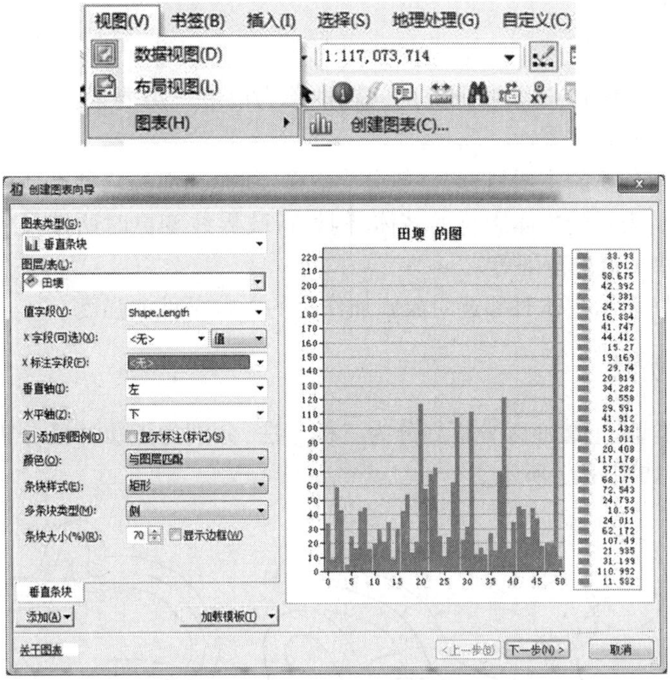

图 6-22　数据统计功能

任务 2　缓冲区分析

【任务描述】

缓冲区分析是用来确定不同地理要素的空间临近性或接近程度的一种分析方法。缓冲区分析属于邻域分析的一种，是为了识别某一地理实体对周围地物的影响而在其周围建立的一定宽度的多边形区域。

例如，某地区有危险品仓库，要分析一旦仓库爆炸所涉及的范围，这就需要进行点缓冲区分析；如果要分析因道路拓宽而需拆除的建筑物和需搬迁的居民，则需进行线缓冲区分析；而在对野生动物栖息地的评价中，动物的活动区域往往是在距它们生存所需的水源或栖息地一定距离的范围内，为此可用面缓冲区进行分析等。本次任务要求利用 ArcGIS 平台完成简单的缓冲区分析。

【相关知识】

1　缓冲区分析的基本概念

所谓缓冲区，就是地理空间目标的一种影响范围或服务范围，通常根据实体的类别来确定这个范围，以便为某项分析或决策提供依据。

缓冲区分析是指根据分析对象的点、线、面实体，自动建立它们周围一定距离的带状区，用以识别这些实体对邻近对象的辐射范围或影响度，以便为某项分析或决策提供依据。

2　缓冲区的组成要素

在进行缓冲区分析时,通常将研究的问题抽象为以下三类要素:主体、邻近对象和作用条件。

(1)主体:表示分析的主要目标,一般分为点源、线源和面源三种类型。

(2)邻近对象:表示受主体影响的客体,例如行政界线变更时所涉及的居民区、森林遭砍伐时所影响的水土流失范围等。

(3)作用条件:表示主体对邻近对象施加作用的影响条件或强度。

3　缓冲区分析方法

根据主体的类型,把缓冲区分析划分为三种方法,分别为点缓冲区分析、线缓冲区分析和面缓冲区分析,如图 6-23 所示。

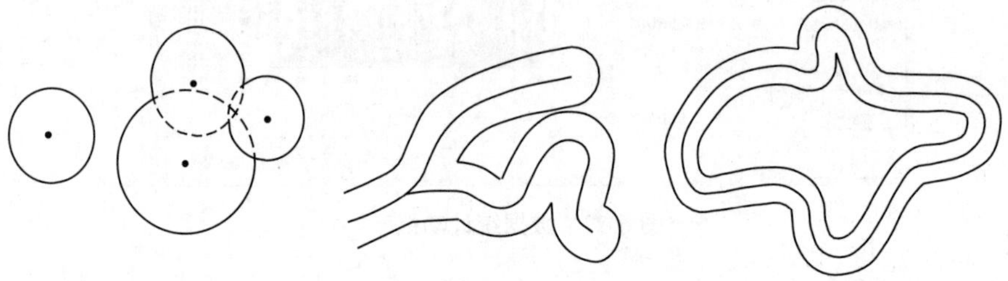

(a)点的缓冲　(b)线的缓冲　(c)面的缓冲

图 6-23　缓冲区示意图

3.1　点缓冲区分析

点缓冲区是选择单个点、一组点、一类点状要素或一层点状要素,按照给定的缓冲条件建立缓冲区,如图 6-23 所示。不同的缓冲条件下,单个或多个点状要素建立的缓冲区不同。

点缓冲区分析方法的应用是非常广泛的,例如要调查某地区现有的小学能否满足社区需求,可运用点缓冲区分析方法确定各小学的服务范围,分析它们的重叠离散程度。若重叠太大,则说明小学分布可能不合理;若离散太大,则需在服务空白区新建小学。

3.2　线缓冲区分析

线缓冲区是选择一类或一组线状要素,按照给定的缓冲条件建立缓冲区结果。

线缓冲区分析方法主要应用于线状地物如道路和河流对周围影响的分析。例如,为了防止水土流失,河流两侧一定范围内的森林禁止砍伐,这个范围的确定可运用线缓冲区分析。

3.3　面缓冲区分析

面缓冲区是选择一类或一组面状要素,按照给定的缓冲条件建立缓冲区。面缓冲区由于自身缓冲区建立的原因,存在内缓冲区和外缓冲区之分。外缓冲区是仅仅在面状地物的外围形成缓冲区,内缓冲区则在面状地物的内侧形成缓冲区,同时也可以在面状地物的边界两侧形成缓冲区。

4　缓冲区的建立

在这里,缓冲区的概念与计算机技术中的缓冲区概念无关,而是指在点、线、面实体的周围自动建立的一定宽度的多边形。

点的缓冲区建立时，只需要给定半径绘圆即可。面的缓冲区只朝一个方向，而线的缓冲区需在线的左右配置。下面简要介绍线缓冲区的建立思路。

在建立线缓冲区的时候，只需在线的两边按一定的距离绘平行线，并在线的端点处绘半圆，就可连成线的缓冲区。对一条线所建的缓冲区有可能重叠，如图 6-24 所示。这时需把重叠的部分去除。基本思路是：对缓冲区边界求交，并判断每个交点是出点还是入点，以决定交点之间的线段保留或删除。这样就可得到岛状的缓冲区。

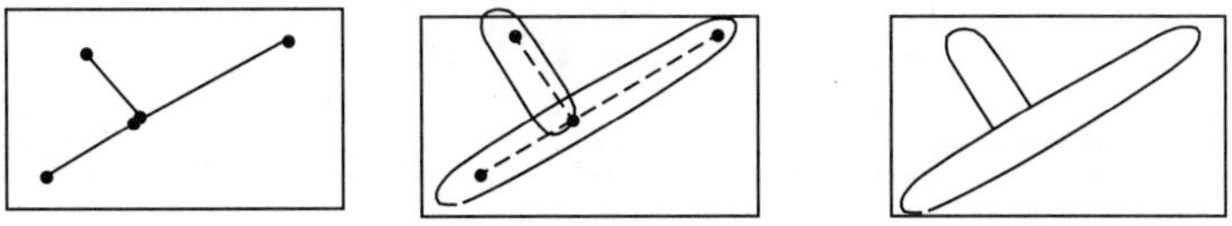

(a)输入图层　(b)进行缓冲区操作　(c)缓冲区操作的结果

图 6-24　线缓冲区的建立过程

在对多条线建立缓冲区时，可能会出现缓冲区之间的重叠。这时需把缓冲区内部的线段删除，以合并成连通的缓冲区。

在建立缓冲区时，缓冲区的宽度并不一定是相同的，可以根据要素的不同属性特征，规定不同的缓冲区宽度，以形成可变宽度的缓冲区。例如，沿河流绘出的环境敏感区的宽度应根据河流的类型而定。这样就可根据河流属性表，确定不同类型的河流所对应的缓冲区宽度，以产生所需的缓冲区，如图 6-25 所示。

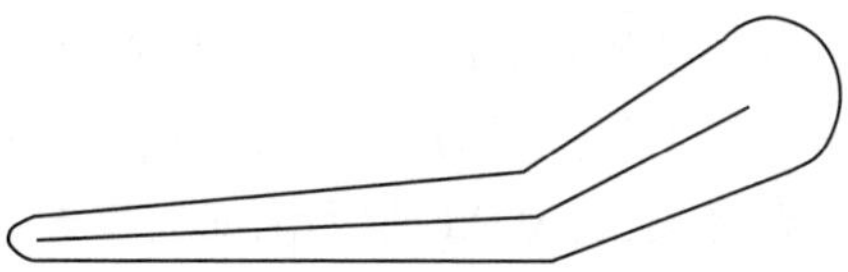

图 6-25　变距缓冲区

【任务实施】

本次任务是认识 ArcGIS 中的缓冲区分析及操作。

建立缓冲区可以通过 ArcToolbox→“分析工具”→“邻域分析”→“缓冲区”实现，或菜单栏“地理处理”→“缓冲区”实现，如图 6-26 所示。

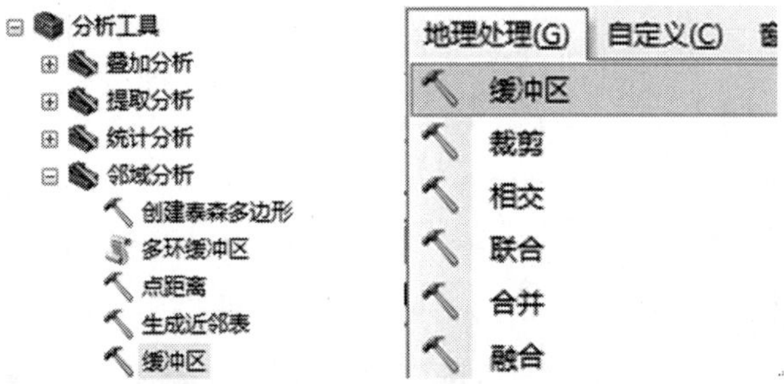

图 6-26　缓冲区分析功能

或通过“自定义”→“自定义模式”→“命令”,将工具类别中的缓冲向导拖动到工具条中,点击缓冲向导实现缓冲区的创建,如图 6-27 所示。

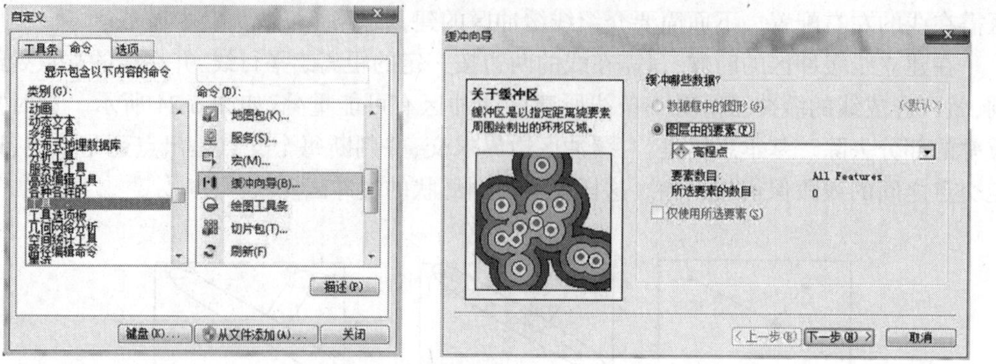

图 6-27　**自定义缓冲区功能**

在缓冲区工具中,输入要素选择需要建立缓冲区的要素,输出要素选择存储的位置和名称,距离中输入缓冲距离。

侧类型:点要素不需要选择侧类型,线要素的侧类型包括两侧(FULL)、左侧(LEFT)、右侧(RIGHT),面要素的侧类型还包括仅外侧(OUTSIDE_ONLY),指仅在输入面的外部生成缓冲区。

末端类型:仅针对线要素,ROUND 指缓冲区的末端为圆形,即半圆形;FLAT 指缓冲区的末端很平整或者为方形,并且在输入线要素的端点处终止。

融合类型:NONE 指无论如何重叠,均保持每个要素的独立缓冲区;ALL 指将所有缓冲区融合为单个要素,从而移除所有重叠;LIST 指融合共享所列字段(传递自输入要素)属性值的所有缓冲区。如图 6-28 所示。

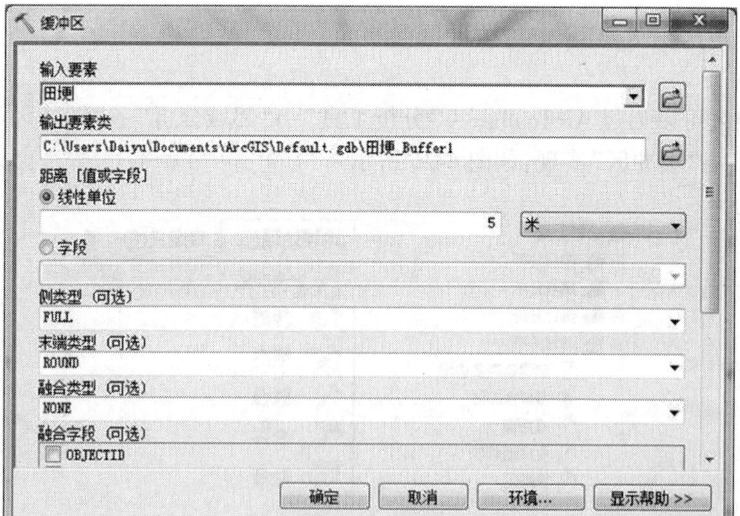

图 6-28　**缓冲区设置**

任务3　叠置分析

【任务描述】

叠置分析是GIS的一项非常重要的空间分析功能。例如:我们经常需要了解一个乡的森林覆盖面积、一个县的公路里程、一个地区的河流密度等。要得到这些结果,不能仅靠空间查询,而需要将空间目标进行切割,必要时,重建拓扑关系,以至确切地统计出乡的森林覆盖面积、县的公路里程、地区的河流密度等属性值。本次任务要求利用ArcGIS平台,结合缓冲区分析,完成叠置分析。

【相关知识】

1　叠置分析概念

叠置分析是指在统一空间参照系统条件下,每次将同一地区两个地理对象的图层进行叠合,以产生空间区域的多重属性特征,或建立地理对象之间的空间对应关系。叠置分析是地理信息系统最常用的提取空间隐含信息的手段之一。

空间叠置至少涉及两个图层,其中至少有一个图层是多边形图层,称基本图层,另一图层可能是点、线或多边形。空间叠置分析往往涉及逻辑交、逻辑并。

2　视觉信息复合

视觉信息复合是将不同专题的内容叠加显示在结果图件上,以便系统为使用者判断不同专题地理实体的相互空间关系,获得更为丰富的信息。地理信息系统中视觉信息复合包括以下几类:

(1)面状图、线状图和点状图之间的复合。

(2)面状图区域边界之间或一个面状图与其他专题区域边界之间的复合。

(3)遥感影像与专题地图的复合。

(4)专题地图与数字高程模型复合显示立体专题图。

(5)遥感影像与DEM复合生成真三维地物景观。

注意:视觉信息复合只是实现视觉的叠置,参加复合的平面之间没发生任何逻辑关系,仍保留原来的数据结构。

3　矢量数据叠置分析

3.1　点与多边形的叠置

点与多边形的叠置是确定一幅图(或数据层)上的点落在另一幅图(或数据层)的哪个多边形中,这样就可给相应的点增加新的属性内容,如图6-29所示。例如,一幅图表示水井的位置,另一幅图表示城市功能分区。两幅图叠置后可得出每个城市功能区(如居住区)有多少水井,也可以知道每口水井是位于城市的什么功能区。

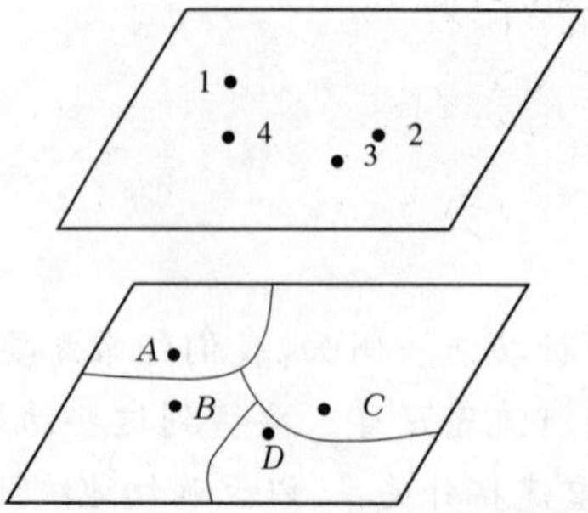

Point	V1	V2	V3	Poly	V6
1				*A*	
2				C	
3				*D*	
4				*B*	

图 6-29　点与多边形的叠置

点与多边形叠置的算法就是判断点是否在多边形内，可用垂线法或转角法实现。

3.2　线与多边形的叠置

线与多边形的叠置与上述类似，是把一幅图（或一个数据层）中的多边形的特征加到另一幅图（或另一个数据层）的线上。

同样，线与多边形的叠加首先要比较线坐标与多边形坐标的关系，判断哪一条线落在哪一个或哪些多边形内，由于一条线常常跨越多个多边形，因此必须首先计算线与多边形的交点，将原线分割为两个或两个以上落入不同多边形的新弧段。然后重建线的属性表，表中既包含每条新弧段原来所属的线的所有属性，也包含新添加的、它所落入的多边形标识序号，以及该多边形的某些附加属性。例如，河流网络与乡镇区划图进行叠置分析，这样河流网络图层中的各个河流的线属性表将不仅包含原河流的信息，还含有该河流所在行政区的标号和其他信息，可以依此得到任意省市内的河流分布密度和长度等。

例如，道路图与政区图叠置，可得到每个政区中各种等级道路的里程。线与多边形叠置的算法实际就是线的多边形裁剪算法。如图 6-30 所示。

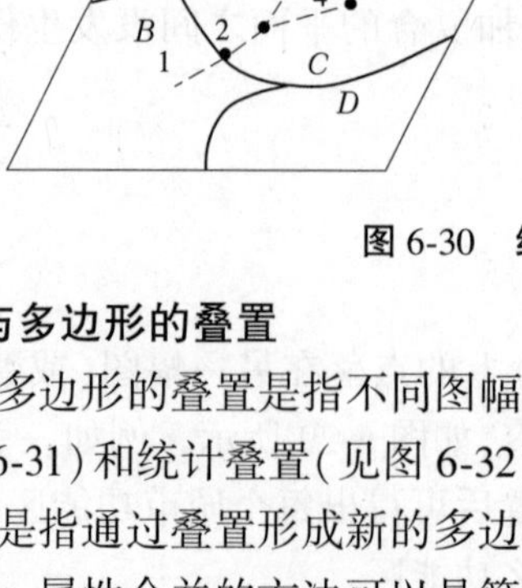

Line ID	Old LOID	Poly
1	1	*B*
2	1	*C*
3	2	*C*
4	3	*C*

图 6-30　线与多边形的叠置

3.3　多边形与多边形的叠置

多边形与多边形的叠置是指不同图幅或不同图层多边形要素之间的叠置，通常分为合成叠置（见图 6-31）和统计叠置（见图 6-32）。

合成叠置是指通过叠置形成新的多边形，使新多边形具有多重属性，即需进行不同多边形的属性合并。属性合并的方法可以是简单的加、减、乘、除，也可以取平均值、最大最小值，

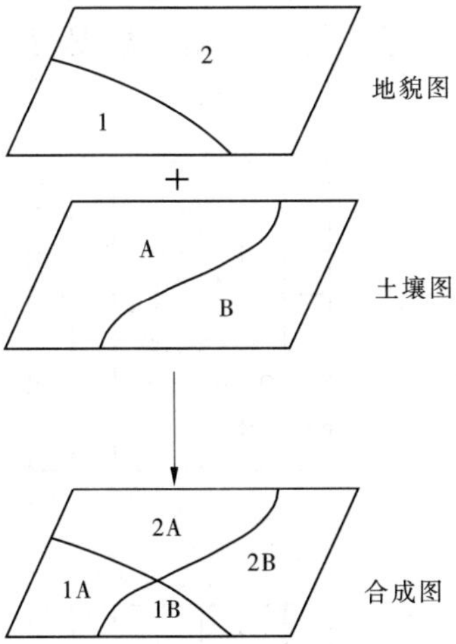

图 6-31　合成叠置

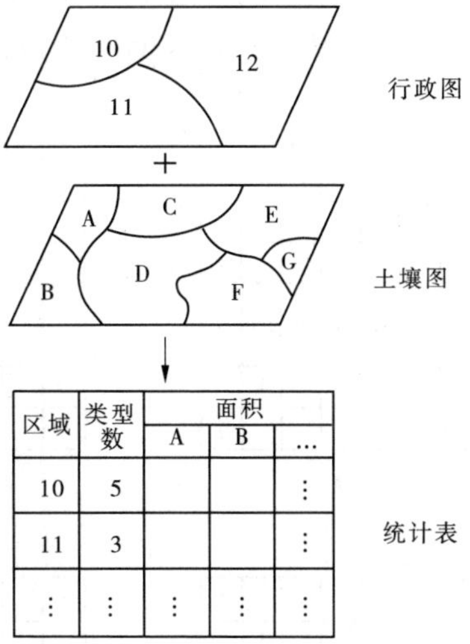

图 6-32　统计叠置

或取逻辑运算的结果等。

统计叠置是指确定一个多边形中含有其他多边形的属性类型的面积等，即把其他图上的多边形的属性信息提取到本多边形中来。

例如，土壤类型图与城市功能分区图叠置，可得出商业区中具有不稳定土壤结构的地区有哪些。

4　栅格数据的叠置分析

4.1　逻辑判断复合法

设有 A、B、C 三个层面的栅格数据系统，一般可以用布尔逻辑算子以及运算结果的文氏图(见图 6-33)表示其一般的运算思路和关系。

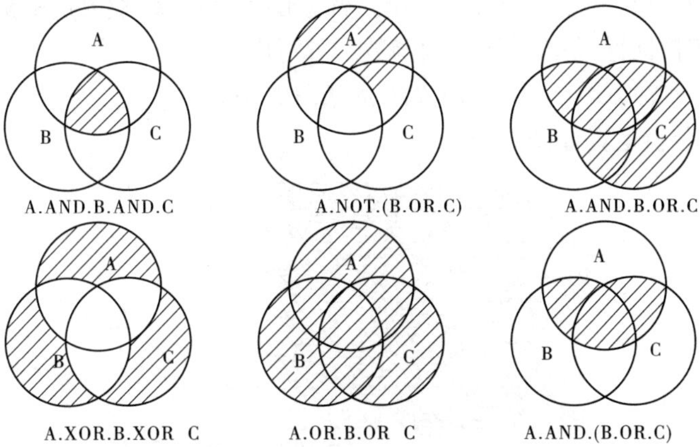

图 6-33　布尔逻辑算子文氏图

4.2　数学运算复合法

数学运算复合法是指不同层面的栅格数据逐网格按一定的数学法则进行运算，从而得到新的栅格数据系统的方法。其主要类型有以下几种：

(1)算术运算,指两层以上的对应网格值经加、减运算,而得到新的栅格数据系统的方法。这种复合分析法具有很大的应用范围。图 6-34 给出了该方法在栅格数据编辑中的应用例证。

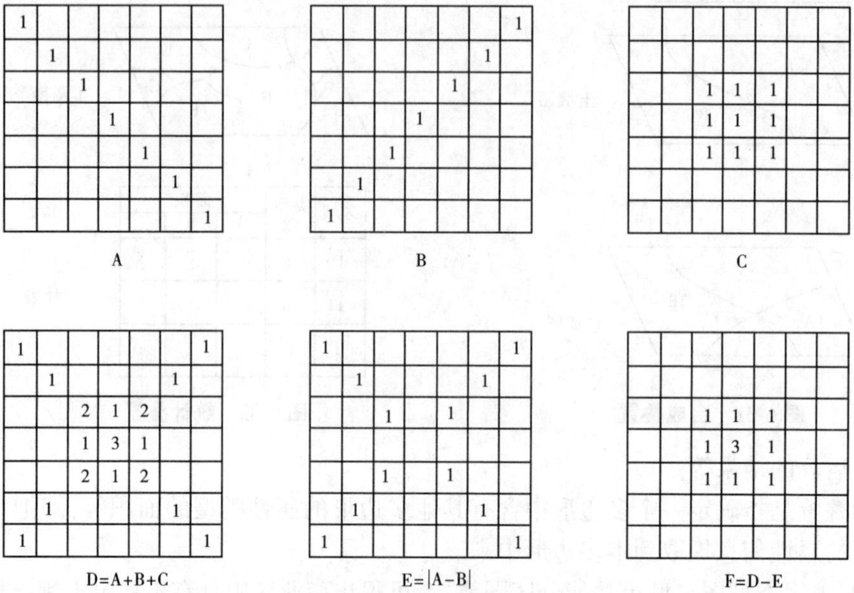

图 6-34 栅格数据的算术运算

(2)函数运算,指两个以上层面的栅格数据系统以某种函数关系作为复合分析的依据进行逐网格运算,从而得到新的栅格数据系统的过程。

这种复合叠置分析方法被广泛地应用到地学综合分析、环境质量评价、遥感数字图像处理等领域中。

例如,利用土壤侵蚀通用方程式计算土壤侵蚀量时,就可利用多层面栅格数据的函数运算复合分析法进行自动处理。一个地区土壤侵蚀量的大小是降雨(R)、植被覆度(C)、坡度(S)、坡长(L)、土壤抗蚀性(SR)等因素的函数。可写成

$$E = F(R, C, S, L, SR, \cdots)$$

逐网格的复合分析运算如图 6-35 所示。

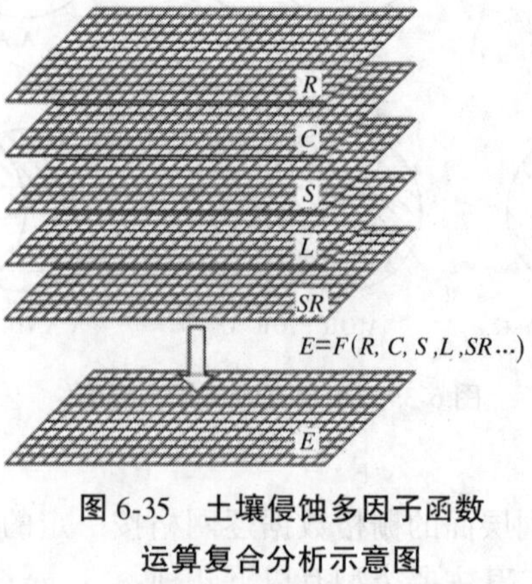

图 6-35 土壤侵蚀多因子函数运算复合分析示意图

【任务实施】

首先认识 ArcGIS 中的叠置分析及其操作,然后完成缓冲区分析和叠置分析综合实验。

叠置分析的目的是在空间位置上,分析具有一定关联的空间对象的空间特征和专属属性之间的相互关系。从运算角度看,叠置分析是指两个或两个以上的地理要素图层进行空间逻辑的交、并、差的运算。

“叠加”工具集中包含的工具用于叠加多个要素类以合并、擦除、修改或更新空间要素,从而生成新要素类。工具集在 ArcToolbox →“分析工具”→“邻域分析”,如图 6-36 所示。

图 6-36　叠加分析

擦除:通过将输入要素与擦除要素的多边形相叠加来创建要素类。只将输入要素处于擦除要素外部边界之外的部分复制到输出要素类,如图 6-37 所示。

标识:计算输入要素和标识要素的几何交集。与标识要素重叠的输入要素或输入要素的一部分将获得这些标识要素的属性,如图 6-38 所示。

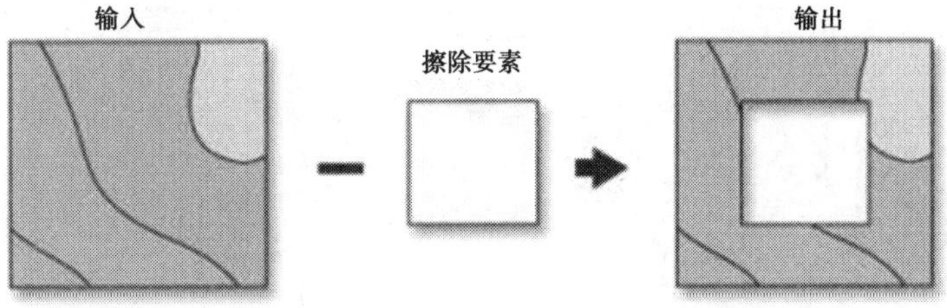

图 6-37　擦除功能

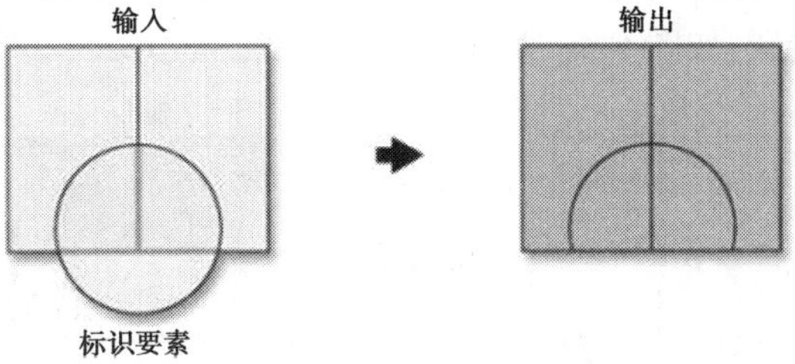

图 6-38　标识功能

相交:计算输入要素的几何交集。所有图层和/或要素类中相叠置的要素或要素的各部分将被写入输出要素类,如图 6-39 所示。

空间连接:根据空间关系将一个要素类的属性连接到另一个要素类的属性。目标要素和来自连接要素的被连接属性写入输出要素类。

交集取反:输入要素和更新要素中不叠置的要素或要素的各部分将被写入输出要素类,如图 6-40 所示。

联合:计算输入要素的几何并集。将所有要素及其属性都写入输出要素类,如图 6-41 所示。

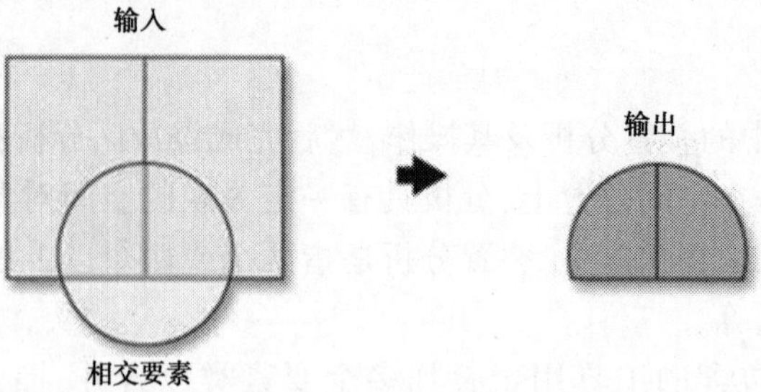

图 6-39　相交功能

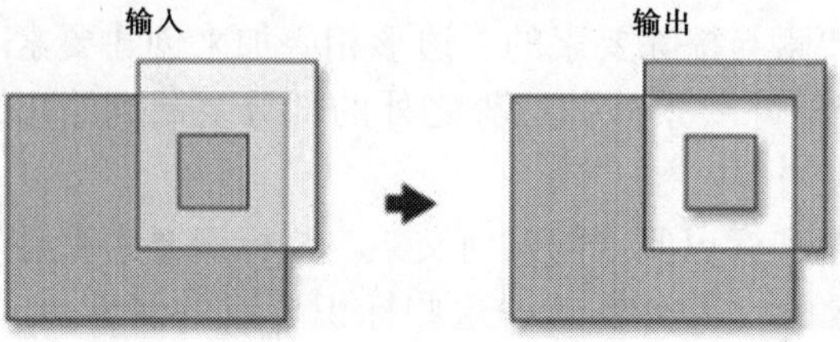

图 6-40　交集取反功能

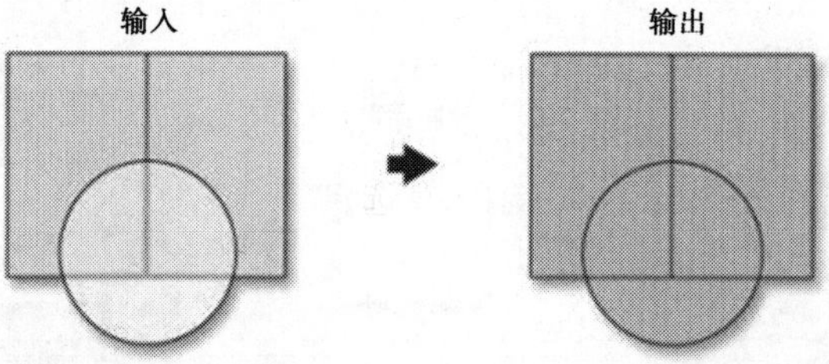

图 6-41　联合功能

更新：计算输入要素和更新要素的几何交集。输入要素的属性和几何根据输出要素类中的更新要素来进行更新，如图 6-42 所示。

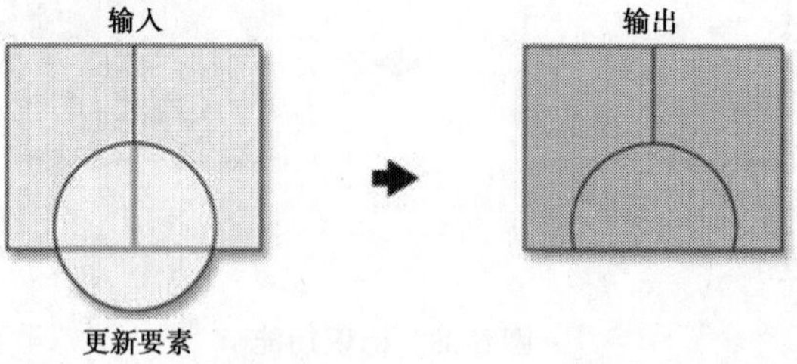

图 6-42　更新功能

综合实验：提供城市交通、商业中心、名牌高中、名胜古迹数据，选择最适宜的住房地段，要求距主要道路 200 m，距商业中心 800 m，距名牌高中 750 m，距名胜古迹 500 m。

（1）打开文件。

双击 city. mxd 文件，打开 ArcMap，以下四个要素数据被加载进来：城市市区交通网络图（network. shp）、商业中心分布图（Marketplace. shp）、名牌高中分布图（school. shp）、名胜古迹分布图（famous place. shp），如图 6-43 所示。

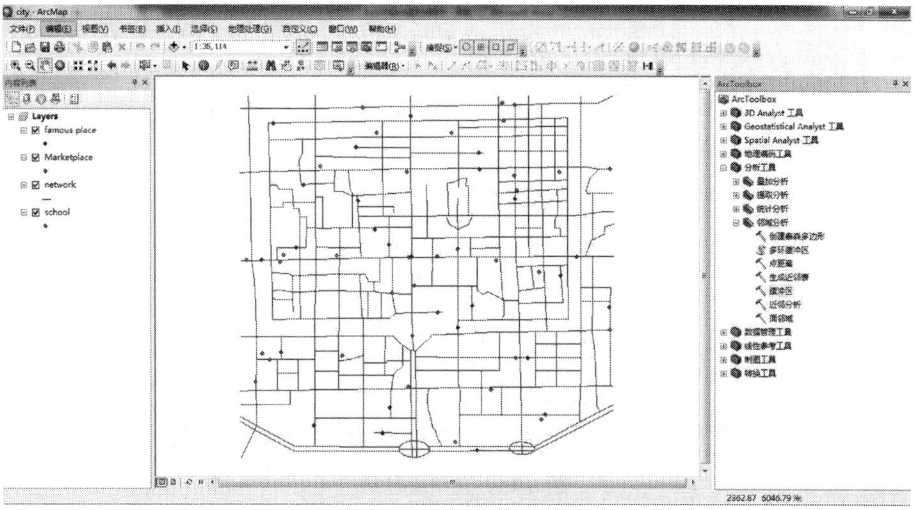

图 6-43　添加城市要素数据

(2)建立道路缓冲区。

在交通网络图层(network. shp)上右键打开属性表,打开“按属性选择”对话框。在 SQL 表中,将查询条件表达式设置为“TYPE” = ‘ST’,单击“应用”按钮,选择出市区的主要道路。

打开“缓冲区”对话框,输入要素为 network. shp,输出要素选择指定文件夹,缓冲距离输入“200 米”,侧类型选择“FULL”,末端类型选择“ROUND”,融合类型选择“ALL”。如图 6-44、图 6-45 所示。

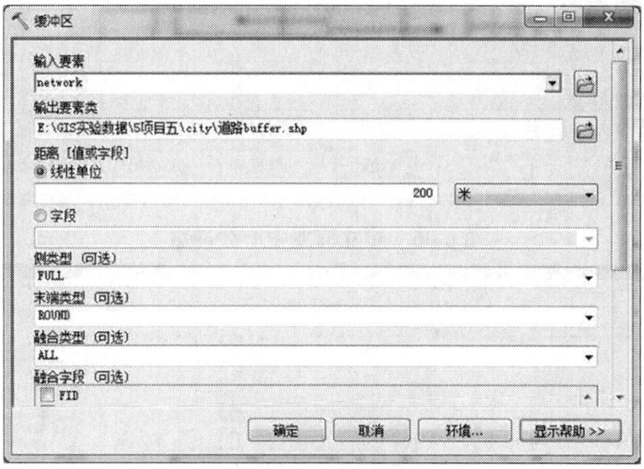

图 6-44　建立道路缓冲区

(3)建立商业中心缓冲区。

打开“缓冲区”对话框,输入要素为 Marketplace. shp,输出要素选择指定文件夹,距离输入“800 米”,融合类型选择“ALL”,点击“确定”,如图 6-46 所示。

(4)建立名牌高中缓冲区。

打开“缓冲区”对话框,输入要素为 school. shp,输出要素选择指定文件夹,距离输入“750 米”,融合类型选择“ALL”,点击“确定”,如图 6-47 所示。

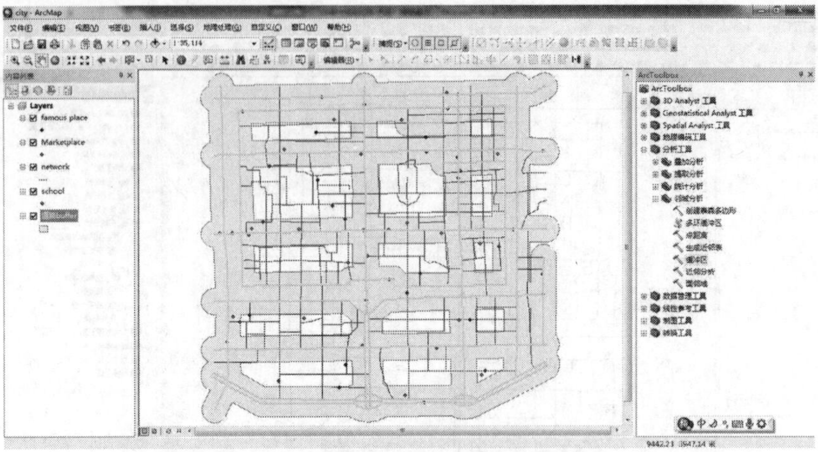

图 6-45　道路缓冲区

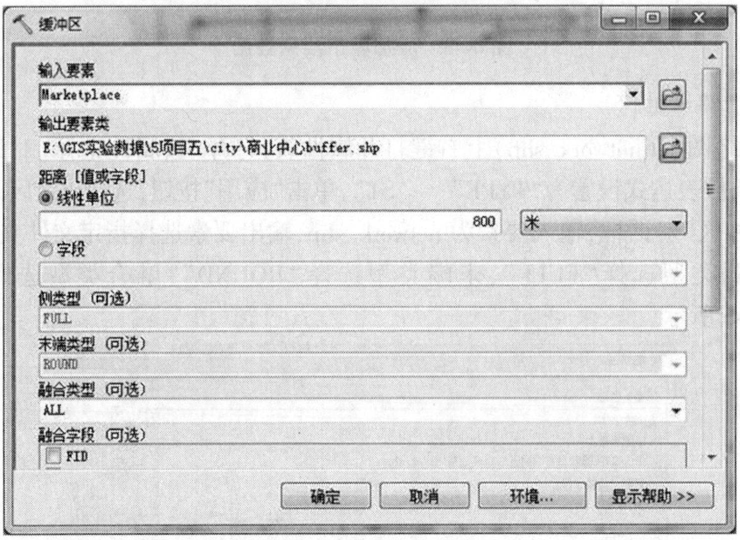

图 6-46　建立商业中心缓冲区

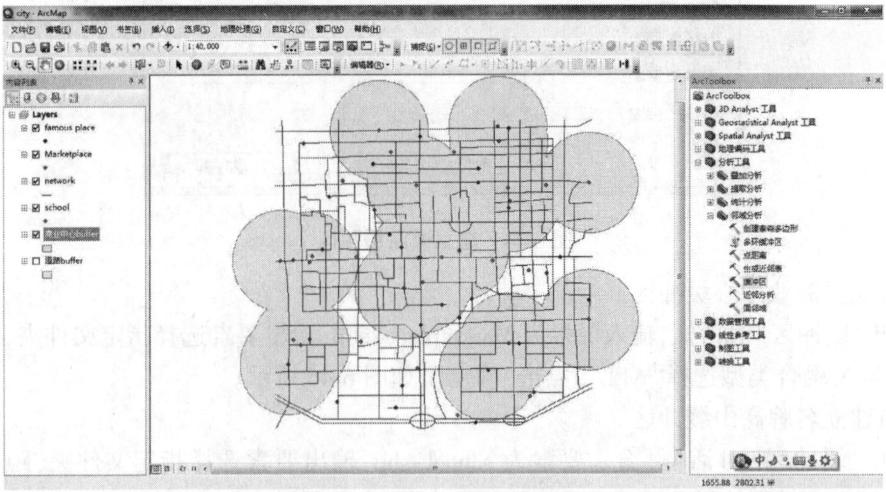

图 6-47　建立名牌高中缓冲区

(5)建立名胜古迹缓冲区。

打开缓冲区对话框,输入要素为 famous place. shp,输出要素选择指定文件夹,距离输入“500 米”,融合类型选择“ALL”,点击“确定”,如图 6-48 所示。

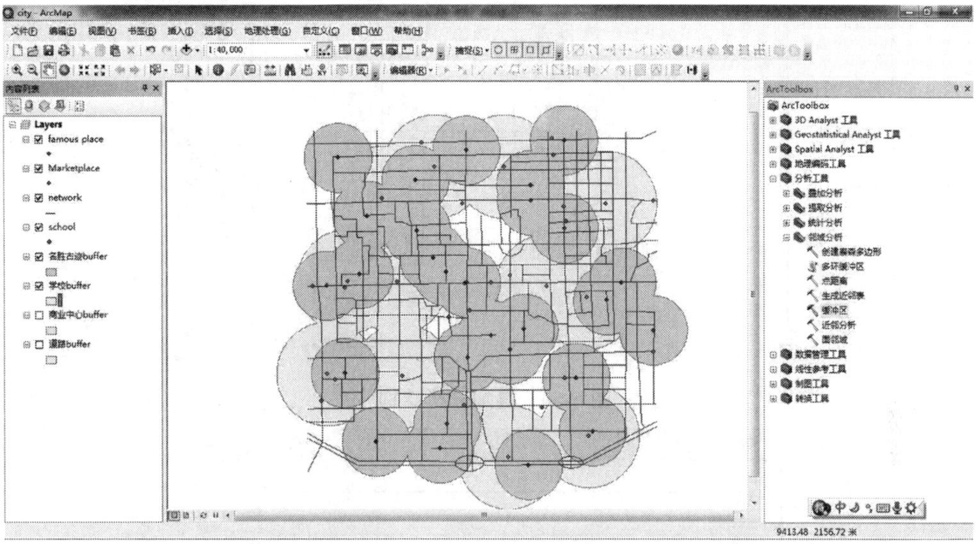

图 6-48 建立名胜古迹缓冲区

(6)叠置分析,求出满足上述四个要求的区域。首先求取 3 个点缓冲区的交集区域。打开 ArcToolbox→“分析工具”→“叠加分析”→“相交”。将名胜古迹、学校和商业中心的缓冲区添加进去,输出要素选择指定文件夹,连接属性选择“ALL”,输出类型选择“INPUT”,点击“确定”,如图 6-49、图 6-50 所示。

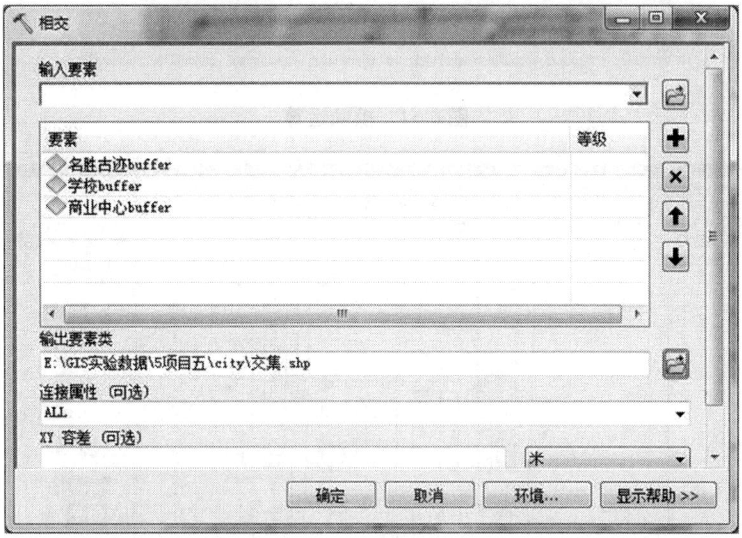

图 6-49 叠加分析

(7)交集后的区域擦除掉道路缓冲区,得到最佳购房区域。打开叠置分析中的“擦除”,输入要素选择交集数据,擦除要素选择道路缓冲区,输出要素选择指定文件夹,点击“确定”。如图 6-51、图 6-52 所示。

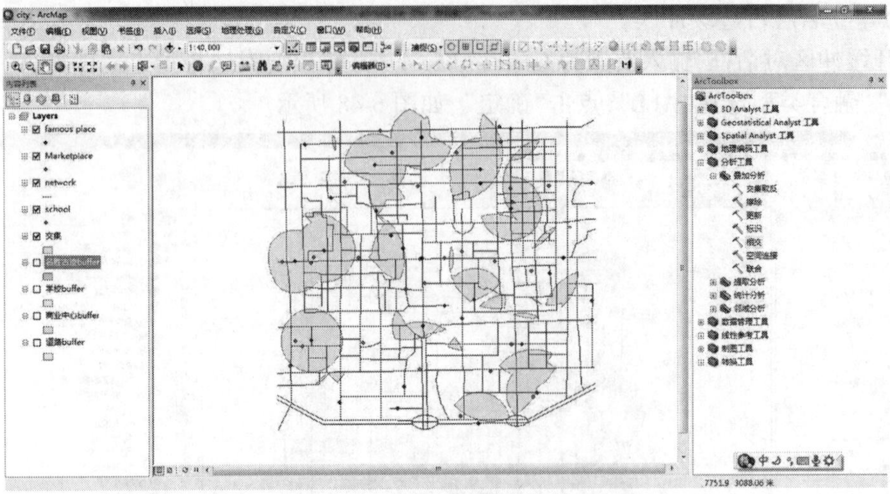

图 6-50　叠加分析结构

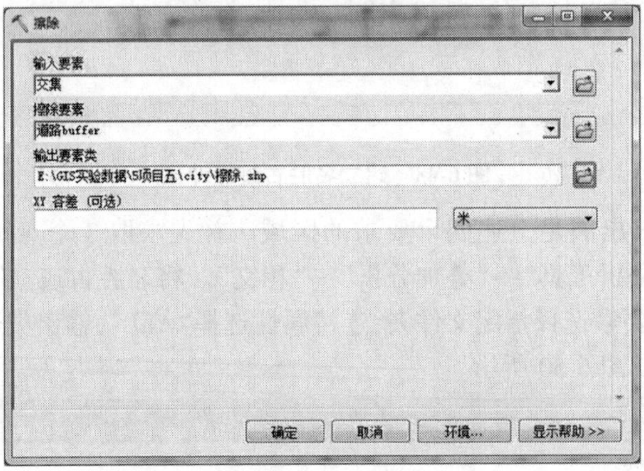

图 6-51　擦除运算

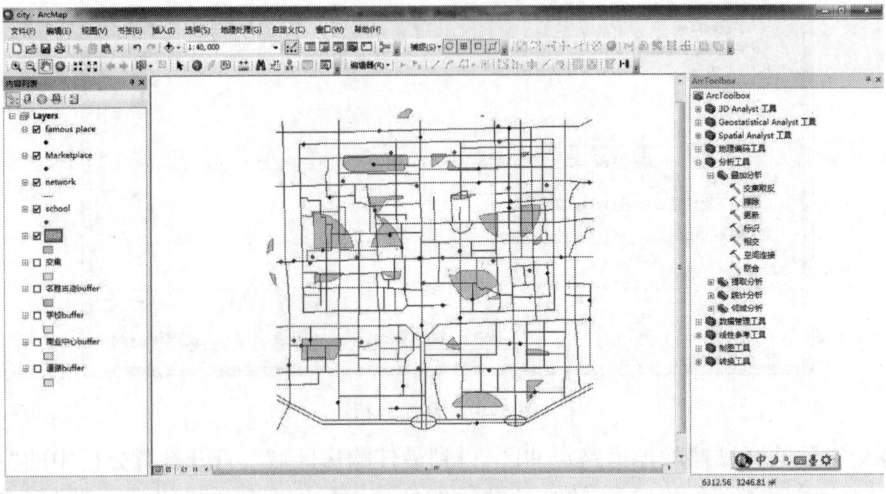

图 6-52　择房分析结果

任务4 DEM 分析

【任务描述】

数字高程模型(DEM)是地理数据库中最为重要的空间信息资料和赖以进行地形分析的核心数据系统。数字高程模型已经在测绘、资源与环境、灾害防治、国防等与地形分析有关的科研及国民经济各领域发挥着越来越重要的作用。本次任务要求利用 ArcGIS 平台,完成简单的地形分析,以便理解 DEM 的含义及实质。

【相关知识】

1 DTM 与 DEM 的概念

数字地形模型(Digital Terrain Model,DTM)是地形表面形态属性信息的数字表达,是带有空间位置特征和地形属性特征的数字描述。这些特征不仅包含高程属性,还包含其他的地表形态属性,如坡度、坡向、温度、降雨量等。数字地形模型中地形属性为高程时称为数字高程模型(Digital Elevation Model,DEM)。

从数学的角度,高程模型是高程 z 关于平面坐标 x 和 y 两个自变量的连续函数,数字高程模型只是它的一个有限的离散表示。高程模型最常见的表达是相对于海平面的海拔,或某个参考平面的相对高度。高程是地理空间中的第三维坐标。由于传统的地理信息系统的数据结构都是二维的,数字高程模型的建立是一个必要的补充。地理信息系统中,DEM 是建立 DTM 的基础数据,其他的地形要素可由 DEM 直接或间接导出,称为"派生数据",如坡度、坡向。

2 DEM 的数据采集与表示

2.1 DEM 的数据源与采集方法

2.1.1 以航空或航天遥感图像为数据源

这种方法是由航空或航天遥感立体像对,用摄影测量的方法建立空间地形立体模型,量取密集数字高程数据,建立 DEM(见图 6-53)。

2.1.2 以地形图为数据源

主要以比例尺不大于 1:1万的国家近期地形图为数据源,通过手扶跟踪数字化仪采集、扫描数字化仪采集等方法从中量取中等密度地面点集的高程数据,建立 DEM(见图 6-54)。

2.1.3 以地面实测记录为数据源

用全站仪等测绘仪器,在已知点位的测站上,观测到目标点的方向、距离和高差三个要素。计算出目标点的 x、y、z 三维坐标,存储于计算机中,成为建立 DEM 的原始数据。这种方法一般用于建立小范围大比例尺(比例尺大于 1:5 000)区域的 DEM,对高程的精度要求较高。另外,气压测高法获取地面稀疏点集的高程数据,也可用来建立对高程精度要求不高的 DEM。

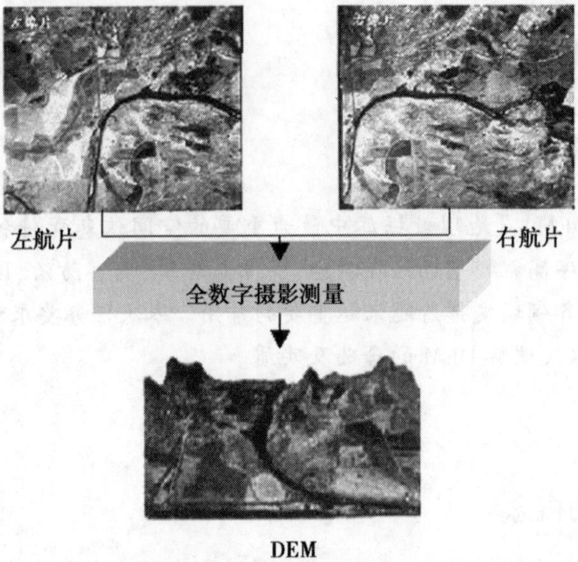

图 6-53　利用航片建立 DEM

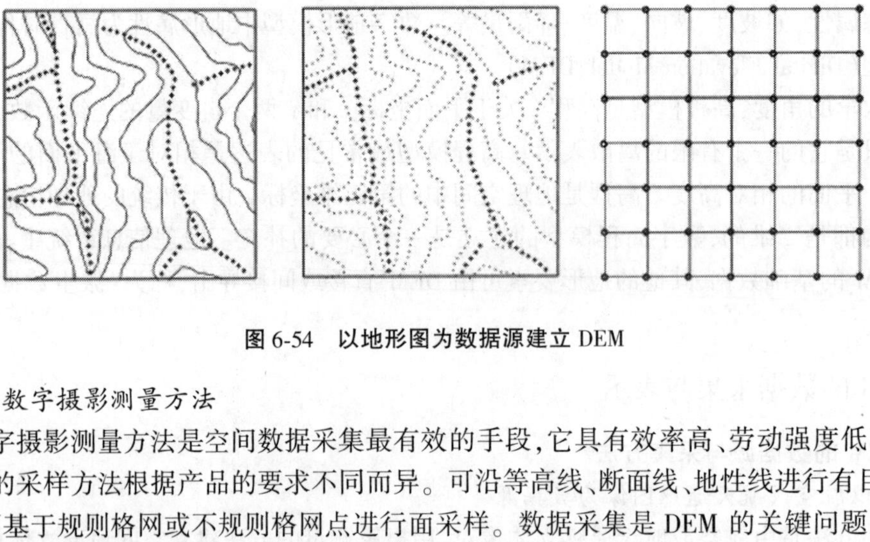

图 6-54　以地形图为数据源建立 DEM

2.1.4　数字摄影测量方法

数字摄影测量方法是空间数据采集最有效的手段,它具有效率高、劳动强度低的优点。数据点的采样方法根据产品的要求不同而异。可沿等高线、断面线、地性线进行有目的的采样,也可基于规则格网或不规则格网点进行面采样。数据采集是 DEM 的关键问题,采集的数据点太稀,会降低 DEM 的精度;数据点过密,又会增大数据量及处理的工作量和不必要的存储量。故在 DEM 数据采集之前,依照所需精度要求确定合理的取样密度,或者数据采集过程中根据地形复杂程度动态调整采样点密度。

2.2　DEM 的表示方法

2.2.1　数学分块曲面表示法

这种方法把地面分成若干个块,每块用一种连续的三维函数高平滑度地表示复杂曲面,并使函数曲面通过离散采样点。这种近似数学函数表示的 DEM 不太适合于制图,但广泛用于复杂表面模拟的机助设计系统。

2.2.2　规则格网表示法

规则格网表示法是把 DEM 表示成高程矩阵

$$DEM = \{H_{ij}\} \quad i = 1,2,\cdots, m-1,m; j = 1,2,\cdots,n-1,n$$

图 6-55 显示了几种规则格网的 DEM。

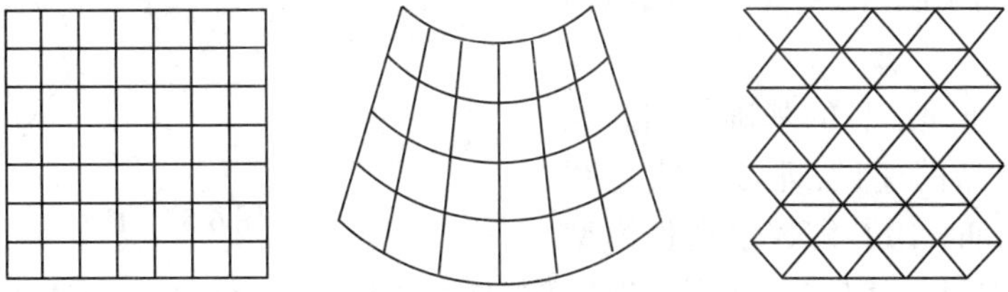

(a)按正方形交点布网　(b)按圆锥网交点布图　(c)按等边三角形交点布网

图 6-55　几种规则格网的 DEM

此时,DEM 来源于直接规则矩形格网采样点或由规则或不规则离散数据点内插产生。由于计算机对矩阵的处理比较方便,特别是以栅格为基础的 GIS 系统中高程矩阵已成为 DEM 最通用的形式(见图 6-56)。高程矩阵特别有利于各种应用,但规则的格网系统也有下列缺点:

(1)地形简单的地区存在大量冗余数据。

(2)如不改变格网大小,则无法适用于起伏程度不同的地区。

(3)对于某些特殊计算如视线计算时,格网的轴线方向被夸大。

(4)由于栅格过于粗略,不能精确表示地形的关键特征,如山峰、洼坑、山脊、山谷等。为了压缩栅格 DEM 的冗余数据,可采用游程编码或四叉树编码方法。

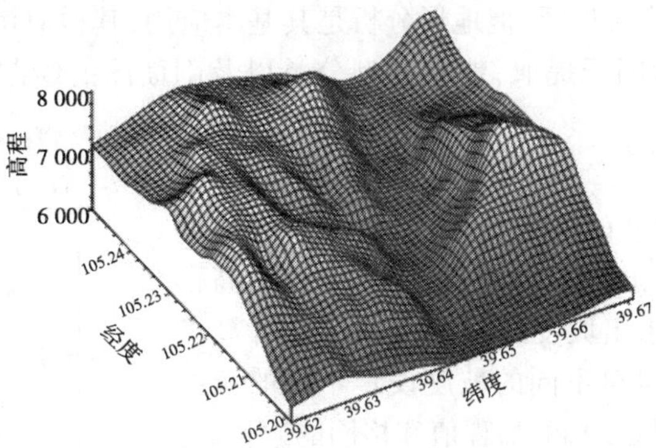

图 6-56　格网 DEM 示意图

2.2.3　不规则三角网(TIN)表示法

不规则三角网(Triangulated Irregular Network,TIN)是专为产生 DEM 数据而设计的一种采样表示系统。它克服了高程矩阵中冗余数据的问题,而且能更加有效地用于各类以 DEM 为基础的计算。因为 TIN 可根据地形的复杂程度来确定采样点的密度和位置,能充分表示地形特征点和线,从而减少了地形较平坦地区的数据冗余。TIN 表示法利用所有采样点取得的离散数据,按照优化组合的原则,把这些离散点(各三角形的顶点)连接成相互连续的三角面(在连接时,尽可能地确保每个三角形都是锐角三角形或是三边的长度近似相等),如图 6-57 所示。

3 DEM 的应用

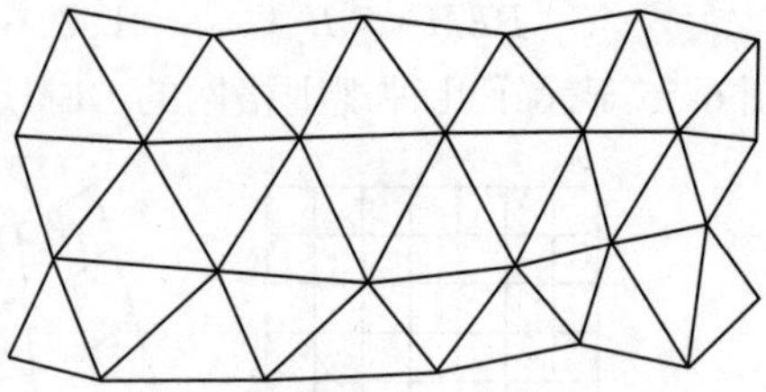

图 6-57 TIN

一般而言,可将 DEM 的主要应用归纳为以下几个方面:

(1)作为国家地理信息的基础数据。我国现在强调 4D 产品的建设,即数字线化图(Digital Linear Graphs,DLG)、数字高程模型(Digital Elevation Models,DEM)、数字正射影像(Digital Orthophoto Map,DOM)、数字栅格图(Digital Raster Graphs,DRG),并以前 3D 作为国家空间数据基础设施(NSDI)的框架数据。

(2)土木工程、景观建筑和矿山工程的规划与设计。

(3)为军事目的(军事模拟等)而进行的地表三维显示。

(4)景观设计与城市规划。

(5)流水线分析、可视性分析。

(6)交通路线的规划与大坝的选址。

(7)不同地表的统计分析与比较。

(8)生成坡度图、坡向图、剖面图,辅助地貌分析,估计侵蚀和径流等。

(9)作为背景叠加各种专题信息如土壤、土地利用及植被覆盖数据等,以进行显示与分析等。

4 DEM 的地形分析

尽管 DEM 的应用十分广泛,但地形分析是其基本应用,其他应用都可由此推演、扩展。地形分析的内容有地形因子提取、地表类型分类以及剖面图的绘制等。现以栅格结构的 DEM 为例讨论地形分析。

4.1 坡度和坡向分析

坡度定义为地表单元的法向量与 Z 轴的夹角,即切平面与水平面的夹角的正切值。已知格网四个点的高程值和格网的边长,即可求出坡度(见图 6-58)。在计算出各地表单元的坡度后,可对不同的坡度设定不同的灰度级,可得到坡度图(见图 6-59)的高程值和格网的边长,也可求出坡向。在计算出每个地表单元的坡向后,可制作坡向图,通常把坡向分为东、南、西、北、东北、西北、东南、西南 8 类,再加上平地,共 9 类,用不同的色彩显示,即可得到坡向图(见图 6-59)。

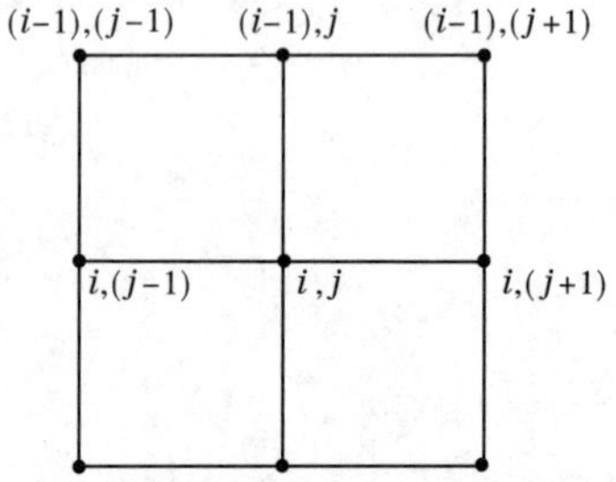

图 6-58 格网结点示意图

坡度和坡向的计算通常在 3×3 的 DEM 格网窗口中进行。窗口在 DEM 数据矩阵中连续移动后完成整幅图的计算工作。

4.2 剖面分析

研究地形剖面,常常可以以线代面,研究区域的地貌形态、轮廓形状、地势变化、地质构造、斜坡特征、地表切割强度等。如果在地形剖面上叠加其他地理变量,例如坡度、土壤、植被、土地利用现状等,可以提供土地利用规划、工程选线和选址等的决策依据。

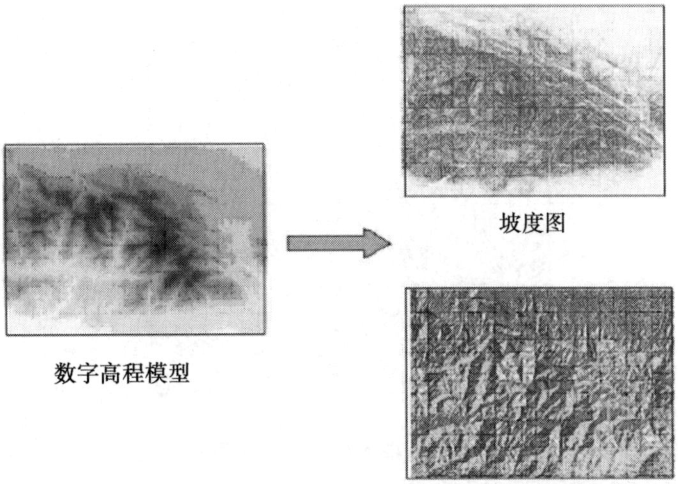

图 6-59 格网 DEM 上制作的坡度图和坡向图

剖面图的绘制可在格网 DEM 或三角网 DEM 上进行。已知两点的坐标 $A(x_1,y_1)$,$B(x_2,y_2)$,则可求出两点连线与格网或三角网的交点,并内插交点上的高程,以及各交点之间的距离。然后按选定的垂直比例尺和水平比例尺,按距离和高程绘出剖面图。如图 6-60 所示为格网 DEM 上剖面图的绘制。

剖面图不一定必须沿直线绘制,也可沿一条曲线绘制。

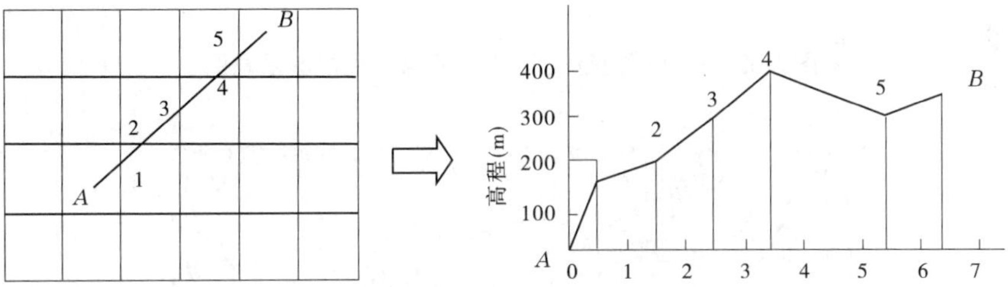

图 6-60 剖面图的绘制

4.3 通视分析

通视分析是指以某一点为观察点,研究某一区域通视情况的地形分析。通视分析也称可视性分析(见图 6-61、图 6-62),以 P 点为观察点,判断 PP' 是否通视。比如设置雷达站、电视台的发射站、道路选择、航海导航等,在军事上如布设阵地(如炮兵阵地、电子对抗阵地)、设置观察哨所、铺架通信线路等。

通视分析的核心是通视图(见图 6-63)的绘制。绘制通视图的基本思路是:以 O 为观察点,对格网 DEM 或三角网 DEM 上的每个点判断通视与否,通视赋值为 1,不通视赋值为 0。由此可形成属性值为 0 和 1 的格网或三角网。对此以 0.5 为值追踪等值线,即得到以 O 为观察点的通视图。因此,判断格网或三角网上某一点是否通视成为关键。

判断格网或三角网上的某一点是否通视(两点是否可见)的关键算法有两种。

(1)倾角法。以格网 DEM 为例,$O(x_O,y_O,z_O)$为观察点,$P(x_P,y_P,z_P)$为某一格网点,OP

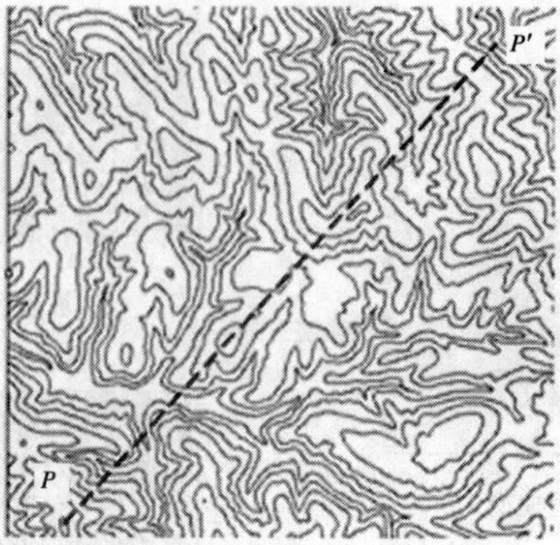

图 6-61　地形及 P、P′两点位置

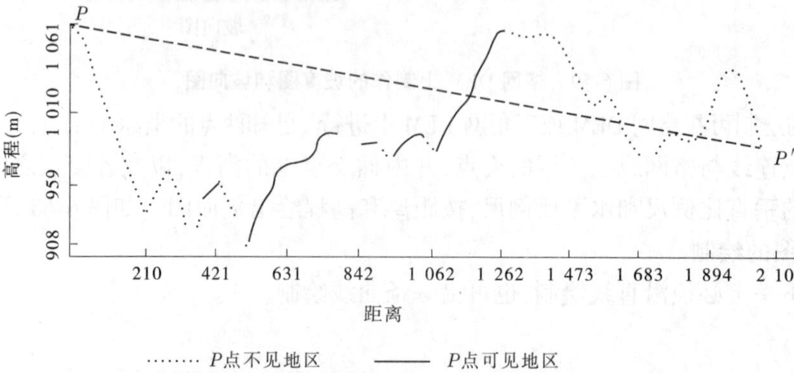

图 6-62　P 点可视范围及 P、P′两点通视情况示意图

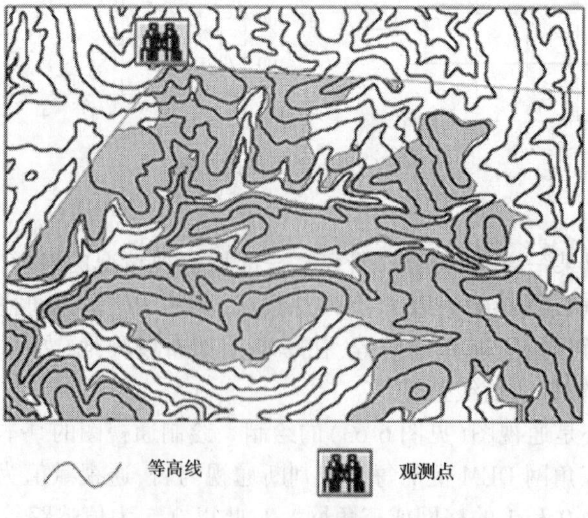

图 6-63　ARC/VIEW 绘制通视图

与格网的交点为 A、B、C。OP 的倾角为 α,观察点与各交点的倾角为 $\beta_i(i=A,B,C)$,若 $\tan\alpha>\max(\tan\beta_i,\ i=A,B,C)$,则 OP 通视;否则,不通视(见图 6-64)。

(2)剖面图法。以格网 DEM 为例,绘制两点 AB 之间的剖面图,判断 AB 两点连线是否与剖面相交。若 AB 连线与剖面不相交,则通视;否则,不通视(见图 6-64)。

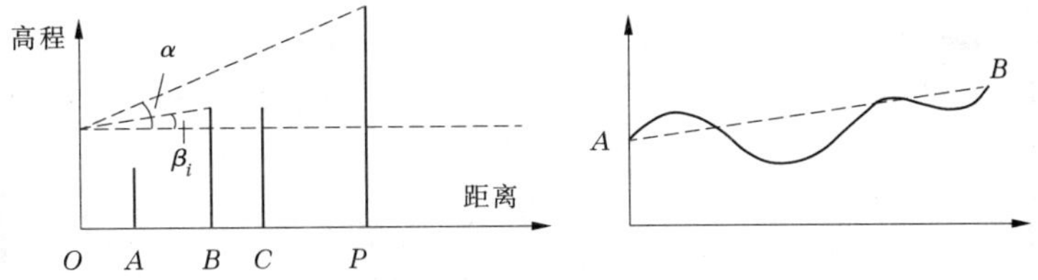

图 6-64 倾角法和剖面图法

另一种利用 DEM 绘制通视图的方法是:以观察点 O 为轴,以一定的方位角间隔算出 0°~360°的所有方位线上的通视情况。对于每条方位线,通视的地方绘线,不通视的地方断开,或相反。这样可得出射线状的通视图。

【任务实施】

数字高程模型(DEM),可通过 ArcGIS 中的表面分析获得更多的反映原始数据集中所暗含的空间特征、空间格局等信息。

在 ArcGIS 中,表面分析的主要功能有查询表面值、从表面获取坡度和坡向信息、创建等值线、分析表面的可视性、从表面计算山体的阴影、确定坡面线的高度、寻找最陡路径、计算面积和体积、数据重分类、将表面转化为矢量数据等。

这里介绍坡度、坡向等基本地形因子以及山体阴影的提取,通过练习掌握这些常用的基本分析功能。

在菜单的"自定义"→"扩展模块"中,选择 Spatial Analyst,ArcToolbox 中的空间分析工具(Spatial Analyst 工具)则可以使用,如图 6-65 所示。

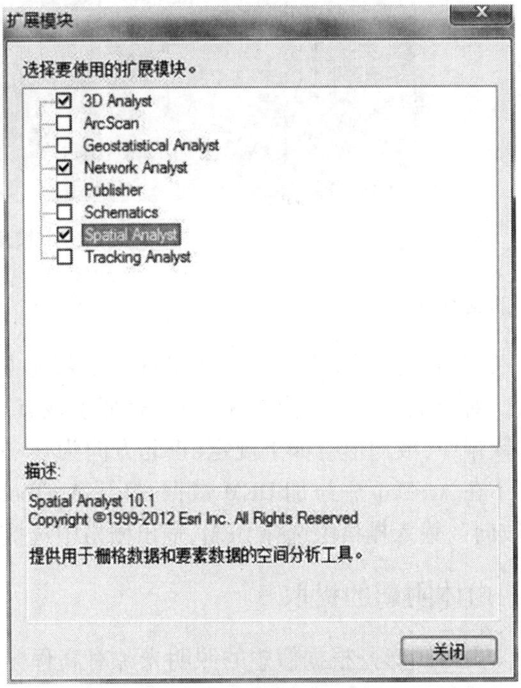

图 6-65 打开空间分析

1 坡度的提取

地表面任一点的坡度(Slope)是指过该点的切平面与水平地面的夹角。坡度表示地表面在该点的倾斜程度。

在 ArcMap 中添加 DEM 数据,打开 ArcToolbox→"Spatial Analyst 工具"→"表面分析"→"坡度",输入栅格中选择 DEM,输出栅格中选择目标文件夹位置,点击"确定",如图 6-66、

图 6-67 所示。

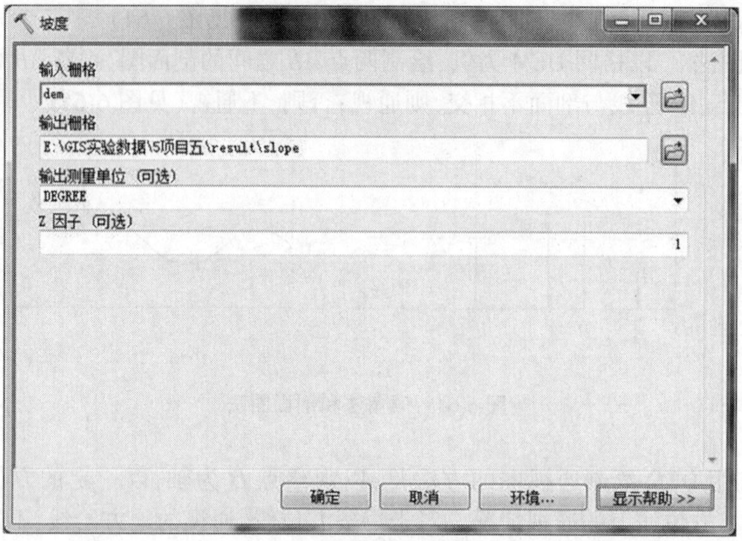

图 6-66　坡度提取设置

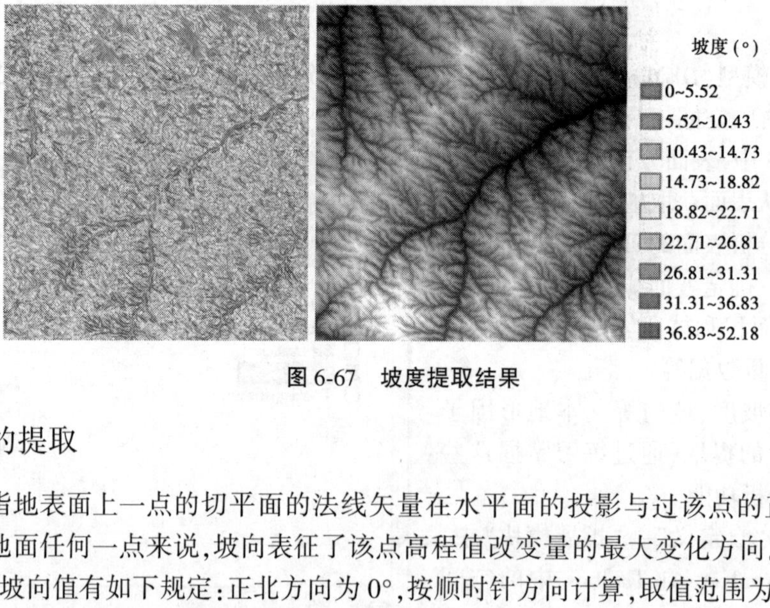

图 6-67　坡度提取结果

2　坡向的提取

坡向指地表面上一点的切平面的法线矢量在水平面的投影与过该点的正北方向的夹角。对于地面任何一点来说,坡向表征了该点高程值改变量的最大变化方向。在输出的坡向数据中,坡向值有如下规定:正北方向为 0°,按顺时针方向计算,取值范围为 0°~360°。

在 ArcMap 中添加 DEM 数据,打开 ArcToolbox→"Spatial Analyst 工具"→"表面分析"→"坡向",输入栅格中选择 DEM,输出栅格中选择目标文件夹位置,点击确定。如图 6-68 所示。

3　山体阴影的提取

山体阴影是根据假想的照明光源对高程栅格图的每个栅格单元计算照明值。山体阴影不仅能很好地表达地形的立体形态,而且可以方便地提取地形遮蔽信息。计算过程包括三个重要的参数:太阳方位角、太阳高度角、表面灰度值。

在地图编制的过程中,可以加入山体阴影做衬底,使地图更美观。

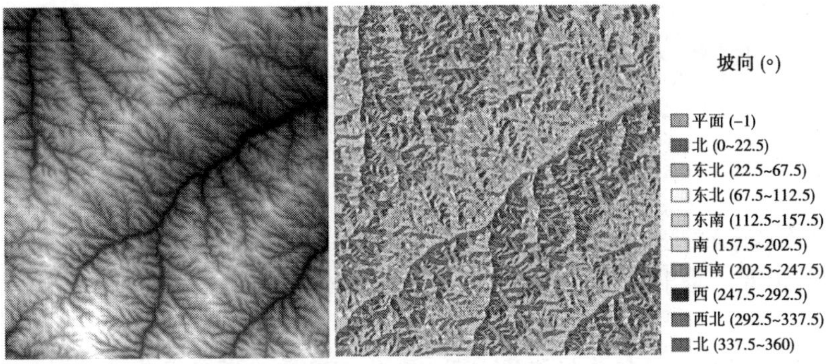

图 6-68　坡向提取结果

在 ArcMap 中添加 DEM 数据，打开 ArcToolbox→“Spatial Analyst 工具”→“表面分析”→“山体阴影”，输入栅格中选择 DEM，输出栅格中选择目标文件夹位置，方位角、高度角、Z 因子可按需要设置，点击“确定”，如图 6-69、图 6-70 所示。

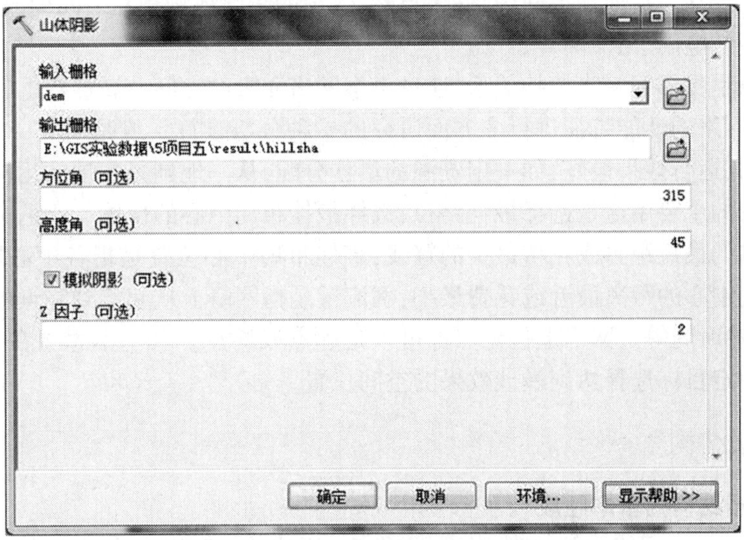

图 6-69　山体阴影提取设置

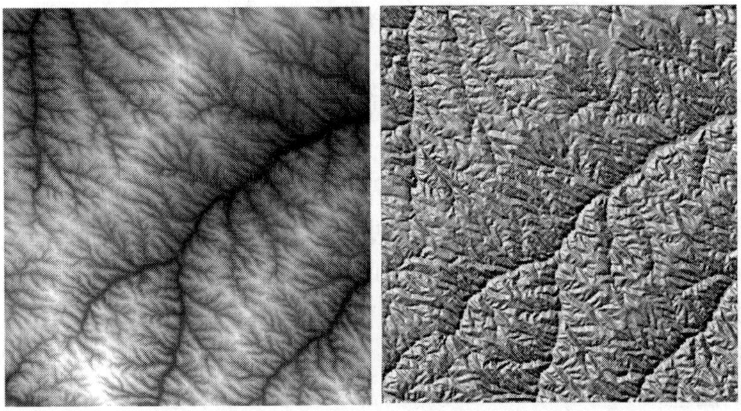

图 6-70　山体阴影提取结果

任务5 网络分析

【任务描述】

网络分析是 GIS 的另一重要的空间分析功能,主要包括最优路径选择、连通分析、网流量分析、时间和距离计算等。在军事行动中选择越野机动路线就是一种网络分析的具体应用。

本任务通过对网络分析相关知识的学习,在 ArcGIS 平台下完成基本的网络分析。

【相关知识】

网络是现实世界中,由链和结点组成的、带有环路的系统,通常用来描述某种资源或物质在空间中的运动。在地理空间中,许多自然、人工的线状地物相互之间构成网络。如道路网、地下管线网、电网、河流网等。

网络分析是指依据网络拓扑关系,通过考察网络元素的空间及属性数据,以数学理论模型为基础,对网络的性能特征进行多方面研究的一种分析计算。或是研究一项网络工程如何安排,并使其运行效果最好,如一定资源的最佳分配,从一地到另一地的运输费用最低等。

网络分析的主要用途是选择最佳路径、选择最佳布局中心的位置。所谓最佳路径,是指从始点到终点的最短距离或花费最少的路线;最佳布局中心位置是指各中心所覆盖范围内任意一个点到中心的距离最近或花费最小;网流量是指网络上从起点到终点的某个函数,如运输价格、运输时间等。网络上任意点都可以是起点或终点。其基本思想在于人类活动总是趋向于按一定目标选择达到最佳效果的空间位置。

1 网络数据结构

1.1 网络数据结构的基本组成

(1)链(Link)。网络中流动的管线,如街道、河流、水管等,其状态属性包括阻力和需求。

(2)结点(Node)。又有下面几种特殊的类型。

障碍(Barrier):禁止网络中链上流动的点。

拐角点:出现在网络链中所有的分割结点上状态属性的阻力,如拐弯的时间和限制(如不允许左拐)。

中心:是接受或分配资源的位置,如水库、商业中心、电站等。其状态属性包括资源容量,如总的资源量;阻力限额,如中心与链之间的最大距离或时间限制。

站点:在路径选择中资源增减的站点,如库房、汽车站等,其状态属性有要被运输的资源需求,如产品数。

空间网络的基本组成如图 6-71 所示。

1.2 网络中的属性

每种网络要素都有许多相联系的属性,如道路宽度、名称等。在网络分析中有非常重要的 3 个属性。

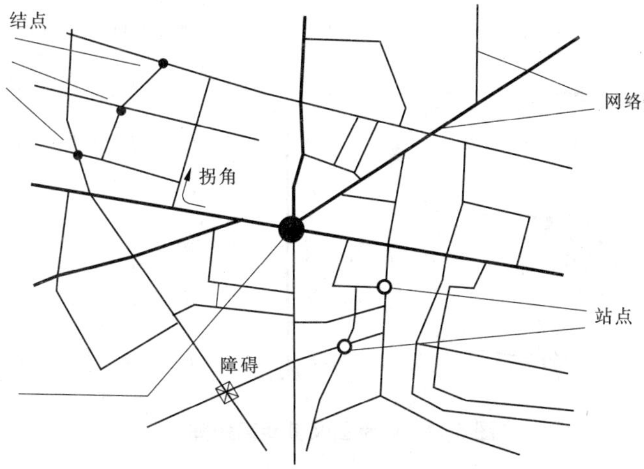

图6-71　空间网络的基本组成

(1)阻碍强度,指资源在网络中运移时所受阻力的大小,如花费的时间、费用等。它用于描述链、拐弯、资源中心、站点所具有的属性。

(2)资源需求量,指网络中与弧段和停靠点相联系的资源的数量。如在供水网络中每条沟渠所载的水量,在城市网络中沿每条街道所住的学生数,在停靠站点装卸货物的件数等。

(3)资源容量,指网络中心为了满足各弧段的需求,能够容纳或提供的资源总数量。如学校的容量指学校能注册的学生总数、停车场能停放机动车辆的空间、水库的总容量。

2　主要网络分析功能

2.1　路径分析

最短路径是指在网络中从起点经一系列特定的结点至终点的资源运移的最佳路线,即阻力最小的路径。

在最短路径选择中,两点之间的距离可以定义为实际的距离,也可定义为两点间的时间、运费、流量等,换句话说,可定义为使用这条边所需付出的代价。因此,可以对不同的专题内容进行最短路径分析。

求两点间的权数最小路径,常用的算法是狄克斯特拉(Dijkstra)在1959年提出的,被公认为是最好的算法之一。

为了求出最短路径,需先计算任意两点间的距离,并形成距离矩阵。计算时,如果两点间没有直接可通的路,距离为∞,如图6-72所示。

网络图中的最短路径应该是一条简单路径,即是一条不与自身相交的路径。

最短路径搜索的基本依据是:若从起点 S 到终点 T 有一条最短路径,则该路径上的任何点到起点 S 的距离都是最短的。

2.2　连通分析——最小生成树

2.2.1　最小生成树含义

如果一个图中,任意两个节点之间都存在一条路,则称为连通图。若一个连通图中不存在任何回路,则称为树。一个连通的赋权图可能有很多的生成树。若生成树是图的极小连

有向图

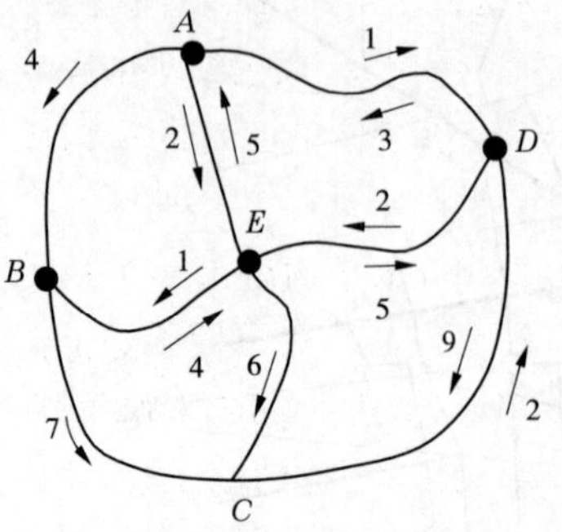

距离矩阵

	A	B	C	D	E
A	0	4	∞	1	2
B	∞	0	7	∞	4
C	∞	∞	0	2	∞
D	3	∞	9	0	2
E	5	1	6	5	0

图 6-72　网络图及其距离矩阵

通子图，则称为最小生成树。

生成树 T 的权数：设 T 为图 G 的一个生成树，若把 T 中各边的权数相加，则这个和数称为生成树 T 的权数。在 G 的所有生成树中，权数最小的生成树称为 G 的最小生成树。如图 6-73 所示。

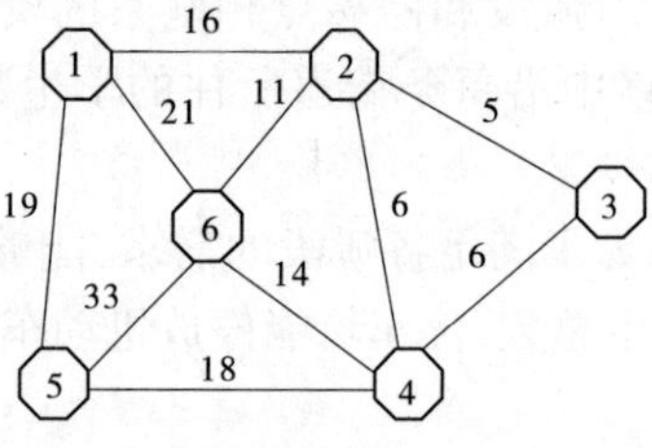

赋权图

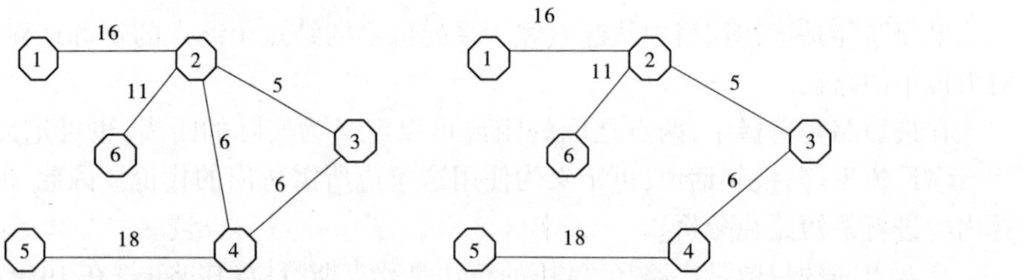

最小生成树之一　　　　最小生成树之二

图 6-73　最小生成树

2.2.2　最小生成树的应用

在实际应用中，常有类似在 n 个城市间建立通信线路这样的连通分析问题。这可用图来表示，图的顶点表示城市，边表示两城市间的线路，边上所赋的权值表示代价。对 n 个顶点的图可以建立许多生成树，每一棵树可以是一个通信网。若要使通信网的造价最低，就需要构造图的最小生成树。

2.2.3　构造最小生成树的依据

(1) 在网中选择 $n-1$ 条边连接网的 n 个顶点。

(2) 尽可能选取权值为最小的边。

2.2.4 构造最小生成树的克罗斯克尔算法(Kruskal,也叫“避圈”法)

设图 G 是由 m 个节点构成的连通赋权图,则构造最小生成树的步骤如下:

(1)先把图 G 中的各边按权数从小到大重新排列,并取权数最小的一条边为 T 中的边。

(2)在剩下的边中,按顺序取下一条边。若该边与 T 中已有的边构成回路,则舍去该边,否则选进 T 中。

(3)重复(2),直到有 $m-1$ 条边被选进 T 中,这 $m-1$ 条边就是 G 的最小生成树。

例:设有如图 6-73 所示的图,图的每条边上标有权数。为了使权数的总和为最小,应该从权数最小的边选起。在此,选边(2,3);去掉该边后,在图中取权数最小的边,此时,可选(2,4)或(3,4),设取(2,4);去掉(2,4)边,下一条权数最小的边为(3,4),但使用边(3,4)后会出现回路,故不可取,应去掉边(3,4);下一条权数最小的边为(2,6);依上述方法重复,可形成图 6-73 所示的最小生成树之一。如果前面不取(2,4),而取(3,4),则形成最小生成树之二。

2.3 资源分配

资源分配就是为网络中的网线寻找最近(这里的远近是按权值或称阻碍强度的大小来确定的)的中心(资源发散地)。例如,资源分配能为城市中的每一条街道确定最近的消防站,为一条街道上的学生确定最近的学校,为水库提供其供水区。资源分配模拟资源是如何在中心(学校、消防站、水库等)和它周围的网线(街道、水路等)间流动的。

资源分配根据中心容量及网线的需求将网线分配给中心,分配是沿最佳路径进行的。如网线被分配给某个中心,该中心拥有的资源量就依据网线的需求而缩减,如中心的资源耗尽,分配就停止。

举一个资源分配的例子:一所学校要依据就近入学的原则来决定应该接收附近哪些街道上的学生。这时,可以将街道作为网线构成一个网络,将学校作为一个节点并将其指定为中心,以学校拥有的座位数作为此中心的资源容量,每条街道上的适龄儿童数作为相应网线的需求,走过每条街道的时间作为网线的权值,如此资源分配功能就将从中心出发,依据权值由近及远地寻找周围的网线并把资源分配给它(也就是把学校的座位分配给相应街道上的儿童),直至被分配网线的需求总和达到学校的座位总数。

用户还可以通过赋给中心的阻碍限度来控制分配的范围。例如,如果限定儿童从学校走回家所需时间不能超过 20 min,就可以将这一时间作为学校对应的中心的阻碍限度,这样,当从中心延伸出去的路径的权值到达这一限度时分配就将停止,即使中心资源尚有剩余。阻碍限度体现了中心克服阻力的能力,或者说反映了该中心的影响区域最大能延伸到哪里。

网络中同时存在多个中心时,如果实施资源分配,既可以使各个中心同时进行分配,也可以赋予各中心不同的先后次序,中心的延迟量就体现了这种次序。延迟量为零的中心总是最先开始分配;如果某中心延迟量为 $D>0$,则只有当其他某个中心分配资源时延伸出的路径权值达到 0 后,这个中心才能开始分配它的资源。

2.4 最佳选址

选址功能是指在一定约束条件下、在某一指定区域内选择设施的最佳位置,它本质上是资源分配分析的延伸,例如连锁超市、邮筒、消防站、飞机场、仓库等的最佳位置的确定。在网络分析中的选址问题一般限定设施必须位于某个节点或某条链上,或者限定在若干候选地点中选择位置。

服务中心选址的步骤具体如下：

(1)对若干候选地点或方案进行资源分配分析。将待规划建设的服务中心与现有的中心合在一起进行资源分配分析，划分服务区，进行不同方案的显示。

(2)由每种选址方案的资源分配或服务区划分结果，计算这些方案中所有参与运行的链的网络运行花费的总和或平均值。

比较各种方案，选择上述花费的总和或平均值为最小的方案即满足约束条件的最佳地址的选择。

(3)实际中，由于要考虑到很多实际因素，例如学校选址，需要考虑生源问题、环境嘈杂性、交通性等；商场的选址，要考虑交通状况和周围人群的经济能力、消费水平、文化素质问题等。除此之外，选址不但要考虑社会人文因素，还要考虑地形起伏、建筑物的遮挡等，需要将这些实际因素添加进去，得到一个综合指标的最佳选址。

2.5 地址匹配

地址匹配实质是对地理位置的查询，它涉及地址的编码。地址匹配与其他网络分析功能结合起来，可以满足实际工作中非常复杂的分析要求。所需输入的数据，包括地址表和含地址范围的街道网络及待查询地址的属性值。这种查询也经常用于公用事业管理、事故分析等方面，如邮政、通信、供水、供电、治安、消防、医疗等领域。

【任务实施】

1 实验准备

Shape 文件创建网络数据集(高速公路：Highways，主要街道：Major Streets，公园：Parks，湖泊：Lakes，街道：Streets)。

Geodatabase 网络数据集：Network Analysis. mdb，包含街道图层(Streets)、仓库图层(Warehouses)、商店图层(Stores)。

在 ArcMap 中加载启用 Network Analyst 网络分析模块：

执行菜单命令“自定义”→“扩展模块”，在“扩展模块”对话框中点击“Network Analyst”启用网络分析模块，即装入 Network Analyst 空间分析扩展模块，如图 6-74 所示。

要求通过练习掌握 ArcGIS 下进行道路网络分析(最佳路径分析)的技术方法。

2 实验内容及步骤

(1)双击地图文档“Ex10_1. mxd”，或打开 ArcMap 后打开该地图文档。

(2)在工具条空白处单击鼠标右键，将“Network Analyst”选项打“√”，主窗口弹出 Network Analyst 工具条。

点击工具条上的 Network Analyst 窗口 ，将网络分析窗口打开，如图 6-75 所示。

(3)创建路径分析图层。

在网络分析工具栏 Network Analyst 上点击下拉菜单 Network Analyst▾，点击“新建路径”菜单项，如图 6-76 所示。

此时在网络分析窗口中包含一个空的列表，显示停靠点、路径、点障碍、线障碍、面障碍

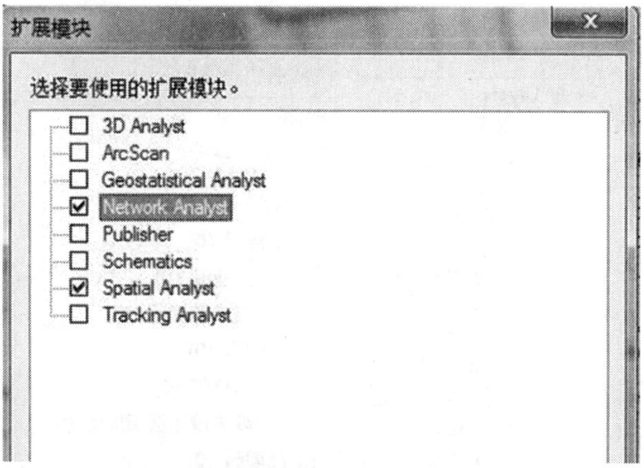

图 6-74　打开网络分析工具

图 6-75　网络分析工具条

图 6-76　新建路径

的相关信息。同时,在内容列表面板上添加了新建的一个路径分析图层“路径”组合,如图 6-77 所示。

(4)添加停靠点。

通过以下步骤添加停靠点,最佳路径分析将找到最佳的经停顺序以计算并得到最佳路径。

第 1 步,在网络分析窗口中选择“停靠点(0)”。

第 2 步,在网络分析工具栏上点击创建网络位置工具。

第 3 步,在地图的街道网络图层的任意位置上点击以定义一个新的停靠点。

程序将在街道网络上自动计算并得到一个距离给定位置最近的停靠点,已定义的停靠点会以特别的符号进行显示。停靠点会保持被选中的状态,除非它被明确地反选(Unselected)或者又新增了一个另外的停靠点。停靠点所在的位置会同时显示一个数字“1”,数字表示经停的顺序,如图 6-78 所示。

第 4 步,再添加 4 个停靠点。新增加的停靠点的编号为 2、3、4、5。经停的顺序可以在网络分析窗口中更改。第一个停靠点被认定为出发点,最后一个停靠点被认定为是目的地,如图 6-79 所示。

(5)设置分析选项。

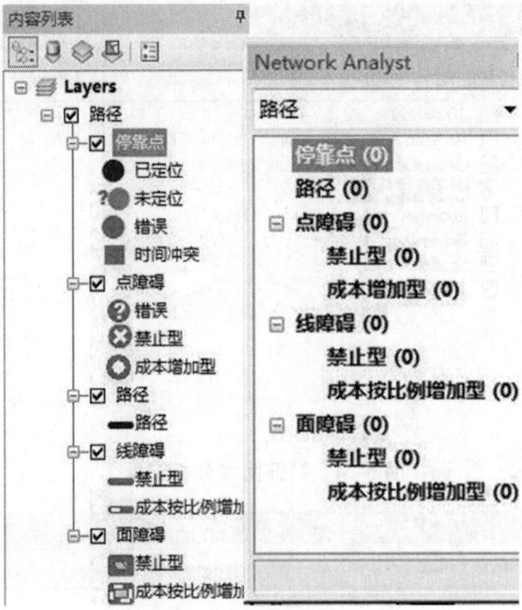

图 6-77　路径显示方式

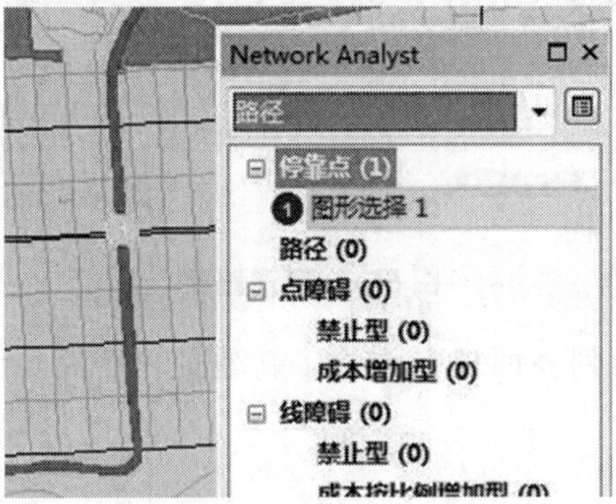

图 6-78　添加停靠点

以下操作基于规则(单向行驶规划必须遵守,任意路口可以调头)计算最省时间的线路。

第 1 步,在网络分析窗口中点击分析图层属性按钮,打开“图层属性”对话框,选择“分析设置”选项卡,并进行设置,如图 6-80 所示。

第 2 步,在“累积”选项卡中,将累积属性“米”和“分钟”都勾选,点击“确定”,如图 6-81 所示。

(6)运行最佳路径分析得到分析结果。

在网络分析工具栏上点击求解按钮。分析结果——最佳路径线状要素图层,将在地图中显示,在“网络分析”窗口中“路径”目录下也会同时显示,如图 6-82 所示。

该路线即为经历 5 个停靠点的最佳路径。

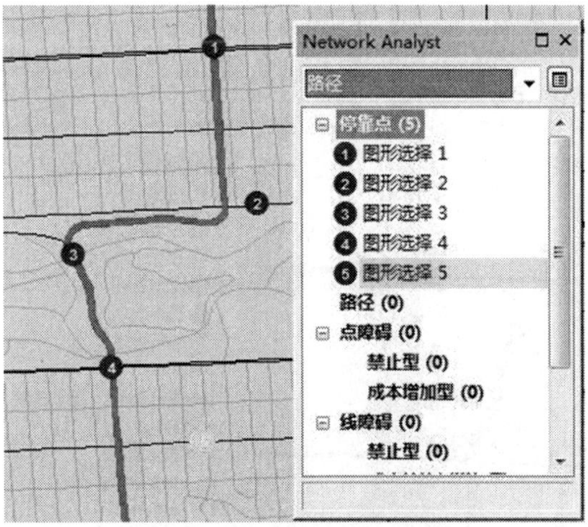

图 6-79　添加目的地

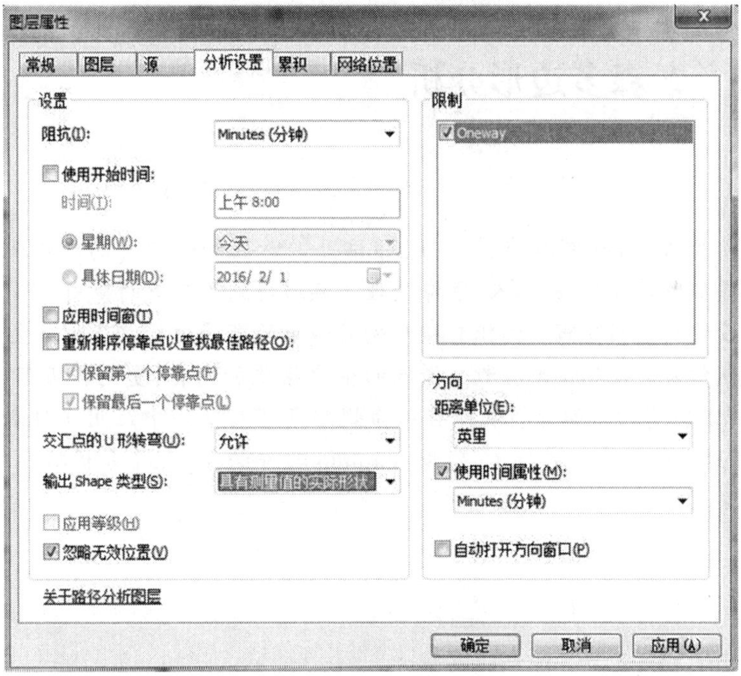

图 6-80　设置分析选项

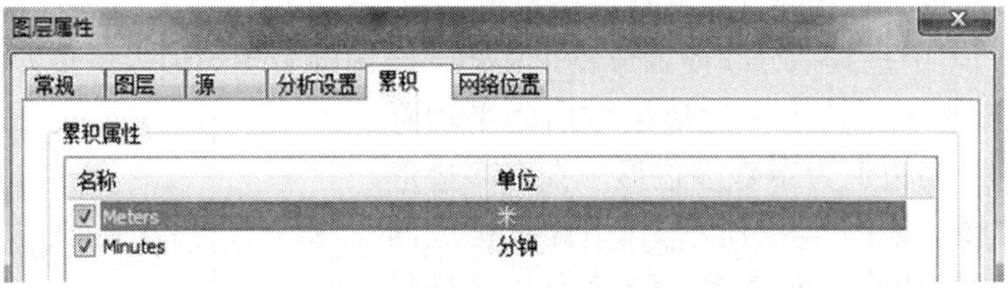

图 6-81　设置分析单位

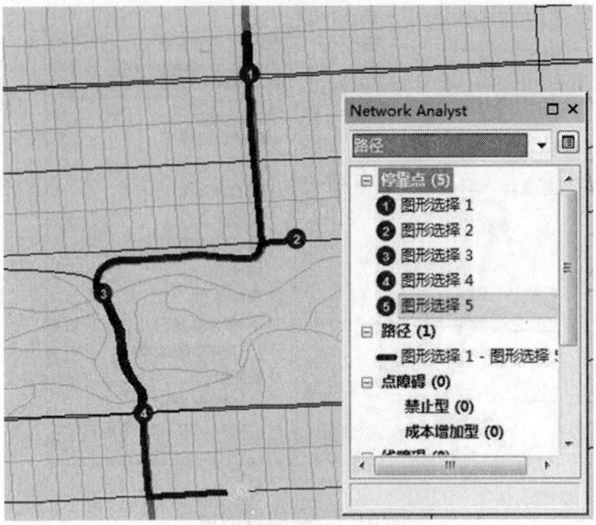

图 6-82　最佳路径结果

任务 6　泰森多边形分析

【任务描述】

泰森多边形即 Voronoi 图具有最近性、邻接性等特性和较完善的理论体系，已在图形学、机械工程、虚拟现实、GIS、机器人、图像处理等领域得到了广泛的应用。

城市公用设施的空间分布与组织直接影响着城市的布局结构以及城市生活的质量。城市学校布局规划作为一项优化配置教育资源的重要措施和内容，受到各级部门和群众的关注。GIS 工具以其特有的空间分析功能在城市规划研究与实践中应用正日渐兴起，本次任务选取市区 60 所学校作为研究样本，借助 MapInfo 软件的 Voronoi 分析功能对学校的服务范围进行较为深入的分析。

【相关知识】

1　泰森多边形及其特性

荷兰气候学家 A. H. Thiessen 提出了一种根据离散分布的气象站的降雨量来计算平均降雨量的方法，即将所有相邻气象站连成三角形，做这些三角形各边的垂直平分线，于是每个气象站周围的若干垂直平分线便围成一个多边形。用这个多边形内所包含的一个唯一气象站的降雨强度来表示这个多边形区域内的平均降雨强度，并称这个多边形为泰森多边形。泰森多边形也称为 Voronoi 图。如图 6-83 所示，其中虚线构成的多边形就是泰森多边形。泰森多边形每个顶点是每个三角形的外接圆圆心。

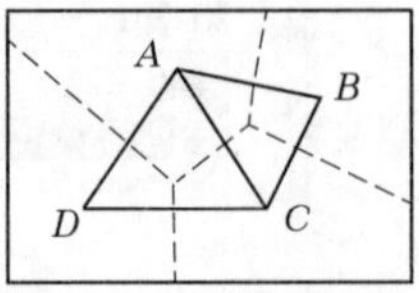

图 6-83　泰森多边形

泰森多边形的特性有：

(1)每个泰森多边形内仅含有一个离散点数据。

(2)泰森多边形内的点到相应离散点的距离最近。

(3)位于泰森多边形边上的点到其两边的离散点的距离相等。

2　泰森多边形的自动建立

建立泰森多边形算法的关键是把离散数据点合理地连成三角网(这种三角网称为 Delaunay 三角网),并尽量保证每个三角形为锐角三角形,否则可能因三角网的连接问题而形成奇异三角形。如图 6-84(a)为正常的情况,而图 6-84(b)则出现了问题。

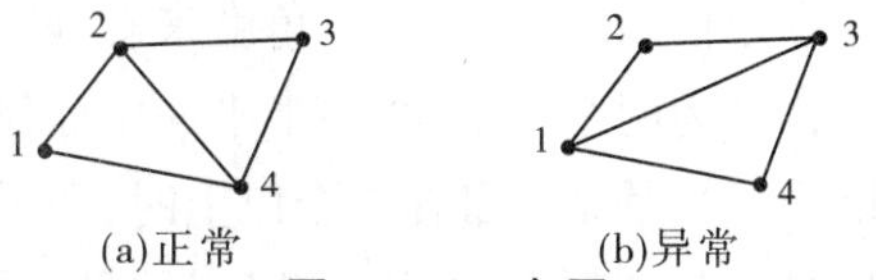

图 6-84　三角网

为了解决该问题,可先用离散点自动构建三角网的算法来建立合理的三角网(见图 6-85)。因此,自动建立泰森多边形的步骤为:

第 1 步,离散点自动构建三角网。对离散点和形成的三角形编号,记录每个三角形是由哪三个离散点构成的。

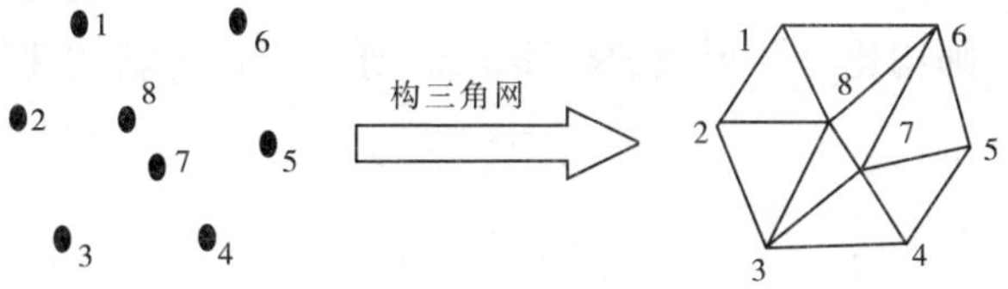

图 6-85　数据点自动联接三角网

第 2 步,找出与每个离散点相邻的所有三角形的编号,并记录下来。这只要在已构建的三角网中找出具有一个相同顶点的所有三角形即可。

第 3 步,对与每个离散点相邻的三角形按顺时针或逆时针方向排序,以便下一步连接生成泰森多边形。排序的方法可如图 6-86 所示。设离散点为 O。找出以 O 为顶点的一个三角形,设为 a;取三角形 a 除 O 以外的另一顶点,设为 A,则另一个顶点也可找出,即为 F;则下一个三角形必然是 OF 为边的,即为三角形 f;三角形 f 的另一顶点为 E,则下一三角形是以 OE 为边的;如此重复进行,直到回到 OA 边。

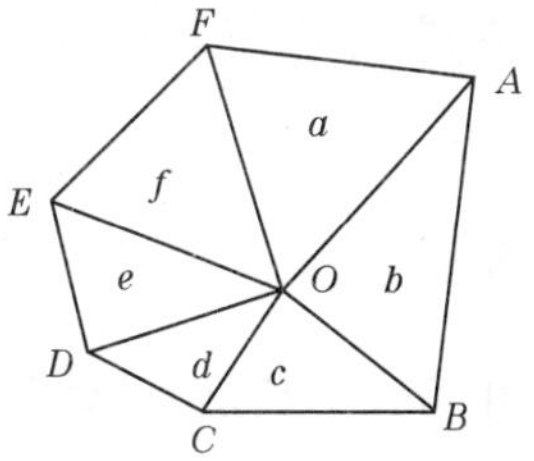

图 6-86　泰森多边形的建立

第 4 步,计算每个三角形的外接圆圆心,并记录之。

第 5 步,根据每个离散点的相邻三角形,连接这些相邻三角形的外接圆圆心,即得到泰森多边形。对于三角网边缘的泰森多边形,可作垂直平分线与图廓相交,与图廓一起构成泰森多边形。

3　泰森多边形的应用

泰森多边形可用于定性分析、统计分析、邻近分析等。例如,可以用离散点的性质来描述泰森多边形区域的性质;可用离散点的数据来计算泰森多边形区域的数据;判断一个离散点与其他哪些离散点相邻时,可根据泰森多边形直接得出,若泰森多边形是 n 边形,则就与

n 个离散点相邻;当某一数据点落入某一泰森多边形中时,它与相应的离散点最邻近,无须计算距离。

GIS 和地理分析中,经常采用泰森多边形进行快速插值和分析地理实体的影响区域,泰森多边形是解决邻接度问题的常用工具。用户可通过对输入数据层中的点进行快速插值形成新的多边形。新生成的泰森多边形具有唯一的属性,每个多边形仅仅包含一个输入点,每个多边形内部的任何位置与其相关点的距离都比其他多边形近。

在通信网络中,从几何角度来看,两基站的分界线是两基站之间连线的铅直等分线,将全平面分为两个半平面,各半平面中任何一点与本半平面内基站的间隔都要比到另一基站间隔小。当基站数量在 2 个以上时,全平面会划分为泰森多边形区域,区域中任何一点都与本区域内基站间隔最近,这些区域可以看作是基站的覆盖区域,这种由多个点将平面划分成的区域即为泰森多边形。每个泰森多边形内仅含有一个基站;泰森多边形内的点到相应基站的距离最近;位于泰森多边形边上的点到其两边的基站的距离相等。

另外,泰森多边形是一种经典的分形结构,在建筑与景观设计领域,设计师有意识地利用泰森多边形的几何特性来生成丰富的空间。泰森多边形不仅仅是对空间美感的一种新的控制性工具,还是设计师构建空间形式的整体系统,亦可以作为新的建筑空间原型。

【任务实施】

1 建立市区学校分布的空间数据

矢量化市区“学校. tab”,建立学校容纳学生最大人数字段(POP 字段)。

2 新建“学校服务范围”表

新建“学校服务范围”表并添加到当前地图窗口,在图层控制对话框,将其设为“可编辑”状态。

3 选择学校

单击主工具条的“矩形选择”工具,框选学校表中所有的学校。

4 生成学校的 Voronoi 图

点击菜单中的“对象”→“Voronoi”(见图 6-87)。设置 Voronoi 图字段值,这里将学校表的“POP”字段设置给 Voronoi 对象,点击“确定”后生成学校的 Voronoi 图,即学校的服务范围。

5 改变“学校服务范围”表的显示

单击“图层控制”对话框,设置“学校服务区”的显示样式为无填充,则学校和学校服务范围全部显示(见图 6-88)。

把学校服务范围即泰森多边形和小区分布图叠加,泰森多边形内的所有小区离这个学校最近,各个小区即可找到离自己最近的学校。

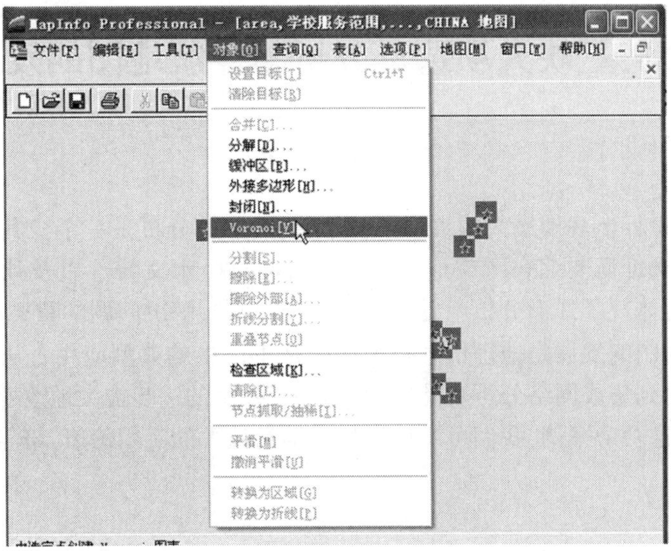

图 6-87 MapInfo 对象菜单

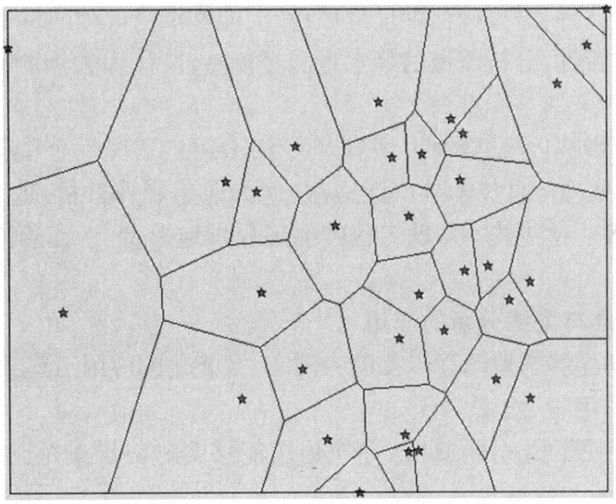

图 6-88 Voronoi 图

复习与思考题

1. 什么是空间数据的查询？本书中,介绍了哪些空间查询方式？SQL 查询的含义是什么？
2. 简述 DEM 常用的生成方法，它的主要优缺点是什么？
3. 什么是 DEM？DEM 有哪些方面的应用？
4. 什么是叠置分析、缓冲区分析？结合实际,举例说明。
5. 网络分析有哪些应用？结合实际,举例说明。
6. 什么是泰森多边形？其有什么特点？如何建立？
7. 什么是通视分析？如何实现通视分析？

思政案例:三峡大坝选址分析与导航地图的发展

1 案例背景

三峡大坝是世界上规模最大的水利工程之一,其选址分析是一个极其复杂且科学性要求极高的过程。选址需要综合考虑地形地貌、气候条件、水文特性以及社会经济影响等因素,这一过程充分体现了地形分析中发现问题、分析问题、解决问题的重要性。

同时,导航地图的发展是地理信息技术在日常生活中的典型应用。从传统纸质地图到现代电子地图,再到集成网络分析功能的智能导航,技术的进步极大地改变了人们的出行方式和效率。通过这两个案例,我们可以认识地理信息技术的实用价值,培养专业自信。

2 案例分析

2.1 三峡大坝选址分析的科学性

三峡大坝的选址需要对以下几个关键问题进行分析:

(1)地形与地质条件:需要确保坝址地质稳定,能够承受大坝的重量和水流的冲击。

(2)水文与气候特性:分析流域的降水量和径流特性,确保大坝能有效防洪并提供稳定的水资源供给。

(3)生态与社会影响:评估建设大坝对周边生态环境、居民生活和经济发展的影响。

在选址过程中,地理信息技术被广泛应用,例如遥感影像分析、地理信息系统(GIS)数据处理和三维建模等。这些技术帮助工程师准确分析地形特点、预测潜在风险并选择最佳方案。

2.2 导航地图的发展与网络分析的应用

导航地图从最初的静态地图逐步发展为动态、智能化的应用工具,网络分析技术在其中起到了至关重要的作用。

(1)路径优化:利用网络分析算法,导航地图能够实时提供最短路径、最快路径或经济路线,为用户节约时间和成本。

(2)服务定位:基于网络分析的外卖、快递配送服务已经成为人们生活中不可或缺的一部分。

(3)紧急救援:导航系统能够快速定位事故现场并规划最佳救援路线,大大提升了应急响应效率。

3 案例反思

3.1 培养发现问题、分析问题、解决问题的能力

三峡大坝的选址分析展示了如何利用科学方法应对复杂问题。我们应在学习中注重培养问题意识,学会通过多维度分析提出解决方案。

3.2 提升对地理信息技术应用的理解

导航地图的发展证明了地理信息技术对日常生活的深远影响。我们通过了解这些应用,可以增强对专业学习的兴趣与信心。

3.3 培养精益求精的工匠精神

无论是三峡大坝的选址分析还是导航地图的开发,都需要高度的精准性和严谨性。我们应在学习中不断追求卓越,注重细节。

3.4 树立团队协作意识

地形分析和网络分析的成功实施,离不开团队的紧密协作。我们应通过实践学习分工协作的重要性。

4 案例总结

三峡大坝选址分析和导航地图的发展是地理信息技术在不同领域的典型应用。这些案例既体现了地形分析和网络分析的重要性,也彰显了科学严谨与团队协作的价值。通过案例教学,可以培养从业人员发现问题、分析问题、解决问题的能力,增强他们的专业自信,激发他们对地理信息技术的兴趣,为未来的学习和实践打下坚实基础。

项目 7　地理信息可视化及产品输出

项目 7　地理信息可视化及产品输出

项目概述

通过相关知识的学习，了解地理信息的可视化过程，理解地理信息可视化概念，掌握 GIS 地图制图主要方法，了解 GIS 产品输出系统和类型；通过对 ArcGIS 软件相关功能的学习，学会用 ArcMap 完成地图可视化，以及输出 GIS 产品的操作方法。

本项目由地理信息可视化、可视化模型建设、GIS 产品输出 3 个任务组成，通过任务实施，为读者从事 GIS 产品输出岗位工作打下基础。

学习目标

知识目标

(1) 了解可视化定义，理解地理信息可视化概念和方法。

(2) 理解 GIS 地图制图原理和方法。

(3) 了解普通地图和专题地图的分类。

(4) 掌握专题地图表示方法。

(5) 了解虚拟现实技术和三维虚拟 GIS 技术。

(6) 了解 GIS 产品输出系统和产品的类型。

技能目标

(1) 会用 ArcGIS 软件实现专题图可视化结果显示。

(2) 会用 ArcGIS 软件进行地图整饰。

(3) 会用 ArcGIS 软件对地理数据输出相应的格式。

任务 1　地理信息可视化

【任务描述】

通过相关知识的学习，了解可视化概念和地理信息可视化概念，了解地理信息可视化方法。

本任务利用 ArcGIS 软件实现专题地图的可视化，以加深对可视化方法和表现形式的理解。

【相关知识】

1　可视化概念

可视化是将科学计算中产生的大量非直观的、抽象的或者不可见的数据,借助计算机图形学和图像处理等技术,以图形图像信息的形式,直观、形象地表达出来,并进行交互处理。它涉及计算机图形学、图像处理、计算机视觉、计算机辅助设计等多个领域,成为研究数据表示、数据处理、决策分析等一系列问题的综合技术。

1.1　科学计算可视化

"可视化"一词最早出现于1987年2月美国国家科学基金会(National Science Foundation,NSF)召开的一个专题研讨会上。研讨会后发表的正式报告给出了科学计算可视化的定义、覆盖的领域以及近期和长期研究的方向。这标志着"科学计算可视化"作为一个学科在国际范围内已经成熟。

科学计算可视化是运用计算机图形学或者一般图形学的原理和方法,将科学与工程计算等产生的大规模数据转换为图形、图像,以直观的形式表示出来。它涉及计算机图形学、图像处理、计算机视觉、计算机辅助设计及图形用户界面等多个研究领域,已成为当前计算机图形学研究的重要方向。

1.2　地理信息可视化

在地理信息系统中,可视化是以地理信息科学、计算机科学、地图学、认知科学、信息传输学与地理信息系统为基础,并通过计算机技术、数字技术、多媒体技术,动态、直观、形象地表现、解释、传输地理空间信息并揭示其规律,是关于信息表达和传输的理论、方法与技术的一门学科。

地理空间数据可视化技术是GIS输出成果形式表达的一个重要技术,是数字建模技术、现代计算机图形、图像显示技术与GIS技术结合发展的结果。地理信息可视化主要形式包括数字地图、多媒体地图、仿真地图、虚拟现实四种表现形式。

2　地图可视化

地图是空间信息可视化的最主要的形式,也是最古老的形式。在计算机上,将空间信息用图形和文本表示,在计算机图形学出现的同时也就出现了。这是空间信息可视化的较为简单而常用的形式。多媒体技术的产生和发展,使空间信息可视化进入一个崭新的时期。可视化的形式也五彩缤纷,呈现多维化的局面。Taylor强调了计算机技术基础支持下的地图可视化,并认为可视化包括交流与认知分析。由于可视化具有交流与认知分析的两个特点,从而使信息表达交流模型与地理视觉认知决策模型构成了地图可视化的理论,而这两个模型将应用于计算机技术支持的虚拟地图、动态地图、交互地图以及超地图的制作和应用等。

虚拟地图指计算机屏幕上产生的地图,或者利用双眼观看有一定重叠度的两幅相关地图,从而在人脑中构建的三维立体图像。虚拟地图具有暂时性,实物地图具有静态永久性。虚拟地图和人的心智图像相互联系与作用的原理和过程,同传统的实物地图是不一样的,需要建立新的理论和方法。

动态地图是由于地理数据存储于计算机内存，可以动态地显示关于地理数据的不同角度的观察、不同方法（如不同颜色、符号等）的表达结果，或者地理现象随时间演变的过程等。由于地图的动态性，地理现象的表达在时间维上展开。所以，传统的关于纸质静态地图的符号制作、符号注记等制作理论和方法在动态时不再完全适合。另外，人又是如何认知分析动态的信息流等需要进一步的探讨和深入研究。

交互地图使人可以通过一定的途径（如选择观察数据的角度、修改显示参数等）来改变地图的显示行为。在这个过程中，屏幕地图（或双眼视觉立体地图）即为虚拟地图。

超地图（Hyper-maps）是基于万维网（www）的、与地理信息相关的多媒体，可以让用户通过主题和空间进行多媒体数据的导航，这与超文本的概念相对应。超地图提出了万维网上如何组织空间数据并与其他超数据（如文本、图像、声音、动画等）相联系的问题。超地图对于地图的广泛传输与使用，即对公众生活、社会决策、科学研究等产生巨大的作用，具有重要的意义。

3 多媒体地理信息

使用文本、表格、声音、图像、图形、动画、音频、视频等各种形式逻辑地连接并集成为一个综合整体，以形象地表现地理空间信息，是地理空间信息可视化的重要形式。各种多媒体形式能够形象、真实地表示地理空间信息某些特定方面，是全面地表示地理空间信息的重要手段。

4 三维仿真地图

三维仿真地图是基于三维仿真和计算机三维真实图形技术而产生的三维地图，具有仿真的形状、纹理等，也可以进行各种三维的量测和分析。

5 虚拟现实

虚拟现实是指通过头盔式的三维立体显示器、数据手套、三维鼠标、数据衣（Date Suit）、立体声耳机等使人能完全沉浸计算机生成创造的一种特殊三维图形环境，并且人可以操作控制三维图形环境，实现特殊的目的。多感知性（视觉、听觉、触觉、运动等）、沉浸感（Immersion）、交互性（Interaction）、自主感（Autonomy）是虚拟现实技术的 4 个重要特征，其中自主感是指虚拟环境中物体依据物理定律动作的程度，如物体从桌面落到地面等。虚拟现实技术、计算机网络技术与地理信息相结合，可产生虚拟地理环境（Virtual Geographical Environment，VGE）。虚拟地理环境是基于地学分析模型、地学工程等的虚拟现实，它是地学工作者根据观测实验、理论假设等建立起来的表达和描述地理系统的空间分布以及过程现象的虚拟信息地理世界，一个关于地理系统的虚拟实验室，它允许地学工作者按照个人的知识、假设和意愿去设计修改地学空间关系模型、地理分析模型、地学工程模型等，并直接观测交互后的结果，通过多次的循环反馈，最后获取地学规律。虚拟地理环境特点之一是地学工作者可以进入地学数据中，有身临其境之感；另一特点是具有网络性，从而为处于不同地理位置的地学专家开展同时性的合作研究、交流与讨论提供了可能。

虚拟地理环境与地学可视化有着紧密的关系。虚拟地理环境中关于从复杂地学数据、地理模型等映射成三维图形环境的理论和技术，需要空间可视化的支持；而地理可视化的交流传输与认知分析在具有沉浸投入感的虚拟地理环境中则更易于实现。地理可视化将集成于虚拟地理环境中。

【任务实施】

利用 ArcGIS 软件将地图信息进行分级色彩设置，让专题信息更加清晰直接地显示在地图上，进而提高可视化的效果。

分级色彩是将要素属性数值按照一定的分级方法分成若干级别之后，用不同的颜色来表示不同级别。每个级别用来表示数值的一个范围，从而可以明确反映制图要素的定量差异。色彩选择和分级方案是分级色彩表示方法的重要环节，因为颜色的选择和分级的设置要取决于制图要素的特征，只有合理的配色方案和科学的分级方法才能将地图中要素的宏观分布规律体现得清晰明确。

任务实施步骤如下：

(1)新建模板，打开 USA 地图数据。

(2)选择 states 图层属性菜单，如图 7-1 所示。

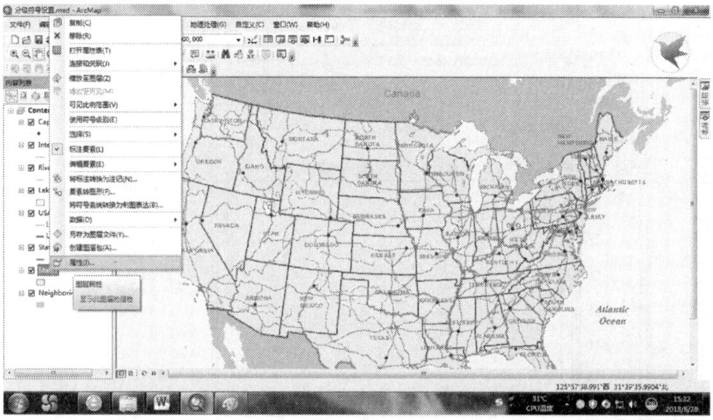

图 7-1　选择“图层属性”菜单

(3)在符号系统列表框中单击“数量”选项，选中“分级色彩”，在“字段复选框”的“值”下拉菜单中选择“POP2000”，表示 2000 年的人口总数；在“归一化”下拉菜单中选择 Shape_Area，表示某一地区的总面积，如图 7-2 所示。其目的是将 POP2000(人口数)除以 Area(面积)，得到人口密度的计算结果，人口密度可以使用分级符号方法体现在地图中。

注意：“图层属性”对话框中默认要素的分级方案为“自然间断点分级法”，它是在分级数确定的情况下，通过聚类分析将相似性最大的数据分在同一级，差异性最大的数据分在不同级，这种方法可以较好地保持数据的统计特性，但分级界限往往是任意数，不符合常规制图需要。

(4)将“分类”复选框中的分类定为 7，单击“分类”按钮，打开“分类”对话框，如图 7-3 所示，选择分级方式为“手动”，将原来的分级界限依次改动为自己需要的情况。单击“显示标准差”和 “显示平均值”前的复选框，直方图中出现新的分级界限、标准差和平均值。

(5)确认新的方案后，点击“确定”按钮，返回“图层属性”对话框，可以看到新旧分级方案之间的差异。单击 Label 中的数字，改为简洁直观方式，应用更改。

现在通过对制图要素的具体设置，得到了一张利用分级色彩方法表示的 USA2000 年的人口密度图，如图 7-4 所示。依据色彩差异，人口密度的宏观分布特征显而易见，颜色越深，则密度越高。上述分级色彩方案直接应用了系统中的一种色彩序列，若认为色彩差异还不

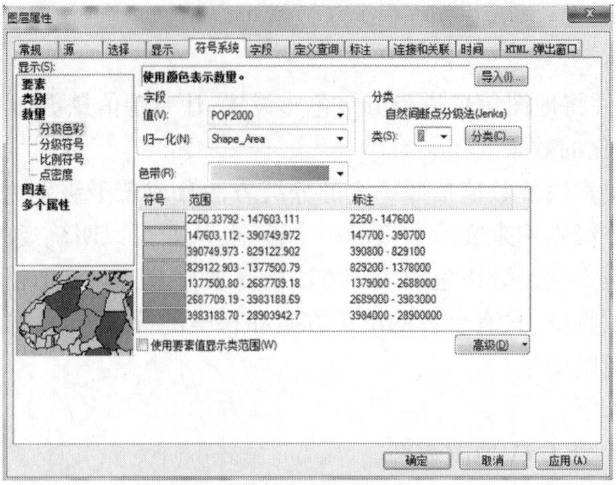

图 7-2 “符号系统”对话框

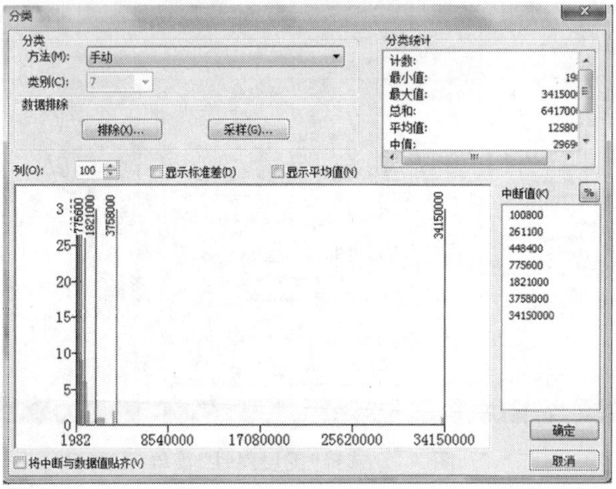

图 7-3 “分类”对话框

够明显,可以手工设置颜色方案。

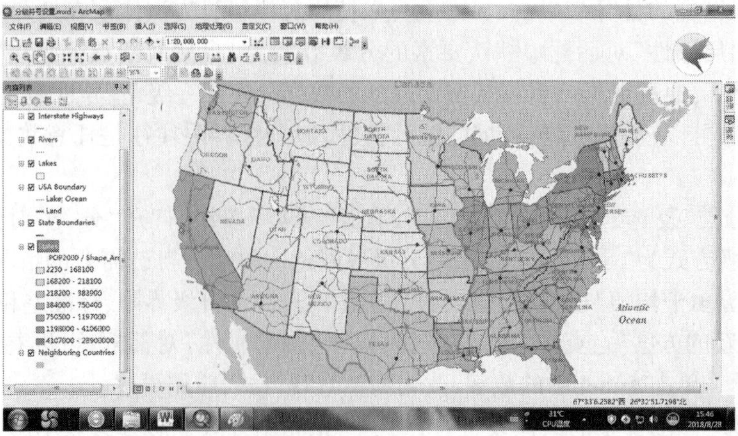

图 7-4 人口密度分布图

同时还有类似的方法,比如分级符号、比例符号、点密度等分级符号的方法,读者可以自己操作练习,并对比不同之处。

任务2　地理信息可视化模型建设

【任务描述】

通过相关知识的学习,了解GIS地图制图的方法,理解普通地图制图和专题地图制图的方法,了解专题地图的分类,了解虚拟技术的应用方法。通过ArcGIS软件的操作,熟悉专题地图的制作方法。

通过任务实施,加深对专题地图制作的理解以及ArcMap地图整饰的操作方法。

【相关知识】

1　二维建模

二维建模过程就是地图制图的过程,包括模拟的2D纸质地图、数字3D模型或动画制图绘制。

计算机地图制图已经取代传统的地图制图,成为现代地图制图的主要方式。以计算机及由计算机控制的输入、输出设备为主要工具,计算机地图制图是通过数据库技术和数字处理方法来制图的。在制图的过程中,以数字形式在系统内部传递地理信息,通过数据的处理对图形进行转换。

1.1　计算机地图制图与GIS

计算机地图制图是以传统的地图制图原理为基础,利用电子计算机及其连接的输入、输出装置作为主要工具,采用数据库技术和图形数字处理方法,实现地图信息的获取、变换、传输、识别、存储、处理、显示和绘图输出。

GIS主要功能之一就是地图制图,地图既是输入数据的来源,又是系统输出的一种形式,从信息获取、数据处理到图形显示、地图产品等,其影响几乎涵盖制图的每一个方面。计算机地图制图的发展孕育了GIS的诞生,而GIS的发展又推动着计算机地图制图的迅速提高和进一步发展。

GIS和计算机地图制图都需要数据采集、数据处理与图形输出等基本功能,计算机地图制图为地理信息的时空分布和产品输出提供了先进的手段, GIS和计算机地图制图系统的主要区别如下:

(1)计算机地图制图系统更关注可见实体的显示和处理,而对可见实体可能存在的非图形属性不太注重,然而这种属性在地理分析中却是必要的数据。

(2)GIS不仅关心实体的空间分布,而且强调它们的显示方法和显示质量。

(3)GIS的发展一定需要很好的计算机地图制图系统,但计算机地图制图系统本身并不能充分满足用户需求,同时,也没有必要单独发展功能完善的计算机地图制图系统而不去进一步形成地理信息系统。

1.2　GIS 中地图制图的基本原理及过程

GIS 是从机助制图系统和地图管理系统发展起来的,因而地图制图是 GIS 的主要功能之一。对于所有的 GIS,地图是一个中心,它既是 GIS 的重要数据源,又是 GIS 空间数据最有效的表示形式,并且是 GIS 最主要的输出产品,GIS 的查询和分析也大多是在地图上进行,其结果也往往以地图的形式显示出来。总之,地图制图是 GIS 的必备功能和基本功能。

专门用于地图生产的数据不一定能符合 GIS 的数据要求,但是,GIS 中空间数据经过适当加工和处理则可以满足地图生产的要求。从而形成 GIS 从空间数据的采集、建库、地图生产的一体化过程,如图 7-5 所示。

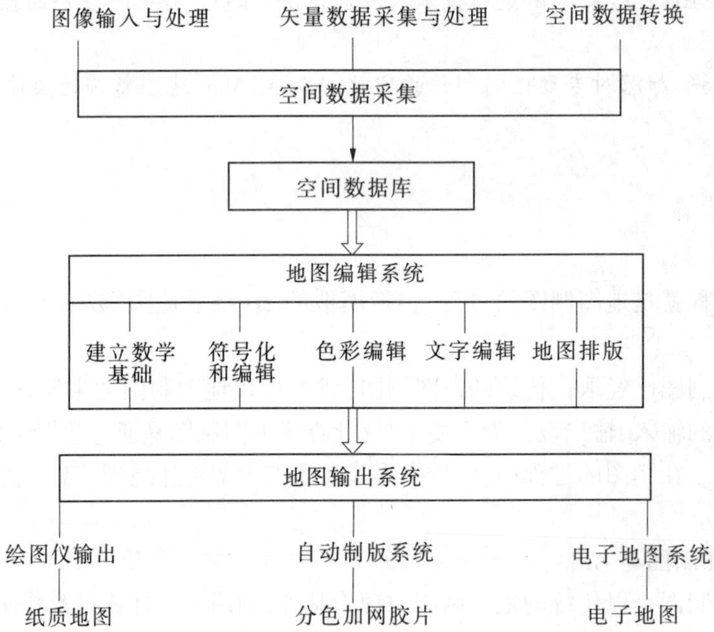

图 7-5　基于 GIS 的地图生产过程

1.3　普通地图制图

地图一般分为普通地图和专题地图。普通地图是一般性的参考图,它主要用来表达七方面内容,包括居民地、道路、行政边界、地形、地表覆盖、水系和典型目标物。普通地图要素一般分为独立地物要素、自然要素和社会经济要素三种。

1.3.1　独立地物要素的表示方法

在地图上无法按比例表示的一些地物,统称为独立地物。独立地物在地形图上表示得很详细,随着地图比例尺的缩小,表示的内容也逐渐减少。在地形图上,独立地物符号必须精确地表示地物位置,符号要规定定位点,便于定位。

1.3.2　自然要素的表示方法

1. 水系要素

水系要素要表示其类型、形状、大小和流向。海洋及依比例尺表示的湖泊、水库、双线河流等面状水系一般用蓝色水涯线与浅蓝色水域色表示;河流、运河及沟渠等水系一般以蓝色线状符号的轴线表示其位置及长度,线状符号的粗细表示河流的上游与下游、主流与支流的关系。运河与沟渠在图上一般用蓝色单实线表示。

2. 地貌要素

地貌要素通常要反映其形态特征，表示其不同类型和分布特点，显示其地面起伏效果。

地貌的表示一般有反映其数量特征的等高线法，明显反映地貌高程带的分层设色法，反映地貌立体感的晕渲法。

3. 土质与植被要素

土质与植被要素在图上强调其分布范围和平面图形特征，一般采用区域底色和符号相配合的方法表示，并可加注必要的说明注记。

1.3.3 社会经济要素的表示方法

1. 居民地要素

在图上通常用符号加注记的方式表示其位置、形状、类型、建筑物的质量特征、人口数量和行政等级。

2. 交通要素

地图上的交通要素一般指陆路交通、水路交通、空中交通和管线运输。

(1)陆路交通包括铁路、公路和其他道路三种。铁路要素一般用传统的黑白相间的所谓"花线"符号表示，必要时与说明注记及颜色配合使用表示。公路要素一般用单、双实线等线形符号、说明注记及颜色配合使用表示。

(2)水路交通包括内河航道和海洋航线两种。内河航道线常用带有箭头的短线表示河流通航的起讫点。海洋航线常由港口和航线两种标志组成，用符号表示港口的位置，用蓝色虚线表示航线。

(3)空中交通常采用符号来表示航空机场，除非航空专题图，一般不表示航空线。

(4)管线运输主要包括管道和高压输电线，通常采用线状符号加说明注记来表示。

3. 境界要素

境界要素包括政治区划界、行政区划界以及其他地域界，它们在地图上表示的原则相同，常用不同规格、不同结构、不同颜色的点、线段组合表示，必要时加色带强调表示。

1.4 专题地图制图

专题地图是指突出而尽可能完善、详尽地表示制图区内的一种或几种自然或社会经济(人文)要素的地图。专题地图的内容、形式多种多样，能够广泛应用于国民经济建设、教学和科学研究、国防建设等行业部门。

1.4.1 专题地图的分类

专题地图是突出的表示一种或几种自然现象和社会经济现状的地图。专题地图和普通地图相比，其内容和形式是多种多样的，侧重于表示某一方面的内容。专题地图按内容性质分类可分为自然地图、社会经济地图和其他专题地图。

自然地图是表示自然界各种现象特征、地理分布以及自然要素的空间分布规律及其相互关系的地图。主要包括地质图、地貌图、地势图、地球物理图、水文图、气象气候图、植被图、土壤图、动物图、综合自然地理图、天体图、月球图、火星图等。

社会经济地图是表示各种社会、经济等人文要素的地理分布、区域特征和相互关系的地图。主要包括人口图、城镇图、行政区划图、交通图、文化建设图、历史图、科技教育图、工业图、农业图、经济图等。

其他专题地图是表示不宜直接划归自然或社会经济地图的，而用于专门用途的专题地图。主要包括航海图、宇宙图、规划图、工程设计图、军用图、环境图、教学图、旅游图等。

专题地图的种类很多,但大都是由地理基础和专题内容组成的。地理基础是编绘专题内容的骨架,表示专题内容的地理位置和说明专题内容与地理环境的关系。专题地图上表示哪些地理基础要素和详细程度如何,将根据专题内容的不同而有所不同。

专题内容,一是将普通地图内容中一种或几种要素显示得比较完备和详细,而将其他要素放到次要地位或省略,如交通图等;二是包括在普通地图上没有的和地面上看不见的或不能直接测量的专题要素,如人口密度图。

1.4.2 专题地图的表示方法

专题地图除采用普通地图某些表示方法外,还需要专门反映各种要素性质、数量、空间分布和时间变化的表示方法,以便读者能对专题内容要素进行科学分析。

在专题地图中,各种制图对象的基本形状是由点、线、面及其过渡形态组成的,并以此反映现象的分布特点、现象的变化时刻、质量和数量的特征及综合特征。

(1)定位符号法:表示点状分布的物体,如工业企业、气象台或站等。采用不同形状、大小、颜色的符号表示其位置。

(2)线状符号法:用于表示呈线状分布的对象(现象),如河流、交通线、地质构造线等。

(3)范围法:表示呈间断成片分布的面状对象,如森林、农作物分布。用真实的或隐含的轮廓线表示分布范围,用颜色、网纹、符号、注记等区分质量特征。范围法可分精确的和概略的。

(4)质底法:表示连续分布、满布于整个区域的面状现象,如地质现象、土地利用状况。在轮廓界线内用颜色、网纹、符号注记等表示现象的质量特征。

(5)等值线法:用等值线的形式表示地形起伏、气温、降水等满布整个制图区域的均匀渐变的自然现象。

(6)定位图表法:用图表的形式反映定位于制图区域某些点周期性现象的数量特征和变化的方法。如风速玫瑰图表等。

(7)点数法:对呈分散的、复杂分布的现象,如人口、动物分布、植物分布,用一定大小和形状的点群来反映。

(8)动线法:用箭形的符号表示现象的运动路线和方向,比如人口迁移路线、货运路线或者洋流等。箭形的粗细或宽度表示洋流的速度、强度或者货运的数量。

(9)分级统计图法:是在整个制图区域的若干个小的区划单位内(行政区划或其他区划单位),根据各分区资料统计的数量(相对)指标进行分级,并用相应色级或不同疏密的晕线,反映各区现象的集中程度或发展水平的分布差别。分级统计图法可反映布满整个区域的现象(如地貌切割密度),呈点状分布的现象(如居民点密度)或线状分布的现象(如河网密度或道路网密度),但较多的是反映呈面状但属分散分布的现象,如反映人口密度、某农作物产量、人均收入等。此法因常用色级表示,故亦称色级统计图法。

(10)分区统计图表法:在各分区单元内按统计数据描绘成不同形式的统计图表,比如饼状图、直方图等,置于相应的区划单元内,以反映各区划单元内现象的总量、构成和变化。

2 三维建模

在信息时代,人们生活在两个世界里:物理的世界和数字的世界。通俗地讲,“数字城市”就是把物理城市数字化。而我们生活在日益复杂的三维立体空间,三维建模主要处理以三维坐标(X,Y,Z)表示的空间位置、格局与形态结构及其关联的各种属性,旨在强调地上及地下室内和室外等完整三维空间实体的集成表示,既有自然的地形地貌和地表的各种人工建筑物,还有地下的地质结构、工程设施和建筑物,突出整个三维实体空间一体化的高精度建模和准确度量分析。ArcGIS 中的三维建模与实践如下。

(1)运行程序:ArcGIS→ArcScene,打开 ArcScene。

(2)在 ArcScene 中执行命令:“自定义”→“扩展模块”,选中 3D Analyst 扩展模块,在 ArcScene 中点击添加数据按钮,将图层(Roads, bldg, ortho. lan, dtm_tim)添加到当前场景中,如图 7-6 所示。

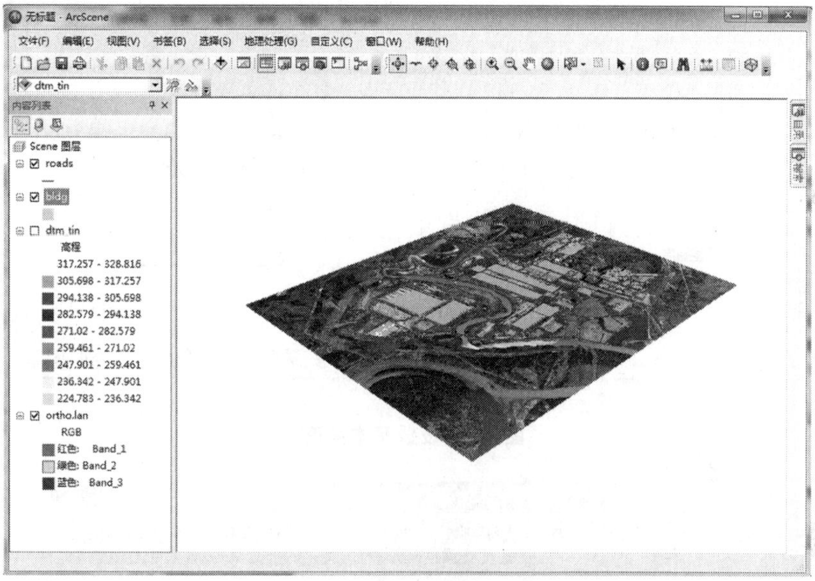

图 7-6　打开三维场景数据

(3)数字高程模型用来显示地形特征,暂时关闭图层 dtm_tin,不显示地形信息。

(4)在图层列表面板中右键点击图层 ortho. lan,打开“图层属性”对话框,在“基本高度”选项页中,将高度设置为“在自定义表面上浮动”,并选择当前场景中的 TIN 数据图层:dtm_tin,在“从要素获取的高程”中设定高程的夸张系数为 2,高程将被夸大 2 倍,点击“确定”。如图 7-7 所示。

(5)以相同方法设置图层 Roads、bldg 的属性,系数统一设置为 2。

(6)对图层 bldg,还需要进一步设置拉伸选项和符号选项,将图形要素三维化显示。通过设置拉伸表达式为 HEIGHT * 2,建筑的高度将根据属性字段 HEIGHT 的数据确定,具体设置如图 7-8、图 7-9 所示。

通过设置符号选项,为每个不同的建筑赋不同的颜色,使用唯一值方法,对 BO_ID 字段进行颜色赋值,如图 7-10 所示。

(7)可以点击工具栏上的查询按钮,查询每个建筑物的属性。通过操作,熟悉工具中各按钮的功能,如图 7-11 所示。

其中,飞行按钮有两种状态 :表示停止飞行,表示正在飞行状态,通过点击鼠标

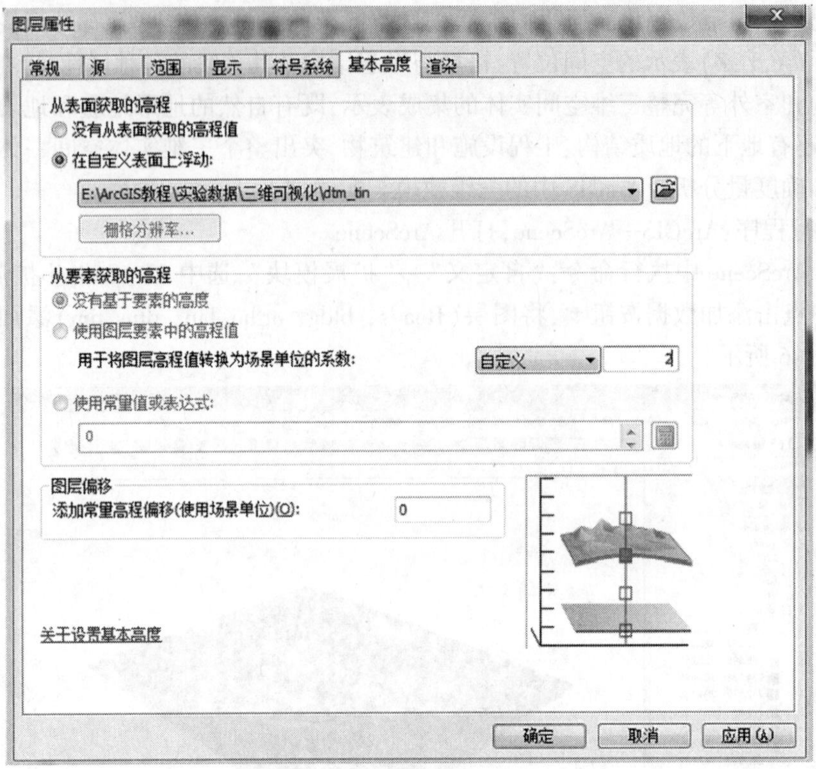

图 7-7　设置基本高度

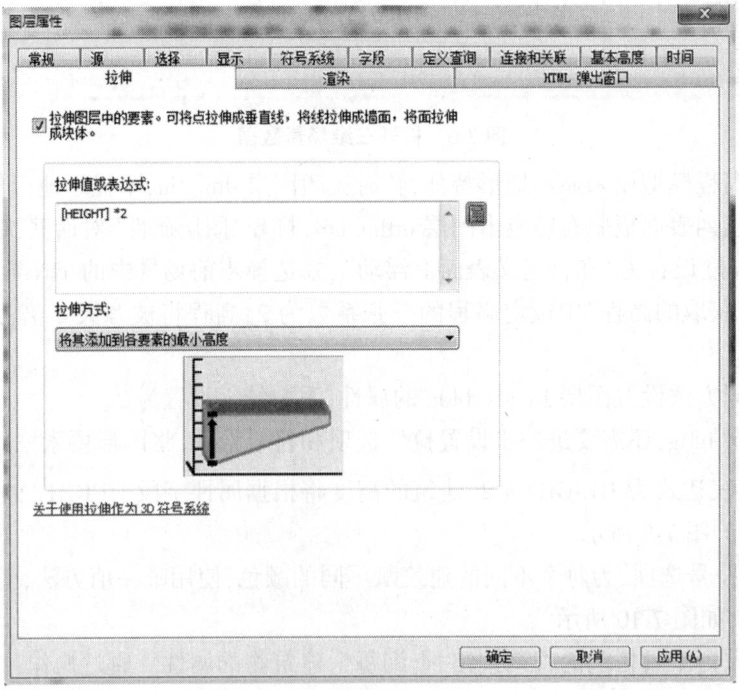

图 7-8　设置拉伸数值

图 7-9 使用表达式计算高度

图 7-10 使用符号系统改变建筑颜色

图 7-11 基础工具条

左键可以加快飞行速度,通过点击鼠标右键可以减慢飞行速度,直至停止,通过移动鼠标可以调整飞行方位、高度。

完成后的效果如图 7-12 所示。

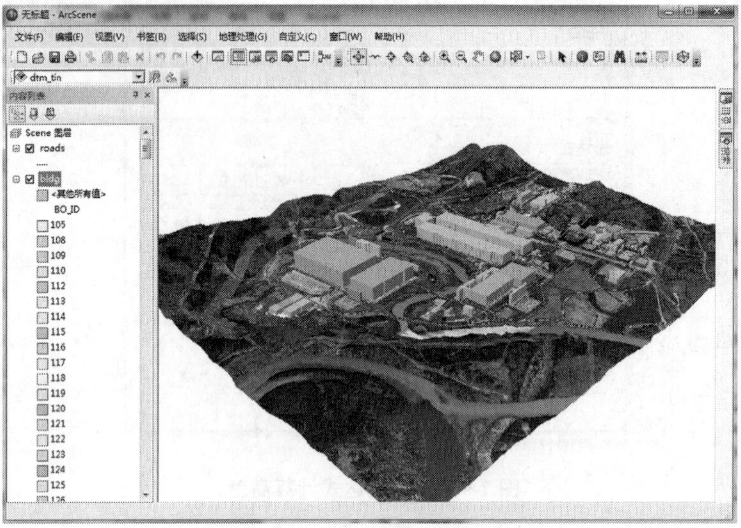

图 7-12　三维模型最终成果

3　实景建模

实景建模技术主要通过 Bentley Context Capture 软件来实现。Context Capture 软件原理是分析从不同视点拍摄的几个照片的静态对象,并以自动检测对应于一个相同的物理点像素,通过连续拍摄且有 70%的重叠率的相邻两张照片自动生成高分辨率的三维模型。如雕塑、文物、街景、城市整体模型等都可以通过 Context Capture 来实现(见表 7-1)。照片可以来自任何数码相机或是智能手机中的相机。

Context Capture 能够提高地理信息工作流中实景建模数据的质量和性能,这对于众多的 ArcGIS 用户及其他地理信息用户来说尤其有价值。这些用户现在可以减少实景捕捉的成本和时间,并提高各个项目中以及企业利益相关者之间实景数据的可访问性。

表 7-1　Context Capture 软件版本功能介绍

序号	Context Capture 软件版本功能
1	支持 Windows 操作系统
2	支持照片格式(JPEG/RAW/TIFF)
3	支持 3D 成果输出(3MX/OBJ/FBX/collada/STL/OSGB)
4	支持 3D 彩色点云成果输出(POD/LAS)
5	海量数据并行处理
6	地理参考支持
7	真正射技术与 2.5 维数字表面模型成果输出(TIFF/GEOTIFF)

基于现实条件下得到的三维表现可用于设计建模和施工建模,直接通过数字摄影生成

真实的三维模型,工作流程如图 7-13 所示。生成的真实的三维模型有极其丰富的三维环境,并且能够采集所有细节,而不仅仅关注选定特征比如建筑。还能够在三维模型中进行地理定位,比如楼的高度信息和空间距离等。

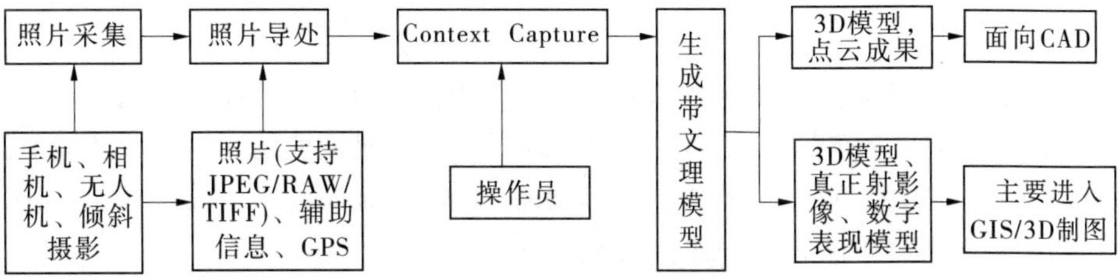

图 7-13　实景建模工作流程

实景建模可以应用到基础设施、城市模型、立交桥结构建模、逆向工程建模等领域。

(1)基础设施。使用旋翼无人机携带 3 600 万像素数码相机拍照 171 张,单节点计算 2 h,生成模型分辨率 2 cm。

(2)城市建模。使用大飞机专业相机拍照 200 张照片,照片像素为 8 000 万像素或上亿像素,模型分辨率 7 cm。

(3)立交桥结构建模。使用直升机拍照 250 张,照片像素为 2 100 万像素,模型分辨率 3 cm,单个计算机工作 4 h 生成模型。

(4)逆向工程。逆向工程就是一种产品设计技术再现过程,即对一项目标产品进行逆向分析及研究,从而演绎并得出该产品的处理流程、组织结构、功能特性及技术规格等设计要素,以制作出功能相近,但又不完全一样的产品。逆向工程源于商业及军事领域中的硬件分析。其主要目的是在不能轻易获得必要的生产信息的情况下,直接从成品分析,推导出产品的设计原理。地面拍摄 150 张照片,单个计算机计算工作 2 h,生成模型分辨率 5 mm。

此外,实景建模也可用于规划建设项目、道路状况建模以完成对道路状况的检测、地下管线建模以完成对地下管线的检测和维修,还可以用于矿山的体积测量,测量山体表面积、体积、长度、经纬度、高程等。

4　虚拟现实

4.1　虚拟现实技术(VR)简介

虚拟现实(Virtual Reality,VR)也称为灵境技术或者人工环境。虚拟现实是利用电脑模拟产生一个三维空间的虚拟世界,提供使用者关于视觉、听觉、触觉等感官的模拟,让使用者如同身临其境,可以及时并没有限制地观察三维空间的事物。虚拟现实是指通过头盔式的三维立体显示器、数据手套、三维鼠标、数据衣、立体声耳机等使人完全沉浸在计算机生成创造的一种特殊三维图形环境中,并可以操作控制三维图形环境,实现特殊的目的。

4.2　虚拟现实技术的意义

VR 技术集成了计算机图形技术、计算机仿真技术、人工智能、传感技术、显示技术、网络并行处理等技术的最新发展成果,是一种由计算机辅助生成的高技术模拟系统。虚拟现实具有四个特征,包括多感知性、沉浸感、交互性、自主感。其中自主感是指虚拟环境中物体依据物理定律动作的程度,如物体从桌面落到地面等。

(1)多感知性。

所谓多感知性,就是除了一般计算机所具有的视觉感知外,还有听觉感知、力觉感知、触觉感知、运动感知,甚至包括味觉感知、嗅觉感知等。理想的虚拟现实就是应该具有人所具有的感知功能。

(2)沉浸感。

沉浸感又称临场感,指用户感到作为主角存在于模拟环境中的真实程度。理想的模拟环境应该使用户难以分辨真假,使用户全身心地投入计算机创建的三维虚拟环境中,该环境中的一切看上去是真的,听上去是真的,动起来是真的,甚至闻起来、尝起来等一切感觉都是真的,如同在现实世界中的感觉一样。

(3)交互性。

交互性是指用户对模拟环境内物体的可操作程度和从环境得到反馈的自然程度,包括实时性。例如,用户可以用手直接抓取环境中的物体,这时手有握着东西的感觉,并可以感觉物体的重量,视场中的物体也随着手的移动而移动。

(4)自主感。

自主感是指虚拟环境中物体依据物理定律动作的程度。例如,当受到力的推动时,物体会向力的方向移动,或翻倒,或从桌面落到地面等。

4.3 虚拟现实技术的应用

一个完整的虚拟现实系统有虚拟环境,以高性能计算机为核心的虚拟环境处理器,以头盔显示器为核心的视觉系统,以语音识别、声音合成与声音定位为核心的听觉系统,以方位跟踪器、数据手套和数据衣为主体的身体方位姿态跟踪设备,以及味觉、嗅觉,触觉与力觉反馈系统等功能单元构成。

虚拟现实技术的应用前景是很广阔的,它的应用领域有数字城市、场馆仿真、地产漫游、室内设计、旅游教学、文物古迹、工业仿真、汽车仿真、道路桥梁、油田矿井、水利电力、数字展馆、地质灾害、应急预案等行业模块,逐步推动形成相互支持、相互推动的 VR 高科技大产业生态环境。

(1)数字城市应用。虚拟现实技术可以通过三维建模逼真地模拟现在和未来的城市,支持数据分析、方案论证和优化,支持地理信息系统,可以为多部门参与和协同工作提供有效的平台。

(2)场馆仿真应用。利用虚拟现实技术,通过计算机将在建或已建的场馆虚拟出来,达到一个触手可及的真实三维环境,以提前展示场馆面貌,供市民浏览,从而对场馆的规划设计进行现场评估。

(3)地产漫游应用。地产漫游是集影视广告、动画、多媒体、网络科技于一身的最新型的房地产营销方式。通过虚拟现实技术可以让购房者看到直观的样板房形象,让购房者在电脑上亲眼看到几年后才建成的小区,观赏到优美的小区环境设计,甚至能够在电脑上选户型。

(4)室内设计应用。虚拟现实不仅是一个演示媒体,而且是一个设计工具。它以视觉形式反映了设计者的思想,把这种构思变成看得见的虚拟物体和环境,使以往只能借助传统的设计模式提升到数字化的即看即所得的完美境界,大大提高了设计和规划的质量与效率。

(5)旅游教学应用。旅游和导游专业教学过程中存在实习资源匮乏而实地参观成本又高的难题。虚拟现实技术可以按照旅游专业的教学要求和实施特点,开发出适用于导游实训、旅游模拟、旅游规划的功能和模块,让师生足不出户,就能在三维立体的虚拟环境中纵览遥在万里之外的风光美景。从而通过情景化的学习界面、人机交互式的模拟旅游体验,改善教学环境、优化教学过程、增强教学效果。

(6)文物古迹应用。虚拟现实技术可以将文物建筑、文物景点、文物物品、古代人像及行为、古代自然现象及天体现象等进行虚拟展示和虚拟复原,从而使文物脱离地域限制,实现资源共享,真正成为全人类可以"拥有"的文化遗产。

(7)油田矿井应用。在建立油田生产和管理流程优化应用模型的基础上,利用虚拟现实技术对数据实现可视化和多维表达,并且通过智能化分析模型,为企业的经营管理提供良好的信息支撑环境。

(8)水利电力应用。虚拟现实平台可以与电力信息系统紧密结合,逼真再现变电站现场场地、变压器、母线、断路器、隔离开关、接地刀闸、站用变压器等一次设备的操作过程和设备运行状态,从而为电力行业提供可视化系统解决方案。

(9)地质灾害应用。虚拟现实仿真平台可以实现水利工程仿真、地震应急救援仿真、地震应急推演仿真、地质灾害仿真,实现地质灾害虚拟环境功能与展示的完美结合,通过在虚拟的环境中进行预防地质灾害的模拟演练,以达到提升防灾、避灾安全意识的目的。

(10)应急预案应用。应急虚拟现实仿真演练系统通过对各类灾害数值模拟和人员行为数值模拟的仿真,在虚拟空间中仿真灾害发生、发展的过程,以及人们在灾害环境中可能做出的各种反应;并在演练平台上,在最大限度仿真实际灾害的条件下,开展应急演练。

随着虚拟现实技术的发展,虚拟现实技术的应用领域也越来越广泛,相信在不久的将来,虚拟现实技术能够给更多的领域带来革命性的变化。

4.4 三维虚拟GIS(VR-GIS)的应用

三维虚拟GIS(VR-GIS)技术是指虚拟现实技术与地理信息系统技术相结合的技术,包括与网络地理信息系统(WebGIS、ComGIS)相结合的技术。VR-GIS技术是20世纪90年代才开始出现的一种专门以地学信息科学为对象的虚拟现实技术。

GIS和VR两个技术的连接,主要是通过虚拟现实构模语言(VRML)转换文件格式,把GIS信息转到VR中表示。VR-GIS几乎可用于任何可以使用常规GIS的地方,它可以高度集成地、有效地实现实时3D GIS的地形数据可视化,具有管理大量高程数据的能力,管理复杂地理数据集。

(1)综合开发与治理虚拟实验。包括区域可持发展实验、流域开发与综合治理实验。

(2)污染与整治虚拟实验。包括大气污染过程、水质污染过程与扩散过程实验、噪声污染实验等。

(3)科学可视化。其目标是开发对不同科学目的的三维地理制图表示的可能性,重点是目标本身的可视化方法。

(4)军事模拟和情报应用。军事模拟特别是飞行模拟是VR实施的主要推动力,军事VR-GIS的一个目标是在未来演习中允许"虚拟预演"。

(5)教育与培训。

虚拟地理信息系统特别适用于教育和培训工作,具有一切影像教育的特点,可以将对地球科学的知识、抽象的概念,用生动的、逼近真实的感觉来表达,使学生易于接受和了解复杂系统。由于数据更加逼真,大大提高了人们的想象力,激发了受教育者的学习兴趣,学习效果十分显著。

【任务实施】

本实训任务为专题地图制作。

专题地图是突出地表示一种或几种自然现象和社会经济现象的地图。行政区划图表示各级行政区域的划分,反映政府对国界、省界等的标准绘制和行政区域命名及各类地名的正确表示,是最常用的地图之一。

当确定了一幅地图所包含的数据之后,下一步就是确定地图要素的表示方法,即符号化方法。坐标格网是地图重要的组成要素,它反映了地图的坐标系统或者地图投影信息。一幅完整的地图除上述要素外,还需要包含与地理数据相关的一系列辅助要素,如图名、图例、比例尺、指北针等。本次任务以某市行政矢量数据为基础(数据来源于地理信息系统空间分析实验教程)。

1 实训要求

1.1 数据的符号化显示

地图中共有 6 个区,将这 6 个区按照 ID 字段来用分类色彩表示。

将道路按 Class 字段分类;分为一级道路、二级道路、三级道路和四级道路,分别使用不同的颜色来表示。

地铁线符号颜色:深蓝色;宽度:1.0。

区县界线 Color 颜色:橘黄色,宽度:1;样式: dasher。

区县政府颜色:红色;大小:10.00;样式:Star3。

市政府符号在区县政府基础上改为 18。

1.2 注记标注

对地图中 6 个区的 Name 字段使用自动标注,标注统一使用 Country2 样式,大小为 16。

手动标注黄浦江(双线河),使用宋体、斜体、16 号字,字体方向为纵向,使用曲线注记放置。

地铁线使用自动标注,采用 Country3 样式。

道路中,对道路的 Class 字段为 GL03 的道路进行标注,字体为宋体,大小为 10。

区县政府使用自动标注,字体使用宋体,大小为 10。

市政府使用自动标注,字体为楷体,大小为 14,并将注记放置在符号的上部。

1.3 绘制格网

采用索引参考格网,使用默认设置。

1.4 添加图幅整饰要素

添加图例,包括所有字段。

添加指北针,选择 ESRI North3 样式。

添加比例尺,选择 Alternating Scale Bar1 样式。

2 实训步骤

第一步,数据符号化。

(1)双击打开 ArcMap 文件。

(2)根据排序规则对图层排序。

(3)在区县界面图层上右键打开“图层属性”对话框中的“符号系统”标签,如图 7-14 所示。

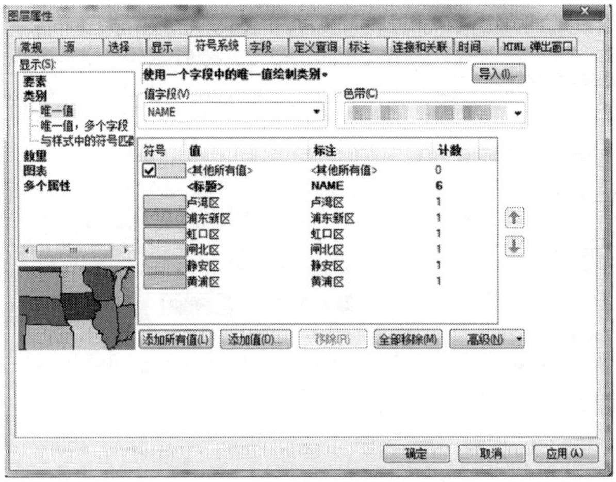

图 7-14 “符号系统”对话框

①在“值字段”中选择字段:NAME。

②单击“添加所有值”按钮,将 6 个区的名称都添加进来。

③选择一个合适的配色方案。

④单击“确定”按钮完成符号化设置。

(4)在地铁线图层的符号上单击左键,打开“符号选择器”对话框,将地铁线符号改为与要求一致的形式。颜色:深蓝色;宽度:1.5,如图 7-15 所示。其他如区县界线、区县政府、市政府、地铁站的符号按要求修改。

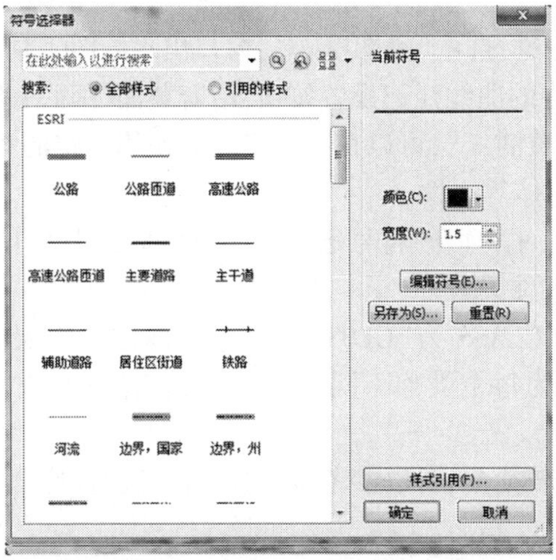

图 7-15 “符号选择器”对话框

(5)道路的符号化方法与区县界面方法类似,只需要选择级别字段,并对各个级别使用不同大小和颜色的符号。

第二步,地图标注。

(1)区县界面图层上右键选择"属性"菜单,打开"图层属性"对话框,进入"标注"选项卡,如图 7-16 所示。

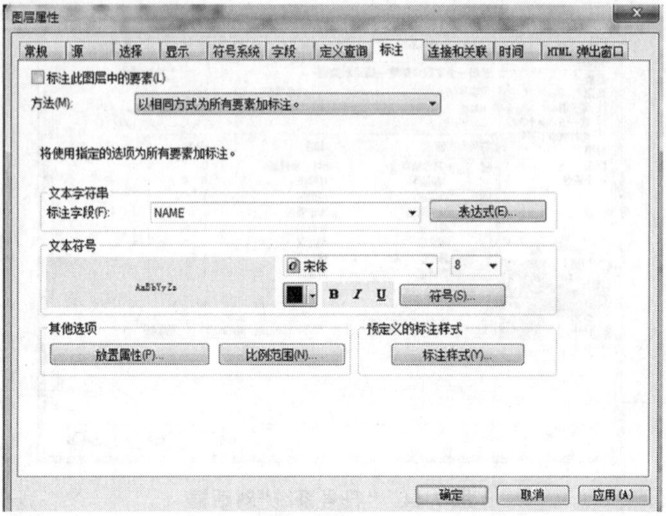

图 7-16　"标注"对话框

①选中"标注此图层中的要素"复选框。

②在标注字段下拉列表框中选择 NAME 字段。

③单击"文本符号"按钮,打开"标注样式"对话框。

④选择 Country2 式样,单击"确定"返回。

⑤单击"确定"按钮应用该设置。

(2)手动标注双线河。

①在主菜单上单击右键,选中"绘图"工具,窗口出现绘图工具条。

②单击注记工具 A 中的曲线注记设置按钮,沿着黄浦江画一条弧线,双击结束操作。

③在文本框中输入"黄浦江",可以在字与字之间使用一定的空格作为间隔。

④设置字体、字号、斜体等属性。

⑤单击"更改符号"按钮,打开"符号选择器"对话框,选中"CJK character orientation"。

⑥单击"确定"完成标注设置。

(3)由于只需要标注 CLASS 为"GL03"的道路名称,在"图层属性"对话框的标注方法下选择"定义要素类并且为每个类加不同的标注",单击"SQL 查询"按钮输入条件表达式"CLASS" = 'GL03' 即可。

(4)其余标注设置比较简单,可以参考本任务前面地图标注部分内容完成。

第三步,设置格网。

(1)打开布局视图,如果版面不符合需要,可以通过"页面和打印设置"来改变图面尺寸和方向。

(2)在数据组上右键单击"数据框属性"命令,打开"数据框属性"对话框,对模板进行设置。

(3)单击“新建格网”按钮,打开“格网和经纬网向导”对话框,选择“参考格网”选项,建立索引参考格网。

第四步,添加图幅整饰要素。

(1)在布局视图下,单击“插入”菜单的“图例”命令,如图7-17所示,打开“图例向导”对话框,选择需要放在图例中的字段,由于要素较多,可以使用两列排列图例。单击“下一步”选择图例的标题名称、标题字体等;单击“下一步”设置图例框的属性;单击“下一步”改变图例样式;单击“完成”。将图例框拖放到合适的大小和位置。

图7-17 整饰要素命令

(2)单击“插入”菜单的“指北针”命令,如图7-11所示,打开“指北针选择器”对话框,选择符合要求的指北针。

(3)单击“插入”菜单的“比例尺”命令,如图7-11所示,打开“比例尺选择器”对话框,选择符合要求的比例尺。

(4)完成整饰要素的添加后,对其位置和大小进行整体调整,以便图面美观简洁,如图7-18所示。

(5)将设置好的地图文档保存为“SH result”。

任务3 GIS的产品输出

【任务描述】

通过相关知识的学习,了解GIS产品输出系统和产品类型。

通过任务实施,利用ArcMap编制好的专题地图输出需要的格式文件,加深对GIS输出格式的理解。

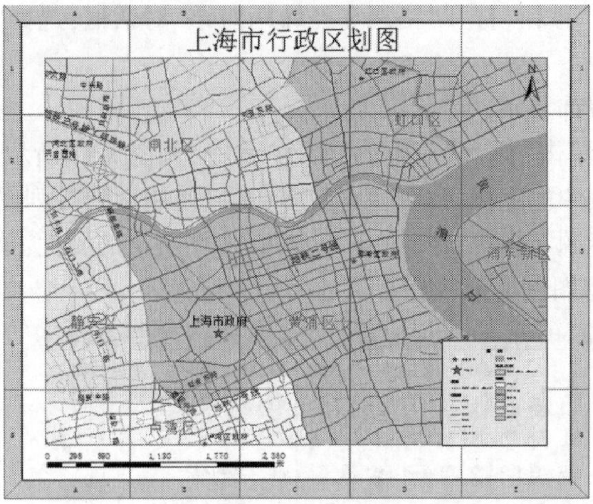

图 7-18 整饰结果

【相关知识】

1 GIS 的产品输出系统

目前,一般地理信息系统软件都为用户提供三种图形、图像输出方式以及属性数据报表输出。屏幕显示主要用于系统与用户交互时的快速显示,需以屏幕摄影方式做硬拷贝,可用于日常的空间信息管理和小型科研成果输出。矢量绘图仪制图用来绘制高精度的比较正规的大图幅图形产品。喷墨打印机和激光打印机已经成为当前地理信息系统地图产品的主要输出设备。表 7-2 列出了主要图形输出设备。

表 7-2 主要图形输出设备

设备	图形输出方式	精度	特点
矢量绘图机	矢量线划	高	适合绘制一般的线划地图,还可以进行刻图等特殊方式的绘图
喷墨打印机	栅格点阵	高	可制作彩色地图与影像地图等各类精致地图制品
高分辨彩显	屏幕像元点阵	一般	实时显示 GIS 的各种图形、图像产品
行式打印机	字符点阵	差	以不同复杂度的打印字符输出各类地图、精度差、变形大
胶片拷贝机	光栅	较高	可将屏幕图复制至胶片上,用于制作幻灯片或正胶片

1.1 屏幕显示

由光栅或液晶的屏幕显示图形、图像,通常是比较廉价的显示设备,常用来做人和机器交互的输出设备,其优点是代价低、速度快,色彩鲜艳,且可以动态刷新,缺点是非永久性输出,关机后无法保留,而且幅面小、精度低、比例不准确,不宜作为正式输出设备。

由于屏幕同绘图机的彩色成图原理有着明显的区别,所以,屏幕所显示的图形如果直接用彩色打印机输出,两者的输出效果往往存在着一定的差异。这就为利用屏幕直接进行地图色彩配置的操作带来很大的障碍。解决的方法一般是根据经验制作色彩对比表,依此作为色彩转换的依据。近年来,部分地理信息系统和机助制图软件在屏幕与绘图机色彩输出一体化方面已经做了不少卓有成效的工作。

1.2 矢量绘图

矢量制图通常采用矢量数据方式输入,根据坐标数据和属性数据将其符号化,然后通过制图指令驱动制图设备;也可以采用栅格数据作为输入,将制图范围划分为单元,在每一单元中通过点、线构成颜色、模式表示,其驱动设备的指令依然是点、线。矢量制图指令在矢量制图设备上可以直接实现,也可以在栅格制图设备上通过插补,将点、线指令转化为需要输出的点阵单元,其质量取决于制图单元的大小。

矢量形式绘图表现方式灵活、精度高、图形质量好、幅面大、消耗品成本低,其缺点是速度较慢、价格较高、软件开发复杂、对面状区域填充均匀性差。

1.3 打印输出

打印输出一般是直接由栅格方式进行的,可利用以下几种打印机:

(1)行式打印机。打印速度快,成本低,但通常需要由不同的字符组合表示像元的灰度值,精度太低,十分粗糙,且横纵比例不一,总比例也难以调整,是比较落后的方法。

(2)点阵打印机。点阵打印可用每个针打出一个像元点,点精度达0.141 mm,可打印精美的、比例准确的彩色地图,且设备便宜,成本低,速度与矢量绘图相近,但渲染图比矢量绘图均匀,便于小型地理信息系统采用,目前主要问题是幅面有限,大的输出图需拼接。

(3)喷墨打印机。喷墨打印机,亦称喷墨绘图仪,是十分高档的点阵输出设备,输出质量高、速度快,随着技术的不断完善与价格的降低,目前已经取代矢量绘图仪的地位,成为GIS产品主要的输出设备,如图7-19所示。

图7-19 喷墨打印机

(4)激光打印机。激光打印机是一种既可用于打印又可用于绘图的设备,其绘图的基本特点是高品质、快速。

2 GIS的产品类型

地理信息系统产品是指由系统处理、分析,可以直接供研究、规划和决策人员使用的产品,其形式有地图、图像、统计图表以及各种格式的数字产品等。地理信息系统产品是系统中数据的表现形式,反映了地理实体的空间特征和属性特征。

2.1 地图

地图是空间实体的符号化模型,是地理信息系统产品的主要表现形式,根据地理实体的空间形态,常用的地图种类有点位符号图、线状符号图、面状符号图、等值线图、三维立体图、晕染图等。点状符号图在点状实体或面状实体的中心以制图符号表示实体质量特征;线状符号图采用线状符号表示线状实体的特征;面状符号图在面状区域内用填充模式表示区域的类别及数量差异;等值线图将曲面上等值的点以线划连接起来表示曲面的形态;三维立体图采用透视变换产生透视投影,使读者对地物产生深度并表示三维曲面的起伏;晕渲图以地物对光线的反射产生的明暗使读者对三维表面产生起伏感,从而达到表示立体形态的目的。

2.2 图像

图像也是空间实体的一种模型,它不采用符号化的方法,而是采用人的直观视觉变量表示各空间位置实体的质量特征。它一般将空间范围划分为规则的单元,然后根据几何规则确定的图像平面的相应位置用直观视觉变量表示该单位的特征。

2.3　统计图表

非空间信息可以采用统计图表表示，统计图将实体的特征和实体间与空间无关的相互关系采用图形表示，它将与空间无关的信息传递给使用者，使得使用者对这些信息有全面、直观的了解。统计图常用的形式有柱状图、扇形图、直方图、折线图和散点图等。

【任务实施】

1　地图导出

编制好的专题地图如何转换为比较通用的格式，以便文档输出或者作为决策支持材料？可将任务 2 的结果输出为栅格图片.JPG 格式，选择“文件”菜单的“导出地图”对话框。

ArcMap 地图文档是 ArcGIS 系统的文件格式，不能脱离 ArcMap 环境来运行，但是 ArcMap 提供了多种输出文件格式，诸如 EMF、BMP、EPS、PDF、JPG、TIFF 以及 GIF 等，转换以后的栅格或者矢量地图文件就可以在其他环境中应用。

通过任务操作需要掌握转换输出数字地图的方法。

(1)在 ArcMap 窗口，单击“文件”菜单的“导出地图”命令，打开“导出地图”对话框，如图 7-20 所示。

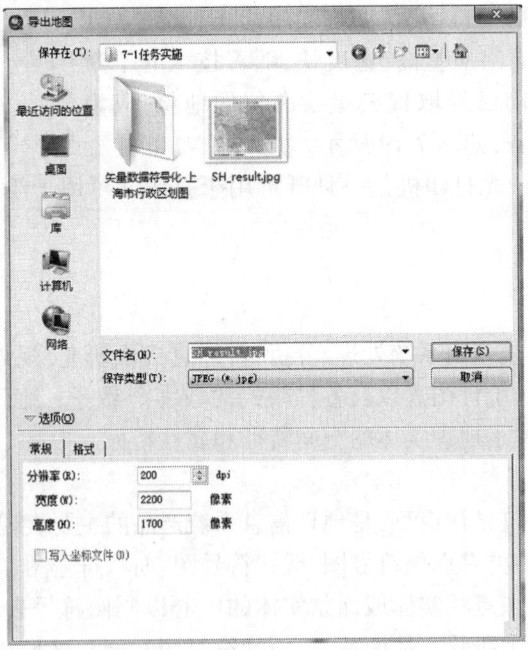

图 7-20　“导出地图”对话框

(2)确定输出文件目录、文件类型(JPEG)、文件名称。

(3)单击“选项”按钮，展开 JPEG 选项对话框。

(4)进入“常规”选项卡，在分辨率微调框中设置输出图形分辨率：300。

(5)进入“格式”选项卡，单击“背景色”按钮，确定输出图形背景颜色。

(6)按下左键拖动 JPEG 质量滑动条，调整输出图形质量。

(7)单击颜色模式下拉箭头,选择输出彩色类型。

(8)单击"保存"按钮,关闭导出地图对话框,输出栅格图形文件,如图 7-21 所示。

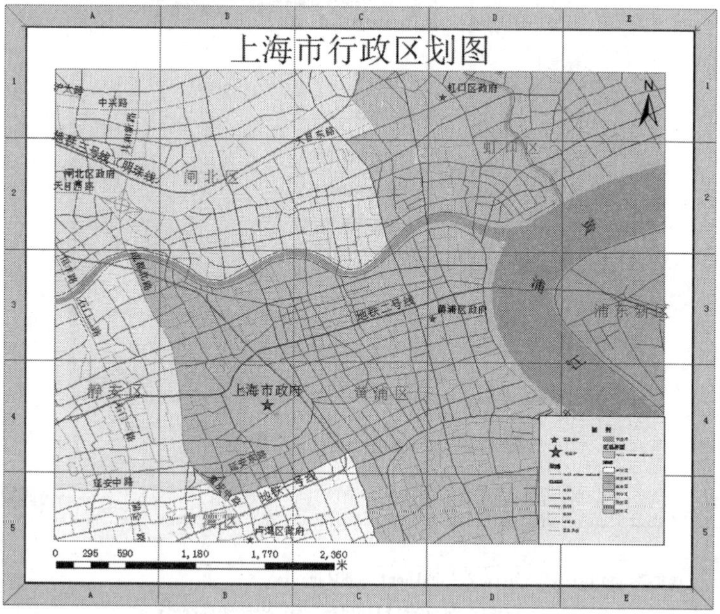

图 7-21　导出地图结果

2　地图服务发布

地图发布可以使地理信息供组织中的其他人使用,也可以选择使其供具有 Internet 连接的任何人使用。这可通过 Web 服务完成,从而使功能强大的服务器计算机能够接收和处理其他设备发出的信息请求。

要进行地图发布,需要安装 ArcGIS Server,并准备硬件、软件和数据,然后设置 GIS Web 服务。最后,可通过不同类型的应用程序来使用服务。基础地图服务发布步骤如下。

(1)启动 ArcCatalog,在目录树中双击"GIS 服务器"→"添加 ArcGIS Server",如图 7-22 所示。

图 7-22　GIS 服务器中添加 Server

(2)在"添加 ArcGIS Server"向导窗口中,选择"管理 GIS 服务器",点击"下一步"。如图 7-23 所示。

(3)填写 ArcGIS Server 服务器的相关参数,需根据实际情况自定义,参考图 7-24,设置后点击"完成"。

在 ArcCatalog 目录树中会显示已经连接上 ArcGIS Server 服务器。

(4)在 ArcMap 中打开已经配置好的地图文档,选择"文件"→"共享为"→"服务"。或者在 ArcCatalog 目录树中找到需要发布的地图文档,点击鼠标右键,选择"共享为服务",如图 7-25 所示。

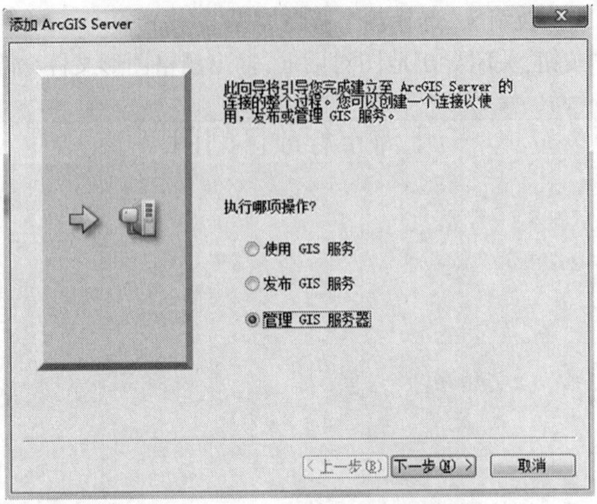

图 7-23　ArcGIS Server 设置引导

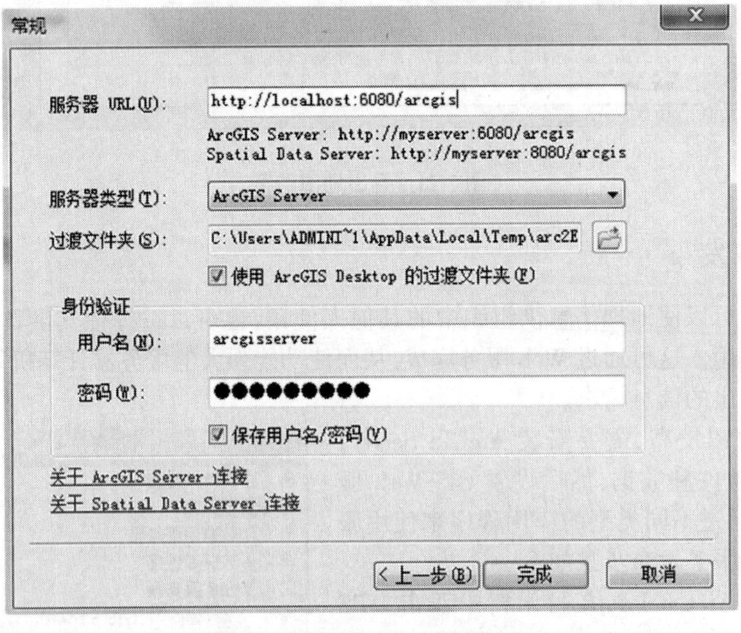

图 7-24　服务器及账号密码设置

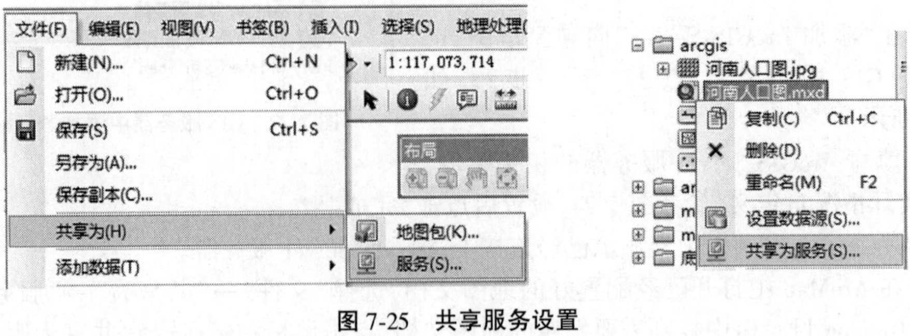

图 7-25　共享服务设置

复习与思考题

1. 什么是地理信息的可视化技术?

2. 什么是地图制图? GIS 和计算机地图制图系统的主要区别是什么?

3. 普通地图有哪些分类? 专题地图的表示方法有哪些?

4. 专题地图制图实现过程有哪些?

5. 什么是虚拟现实? 它在 GIS 可视化中的意义及发展前景如何?

6. GIS 产品有哪些类型? 各适应什么情况下使用?

7. 使用 ArcGIS 软件相关功能,找到相关数据,制作一幅专题地图,比如某市人口分布图等。

思政案例:王家耀院士与中国第一幅计算机地图

1　案例背景

王家耀院士是我国著名的测绘学家,曾主持制作了中国第一幅计算机地图。这一壮举在上世纪80年代实现了从传统手工制图到数字化制图的飞跃,开创了中国地图学发展的新篇章。这幅地图不仅是一项科技创新,更是一种民族自豪感的象征,强化了国家版图意识,为我国测绘地理信息领域的发展奠定了坚实的基础。

通过王家耀院士的事迹,我们感受科学探索的力量,感受院士的家国情怀,感受传播中华传统文化的使命感,同时也提高了地图制作与欣赏中的审美水平。

2　案例分析

2.1　制作第一幅计算机地图的意义

(1)技术突破:王家耀院士带领团队克服了硬件条件落后、算法研究不足等难题,实现了地图的数字化表述。这一技术突破,使得地图的制作更加精准、高效,为后续的 GIS(地理信息系统)技术发展奠定了基础。

(2)强化国家版图意识:第一幅计算机地图的成功,不仅是科技上的进步,更是对中国版图的精确表达。通过这幅地图,增强了民众对祖国河山的认知,强化了国家主权意识。

(3)推动地理文化传播:地图作为文化载体,在展示山川地貌的同时,也承载了丰富的历史文化信息。这幅地图成为向世界展示中国传统文化与现代科技结合的窗口。

2.2　从地图制作中获得的教育价值

(1)家国情怀的培养:王家耀院士坚持自主创新、服务国家的精神,激励我们在学习中树立家国情怀,认识到科技发展对国家强盛的重要意义。

(2)审美能力的提升:地图不仅是工具,更是一种艺术表达。通过学习地图设计,我们可以理解空间构图、色彩搭配等美学知识,培养对美的感知能力。

(3)文化传播的责任感:地图记录的不仅是地理信息,还有文化与历史。我们可以通过地图制作和研究,传播中华传统文化,增强民族自豪感。

3 案例反思

3.1 强化国家版图意识

通过回顾第一幅计算机地图的诞生历程,让我们理解国家版图的完整性和神圣性。无论是在地理研究还是日常生活中,都应树立维护国家版图的意识。

3.2 培养家国情怀和文化自信

王家耀院士为国家地图事业做出的贡献,展现了测绘人将个人价值与国家命运相结合的精神,这种家国情怀是新时代青年需要传承的。

3.3 提高对测绘专业的兴趣与审美素养

地图制作不仅是科学过程,也是艺术创作。通过学习地图设计,我们可以培养专业兴趣,提升审美水平,增强学习动力。

4 案例总结

王家耀院士制作中国第一幅计算机地图的故事,不仅是一段测绘史上的辉煌篇章,更是一堂生动的思政教育课。通过这一案例,我们可以感受到地理信息技术的魅力,培养家国情怀与文化自信,强化国家版图意识,并在地图制作与欣赏中提升审美水平。这样的学习过程,不仅为我们的专业成长打下坚实基础,也为我们成为新时代有责任感、有情怀的青年奠定思想基础。

项目8　GIS技术的综合应用

项目8　GIS技术的综合应用

项目概述

通过相关知识的学习，了解GIS技术应用的领域，明白GIS技术与实际生活的结合，充分理解GIS技术的应用思路和方法，了解网络GIS，掌握3S技术应用的原理，了解数字城市与智慧城市的关键技术。

本项目由GIS技术应用、GIS与RS的结合应用、GIS与GNSS的结合应用、“3S”技术的综合应用、数字工程5个任务组成，通过任务实施，加深读者对GIS综合应用的理解。

学习目标

知识目标

(1)了解GIS技术的应用技术及应用领域。

(2)理解Web GIS的概念及特点。

(3)理解RS技术的定义，了解GIS与RS结合的方法。

(4)理解GNSS的定义，了解GIS与GNSS结合的方法。

(5)理解“3S”技术中GIS、RS、GNSS三者之间的关系，了解三者之间应用的方法。

(6)理解数字城市和智慧城市的概念以及联系与区别。

技能目标

(1)能说出GIS在管理、规划、决策应用中的作用。

(2)能分析出“3S”应用中GIS、RS、GNSS三者的作用。

(3)能解释智慧城市和数字城市的关键技术。

任务1　GIS技术应用

【任务描述】

通过相关知识的学习，了解GIS在规划、管理、决策方面的应用方法，加深GIS在生活中的综合应用方法的理解。理解网络GIS相关的概念和WebGIS技术的概念。

本任务要求读者通过网络资源拓展对GIS技术应用的了解。

【相关知识】

GIS 是以市场为导向、软件为核心的产业。GIS 应用需求促进 GIS 的发展,引导 GIS 的发展方向,并推进 GIS 软件市场的形成。一般情况下,GIS 的应用领域可以划分为传统领域、发展中的领域和全新的领域 3 种类型。传统的 GIS 应用领域包括军事、政府、教育以及公共部门。20 世纪 90 年代中期,GIS 被广泛应用于银行和金融服务、交通物流、房地产以及市场分析等商业领域。21 世纪初,一些前瞻性应用出现在小型/家庭办公室(SOHO)、个人应用以及安全、情报和反恐领域中。

GIS 在最近的 30 多年内取得了惊人的发展,广泛应用于资源调查、环境评估、灾害预测、国土管理、城市规划、邮电通信、交通运输、军事公安、水利电力、公共设施管理、农林牧业、统计、商业金融等几乎所有领域。

1 GIS 的管理应用

GIS 技术在城市管理中的应用是 GIS 最早、最有成效的应用领域之一。GIS 在管理方面的应用领域主要包括资源管理、基础设施管理、土地信息系统和地籍管理、生态环境管理与模拟、商业与市场管理等。

(1)资源管理(Resource Management)。主要应用于农业和林业领域,解决农业和林业领域各种资源分布、分级、统计、制图等问题,主要回答“定位”和“模式”两类问题。

(2)基础设施管理(Facilities Management)。城市的地上地下基础设施,例如电信、自来水、道路交通、天然气管线、排污设施、电力设施等,广泛分布于城市的各个角落,且这些设施明显具有地理参照特征。它们的管理、统计、汇总都可以借助 GIS 完成,而且可以大大提高工作效率。

(3)土地信息系统和地籍管理(Land Information System and Cadastral Application)。土地信息系统和地籍管理涉及土地使用性质变化、地块轮廓变化、地籍权属关系变化等许多内容,借助 GIS 技术可以高效、高质量地完成这些工作。

(4)生态环境管理与模拟(Environmental Management and Modeling)。主要应用于区域生态规划、环境现状评价、环境影响评价、污染物削减分配的决策支持、环境与区域可持续发展的决策支持、环保设施的管理、环境规划等。环境作用分析、有毒或有害物质设施选址、地下水模拟和污染跟踪、野生动物栖息地分析和旅游路线的规划、风景河流、休闲资源、洪泛区平原、湿地、农田蓄水层、森林等的管理,也可以通过 GIS 来进行。

(5)商业与市场管理(Business and Marketing Management)。商业设施的建立充分考虑其市场潜力,可以通过 GIS 反映出市场潜力和周围的居民分布情况,在选择商品的品种时应考虑到周围居民的需要。例如大型商场的建立,如果不考虑其他商场的分布、待建区周围居民区的分布和人数,建成之后就可能无法达到预期的市场和服务面,GIS 的空间分析和数据库功能可以解决这些问题。

2 GIS 的规划应用

2.1 GIS 的规划应用

在城市规划管理领域中,GIS 的应用已经成为城市现代化的标志与重要基础设施之一,主要用于城市动态管理和对城市重大问题、突发性事件进行科学决策的一种现代化的技术手段。

(1)资源配置(Resource Configuration)。在城市中,各种公用设施、救灾减灾物资的分配、全国范围内能源保障、粮食供应等在各地的配置即是资源配置问题。GIS在这类应用中的目标是保证资源的最合理配置和发挥最大效益。

(2)城市规划和管理(Urban Planning and Management)。空间规划是GIS的一个重要应用领域,城市规划和管理是其中的主要内容。例如,在大规模城市基础设施建设中如何保证绿地的比例和合理分布,如何保证学校、公共设施、运动场所、服务设施等能够有最大的服务面等。

(3)网络分析(Network System Analysis)。建立交通网络、地下管线网络等计算机模型,研究交通流量、进行交通规划、进行地下管线突发事件(爆管、断路)等应急处理。警务和医疗救护的路径优选、车辆导航等也是GIS网络分析应用实例。

(4)可视化应用(Visualization Application)。以数字地形模型为基础,建立城市、区域、大型建筑工程、著名风景名胜区的三维可视化模型,实现多角度浏览,可广泛应用于宣传、城市和区域规划、大型工程管理和仿真、旅游等领域。

GIS在城市规划中的应用包括三个方面:①在规划编制中的应用,利用ArcGIS可以在现场踏勘时收集各种相关资料,并录入数据库中,以便于实施城市规划信息的查询与管理;②在规划数据管理中的应用,在城市规划管理信息系统中都建有基于GIS的规划空间数据库;③为规划监察提供辅助支持,可以根据DOM进行违法建筑的监督和管理,加大违法建设的查处力度。

2.2 GIS在城市规划中的作用

GIS在城市规划中的作用主要包括以下四个方面:

(1)GIS提供了直观和理性的规划工具。GIS由于对空间数据和属性数据的分析能力,弥补了原来城市规划纯图形、纯文字的缺陷,而使空间数据的图形表现和属性数据的空间分析有了很大的提高,为城市规划提供了一个直观和理性的规划工具。

(2)GIS对规划数据的存储管理与分析功能。GIS可以管理大容量的数据,支持多种表现形式的空间数据,提供良好的数据维护更新能力,以及查询、叠合、分类、网络、邻近、数字高程模型等空间信息的查询和分析能力,对城市规划空间分析的理性化具有重要的意义。

(3)GIS在规划决策中的作用。通过对规划数据的管理和分析,可以更好地对规划方案的模拟、规划方案的选择、规划方案的评估等进行规划决策。

(4)GIS在动态城市规划、规划管理方面的作用。GIS由于数据更新的快捷性、空间分析的实时性,对城市规划的动态调整提供了良好的技术支持。借助GIS的作用,可以对城市规划的实施进行监督和反馈。然后迅速地根据实施状况对规划方案进行调整,使城市规划处于一个通畅的良性循环过程中。

3 GIS的决策应用

GIS利用空间分析功能,提供很好的模拟结果和建议,帮助决策者客观地做出决定。GIS可以通过可视化技术显示空间数据,并可以通过动画直观地显示动态二维或三维效果,利用空间分析工具将多图层数据进行分析,模拟和预测一段时间后的现象和结果。GIS是采集、管理、处理、分析、显示、输出多种来源的与地理空间位置相关的信息的计算机系统。因此,GIS 在相关规划决策工作中,主要在以下几个方面发挥重要的决策作用:

(1)公共安全与应急响应(Public Safety and Emergency Response)。采用 GIS 进行公共安全设施管理、指挥调度、大型安保预案制作、公共卫生防疫,以及解决在发生洪水、地震、骚乱、战争、事故等重大自然或人为灾害时,如何安排最佳的人员撤离路线、制订救援方案,并配备相应的运输和保障设施问题。特别是 GIS 用于防灾减灾辅助决策方面具有很大的优势。

(2)地学研究与应用(Application in Geoscience)。地形分析、流域分析、土地利用研究、经济地理研究、空间决策支持、空间统计分析、制图等都可以借助 GIS 工具完成。

(3)选址分析(Site Selecting Analysis)。根据区域地理环境的特点,综合考虑资源配置、市场潜力、交通条件、地形特征、环境影响等因素,在区域范围内选择最佳位置,是 GIS 的一个典型应用领域,充分体现了 GIS 的空间分析功能。

(4)宏观预测与决策支持(Forecasting and Decision Support)。大区域、长周期、复杂的环境现象和变化很难在短时间看清楚它的发展、变化以及效果;为此,通过 GIS 并使用一系列模拟和决策模型进行分析研究,可以为国家大区域的宏观决策提供可靠的科学依据。

(5)公共政策评估(Public Policy Evaluation)。对污染物削减分配的决策支持、环境与区域可持续发展的决策支持、环境保护的政策支持等的情况,也可以通过 GIS 反映出来。

4　网络 GIS

网络 GIS 概念涵盖一切基于网络环境下运行的 GIS,包括局域网环境下 C/S 结构的地理信息系统。Internet GIS 是以因特网(Internet)为网络环境的地理信息系统,以 TCP/IP 作为信息传输协议,而客户端的表现是专门开发的 GIS 软件用户界面,不一定是普通的 Web 浏览器界面;Web GIS 则是以 WWW 技术为基础的地理信息系统,基于超文本 Hyper Text 和 HTTP 协议,通过 Web 浏览器,以 WWW 的 Web 页面作为 GIS 软件的用户界面,Web 页面使用超媒体技术和超文本链接语言,使对 WWW 的操作更富有灵活性和趣味性。由于 WWW 服务是 Internet 上提供的一项最为常用的服务,因此实际上 Web GIS 和 Internet GIS 两个概念经常混用,三者之间的关系如图 8-1 所示。

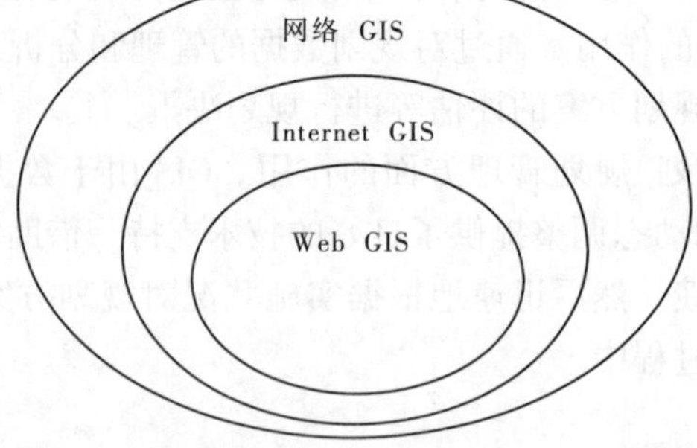

图 8-1　网络 GIS、Internet GIS、Web GIS 关系图

4.1　Web GIS 定义

互联网改变了空间信息的获取、传输、发布、共享、应用与可视化等过程与方式,已成为 GIS 新的操作平台。Web GIS 作为 Web 技术与 GIS 技术集成的产物,近年来得到了飞速的

发展。

Web GIS是Web技术与GIS技术的集成,是在Internet或Intranet网络环境下的一种兼容、存储、处理、分析和显示与应用地理信息的计算机信息系统。

Web GIS是GIS发展与组件技术、互操作技术、分布式技术的集成,是实现GIS大众化、GIS互操作以及“数字地球”的核心技术。由于Web GIS技术的重要性和广泛的应用需求,目前各大GIS厂商都推出了自己的Web GIS产品,如ESRI的ArcIMS、MapInfo的MapX-treme、Autodesk的Mapguide、Intergraph的GeoMedia Web Map,国内有吉奥的GeoSurf、中科院遥感所的Geobeans、中国地质大学的MAPGIS IMS、超图的SuperMap GIS等。与传统GIS相比,Web GIS有其特殊之处,主要表现在如下方面:

(1)它是一个动态的Web应用,是基于“浏览器/服务器”结构的分布式GIS,而传统的GIS多为独立的或基于“客户端/服务器”结构的桌面应用系统。

(2)它通过Internet或Intranet来实现客户机和服务器之间的信息交换,客户机和服务器可以分布在不同的地点和不同的计算机平台上。

4.2 Web GIS的功能和特点

4.2.1 Web GIS的功能

Web GIS提供的主要功能包括以下几点:

(1)地图服务。Web GIS的基本功能是在网络上提供地图服务。用户通过浏览器向Web GIS服务器发送地图请求,并通过浏览器实现对地图的浏览、漫游、缩放、图层控制等操作。

(2)空间查询检索。利用浏览器提供的交互能力,Web GIS可以实现图形及属性数据的查询检索,并提供对空间数据的远程操作功能。

(3)空间数据可视化。通过某种网络传输方式,把空间图形、属性数据或空间分析结果发送到客户端的浏览器,供用户查看。

(4)空间分析功能。在服务器端提供各种应用模型的分析与实现方法。服务器从客户端提交的请求中解析出分析所需参数,进行空间分析与计算,然后将分析结果返回客户端,并以图形或文字的方式显示出来。

(5)Web资源共享。互联网上存在着大量的信息资源,这些资源多数具有空间分布特征,利用Web GIS对这些信息进行组织和管理,可为用户提供基于空间分布的多种信息服务,提高资源利用率和共享程度。

4.2.2 Web GIS的特点

Web GIS可通过浏览器访问空间数据,实现空间数据的检索、查询、制图输出、编辑等GIS基本功能。除能实现上述传统GIS功能外,Web GIS还具有以下特点:

(1)更广泛的访问范围。Web GIS通过网络可为更广范围的用户提供空间信息服务,互联网上的任意用户都可以同时访问位于不同地理位置的Web GIS服务器上的最新数据。另外,Web GIS用户可以直接从互联网上获取和操作所需的地理信息,这使得GIS的用户不再局限于受过专业培训的专业用户。

(2)平台独立性。无论客户机与服务器是何种机器,操作系统如何,或者服务器端采用何种Web GIS软件,用户都可使用通用的浏览器透明地访问得到许可的Web GIS服务器。Web GIS的这个特点使远程异构数据共享成为可能,极大地提高了软硬件平台的独立性。

(3)高效的负载平衡。Web GIS采用分布式体系结构,形成了客户端和服务器端相互分离、协同工作的多层分布结构,采用一定的均衡策略平衡客户端和服务器间的负载。这种结构适应空间数据分布的特征,可提高网络计算资源和存储资源的利用率。

(4)开发维护成本低、操作简单。在 Web GIS 的实现中,客户端往往只需 Web 浏览器(有时需要安装一些插件用于处理图形数据),而数据和软件的管理与维护基本上由服务器完成。因此,系统的开发与维护成本比之前的 GIS 软件平台要低很多。

(5)支持地理分布式异构数据源。Web GIS 支持地理上分布存储的不同来源和格式的空间数据,这样便于数据的维护和更新。

(6)易于实现与其他 Web 应用的集成。互联网技术标准是开放的、非专用的,这为 Web GIS 与其他 Web 应用的无缝集成提供了可能,可以在任何需要 GIS 功能的 Web 应用中嵌入或集成 Web GIS 应用。

【任务实施】

通过网络资料查找,查询 GIS 在规划、灾害、管理、决策等方面应用的案例,通过网络资料的收集和整理,组织成 PPT 报告进行讲述。

通过该任务的实施拓展知识面,同时学会如何利用互联网查询搜索有用的专业知识,提取并总结。

可以参考的网站:GIS 空间站、GIS 帝国等“3S”相关信息的网站。

任务 2　GIS 与 RS 的结合应用

【任务描述】

通过相关知识的学习,理解遥感的定义,了解遥感技术的特点,了解无人机摄影测量技术,理解 GIS 与 RS 技术结合的方法。通过任务实施,让读者将理论与实践相结合,充分理解 GIS 与 RS 结合应用的方法。

【相关知识】

1　遥感技术基本原理

1.1　遥感的定义

遥感技术是建立在物体电磁波辐射理论基础上的。由于不同物体具有各自的电磁波反射或辐射特性,才可能应用遥感技术探测和研究远距离的物体,如图 8-2 所示。

狭义的遥感定义为从远处探测感知物体,即不直接接触物体,从远处通过探测仪器接收来自目标地物的电磁波信息,经过对信息的处理,判别出目标地物的属性。

遥感影像的分辨率包括空间分辨率、光谱分辨率、图像分辨率。空间分辨率是用于记录数据的最小度量单位,一般用来描述在显示设备上所能够显示的点的数量(行、列),或在影像中一个像元点所表示的面积。光谱分辨率是指探测器在波长方向上的记录宽度,又称波段宽度。图像分辨率用以描述图像细节分辨能力,同样适用于其他类型图像。分辨率一般

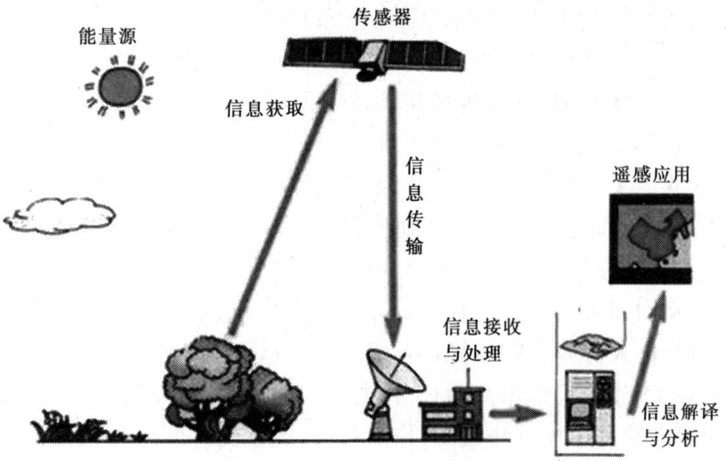

图8-2 遥感技术示意图

被表示成每一个方向上的像素数量,比如640×480。

1.2 遥感技术的特点

遥感作为一门对地观测的综合性技术,它的出现和发展既是人们认识和探索自然界的客观需要,更是其他技术手段与之无法比拟的特点。

(1)宏观性、综合性,覆盖范围大、信息丰富。遥感用航摄飞机飞行高度为10 km左右,陆地卫星的卫星轨道高度达910 km左右,从而可及时获取大范围的信息。例如,一景TM影像为185 km×185 km;影像包含各种地表景观信息,有可见的,也有潜在的。这种展示宏观景象的图像,对地球资源和环境分析极为重要。

(2)多波段性。波段的延长使对地球的观测走向了全天候。根据不同的任务,遥感技术可选用不同波段和遥感仪器来获取信息。例如,可采用可见光探测物体,也可采用紫外线、红外线和微波探测物体。利用不同波段对物体不同的穿透性,还可获取地物内部信息。例如,地面深层、水的下层、冰层下的水体、沙漠下面的地物特性等,微波波段还可以全天候地工作。

(3)多时相性。重复探测,有利于进行动态分析。由于卫星围绕地球运转,从而能及时获取所经地区的各种自然现象的最新资料,以便更新原有资料,或根据新旧资料变化进行动态监测。例如,陆地卫星4、5,每16 d可覆盖地球一遍;NOAA气象卫星每天能收到两次图像;Meteosat每30 min获得同一地区的图像。

1.3 无人机航空摄影测量

由于航空遥感平台及传感器的限制,普通的航空摄影测量手段在获取小面积、大比例尺数据方面存在成本高、性价比差等问题。具有低成本和机动灵活等诸多优点的低空无人机遥感能在小区域内快速获取高质量遥感影像,是国家航空遥感监测体系的重要补充,是航空遥感的未来发展方向。在当今卫星遥感和普通航空遥感蓬勃发展的形势下,轻小型低空遥感是粗、中、细分辨率互补的立体监测体系中不可缺少的重要技术手段。

低空无人机遥感系统,作为卫星遥感与普通航空摄影不可缺少的补充,它有如下优点:

(1)无人机可以超低空飞行,可在云下飞行航摄,弥补了卫星光学遥感和普通航空摄影经常受云层遮挡获取不到影像的缺陷。

(2)由于低空接近目标,因此能以比卫星遥感和普通航摄低得多的代价得到更高分辨率的影像。

(3)能实现适应地形和地物的导航与摄像控制,从而得到多角度、多建筑面的地面景物影像,用以支持构建城市三维景观模型,而不局限于卫星遥感与普通航摄的正射影像常规产品。

(4)使用成本低。无人机体形小,耗费低,对操作员的培养周期相对较短。系统的保养和维修简便,同时不用租赁起飞和停放场地,可以无须机场起降,因而灵活机动,适应性强,容易成为用户自主拥有的设备。

(5)比起野外实测而言,无人机航测方法具有周期短、效率高、成本低等特点。

(6)规避了飞行员人身安全的风险。

对于面积较小的大比例尺地形测量任务(10~100 km^2),受天气和空域管理的限制较多,成本高;而采用全野外数据采集方法成图,作业量大,成本高。而将无人机遥感系统进行工程化、实用化开发,则可以利用它机动、快速、经济等优势,在阴天、轻雾天也能获取合格的彩色影像,从而将大量的野外工作转入内业,既能减轻劳动强度,又能提高作业的技术水平和精度。

2 GIS 与 RS 的结合方法

2.1 GIS 与 RS 的联系和区别

地理信息系统和遥感是两个相互独立发展起来的技术领域,但它们存在着密切的关系,一方面,遥感信息是地理信息系统重要的信息源;另一方面,遥感调查中需要利用地理信息系统中的辅助数据(包括各种地图、地面实测数据、统计资料等)来改善遥感数据的分类精度和制图精度。RS 是 GIS 重要的数据源和数据更新的手段之一,而反过来,GIS 则是遥感数据处理的辅助信息。两者集成可用于全球变化监测,国土资源调查和监测,基本农田建设,林地、沙漠、草原的生态监测,农业收成面积监测和产量预估,空间数据自动更新等方面。

GIS 是地理学、测量学、地图学、遥感等与计算机科学相结合发展起来的一门新的边缘学科。测量和遥感主要从数据源的角度为 GIS 服务。

遥感技术的利用促进了环境信息采集手段的革新,从而出现了遥感制图。此外,由于遥感技术与计算机技术结合,使遥感制图从目视解译走向计算机化的轨道,并为地图更新、研究环境因素随时间变化情况提供了技术支持。GIS 与 RS 的结合可以提高地图制图的效果,以确保地理信息表达的协调、统一。

2.2 GIS 与 RS 融合

1965 年,Garrison 等提出把遥感数据纳入地理信息系统的观点,Nicholas 和 Brooner 及 Steiner 分别介绍了遥感与地理信息系统的接口问题研究。对于 GIS 与 RS 结合的方式主要有两种方式:

(1)通过数据接口,使数据在彼此独立的地理信息系统和遥感图像分析系统两者之间交换传递。这种结合是相互独立、平行的,它可以将图像处理后的结果输入地理信息系统,同时也能将地理信息系统空间分析的结果输入图像处理软件,从而实现信息共享。

(2)地理信息系统和图像处理系统直接组成一个完整的集成系统。它可以分成两个层次:

①两个软件模块共用一个用户接口,可以实行栅格矢量的串行或并行处理。它应具备将地理信息系统的矢量数据直接进行图像处理、统一不同性质数据的输入方式、误差分析和遥感数据进行时态变化模拟的能力。

②将地理信息系统和遥感组成一个统一的综合体,实现两者的真正结合。这是一个长期的目标,统一后的系统将具有在层结构中协调栅格和矢量数据、允许进行综合的空间查询、进行同所谓的基于测量信息系统的结合、产生现实世界中实体的综合模型以及根据该模型确定相应的空间表示法等功能。

3 GIS 与 RS 的结合应用实例

3.1 用地扩展规律案例

GIS 与 RS 结合的应用案例有很多,包括利用 GIS 分析 RS 专题数据等。这里以某地区用地扩展规律为例,介绍 GIS 与 RS 结合的案例。

以遥感图像与原始数据,应用 GIS 提供的分析功能,对某市城市用地空间分布进行定量的描述和分析,给出它的形态、结构,找出某市用地扩展的规律性。

在以市场经济为主导的经济模式下,经济发展速度的空间表现为城市用地的扩张,它的形态、结构、变化规律对于探索城市化进程以及城市用地变化都有典型的意义。可以利用遥感和 GIS 结合,遥感数据可以采用该城市的 TM 图像,提取城市新、旧建成区区块用地,并进行几何纠正,配准到 1:75 000 的地图上。利用 GIS 对城镇地域进行点的缓冲区分析。

对该城市宝安区,共有福永、沙井、松岗、公明、石岩、观澜、龙华、平湖、布吉等 9 个乡(镇)级居民点,以这些居民点为中心原点进行点缓冲分析,即可以得到城市用地外向扩展的状况。

在研究过程中,采用了 500 m、1 000 m、1 500 m、2 000 m、2 500 m 等 5 个缓冲半径数值对上述 9 个镇级中心进行缓冲区分析,得到不同缓冲距离范围内的建成区用地(包括原有建成区区块和新建建成区区块)的分布。选用 250 m 作为最大的缓冲半径,这是因为在郊区,2 500 m 的缓冲区半径是一个较为合适的作用距离,可以认为,在该范围以内的城市用地,都是以位于几何中心的生长原点进行分布和扩展的。对 9 个城镇进行点缓冲运算的结果如表 8-1 所示,描述了在不同的缓冲带内城市建成区用地的面积比例、旧的建成区区块用地及新旧城区加和的面积比例。

表 8-1 深圳市 9 个城镇居民点的城市用地扩展状况

乡(镇)	不同缓冲半径城市用地扩展(%)				
	500 m	1 000 m	1 500 m	2 000 m	2 500 m
福永	80.4	58.1	53.1	40.9	37.6
沙井	82.0	62.5	48.1	42.6	32.9
松岗	79.6	70.8	64.8	46.6	34.6
公明	85.1	65.4	39.9	33.5	31.9
石岩	88.1	66.8	48.2	27.4	21.4
观澜	83.6	52.0	49.7	42.1	34.7
龙华	65.4	67.9	64.7	63.0	58.5
平湖	87.8	78.4	60.2	42.4	29.7
布吉	76.2	76.0	69.8	48.2	41.0
平均	80.9	66.4	55.4	43.0	35.8

尽管靠近城市中心的区域城市用地比重也较低，但由于地形、环境、地价等因素，土地开发商宁肯选择离城镇稍远一些的区位，这表明其城市用地的开发是以外延式为主的开发。1 500~2 500 m 是最佳的开发半径，实际上是受到前述的缓冲区范围的影响。

3.2　林业病虫防控

松材线虫从入侵、定居、适应到蔓延、扩散和危害是一个多点、多次、长期、复杂的生态过程，由于该病的发生具有随机性、突发性，而其防控具有长期性、艰巨性和复杂性，因此第一时间发现疫情及其流行动态是松材线虫病防控的关键。

由于大部分松林是松材线虫的适生区，有发生松材线虫病的潜在风险，迫切需要大面积监测的技术和装备。由于松林多处于山高、路陡、林密地区，人工地面调查难以及时发现疫情，而卫星遥感虽范围大，但是分辨率低，难以获得高精度的影像。近年来，无人机遥感技术、地理信息处理、自动驾驶技术、智能化分析和数据处理广泛普及，作业的成本也日趋下降，利用无人机航摄监测松林枯死树，拍摄的照片精度高、分辨率高，且能够使用可见光、红外、多光谱等多种影像设备，有针对性地获取不同的植被特征，极大地提高了判读的准确率。

利用小型固定翼无人机采集松材线虫病疫点的可见光和近红外的航摄影像；利用 LAMapper 软件获得可见光正射影像和多光谱正射影像；使用 ERDAS 软件生成影像的归一化植被指数(NDVI)。然后将带有地理信息的完整影像自动导入 GIS 系统进行异常点识别和几何矫正，导出最终的影像数据；对影像中的枯死松树进行自动识别，获得其分布图及坐标点位置并验证监测结果的准确性。研究结果可为固定翼无人机大面积监测松材线虫病的发生现状和流行动态、评估防控效果和灾害损失提供技术支撑。

根据起降地点和作业面积，选用固定翼手抛电动无人机，其最大续航时间 1.5 h，安全作业时间 1 h。该机可同时荷载可见光相机、多光谱相机，对分辨率、画幅、快门速度等多方面进行严格的同步匹配，确保多种光谱数据采集设备触发控制和 POS 数据的一致性、多种正射影像的同步性，避免多次不同任务批次航拍监测的路线、风力、高度、云层、空气质量误差。松树枯死株数准确性验证采用大疆 PHANTOM 4 PRO+多旋翼无人机，其最大续航时间为 30 min，该机搭载一台可见光相机，如图 8-3 所示。

图 8-3　小型固定翼无人机

完成航摄图像数据采集之后，采用中国测绘科学研究院研发的拼图软件 LAMapper，对航摄影像进行拼接处理，包括对可见光和多光谱的空中三角测量和像素匹配处理；然后在遥感软件 ERDAS 中生成植被指数(NDVI)；最后将带有地理信息的完整影像自动导入 GIS 系统进行异常点识别和几何矫正，导出处理后的影像数据。

对处理后的完整影像进行数据分析，主要包括各项植被指数图的生成及应用计算机技术进行的自动化识别等过程。植被指数是通过对不同光谱的图像数据进行运算得到的可以反映植被健康度、分布密度等的最佳指示因子。

在本研究中采用归化植被指数(NDVI),近红外波段为 840 nm。归一化植被指数是通过对可见光内红光波段反射率值和对多光谱内近红外波段反射率值进行运算得到的,NDVI可以很大程度上消除太阳高度角和大气波动造成的光线误差、航摄设备造成的角度误差、地形和云层等原因造成的自然光线误差影响、群落结构的阴影和辐射干扰。

根据植被指数图、近红外热像图和可见光影像图进行自动化分析。首先是对植被指数图进行单一元素的阈值筛选和一定关联范围内的阈值噪声筛选,将大量正常点和噪声点去除。之后使用计算机视觉相关方法,对特征模式进行识别,从图像中抽取有代表性的结构信息和特定模式。然后通过一定的已验证数据对识别算法结果进行有监督的机器学习矫正,通过不断的迭代提高精度。与此同时,配合带有知识库的专家系统等进行验证,得到枯死松树分布数据,包括分布范围、坐标点和健康度等信息,生成枯死松树电子分布图。

为验证航摄监测自动识别的枯死松树株数的准确性,首先通过在可见光航摄影像中选定一定区域范围,通过目视人工识别枯死松树,计数并与该范围内自动识别的枯死松树的株数进行对比分析,另外在航摄区域选取 3 块枯死松树分布较均匀、参照物较明显的松林作为样地,利用“PHANTOM 4 PRO+”多旋翼无人机,在离林地高度 200 m 左右的上方航摄,拼图后勾画出枯死松树株数,与固定翼无人机航摄自动识别的数据结果进行比对分析。为验证航摄监测自动识别的枯死松树坐标点精度,在样地内的林道两侧采用 GPS 仪测定坐标点,与固定翼无人机航摄自动化提取的坐标点数据进行比对分析。

获取的航摄区域的航摄图像包括可见光和多光谱图像,产生的数据结果有可见光图像、近红外图像和 NDVI 图像,如图 8-4 所示。航摄监测作业过程为两个架次,分别是位于西南部的防治区和位于东北部的对照区,如图 8-5、图 8-6 所示。

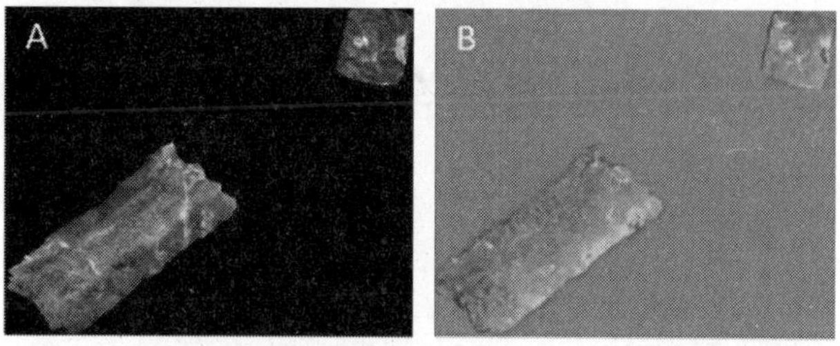

图 8-4 航摄监测可见光图像(A)和 NDVI 伪彩色图像(B)

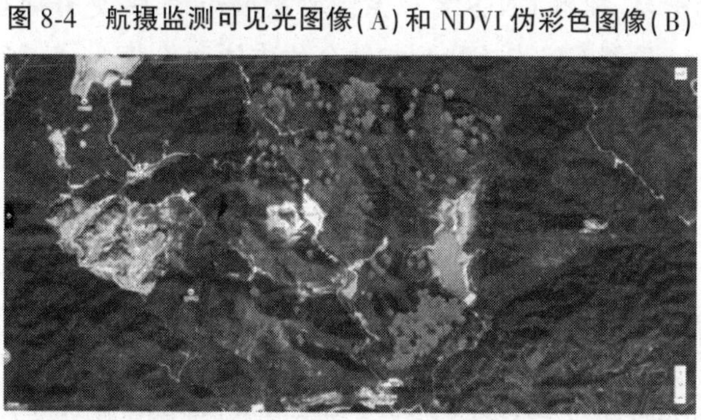

图 8-5 位于东北部的对照区枯死松树分布标示图

实验结果表明，利用无人机航摄监测松材线虫病能及时获取多时态、多角度、多光谱、高分辨率的航摄影像，显著提高松材线虫病的监测效率，降低监测成本；通过对航摄影像的智能化自动识别，进一步提高了监测的效率和一致性，使监测结果更加客观、可靠。

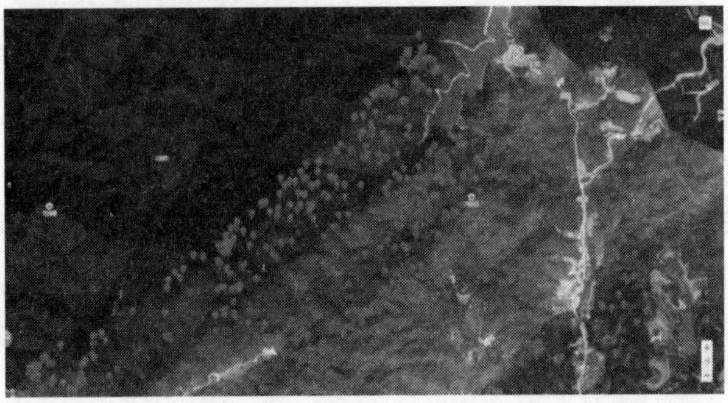

图 8-6 位于西南部的防治区的上半部枯死松树分布标示图

利用无人机航摄监测松材线虫病并自动化识别松材线虫病枯死松树，使人们能及时发现松材线虫病枯死松树，了解枯死松树的数量及分布情况，有效监测松材线虫病疫情的发展动态，为松材线虫病的应急除治提供依据；同时也为松材线虫病灾害损失和防治效果评价提供客观、准确的依据。

【任务实施】

请相关企业技术人员讲解 GIS 与 RS 技术结合关键技术，以及 RS 影像数据或者摄影测量数据处理的方法。

通过该任务实施，加深学生对 RS 技术操作方法和流程的了解，拓展 GIS 与 RS 实际应用操作的能力。

任务 3 GIS 与 GNSS 的结合应用

【任务描述】

通过相关知识的学习，理解 GNSS 定位系统的原理和方法，更好地理解 GNSS 空间实体快速、精密定位的特点，了解 GIS 与 GNSS 相结合的方法和优势。

通过任务实施，让读者将理论与实际应用技术相结合，充分理解 GIS 与 GNSS 结合应用的方法和优势。

【相关知识】

1 GNSS 定位系统的原理与方法

全球导航卫星系统简称为 GNSS(Global Navigation Satellite System)，是以人造地球卫星作为导航平台的星基无线电导航系统，为全球陆、海、空、天各类军民载体提供全天候的、高精度的位置、速度和时间的信息，也称为天基定位、导航和授时系统。

1.1 GNSS 类型

GNSS 是泛指所有的卫星导航系统,包括全球范围的、区域范围的、相关的增强系统的导航系统,如图 8-7 所示。

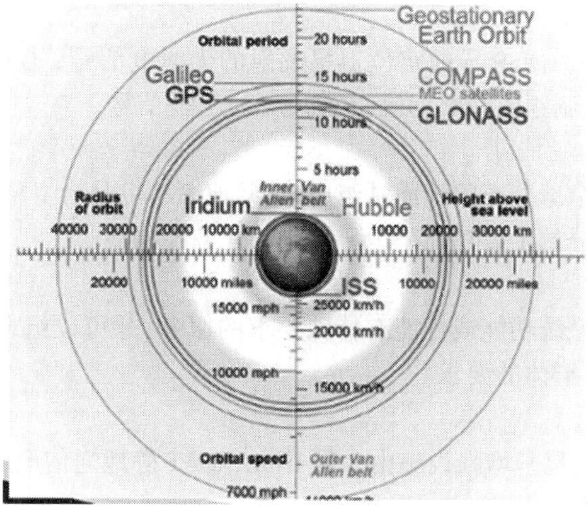

图 8-7 GNSS 类型及轨道位置

(1)全球范围的,比如美国的 GPS、俄罗斯的 GLONASS、欧洲的 Galileo、中国的北斗卫星导航系统。

(2)区域范围的包括日本的准天顶卫星系统(QZSS)、印度区域导航卫星系统(IRNSS)。

(3)相关的增强系统。例如美国的 WAAS(广域增强系统)、欧洲的 EGNOS(欧洲静地导航重叠系统)和日本的 MSAS(多功能运输卫星增强系统)等。国际 GNSS 系统是个多系统、多层面、多模式的复杂组合系统。

1.2 GNSS 特点

GNSS 全球导航卫星系统有以下几个特点:

(1)全天候,不受任何天气的影响;

(2)全球覆盖(高达 98%);

(3)七维定点定速定时高精度;

(4)快速、省时、高效率;

(5)应用广泛、多功能;

(6)可移动定位。

1.3 GNSS 组成

GNSS 是由全球设施、区域设施、用户部分以及外部设施等部分构成的。

1.3.1 全球设施

全球设施是 GNSS 的核心基础组件,它是全球卫星导航定位系统提供自主导航定位服务所必需的组成部分,由空间部分、空间信号段和相关地面控制部分构成。

1. 空间部分

GNSS 空间部分是由一系列在轨道运行的卫星(来自一个或多个卫星导航定位系统)构成,提供系统自主导航定位服务所必需的无线电导航定位信号。其中,在轨卫星称 GNSS 导航卫星,是空间部分的核心部件,卫星内的原子钟(采用铷钟、铯钟甚至氢钟)为系统提供精密的时间基准和高稳定度的信号频率基准。由于高轨卫星对地球重力异常的反应灵敏度低,作为高空观测目标的 GNSS 导航定位卫星一般用高轨卫星。

2. 空间信号段

空间信号段是指在轨 GNSS 导航定位卫星发射的无线电信号。GNSS 卫星发送的导航定位信号一般包括载波、测距码和数据码(或称 D 码)三类信号。

3. 地面控制部分

地面部分由一系列全球分布的地面站组成,这些地面站可分为卫星监测站、主控站和信息注入站。地面控制部分的主要功能是卫星控制和任务控制。

1.3.2　区域设施

区域设施是面向对系统功能或性能有特殊要求的服务,并可以组合当地地面定位和通信系统,以满足广泛用户群体的要求。

1. 星基增强设施

EGNOS 全面运行时,星基增强设施由 3 颗 INMARSAT 静地通信卫星构成。

2. 区域检测控制设施

区域检测控制设施是由静地卫星基准站、地面测距/完备性监测、EGNOS 任务控制中心和导航地面地球站组成。

1.3.3　用户部分

由一系列的用户接收机终端构成,接收机是任何用户终端的基础部件,用于接收 GNSS 卫星发射的无线电信号,获取必要的导航定位信息和观测信息,并经数据处理以完成各种导航、定位以及授时任务。一般情况,用户可以根据不同的需求,对接收机进行定制。

1.3.4　外部设施

外部设施是指 GNSS 所采用的一系列区域性或地方性基础设施。目前,外部设施主要指协助 GNSS 完成各种公益或增值服务的外部设施。

2　GIS 与 GNSS 的结合方法

GIS 与 GNSS 结合的形式一般有两种:单台移动式和集中监控式。

2.1　单台移动式

单台移动式就是在用户设备上直接配备 GIS 工具软件,把接收机天线接收的定位数字信号直接输入 GIS 系统,由 GIS 系统对接收机定位信息进行处理并与其数字地图匹配,这样即可实时显示接收机天线位置。这种情况对于接收机独立运作时可采用,定位精度要求不高。

2.2　集中监控式

当定位精度要求高,移动区域广,需要集中显示流动目标的运行状况时,便需要采取本方式。它往往由多台接收机、控制中心和基站组成。

(1)控制中心。由大屏幕计算机、无线电台、通信适配器、电源和天线系统组成,并配备 GIS。

(2)基站。由电台、通信适配器、电源和天线系统组成。

(3)移动站(车载系统)。由电台、天线、通信适配器和 GPS 接收机组成。

其工作流程为各接收站把接收到的本机位置信号，通过电台发送给基站，基站接收信号后无线发送给控制中心，中心把收到的定位信号通过处理并与 GIS 的电子地图相匹配，显示该接收机位置。其中基站是作为中继站，视活动覆盖区大小及电台发送信号功率大小，可多可少，当接收机上电台功率大，或活动范围不大，可不要基站。监控中心在了解移动器的运动后，还可通过电台发出接收机动作指令，指挥接收机的运行。

3 GIS 与 GNSS 的结合应用实例

作为实时提供空间定位数据的技术，GNSS 可以与地理信息系统进行集成，以实现不同的具体应用目标，例如：定位、测量、监控导航等。为了实现 GIS 技术与 GNSS 技术的集成，GIS 系统必须能够接收 GNSS 接收器发送的 GNSS 数据，然后对数据进行处理，最后进行各种分析运算，其中坐标数据的动态显示以及数据存储是其基本功能。

利用 GIS 中的电子地图和 GPS 接收机的实时差分定位技术，可以组成 GPS+GIS 的各种自动电子导航系统，用于交通指挥调度、公安侦破、车船自动驾驶、农田作业管理、渔船捕鱼等多方面。也可以利用 GPS 的方法对 GIS 进行实时更新。

河北省创建了全程机械化精准作业物联网监测平台。该平台系统集成传感物联技术，实现喷药量、施肥量、灌水量、播种量的自动采集与物联网数据传输；集成北斗卫星定位技术，实现作业机具实时位置监测、速度监测、作业面积计量、作业费用计算；集成 GIS 技术，实现基于在线地图的农机位置监测、作业状态监测、作业量统计、作业轨迹回放；集成摄像头，实现作业视频监测及远程图像抓拍上传。

为了接受社会各界监督，各个省市的公务用车都逐步统一了车窗标识，市民可以举报违规用车线索，并直接转到纪检监察部门。并且公务用车将逐步全部安装北斗定位终端，非工作时段用车将自动报警。

除了外观上统一标识、易于识别，公务用车还将全部安装北斗定位终端，统一纳入全市公务车辆信息化管理监督系统。安装了定位终端，公务用车的日常行为便全部置于系统监控之下。在公务车辆信息化管理监督平台的大屏幕电子地图实时显示着公车所处位置，每一辆车都能查询历史轨迹，进行路径分析。系统还具备“电子围栏”功能，车辆一旦驶出城区，或者驶入设定的敏感区域，或者在非工作时段用车，系统都将会自动报警。

黄冈地区运钞车 GPS 实时监控系统是典型的 GIS 与 GNSS 结合的实例。人民银行湖北省分行黄冈支行结合黄冈地区的实际情况，建设了运钞车卫星定位监控系统，这是一个 GNSS 与 GIS 结合的系统。由于黄冈地区地理位置特殊，从无线通信技术角度讲，有三大不利因素：大山遮挡、通信死角多；三省交界，频率协调难；跨区范围大，通信质量难以保证。

为解决以上问题，在硬件和软件技术上要妥善解决：

(1)移动数据通信的抗多径衰落、抗多普勒频移、抗阴影衰落能力(空间分集、时间分集、优良的调制方式、纠错编码等多种技术的综合采用)；

(2)常规电台的高速数据传输，速率为 16 kbps；

(3)常规电台收发转换时间控制在 5 ms 以下；

(4)多基站系统的网络结构设计；

(5)移动站的自动漫游及自动越区；

(6)无线多址技术及效率。

"运钞车卫星定位监控系统"采用多基站集中监控方式的系统设立 4 个基站,覆盖范围包括黄冈地区的 9 个县(市),此外,武汉、鄂州、黄石也在监控的视野内。系统主要技术指标为:系统容量 500 辆车,天线信道频率 450 Hz,信道带宽 25 kHz,调制方式 GMSK,多址协议为预约 TMA,数据链路规程 HDLC,数据接口 RS-232,信道编码为 R-S 码,纠错方式 FEC,抗衰落技术 GM-SK 调制、交织、空间分集、纠错编码。

系统的主要功能:移动站具有数、话兼容功能,既能传输 GPS 定位数据,又能进行无线与有线、无线与无线间的语音通信;车辆监控、调度;误码率从 10 纠正到 103;报警信息具有优先权,响应时间小于 3.5 s,移动站的传输周期为 21 s,即每 21 s 传输一次 GPS 定位信息;自组织网络,路由自动选择,自动中继;综合采用 TDMA 和 CSAM 两种介质访问方式,使天线信道的利用率大大提高;采用多媒体技术,使指挥中心的操作界面十分友善;电子地图具有放大、缩小,自动跟踪平移,运行轨迹保存再现及道路添加功能;系统定位精度不低于 30 m,处理能力每秒 20 辆车。

【任务实施】

通过到相关企业参观和企业技术人员讲解 GIS 与 GNSS 技术结合的方法,了解 GNSS 如何提供实时数据并与 GIS 相结合提供位置服务。

通过该任务实施,加深对 GNSS 技术应用的方法的了解,拓展 GIS 与 GNSS 结合的知识面。

任务 4　"3S"技术的综合应用

【任务描述】

通过相关知识的学习,理解 RS、GIS 与 GNSS 在"3S"体系中各自充当着不同的角色,了解"3S"技术的关键技术。

通过任务实施,加深读者对 ArcGIS 软件在"3S"综合应用中功能使用,以此更加理解"3S"技术 GIS、RS、GNSS 之间的关系。

【相关知识】

"3S"是地理信息系统(GIS)、遥感(RS)、全球导航卫星系统(GNSS),三者的集成称为"3S"集成。其中,GNSS 是一种空间实体快速、精密定位的现代化工具,RS 是空间信息覆盖面最大、最迅速的信息采集手段,而 GIS 则提供了管理、分析、处理 GNSS 和 RS 数据的功能。也就是说,RS 和 GNSS 向 GIS 提供或更新区域信息以及空间定位信息,GIS 进行相应的空间分析,如图 8-8 所示,以从中提取有用信息作为决策的科学依据。

1　"3S"集成的基本模式

实际应用中,"3S"两两之间的集成较为常见,如 GIS、RS 集成,GIS、GNSS 集成或者 RS、GNSS 集成等,而同时集成 3 种技术的应用实例较少。从软件实现的角度来看,"3S"集成系统在技术上并没有多大障碍,一般的实现方法是:在 GIS 中通过支持栅格数据类型以及相关

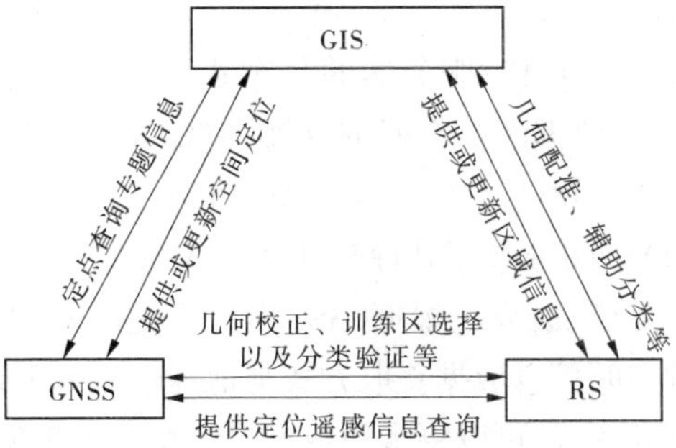

图 8-8 “3S”的相互作用与集成

的分析处理操作来实现与 RS 的集成,而通过增加矢量图层来实现与 GNSS 的集成。

“3S”技术的集成应用简单地说就是 GIS 是依靠计算机实现地理信息的收集、处理、储存、分析和应用的系统。GNSS 是具有全天候、高精度和自动测量的特点,主要功能是定位导航,RS 是获取地面数据。

2 “3S”集成的几个问题

为了实现真正的“3S”技术集成,需要研究和解决“3S”集成系统设计,实现和应用过程中出现的一些共性的基本问题,OSGeo 中国中心对这些问题进行了总结。

(1)“3S”集成系统的实时空间定位。研究“3S”集成系统的传感器实时空间定位以及系统行进过程中快速确定相关地面目标的方法和实现技术。

(2)“3S”集成系统的一体化数据管理。研究“3S”数据的集成管理模式、数据模型,设计和发展相应的数据管理系统,以实现图形、图像、属性、GPS 定位数据等的一体化管理,为“3S”的集成处理和综合应用提供基础平台。

(3)语义和非语义信息的自动提取理论与方法。研究从航空、航天遥感数据和 CCD 立体像对中自动、快速和实时地提取空间目标位置、形状、结构及相互关系和空间目标的语义信息的理论与方法。

(4)基于 GIS 航空航天遥感影像的全数字化智能系统及对 GIS 数据库快速更新的方法。研究如何依托已建立的 GIS 系统来实现航空、航天遥感影像的智能化全数字过程,并从中快速发现在哪些地区空间信息发生变化,进而实现 GIS 数据库的自动/半自动快速更新。

(5)“3S”集成系统中的数据通信与交换。数据通信是“3S”技术集成中的一个关键问题。例如,在环境监测、灾害应急、自动导航和自动加强系统中,需将 GPS 记录数据和遥感成像数据(CCD 记录和雷达记录等)实时传送到信息处理中心,或反之将所有数据传送到量测平台上去。为此,需要研究数据单向实时传送的理论和方法、数据双向实时传送的理论和方法以及数据交换的理论和方法。

(6)“3S”集成系统中的可视化技术理论与方法。“3S”集成系统中将有不同分辨率、不同时相的大量图形和影像数据,需要研究它们的多级分辨率和多尺度表示在各种介质和终端上的可视化问题。

(7)“3S”集成系统的设计方法及 CASE 工具的研究。主要研究基于计算机辅助软件工程技术的“3S”集成系统的设计方法和软件开发、维护的自动化技术,设计和发展专用于

“3S”集成系统设计的 CASE 工具。

(8)“3S”集成系统中基于客户机/服务器的分布式网络集成环境。“3S”集成系统研究是一项涉及多专业、多用户、多数据的综合研究课题,它需要一个强大又有效的硬环境支持。这其中包括多种软件系统(GIS 软件 ARC/INFO、MAPGIS、GeoStar 等,全数字化摄影测量系统,遥感图象处理系统 ERDAS,GPS 数据处理软件 WuCAPS 等)的综合使用、多类型数据的快速传输、多用户的工作方式。该项研究应根据“3S”集成系统研究的特点与特殊要求,为“3S”集成研究设计提供一个多种空间信息数据获取方式与地理信息管理系统融为一体的基础研究环境。这种集成化环境的研究完成,可以将多种数据集中在一起实现共享,特别是网络化的数据传送方式可以快速有效地将数据传送到各用户,为“3S”集成的演化研究提供条件。

3 “3S”集成技术的应用实例

(1) GNSS 与 GIS 的集成与应用。“3S”的整体集成应用更为广泛,例如,在由 GNSS+GIS 组成自动导航系统中加入 CCD 摄像机,组成移动式测绘系统,可用于高速公路、铁路和各种线路的自动监测和管理,也可建立战时现场自动指挥系统。

(2) RS 与 GIS 的集成与应用。从航空摄影测量转向基于遥感的航空航天数字摄影测量,从单一的地图制图转向电子地图数据库、地理信息系统建设,技术结构也从单一技术向“3S”集成技术、基于网络环境的“3S”运行体系发展。RS 是 GIS 重要的数据源和数据更新的手段之一,而反过来,GIS 则是遥感中数据处理的辅助信息。两者集成可用于全球变化监测、国土资源调查和监测,基本农田建设、林地、沙漠、草原的生态监测,农业收成面积监测和产量预估、空间数据自动更新等方面。

(3) GNSS 与 RS 的集成与应用。在遥感平台上安装 GNSS 可以记录传感器在获取信息瞬间的空间位置数据,直接用于空中三角测量平差加密,可以大大减少野外控制测量的工作量。可在自动定时数据采集、环境监测、灾害预测等方面发挥重要作用。

另外,GIS 用于灾害动态监测与分析,其技术关键在于灾害的实时获取、实时传输。GIS 与 RS、GNSS 技术结合,分析模型、专家系统等方面的技术有利于灾害模拟,研究灾害发生的规律。

【任务实施】

通过网络资料的查找,查询“3S”应用的案例并进行可行性分析,通过网络资料收集和整理,组织成 PPT 报告进行讲述。

可以参考的网站:GIS 空间站、GIS 帝国等“3S”相关信息网站。

任务 5 数字工程

【任务描述】

通过相关知识的学习,了解数字地球、数字城市、智慧城市相关概念,理解数字城市和智慧城市的区别与联系,了解智慧城市建设的关键技术和建设方案。

通过任务实施,更加了解数字城市和智慧城市在城市建设与服务方面的作用。

【相关知识】

1 数字地球

1.1 数字地球的产生背景及其概念

1998年1月,美国前副总统戈尔发表了题为《数字地球》(The Digital Earth: Understanding Our Planet in the 21st Century)的演讲,提出了"数字地球"的概念。戈尔指出:"数字地球"是一个可以嵌入海量地理数据的、多分辨率的、真实地球的三维表示,可以在其上添加与我们所处的星球有关的数据,实现在不同分辨率水平上对地球的三维浏览。

数字地球就是对真实地球及其相关现象统一性的数字化重现与认识,它是一个全局性的长远的战略概念,其核心在于:用数字化手段统一性地处理地球问题;最大限度地利用信息资源。具体地说,就是在全球、国家和区域的层次上,长远地规划地球表层和浅表层数字信息的获取、处理、应用等方面的相关工作,从系统论和一体化的角度来整合已有的或者正在发展的与数字地球相关的理论、技术、数据、应用和能力。

数字地球本质上是一个信息系统。综合起来讲,"数字地球"是一个科学与技术的聚合体,是人类认识地球的一种新的方式,它涉及对地观测、地球科学、计算技术、网络通信等多个领域。

1.2 数字地球的核心技术综述

为了解决数字地球中的数字化、信息化以及应用问题,需要研究以下关键技术:科学计算、海量存储、宽带网、卫星数据获取、元数据、互操作等。下面对这些相关关键技术进行简单的描述。

1.2.1 高分辨率卫星遥感数据的快速获取技术

卫星遥感是数字地球获取数据的主要手段,包括不同高度、不同分辨率的陆地卫星系列、海洋卫星系列、气象卫星系列以及小卫星系列,其分辨率从1 m到4 000 m。遥感数据的处理包括辐射纠正、几何纠正、增强、特征提取、自动分类、自动成图、数据压缩等,高分辨率卫星每天都要产生大量的数据,对这些数据自动、快速的处理以实时、准确地提取信息是实现数字地球信息获取的关键。

1.2.2 地球空间数据的存储和处理

为了能够将地球上的信息进行数字化,除要存储和处理大量的遥感数据外,还包括图形数据、属性数据等。实现对这些数据的查询检索,需要海量数据存储管理以及快速处理技术。目前分布式数据存储是海量数据管理的趋势,可以避免集中式系统带来的管理困难以及网络拥塞;而通常采用超大型计算机或者并行计算以实现快速处理。

1.2.3 超媒体空间信息系统

数字地球的主要任务之一是通过因特网实现信息的共享和发布,主要通过WebGIS技术实现。此外,数字地球应用中包含大量多媒体数据,也需要在因特网上发布,形成超媒体空间信息系统。大量的数据在网络上传输,造成网络拥塞,这需要高带宽网络解决该问题。

1.2.4 地理信息的分布式计算

地理信息的特征是分布的,并且具有基础性、共享性和综合性,分布式计算可以使得地理信息应用于社会各个领域。遵循Open GIS规范,基于CORBA(或COM)体系结构,实现

地理信息的分布计算,是其解决方案之一。地理信息的分布计算服务包括以下几类:

(1)地理信息的共享领域服务,为社会各个领域的应用提供地理信息服务,提供共享和集成的基础。

(2)空间查询服务,包括通过元数据实现信息检索,属性、几何、空间关系等各个方面的查询。

(3)空间分析服务,实现空间信息提取、地理特征分析、图像理解、图像开发等服务。

(4)空间制图服务,包括空间坐标转换服务、地理注记服务、图像处理服务、特征综合服务、创建影像地图服务等,其目的是直观地表现空间信息。

(5)地理信息的特定任务服务,为地理信息领域特定用户提供有针对性的服务,主要为地理信息的获取、地理信息的建立和维护服务,称为地理数据的管理服务。包括地理信息生产、地理信息生产管理、地图符号管理、信息开发利用和分析、订购和跟踪、信息存储和检索系统、信息交付、信息再现和复制、用户支持。

1.2.5 无比例尺数据库

无比例尺数据库是指以一个大比例尺数据库为基础数据源,在一定区域内空间对象的信息量随比例尺变化自动增减,即可以由大比例尺空间数据自动生成较小比例尺的数据。无比例尺数据库的技术关键是自动制图综合,在该领域目前已有许多研究,但是都难以达到令人满意的效果。

1.2.6 空间数据仓库

空间数据仓库是指支持管理和决策过程的、面向主题的、集成的和随时间变化的、持久的和具有空间坐标的地理数据的集合。数据仓库的主要任务是将来源、结构、格式不同的原始数据,首先对其进行标准化、过滤与匹配、精化、标明时间戳和确认数据质量的处理,即求精过程;然后根据任务的需要,进行数据的集成与分割、概括与聚集、预测与推导、翻译与格式化、转换与再映像处理;最后进行数据仓库的建模、概括、聚集、调整与确认及建立结构化查询等。空间数据仓库的目的是处理积累的海量空间数据,抽取有用信息,并提供决策支持。其结构框架包括数据源、Metadata 数据源、Metadata 互操作协议、数据抽取求精、Metadata 创建与浏览数据仓库、存取与检索、Metadata 管理及查询与分析等。

1.2.7 空间数据融合

空间数据融合是指多种数据合成后,不再保存原来的数据,而产生了一种新的综合数据,如假彩色合成影像。数字地球的多种数据融合,包括多种分辨率数据、多维数据以及不同类型数据的融合,并且需要将融合得到的数据进行可视化表现,通常是将数据叠加在数字高程模型上,形成三维立体景观影像。实现数字地球中的空间数据融合,需要地理数据互操作以及高速网络的支持。

1.2.8 虚拟现实(VR)技术

虚拟现实技术是指运用计算机技术生成一个逼真的,具有视觉、听觉、触觉等效果的可交互、动态的“世界”。在数字地球中,采用虚拟现实技术,可以非常真实地表达现实地理区域,而用户可以在所选择的地理带内外自由移动。目前,GIS、虚拟现实以及 Web 技术相结合的方式之一是 VRML(虚拟现实造型语言),通过用 VRML 描述 GIS 信息,可以在因特网上发布空间三维数据供用户浏览。

1.2.9 元数据

在创建数字地球的过程中,全球范围内对数字地理信息的需求越来越大,许多单位和个人开始生产、处理和修改地理数据;另外,在计算机信息系统中,采用模型对地理实体进行研究时,为了保证信息不被误用,需要通过元数据(Metadata)对数据进行详细的描述,这样不仅数据生产者能够充分描述数据集,用户也可以估计数据集对其应用目的的适用性。所以,随着地理空间数据生产者和使用者的增加,使用元数据来描述数据将成为一个必然的趋势。

综上所述,数字地球技术的关键是实现海量数据获取、存储管理、处理和信息提取、信息共享以及信息表达,下面给出了它们与上述具体技术的关系,如表8-2所示。

表8-2 数字地球技术概况

数字地球技术	海量数据获取	存储管理	处理和信息提取	信息共享	信息表达
高分辨率卫星遥感	√				
地球空间数据的存储和处理		√	√		
超媒体空间信息系统				√	√
地理信息的分布式计算		√	√	√	
无比例尺数据库		√	√		√
空间数据仓库		√	√		
空间数据融合			√		√
虚拟现实技术					√
元数据	√	√	√	√	

注:√表示该具体技术支持相应的实现目的。

2 数字城市和智慧城市

2.1 数字城市的概念

数字城市(Digital City)概念是由"数字地球"概念引出的,它是数字地球技术系统的重要组成部分。广义的数字城市,即城市信息化,是指通过建设宽带多媒体信息网络、互联网信息平台、三维地理信息系统以及互联网信息平台等基础设施平台,整合城市信息资源,实现城市经济信息化,建立城市电子政府、电子商务企业、电子社区;并通过发展信息化的政务、商务、家电、教育、医疗等平台,建立高度信息化城市信息体系,如图8-9所示。

狭义的数字城市,是指基于"3S"技术即地理信息系统、全球导航卫星系统、遥感技术等信息技术,对城市的基础设施和功能机制进行自动采集与动态监测管理。其本质是建设空间信息基础平台并在此基础上扩展开发并整合各个应用领域的信息资源。

2.2 智慧城市的含义

"智慧城市"的概念源自IBM公司2008年提出的智慧地球理念,其核心是感知化、互联化和智能化,是继"数字城市"和"智能城市"后,信息化城市的高级形态。智能城市(Smart City)是指以利用人工智能、智能控制软件及传感设备等智能信息网络实现信息、资源、任务

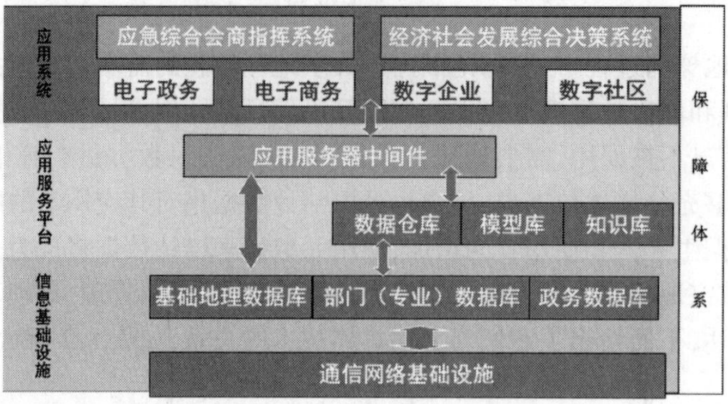

图 8-9　数字城市的结构框架

的共享，使城市的各种功能网络和节点经济、高效地运作。

智慧城市是借助物联网、传感网、云计算等技术，在环境、交通、医疗卫生、城市管理等诸多领域，构建城市发展的智慧环境，如图 8-10 所示，形成生活、产业发展、社会管理的新模式和新的城市形态，以一种更智慧的方式运行，进而为城市中的人创造更美好的生活，促进城市的和谐、可持续成长。

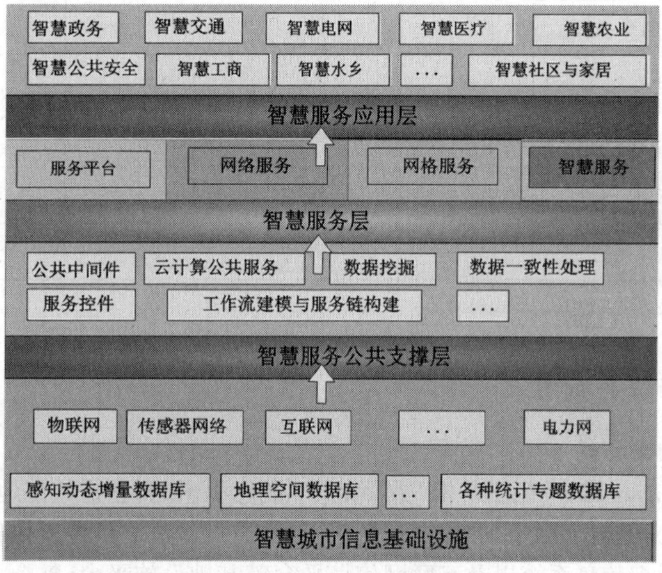

图 8-10　智慧城市的结构框架

2.3　数字城市和智慧城市的区别与联系

数字城市建设的主要内容是利用地理信息系统将城市建设、管理、经济、民生等信息与空间地理位置信息联系在一起，实现更精准的服务。

智慧城市是通过互联网把无处不在的被植入城市物体的智能化传感器连接起来形成的物联网，实现对物理城市的全面感知，利用云计算等技术对感知信息进行智能处理和分析，实现网上"数字城市"与物联网的融合，并发出指令，对包括政务、民生、环境、公共安全、城市服务、工商活动等在内的各种需求做出智能化响应和智能化决策支持。

数字城市是"现实城市"的虚拟对照体，两者是分离的；而"智慧城市"是通过物联网把

"数字城市"与"现实城市"连接在一起,本质上是物联网与"数字城市"的融合。对比数字城市和智慧城市,有以下六方面的差异:

(1)数字城市通过城市地理空间信息与城市各方面信息的数字化,在虚拟空间再现传统城市,智慧城市则注重在此基础上进一步利用传感技术、智能技术,实现对城市运行状态的自动实时、全面透彻的感知。

(2)数字城市通过城市各行业的信息化提高了各行业的管理效率和服务质量,智慧城市则更强调从行业分割、相对封闭的信息化架构迈向作为复杂巨系统的开放、整合,协同的城市信息化架构,发挥城市信息化的整体效能。

(3)数字城市基于互联网形成初步的业务协同,智慧城市则更注重通过网络、移动技术实现无所不在的互联和随时随地随身的智能融合服务。

(4)数字城市关注数据资源的生产、积累和应用,智慧城市更关注用户视角的服务设计和提供。

(5)数字城市更多注重利用信息技术实现城市各领域的信息化,以提升社会生产效率,智慧城市则更强调人的主体地位,更强调开放创新空间的塑造及市民参与、用户体验,以人为本,实现可持续创新。

(6)数字城市致力于通过信息化手段实现城市运行与发展的各方面功能,提高城市运行效率,服务城市管理和发展,智慧城市则更强调通过政府、市场、社会各方力量的参与和协同实现城市公共价值塑造与独特价值创造。

智慧城市是在数字城市的基础上,通过高速的互联网络、云计算等新技术打破信息孤岛现象,实现大数据协作与共享,在数据采集方面,主要是借助物联网技术的发展,通过各类传感设备大量代替人工干预的方式,实现智能化操作,并将采集的各类数据汇聚于云计算中心,再借助人工智能分析,对数据进行深度挖掘,找出其中的关联性,实现对企业、公众操作的便捷性,为政府决策提供更加科学有效的依据。其主要目的是实现绿色、环保的社会发展机制,建立便捷、高效的社会环境,使得自然与人和谐相处,为世界的可持续发展提供内在的动力。

2.4 数字城市和智慧城市建设的内容与方案

数字城市和智慧城市的建设包括城市管理系统、环保管理系统、智慧地下管网、平安城市建设、智慧交通、数字国土、数字规划、智慧社区、智慧养老服务等几个方面辅助城市建设。

2.4.1 城市管理系统

网格化城市管理系统基于城市电子政务专网、电子政务中心平台和政务地理信息系统,运用空间网格技术、地理编码技术,以数字城市技术为依托,将信息化技术、协同工作模式应用到城市管理中,如图8-11所示。

系统采用万米单元网格管理法和城市部件、事件管理法相结合的方式,应用、整合多项数字城市技术,创新信息实时采集传输的手段,创建城市管理监督中心和指挥中心两个轴心的管理体制,再造城市管理流程,实现对城市精确、敏捷、高效、全时段和全方位覆盖的城市管理模式,从而形成了市政设施、市容环卫、园林绿化与城管执法四位一体的管理模式,达到城市管理扁平化、精细化、现代化及智慧化的目标。

2.4.2 环保管理系统

整合全市(县)环保资源,根据已建立的市、县、乡、村四级网格及配套的监督巡查员上报管理体系,建立"纵向到底、横向到边,反应迅速、公开透明"的环保网格化监管系统。

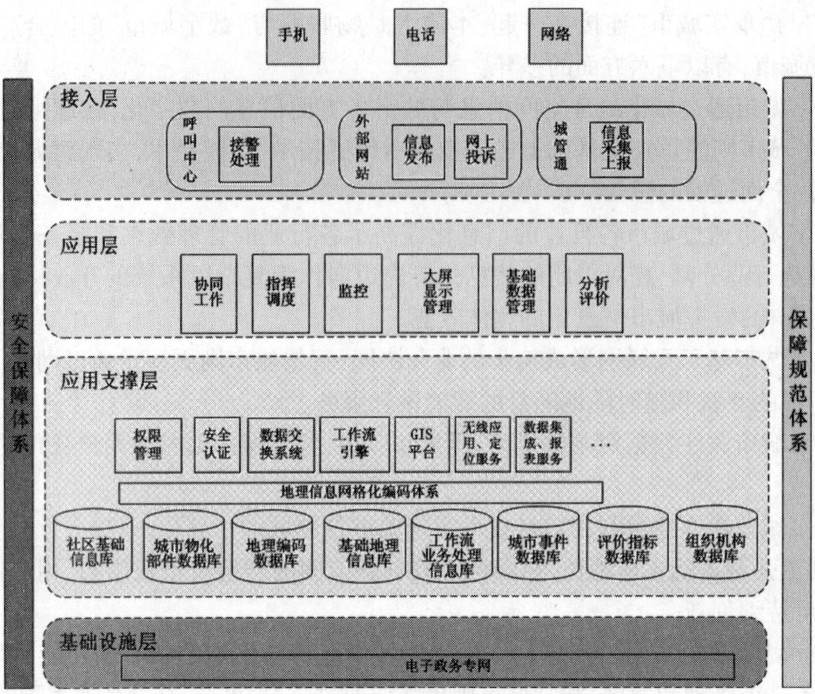

图 8-11　网格化城市管理关键技术

2.4.3　智慧地下管网

地下综合管网管理信息系统是一个集管线数据普查、数据入库管理、数据维护更新、地下管线精细化管理以及为领导和专业部门提供服务等功能为一体的综合管理平台。该平台将地下埋设的供暖、供水、供气、排水、光缆及线缆等所有管线的埋深、走向、关键阀点、管材、管径和铺设时间等数据普查清楚,通过 GIS 定位在电子地形图上形成数据库,完成新建管线实时更新、管线数据统计分析、管线碰撞分析、爆管分析及三维模型展示等。

2.4.4　智慧安防建设

平安城市建设是实现治安管理和社会安全防控的需要。全国城市报警与监控系统是建设平安城市的重要组成,例如在社会治安巡逻方面,平安城市图像监控系统可实行网上可视化治安巡逻,它与当前人巡、车巡等主要巡防手段相比,具有高效性和隐蔽性,以及更强的威慑力。在 110 警情处置方面,通过图像监控系统,可在当事人报案的第一时间,直观地看到警情周围的动态情况,协助指挥中心有效进行指挥调度。一方面可保护出警人员,另一方面可实时记录现场图像,规范执法行为。在交通事故案件侦破方面,在涉及机动车治安案件、交通事故处理中,图像监控系统可提供视频图像资料,分析车辆运行轨迹,为案情分析提供有效证据。

2.4.5　智慧交通

智慧交通建设以公众信息服务、物流服务为重点,统筹交通信息资源,实现基础设施感知化、信息资源集成化、综合交通一体化、区域交通联动化、交通管理协同化、决策指挥科学化以及公众服务人文化,构建安全、通畅、低碳、便捷、高效与智慧的现代综合交通运输体系,为打造智慧城市提供有力支撑。

2.4.6 数字国土建设

基于新一代关联技术开发而成的综合型国土资源管理电子政务系统在满足国土资源管理行业“纵向”业务管理需求的同时，还依托城市政务专网连接市政府和相关委办局，构建面向“数字城市”的“横向”数据共享与联合审批。可以轻松地实现跨部门、跨行业、跨地区及跨级别的数据共享、资源整合，无缝集成到平台上，共享现有资源。

2.4.7 数字规划系统

数字规划系统建设以空间管理为中心，统筹考虑“规划编制、规划审批与规划监督”业务的需求，基于成熟先进的信息技术，构建业务管理、行政办公、信息共享和分析决策一体化的统一政务管理信息新平台，对内实现市、区两级规划管理部门的网上协同办公，以图规划、以图管理，为建设单位和社会公众提供实时、公开的规划信息。

2.4.8 数字社区

数字社区在为城市提供不动产全生命周期管理与网格政务治理的综合性解决方案及服务支撑能力的基础上，还可以建设、运营物联化的社区生态服务体系，联合社区电子政务网、社区物业、生活服务企业打造闭环商业生态圈，面向城市居民提供网络化、落地化生活服务，如图 8-12 所示。

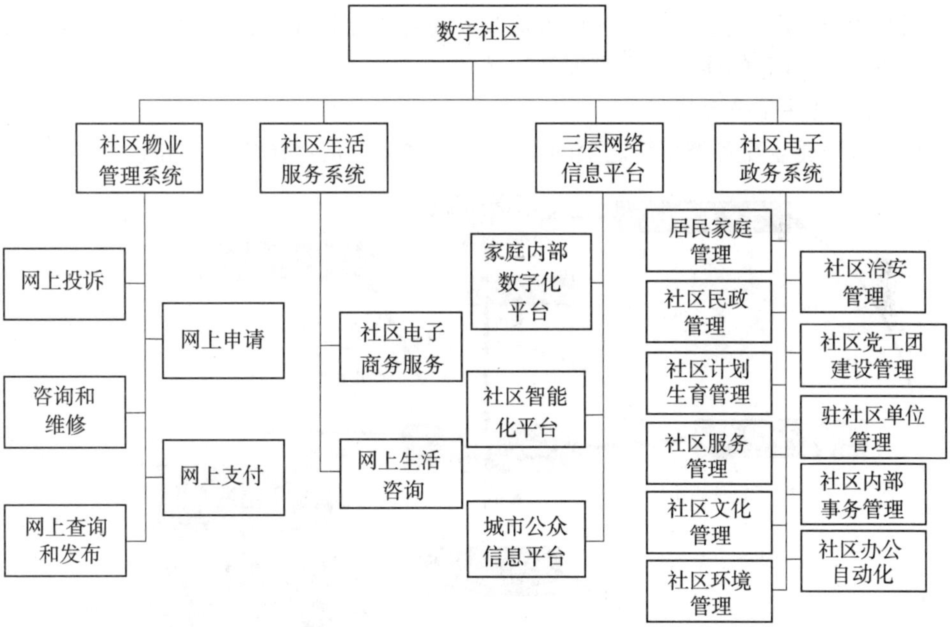

图 8-12 数字社区内容框架

2.4.9 智慧养老

结合我国专业养老机构短缺及习惯居家养老的实际情况，我国相关部门提出了 90% 的老人居家养老，7% 的老人在社区养老，3% 的老人到专业养老机构养老。智慧养老平台则能够通过物联网、大数据、云计算及人工智能技术，让在不同物理空间养老的老人享受到同样的专业养老服务，通过搭建市级管理部门、街道及社区三级智慧化养老管控平台，由更多专业化的企业接入平台，具体实施老人医疗、急救、健康管理、安全、家政等项目，建立起没有围墙的专业养老院。

除以上项目分类,智慧城市建设还可以开展智慧园林绿化管理、智慧环卫管理、智慧市政、智慧文化教育和智慧信访等项目建设,全方位地将城市的政务和服务方面的工作板块智慧化,为加快建设数字中国打下坚实的基础。

2.5　数字城市和智慧城市建设的关键技术

智慧城市的建设需要技术创新、民众意识、政府管理等各方面共同作用,而其中技术创新是建设智慧城市的基石。"信息"是智慧的核心,因此"信息技术"是支撑智慧城市的核心技术。

2.5.1　通信技术

一个人要将看见的、听见的、触摸到的各种信息传递到大脑,需要有遍布全身的神经系统。对于智慧城市来说,拥有通信网络这样的神经系统,是实现智慧的最根本要求。

2.5.2　互联网技术

互联网技术从根本上改变人类获取和处理信息的方式,使得任何一个普通民众都能够随意获取和产生信息,智慧的能力只有真正贴近普通民众,智慧的城市才有可能实现。

2.5.3　嵌入式技术

智慧的城市不仅需要更多的人能够随时获取和产生信息,城市里的各项基础设施也需要能够进行信息的自动采集、动态监管。从技术角度来看,各种各样的设备需要具备独立运算和联网的能力,嵌入式技术的发展使得这些成为可能,因此嵌入式技术是智慧城市的技术基础之一,它使得智慧的能力从人扩展到物品。

2.5.4　公共信息共享平台技术

共享平台是建立在各类系统之上的系统,是松散耦合的系统集成,如图 8-13 所示。

图 8-13　公共信息共享平台

2.5.5　数字城市三维建模技术

在智慧城市建设过程中,国内经常使用的关键软件包括建模软件、三维浏览软件、国产智慧城市建设软件。例如，建模软件包括 3D Max、Creator、Sketchup、Skyline、Street Factory，三维浏览软件包括 ArcGlobe、NewMap、CityMaker、Skyline、WordWind、DPGRID 软件等。

2.5.6　"3S"技术的发展

"3S"技术主要应用于与空间数据相关的行业领域，随着数字地球数字城市概念的提出，日益受到重视，基于"3S"技术的观测系统如图 8-14 所示。

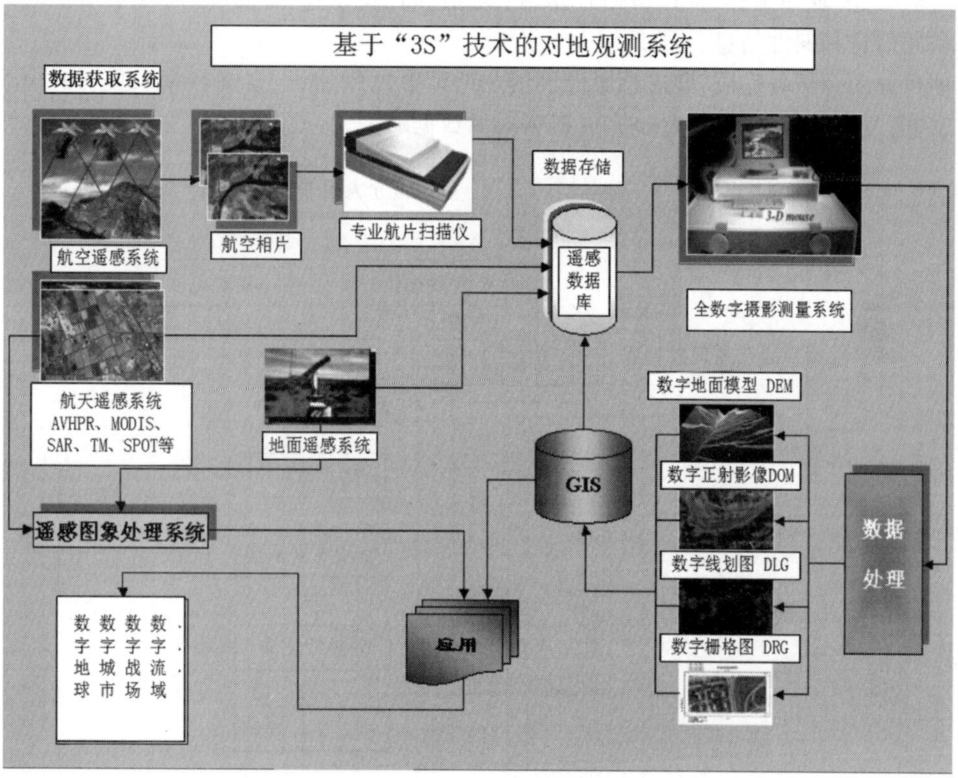

图 8-14　基于"3S"技术的观测系统

【任务实施】

通过对遥感影像进行空间数据和属性数据的采集与编辑，要求综合掌握遥感影像的判读及 ArcGIS 软件图形和属性的编辑、拓扑关系的构建、ArcToolBox 工具的使用等。

地理国情监测是综合利用全球导航卫星系统(GNSS)、航空航天遥感技术(RS)、地理信息系统技术(GIS)等现代测绘技术，综合各时期测绘成果档案，对地形、水系、湿地、冰川、沙漠、地表形态、地表覆盖、道路、城镇等要素进行动态和定量化、空间化的监测，并统计分析其变化量、变化频率、分布特征、地域差异、变化趋势等，形成反映各类资源、环境、生态、经济要素的空间分布及其发展变化规律的监测数据、地图图形和研究报告等，从地理空间的角度客观、综合展示国情国力。

1　总体要求

地理国情普查数据主要包括地表覆盖、地表形态和重要地理国情要素三类，其中地表覆盖数据反映地表自然营造物和人工建造物的自然属性或状况，是重点普查的对象。

按照要求采集图上所包括的地表覆盖要素，包括耕地（水田、旱地）、园地（果园、茶园、桑园、橡胶园、苗圃、花圃、其他园地）、林地（阔叶林、灌木林、乔灌混合林、竹林、疏林、绿化林地、人工幼林、稀疏灌丛）、草地（天然草地、人工草地）、房屋建筑区（多层及以上房屋建筑区、低矮房屋建筑区、废弃房屋建筑区、多层及以上独立房屋建筑、低矮独立房屋建筑）、道路（铁路、公路、城市道路、乡村道路）、水域（河渠、湖泊、库塘、海面、冰川与常年积雪）等要素的空间信息和属性信息。

项目分四个任务完成，即遥感影像判读及地理数据库建设、空间数据采集、拓扑检查及修改、构面及属性数据采集，逐步完成遥感影像数据的采集，见图 8-15。

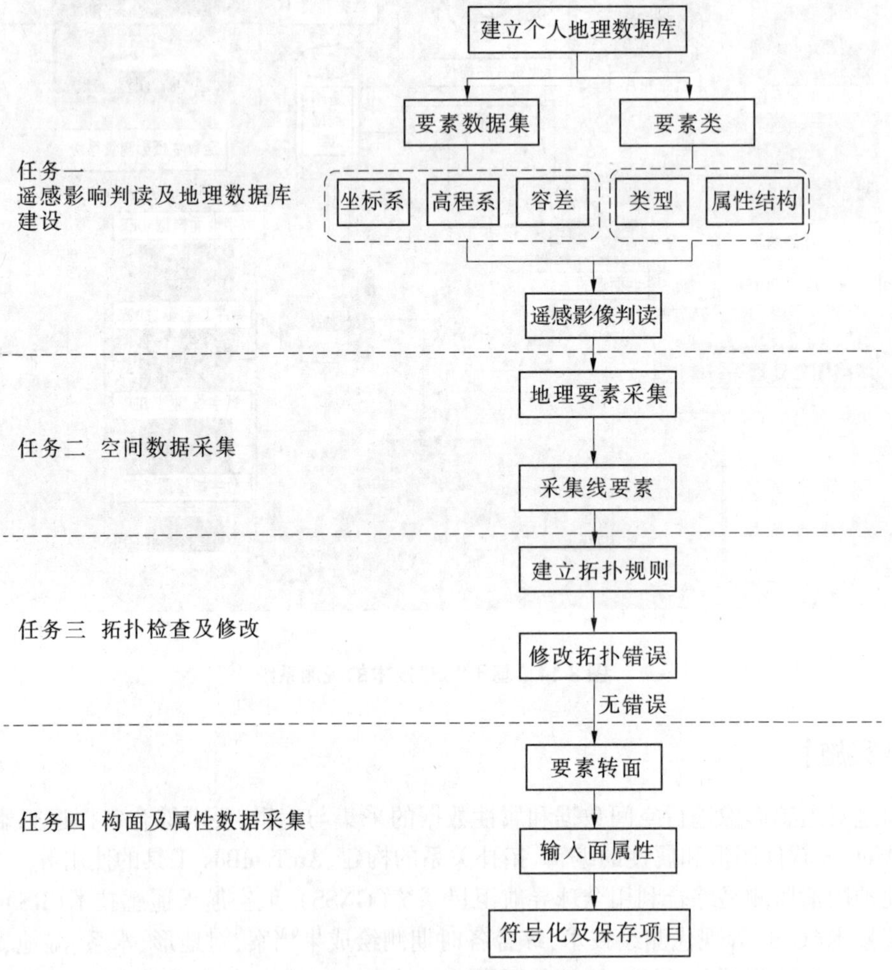

图 8-15 任务流程图

对遥感影像上的地类要素进行判读，并按照采集要求绘制图斑，“所见即所得”，如果面积达不到要求，则归入相邻图斑，见表 8-3。

表 8-3　地标覆盖要素分类、定义、采集要求及示例

地表覆盖分类	定义	采集要求	图像示例
耕地(旱地)	种植小麦、玉米、豆类、薯类、油菜、青稞和蔬菜等旱生、旱作农作物的耕地,不含大棚用地	最小图斑对应的地面实地面积为 400 m^2	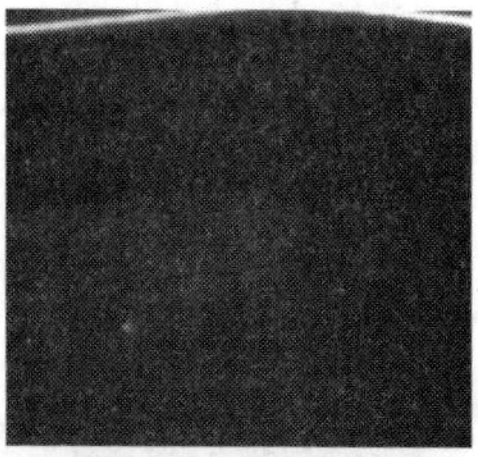
林地(阔叶林)	由双子叶乔木树种为主构成的树林,阔叶树合计占 65% 以上。有冬季落叶的落叶阔叶林(又称夏绿林)和四季常绿的常绿阔叶林(又称照叶林)两种类型	最小图斑对应的地面实地面积为 400 m^2	
林地(人工幼林)	以造林为目的,人工种植不久、处于初长阶段、树木矮小、枝叶稀少且树冠覆盖度低于 20% 的未成林。人工幼林影像上难以判断有人工种植树木存在,以背景地物特征(如草地、裸露地表等)或种植痕迹为主	最小图斑对应的地面实地面积为 400 m^2	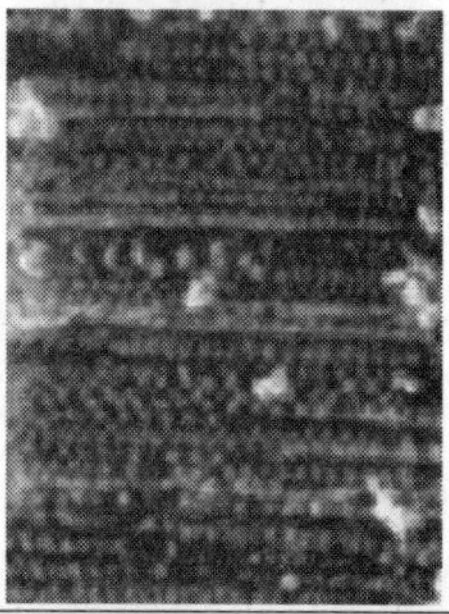
房屋建筑(低矮房屋建筑区)	层高在 1~3 层,或楼高 10 m 以下,或在高分辨率遥感影像上无明显阴影的房屋建筑为主的区域	最小图斑对应的地面实地面积为 1 600 m^2。房屋建筑区内面积小于上述最小图斑面积的绿化林地、绿化草地、硬化平地、路面等其他类型不单独归类,直接并入该类(采集直线)	
房屋建筑(低矮独立房屋建筑)	层高在 3 层及以下,或楼高 10 m 以下的独立房屋建筑	最小图斑对应的地面实地面积为 200 m^2。建筑物内部及院落式房屋围墙范围内的空地、植被及构筑物等不单独区分(采集直线)	

续表 8-3

地表覆盖分类	定义	采集要求	图像示例
道路（乡村道路）	村与村、村与外部路网、城际公路之间起连接作用且未纳入管理等级的通车道路，主要包括未纳入管理等级的机耕路、乡村路等	宽度大于 3 m 且长度大于 500 m 以上的路面（包括碎石路、土路等），含无植被覆盖、经硬化的路堤、路堑的范围，归为路面（采集直线）	
水域（河渠）	带状或线状水体	最小图斑对应的地面实地面积为 400 m^2	
水域（库塘）	人工形成的面状水体	最小图斑对应的地面实地面积为 400 m^2	
构筑物（硬化地表）	使用水泥、沥青、砖石、夯土等材料连片露天铺设的地表，或由于人类社会经济活动经常性碾压、踩踏形成的裸露地表	最小图斑对应的地面实地面积为 400 m^2	

2　遥感影像判读及地理数据库建设

2.1　遥感影像加载及判读

在 ArcMap 中打开遥感影像“i50g0550190/1/2/3. tif”，在“视图”→“数据库属性”→“常规”中，将地图单位改为“米”，见图 8-16。

2.2　地理数据库建设

在 ArcCatalog 中建立个人地理数据库，用于存储地理数据，命名为“GQPC”，在数据库中

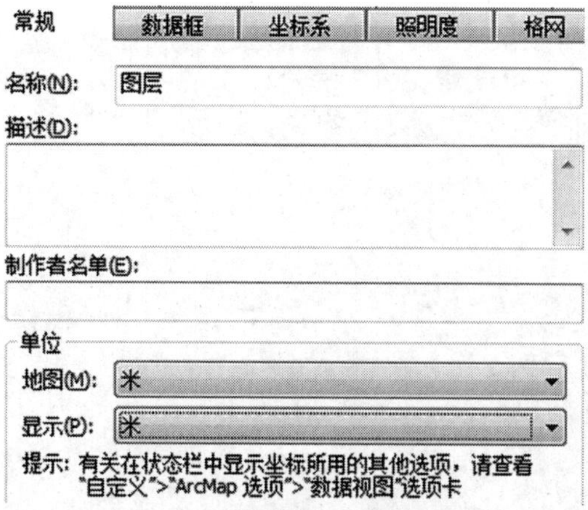

图 8-16　基本设置

新建要素数据集，命名为“LC”，地理坐标系采用 2000 国家地理坐标系“Asia—GCS_China_Geodetic_Coordinate_System_2000”，垂直坐标系采用 1985 年国家高程基准“Asia—Yellow_Sea_1985”，容差使用默认值，完成操作。在“LC”要素数据集中新建“线”要素类，命名为“LCL”，不需要添加属性字段，用于对地物要素进行数据采集，见图 8-17。

3　空间数据采集

图 8-17　数据库建立

将 LCL 线要素添加至 ArcMap 中，启动编辑器工具条并开始编辑，采集顺序为图框→道路→水域→林地→房屋建筑区→耕地→构筑物。

3.1　图框

使用 ArcToolbox→“3D Analyst”→“转换”→“由栅格转出”→“栅格范围”，将栅格范围转换为线要素。输入栅格选择遥感影像数据，输出要素选择文件位置及名称，输出要素类型选择 LINE，见图 8-18。

图 8-18　图框的建立

或使用 ArcToolbox→“转换工具”→“由栅格转出”→“栅格转面”，得到面要素后再采集、转化为线要素。生成的图框要素如图 8-19 所示。

3.2　道路

使用“线”构造工具先采集道路的一条边线（见图 8-20），通过“测量”工具测量道路宽度（见图 8-21），再使用“编辑器”→“平行复制”工具将道路边线进行偏移（见图 8-22），注意根据线方向选择复制到左侧还是右侧，偏移距离即为测量所量得的距离。如遇到道路宽度

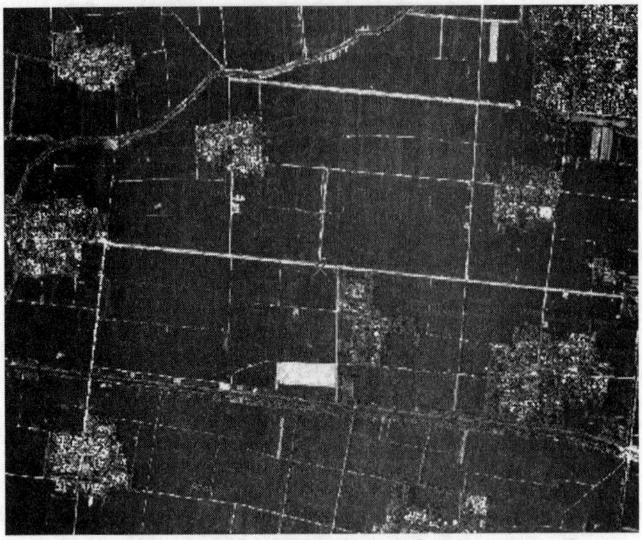

图 8-19　生成图框样式

不一致的时候要分段采集，但必须捕捉到端点或线上。道路的采集必须形成道路网，道路间必须连通。

图 8-20　道路边线绘制

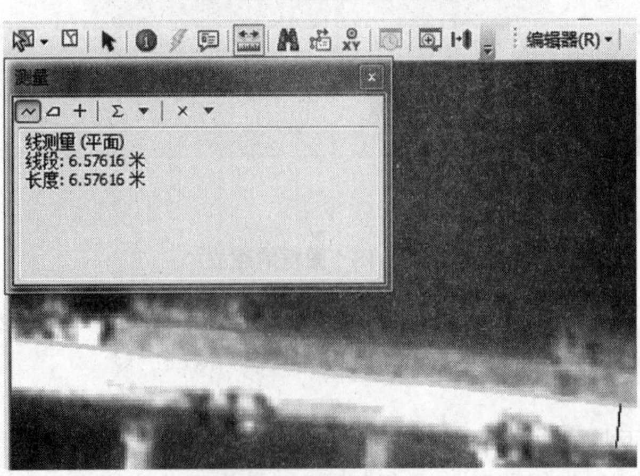

图 8-21　距离量算

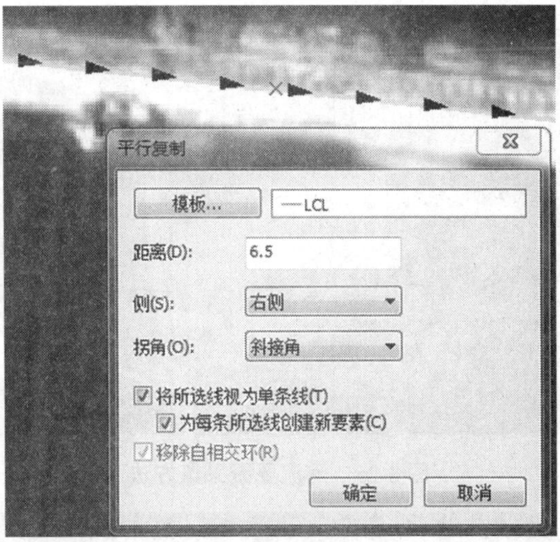

图8-22　道路边线的平行复制

遇到道路交叉的地方,使用“线相交”工具，打断并删除多余线段(见图8-23)。完成整幅图道路的采集(见图8-24),要求必须在端点处连接到一起(使用“编辑折点”工具进行修改)。

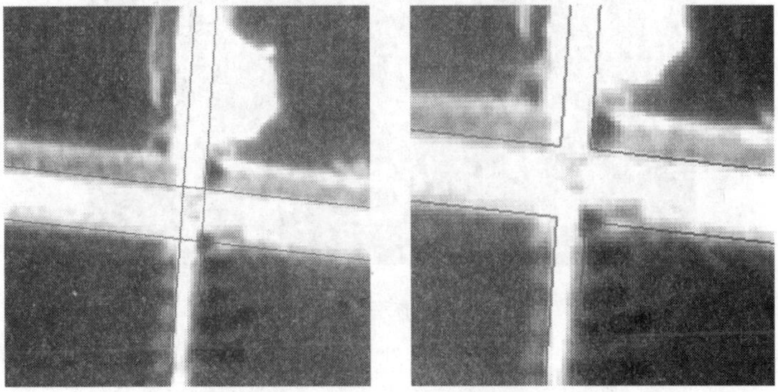

图8-23　道路交叉处理

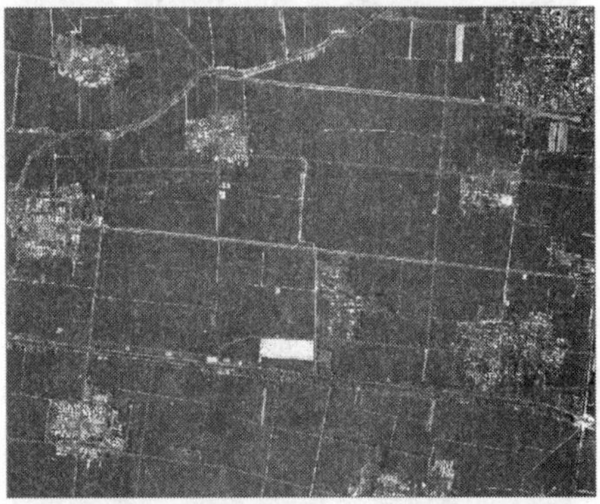

图8-24　交通要素采集成果

3.3　水域

水域的采集包括河渠和库塘,河渠的采集方法同道路,必须形成河渠网,且遇到道路时需要打断,干涸的河道也采集为河渠,见图 8-25、图 8-26。

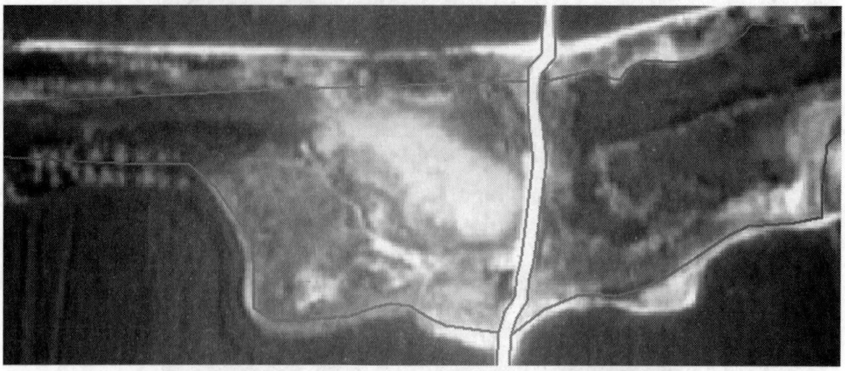

图 8-25　河流要素采集方法

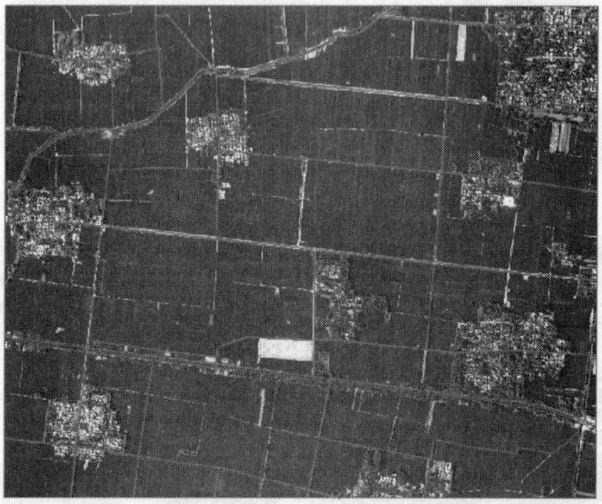

图 8-26　河流要素采集成果

库塘的采集要求实地面积大于 400 m^2,先使用“测量”工具对库塘面积进行测量(见图 8-27),采集时沿所见的水域边线进行矢量化。同水域的采集,干涸的库塘也需要采集。

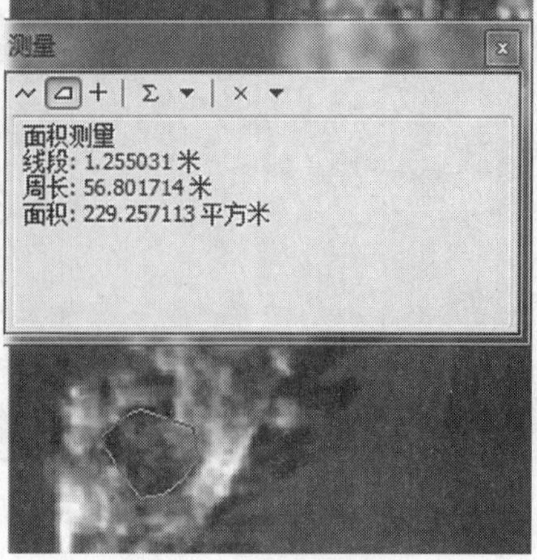

图 8-27　面积量算方法

如图 8-28 所示，库塘面积小于 400 m^2，不需要采集，归为林地即可。

图 8-28　库塘采集方法及成果

3.4　林地

最小图斑面积要求 400 m^2，在采集时先使用测量工具进行面积测量，特别是居民区内的林地，如果面积达到 400 m^2，则必须采集，不能归入居民区。

阔叶林和人工幼林根据其影像特征进行区分，林地的采集需要闭合或与其他地物要素捕捉到一起，确保形成面状区域(见图 8-29)。

图 8-29　林地采集方法及成果

3.5　房屋建筑区

房屋建筑区的最小图斑对应的地面实地面积为 1 600 m^2。根据房屋建筑高度、结构、排布规律、建筑密度以及外部道路和其他明显界限确定的房屋建筑区内，连片的绿化林地、绿化草地、硬化平地、路面等其他类型，若其面积小于 400 m^2，即使达到各类型的最小图斑要求，也不再单独归类，直接并入各类房屋建筑区类型；如果连片面积大于 400 m^2，应单独归类，一般不宜全部归并到房屋建筑区的一个图斑中。

房屋建筑区的范围通过连接围合该区域的各个房屋建筑的轮廓转折点形成；勾画房屋建筑区范围时，在包含相同房屋建筑数量的情况下，应尽可能保持外廓线包含的范围最小（见图 8-30）。

图 8-30　居民地采集方法及成果

低矮独立房屋最小图斑对应的地面实地面积为 200 m^2，城市地区最小图斑对应的地面实地面积为 100 m^2。建筑物内部及院落式房屋围墙范围内的空地、植被和构筑物等不单独区分（见图 8-31）。

图 8-31　低矮房屋采集方法及成果

3.6 耕地

以上要素采集完成之后,基于实地现状,剩下的基本为耕地(旱地),但仍需要进行补充完善,比如图边的一些地区(见图 8-32)。

图 8-32 图幅边界处的耕地

3.7 构筑物

构筑物采集方法及成果如图 8-33 所示。

图 8-33 构筑物采集方法及成果

最终完成整图地表覆盖要素的采集。

4 拓扑检查及修改

在 ArcCatalog 中对 LCL 要素类进行拓扑错误检查,拓扑规则包括不能重叠、不能有悬挂点、不能自重叠、不能自相交,创建并验证拓扑(见图 8-34)。

构建拓扑后将拓扑要素添加至 ArcMap 中,针对拓扑错误逐一进行修改(见图 8-35)。

修改时可采用高级编辑工具,如延伸、修剪、线相交等,编辑器中的合并、分割等,以及使用编辑工具双击线要素进行折点编辑、延伸要素等。

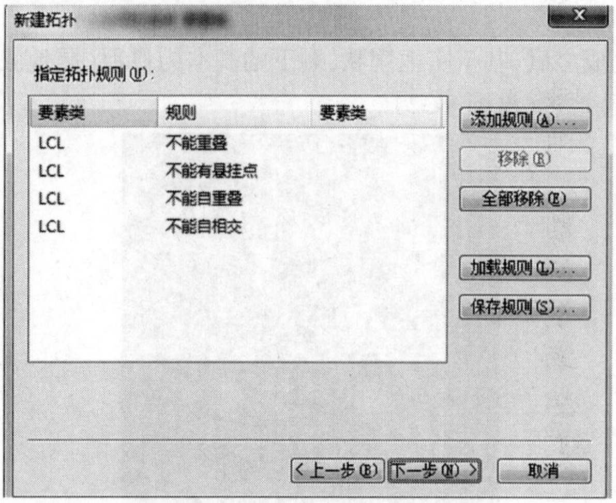

图 8-34　拓扑规则的选择

图 8-35　拓扑错误列表

使用拓扑工具条中验证拓扑工具，或在 ArcToolbox 中，使用"数据管理工具"→"拓扑"→"拓扑验证"工具，对拓扑图层进行反复验证，直到没有拓扑错误。

5　构面及属性数据采集

在 ArcToolbox 中，使用数据管理工具→"要素"→"要素转面"，把线要素 LCL 转为面要素，命名为"LCA"。其中输入要素类选择"LCL"，输入要素类选择自己所建立的地理数据库及要素数据集"GQPC. mdb\LC\LCA"。

使用"效果"工具，将面要素透明化表示。

在“编辑器”中停止编辑，打开其属性表，使用“添加字段”功能，对“LCA”面构建属性结构。新建 2 个字段“CC”和“用地类型”，并根据遥感影像特点分别对这两个字段进行赋值，见表 8-4、表 8-5、图 8-36。

表 8-4　属性字段类型

字段名称	类型	允许空值	长度
CC	文本	是	5
用地类型	文本	是	50

表 8-5　属性填写内容

CC	用地类型
0120	旱地
0311	阔叶林
0370	人工幼林
0520	低矮房屋建筑区
0550	低矮独立房屋建筑
0601	乡村道路
1001	河渠
1002	库塘
0710	硬化地表

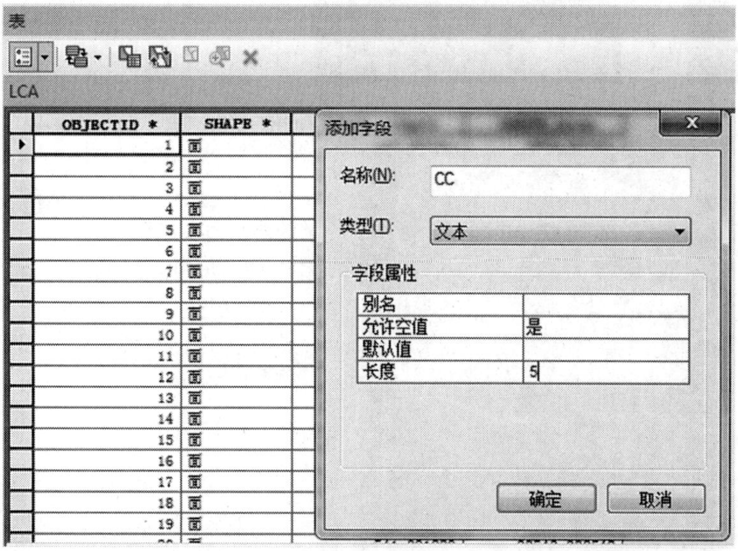

图 8-36　添加属性字段

赋值举例如图 8-37～图 8-40 所示。

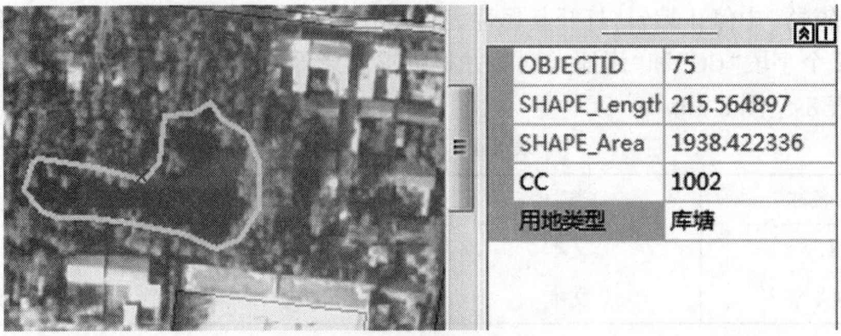

图 8-37 库塘属性编辑示例

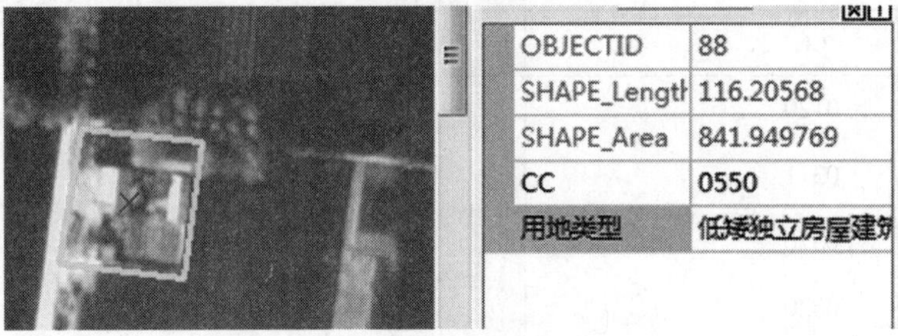

图 8-38 低矮独立房屋属性编辑示例

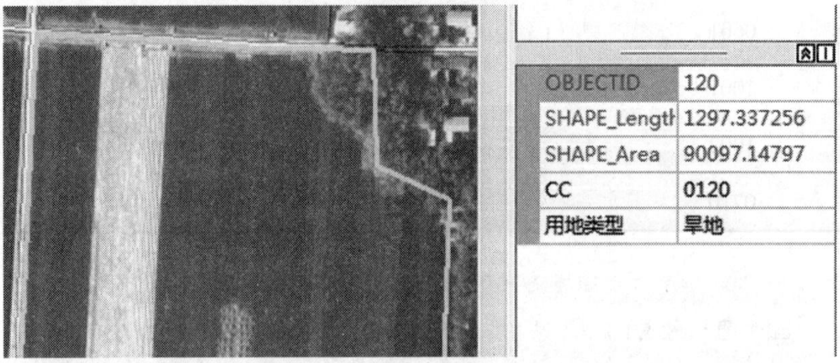

图 8-39 旱地属性编辑示例

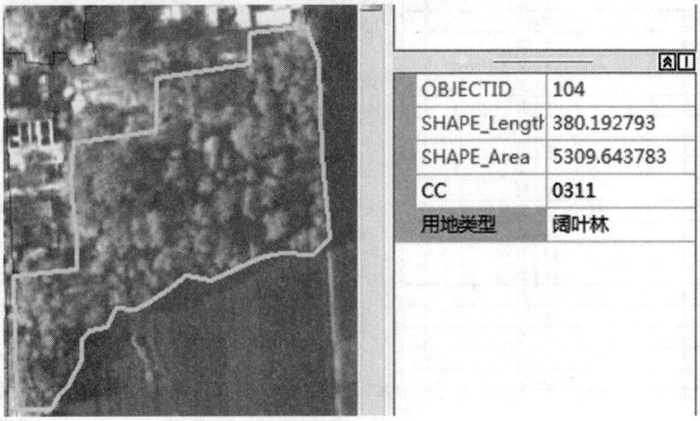

图 8-40 阔叶林属性编辑示例

最终完成整图的属性数据采集(见图 8-41)。

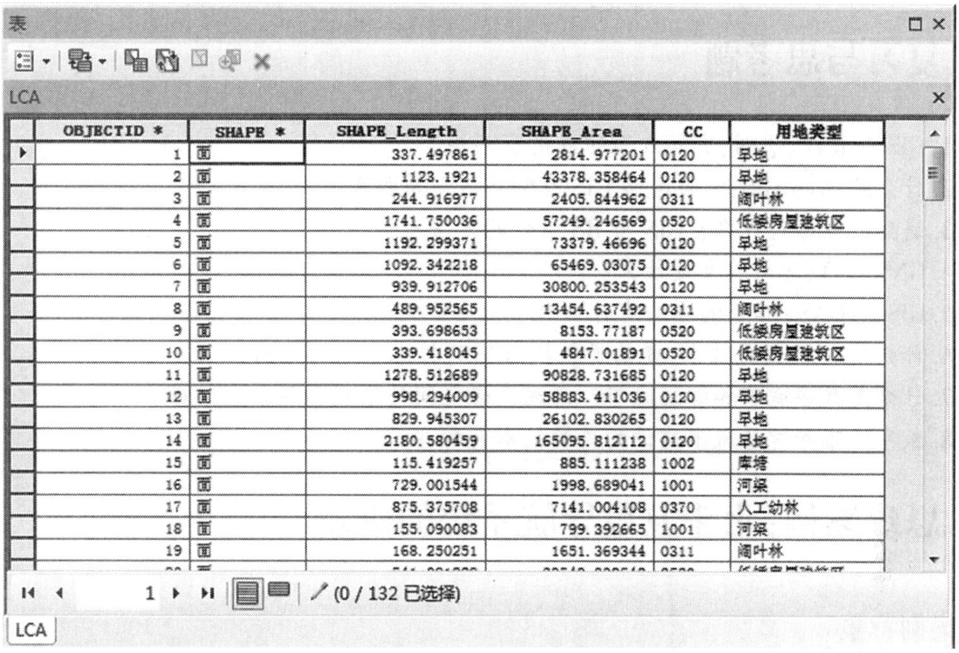
表

LCA

	OBJECTID *	SHAPE *	SHAPE_Length	SHAPE_Area	CC	用地类型
▸	1	面	337.497861	2814.977201	0120	旱地
	2	面	1123.1921	43378.358464	0120	旱地
	3	面	244.916977	2405.844962	0311	阔叶林
	4	面	1741.750036	57249.246569	0520	低矮房屋建筑区
	5	面	1192.299371	73379.46696	0120	旱地
	6	面	1092.342218	65469.03075	0120	旱地
	7	面	939.912706	30800.253543	0120	旱地
	8	面	489.952565	13454.637492	0311	阔叶林
	9	面	393.698653	8153.77187	0520	低矮房屋建筑区
	10	面	339.418045	4847.01891	0520	低矮房屋建筑区
	11	面	1278.512689	90828.731685	0120	旱地
	12	面	998.294009	58883.411036	0120	旱地
	13	面	829.945307	26102.830265	0120	旱地
	14	面	2180.580459	165095.812112	0120	旱地
	15	面	115.419257	885.111238	1002	库塘
	16	面	729.001544	1998.689041	1001	河渠
	17	面	875.375708	7141.004108	0370	人工幼林
	18	面	155.090083	799.392665	1001	河渠
	19	面	168.250251	1651.369344	0311	阔叶林

1　(0 / 132 已选择)

LCA

图 8-41　属性表浏览

对 LCA 层进行唯一值方法(LCA 层单击鼠标右键,“属性”→“符号系统”→“类别”→“唯一值”),填色,完成本次实训(见图 8-42)。

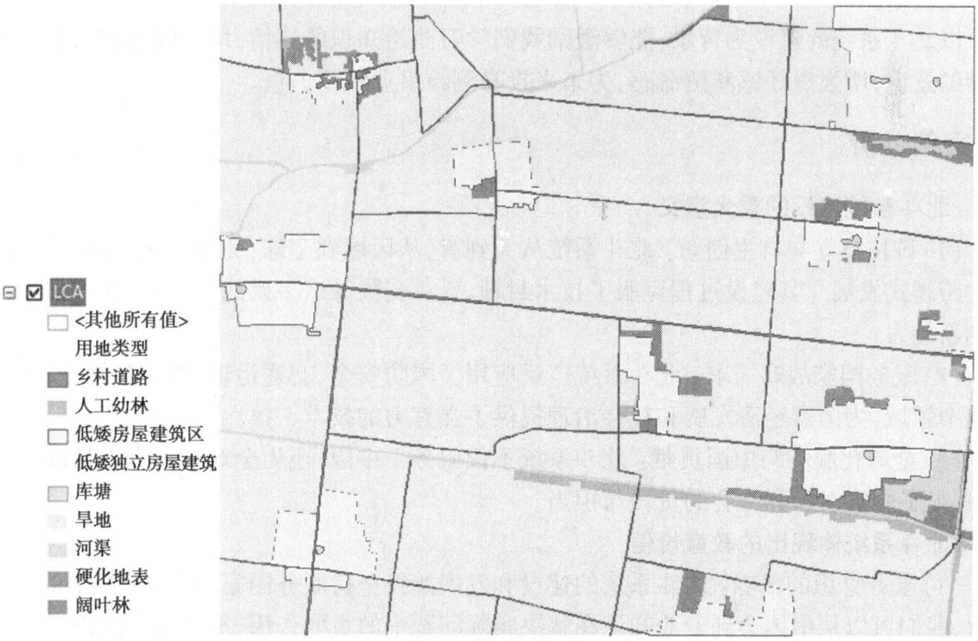

图 8-42　最终成果图

复习与思考题

1. GIS在管理、规划、决策方面的应用有哪些？
2. 什么是Web GIS，它与网络GIS有哪些区别与联系？
3. 遥感的概念是什么？GIS与RS结合的方法有哪些？
4. GNSS的概念与种类是什么？
5. GIS与GNSS结合的方法有什么？
6. 什么是“3S”集成技术，查询资料找出“3S”技术实用的案例。
7. 什么是数字城市和智慧城市？简述两者之间的区别和联系。
8. 数字城市和智慧城市建设的关键技术有哪些？

思政案例：北斗卫星导航系统的研发

1 案例背景

北斗卫星导航系统是我国自主研发的全球卫星导航系统，是世界四大卫星导航系统之一，其建立和发展历程体现了我国科技自立自强的精神。从1994年北斗一号启动建设，到2020年北斗三号全球系统全面建成，北斗系统的成功彰显了中国科技的强大力量和对全球服务的贡献。

以北斗系统的建设为背景，能够激励我们学习测绘知识的热情，培养服务国家重大项目建设的意识，增强责任感和使命感，为未来投身测绘事业积蓄力量。

2 案例分析

2.1 北斗系统建设的重大意义

(1)科技自立与自主创新：北斗系统从无到有，从区域到全球，完成了从跟跑、并跑到领跑的跨越式发展。其建设过程克服了技术封锁、资源受限等诸多挑战，体现了我国强大的自主创新能力。

(2)服务国家战略需求：北斗系统广泛应用于国防安全、交通运输、减灾救援、农业生产等多个领域，为国家经济发展和社会治理提供了强有力的技术支撑。

(3)全球化服务与中国贡献：北斗系统不仅服务于中国，还为全球用户提供精准导航服务，彰显了中国对国际社会的责任与担当。

2.2 北斗系统体现出的教育价值

(1)服务意识的培养：北斗系统的建设和发展始终坚持服务国家需求、服务社会发展的宗旨，我们可以从中体会到专业知识在解决实际问题中的重要作用，培养服务意识。

(2)投身重大项目的决心：北斗的成功离不开无数科学家的努力，他们将个人理想融入国家需求，为国家科技事业奉献一生。这种精神鼓励我们立志为国家重大项目贡献自己的力量。

(3)增强责任感和使命感：北斗系统的建设承载着保障国家安全、促进经济发展的重任,我们应学习北斗团队的责任担当,增强自身的使命感。

3 案例反思

3.1 服务国家的意识

北斗系统的发展历程表明,科学技术只有服务于国家和人民,才能实现其最大价值。我们需要认识到,专业学习的最终目标是为国家和社会服务。

3.2 勇于承担责任的精神

北斗系统的研发过程中,无数科学家迎难而上、精益求精。他们用实际行动诠释了什么是责任和担当。这种精神应成为我们的学习榜样。

3.3 参与科技创新的动力

从北斗系统的发展中,我们可以体会到科技创新的魅力与挑战,激发投身创新事业的热情。

4 案例总结

北斗卫星导航系统的建设历程不仅是一项伟大的科技成就,也是一堂生动的思政课。通过学习北斗系统的案例,我们能够感受到科技强国的力量,增强服务意识,培养责任感和使命感,立志为国家的重大项目建设贡献智慧与力量。这种精神将引导我们成长为有担当、有情怀的新时代测绘人,为实现中华民族的伟大复兴贡献力量。

项目 9 GIS 软件工程

项目概述

软件工程是用科学知识和技术原理来定义、开发、维护软件的一门学科。其主要思想是在软件生产中用工程化的方法代替传统手工方法。

GIS 软件工程就是在 GIS 软件开发的整个过程中,遵循一般软件开发的工程化原理和方法,并照顾到 GIS 软件开发的特殊规律和要求,对 GIS 软件从可行性研究、需求分析、总体设计、详细设计、软件编制、软件测试,直到软件维护的各个阶段进行工程化规范的一门技术。

本项目由认识 GIS 软件工程和 GIS 软件工程设计 2 个任务组成,通过学习,让读者了解 GIS 软件工程的一般设计方法并编写简单的 GIS 程序,为从事 GIS 开发工作打下基础。

学习目标

知识目标

(1)理解 GIS 软件工程的概念。

(2)了解 GIS 软件工程的设计过程。

(3)了解 GIS 软件工程设计的各个阶段。

技能目标

能进行简单的 GIS 程序开发。

任务 1 认识 GIS 软件工程

【任务描述】

该任务以应用型 GIS 为示例,通过相关理论知识的学习,使学生明确 GIS 软件工程的基本概念和设计内容。

【相关知识】

1 GIS 软件工程的基本概念

GIS 软件工程是应用 GIS 系统原理和方法,针对特定的实际应用目的和要求,统筹设计、优化、建设、评价、维护和应用 GIS 系统的全部过程与步骤的统称,也称 GIS 实用工程。

GIS 软件工程涉及因子众多,主要包括硬件、软件、数据及用户。硬件是构成 GIS 软件工程的物理基础;软件是形成 GIS 软件工程的推动模型;数据是 GIS 的"血液"——保持系统运作、效益和价值的介质;用户则是活跃在 GIS 软件工程中的一个十分重要的因子,既是工程的提出者,又是工程的设计者和建设者,同时还是系统的使用者和维护者。

从 GIS 的特点来看,它具有一般工程所具有的共性,同时又存在其自身的特殊性。在一个具体 GIS 的开发建设过程中,需要领导阶层、技术人员、数据拥有单位、各用户单位与开发单位的相互协调合作;涉及项目立项、系统调查、系统分析、系统设计、系统开发和维护等诸多阶段的逐步建设;需要进行资金调拨、人员配置、开发环境策略、开发进度控制等许多方面的组织与管理。

如何形成一套科学高效的方法,寻找一套可行的开发工具,进行 GIS 的开发与建设,是获得理想 GIS 产品的关键和保证。

2 GIS 软件工程的设计方法

2.1 结构化设计方法

结构化程序设计被称为软件发展中的第三个里程碑,其影响比前两个里程碑(子程序、高级语言)更为深远。结构化分析是面向数据流开展需求分析工作的一种有效方法。所谓结构化,就是有组织、有计划和有规律的一种安排。结构化系统分析方法,就是利用一般系统工程方法和有关结构概念,把它们应用于地理信息系统的设计。结构化程序设计的基本思想如下:

(1)一般采用自顶向下、逐层分解的演义分析法来定义系统的需求,即先把分析对象抽象成一个系统,然后自顶向下地逐层分解,将复杂的系统分解成简单的、能够清楚地被理解和表达的若干子系统。也就是将系统描述分为若干层次,最高层次描述系统的总功能,其他层次则一层一层更加精细、更加具体地描述系统功能,直到分解为程序设计语言的语句。它基本可以分为如下三个基本层次:

①直观目录。用尽可能扼要的方式说明系统的所有功能和主要联系,是解释系统的索引。

②概要图。简要地表示主要功能的输入、输出和处理内容,用符号和文字表示每个功能中处理活动之间的关系。

③详细图。详细地用接近编制程序的结构描述每个功能,使用必要的图表和文字说明,再向下则可进入程序框图。

(2)地理信息系统的开发是一个连续有序、循环往复不断提高的过程,每一个循环就是一个生命周期,要严格划分工作阶段,保证阶段任务的完成。例如,没有调查研究和必要的数据,就不可能很好地进行系统分析;没有设计出合理的逻辑模型,就不可能有很好的物理设计。这是系统设计的基本原则。

(3)通过分析系统的每个细节、前后顺序和相互关系,找出各部分之间的数据接口。用结构化的方法构筑地理信息系统的逻辑和物理模型,包括在系统分析中分析信息流程,绘制数据流程图;根据数据的规范编制数据字典;根据概念结构的设计,确定数据文件的逻辑结构;选择系统执行的结构化语言,以及采用控制结构作为地理信息系统设计工具。这种用结构化方法构筑的地理信息系统,其组成清晰、层次分明,便于分工协作,而且容易调试和修改,是系统研制较为理想的工具。

(4)结构化分析和设计的其他一些思想还包括:系统结构上的变化和功能的改变,以及面向用户的观点等,是衡量系统优劣的重要标准之一。

结构化软件设计的特点是软件结构描述比较清晰,便于掌握系统全貌,也可逐步细化为程序设计语句,是一种使用相对广泛,也较为成熟和完善的系统分析方法。但结构化分析不适合需求经常改变的系统,因此结构化分析的前提是:面临静态需求。

2.2　原型化的设计方法

原型化方法是较常用的一种地理信息系统开发方法。该方法在开发初期不强调全面系统地掌握用户需求,而是根据对用户需求的大致了解,由开发人员快速生成一个实实在在的初始系统原型。随着用户和开发者对系统理解的加深,不断对原型进行修正、补充和细化,用快速迭代的方法建立最终的系统,并提交给用户使用。这种设计方法的基本步骤如下:

(1)确定用户需求。这是设计初始原型的依据。它不要求完整和完善,只要求有好的设想即可,同时还要大量收集和充分积累信息。

(2)开发初始原型。提出一个有一定深度和广度的宏观控制模型,建立原型的初始方案,并从它开始迭代。建立初始原型所需时间是由系统的规模大小、复杂性、完整程度决定的。

(3)征求改进意见。将初始原型提交给用户,通过与用户的交流取得对系统要求和开发潜力的新的认识,进而开发新的需求,并修改原有的需求。

(4)修改完善的原型。通过软件编制不断发现技术上的扩大点,并通过与用户的交流取得对系统需求和开发潜力的新的认识,调整系统方案,修改原型不合适的部分,并将它作为新原型开发的基础。若原型基本上满足了用户关键性需求,则开发的原型就可告一段落,此时修改过的原型成为一个运行原型,它可以作为一个新的应用系统。

(5)制定原型完成。根据一定标准判断用户需求是否已被体现,从而决定系统是继续迭代改进还是终止。随着用户对所研究对象的不断深入和对系统了解的不断深化,可能提出新的需求和应用,这时,在运行原型的基础上,要根据用户关键性的需求是否得以完全体现和满足,来决定迭代过程是否终止,直到满足需求。

2.3　面向对象的设计方法

面向对象(Object-Oriented)的设计方法是近年来发展起来的一种新的设计技术,其基本思想是:将系统所面对的问题,应用封装机制,按其自然属性进行分隔,按人们通常的思维方式进行描述,建立每个对象的领域模型和联系,既模拟信息实体的内在结构,又模拟动作机制(如路径选择和图像解释就是矢量数据与栅格数据两类应用的典型范例),使设计出的软件尽可能直接地表现出问题求解的过程。整个系统只由对象组成,对象之间的联系通过消息(message)进行。面向对象的设计方法所强调的是在系统调查资料的基础上,针对OOA所需要的素材进行的归类分析和整理,而不是对管理业务现状和方法的分析。由于采用了将数据和操作行为封装在一起的模块化结构,从而使系统很容易重组,但其他系统就必须重写,这对于结构复杂的系统是难以承受的。因此,面向对象设计方法的优点就是:加强了对问题域和系统责任的理解;改进了与分析有关的各类人员之间的交流;对需求的变化具有较强的适应性;贯穿软件生命周期全过程的一致性、实用性;有利于用户参与,容易扩充和重组。

所谓面向对象的定义,是指无论怎样复杂的事物都可以准确地由一个对象表示。例如,地图上多边形的一个节点或一条弧段可定义为对象;一条河流,或一个省,也可以定义为一个对象。面向对象技术的一些概念如下:

(1)对象(Object)。对象是事物的抽象单位,具有特征的内部状态、性质、知识和处理能力,通过消息传递与其他对象相联系,是构成系统的元素,或称为封装了数据和操作集的实体。

(2)消息(Message)。消息是请求对象执行某一操作或回答某些信息的要求,用以统一数据层和操作控制,将对象联系起来。

(3)分类(Classification)。分类是关于同类对象的集合。具有相同属性和操作的对象组合在一起形成类。属于同一类的所有对象共享相同的属性项和操作方法,但每个对象可能有不同的属性值。以一个城市的GIS为例,它包含了建筑物、街道、公园、给排水管道、电力设施等类型,而中山路51号是建筑物类中的一个实体,即对象;建筑物类中可能还有诸如地址、房主、用途、建筑日期等其他属性,并可能需要显示对象、更新属性数据等操作。

(4)概括(Generalization)。在定义类型时,将几种类型中某些具有公共特征的属性和操作抽象出来,形成一种更一般的所谓超类,称为概括(或父类)。例如,饭店、商店、学校、医院等都涉及建筑物,所以可以将建筑物抽象出来,形成一种超类,建立饭店、商店、学校、医院等子类的公共属性项和操作。子类还可以进一步分类,如饭店类可以进一步分为餐馆、旅店、涉外宾馆、招待所等类型。所以,一个类可能是某个或几个超类的子类,同时又可能是几个子类的超类。

(5)联合(Association)。在定义对象时,将同一类对象中的几个具有相同属性值的对象组合起来,为了避免重复,设立一个更高层次的对象来表示那些相同的属性值。例如,某农户拥有两块农田,使用同样的耕种方法,种植同样的庄稼,这里农田主、耕种方法和庄稼三个属性相同,因而可以把这两个对象(农田)组合成一个新的对象,而新对象中包含有这三个属性。

(6)聚集(Aggregation)。聚集类似于联合,但聚集是将几个不同特征的对象组合成一个更高层次的对象。每个不同特征的对象是聚集的一部分,它们有自己的属性描述数据和操作,这些是不能为聚集所公用的,但聚集可以从它们那里派生得到一些信息。例如,房子从某种意义上说是一个聚集,因为它是由墙、门、窗、房顶等组成的。

(7)传播(Propagation)。传播是作用于联合和聚集的工具,它通过一种强制性的手段将子对象的属性信息传播给高层次的组合对象。也就是说,高层次的组合对象,联合和聚集的某些属性值并不单独存在于数据库中,而是从它的子对象中提取和派生。例如,一个多边形的位置坐标数据并不直接存在于多边形文件中,而是存在于弧段和节点文件中。多边形文件仅提供一种组织对象的功能和机制,即借助于传播工具可以得到多边形位置信息。

面向对象技术具有如下三个性质:

(1)封装性。一个对象即是一个独立存在的实体,对象有各自的属性和行为,彼此以信息进行通信,对象的属性只能通过自己的行为来改变,实现了数据封装。

(2)继承性。相关对象在进行合并分类后,有可能出现共享某些性质,通过抽象后使多种相关的对象表现为一定的组织层次,低层次的对象继承其高层次对象的特性,这便是对象的继承性。

类通过继承定义成不同的层次结构,将相关的特点抽象出来作为父类,子类继承父类,即子类的某些属性和操作来源于它的父类。因此,在同一父类下的子类拥有某些公共属性,并且在继承过程中,还可以将父类的操作和属性遗传给子类的子类。继承是有力的建模工具,有助于进行共享说明和实现几何数据与属性数据一体化。

(3)多态性。对象的某种操作在不同的条件环境下可以实现不同的处理,产生不同的结果,也就是说,不同类型的对象对系统发生的同一信息都具有反应能力。例如,发出绘图命令时,不同对象(方形、圆形、椭圆形等)都有反应能力。

面向对象的设计方法更接近于对问题而不是对程序的描述,软件设计带有智能化的性质,这种形式更便于程序设计人员与应用人员的交流,软件设计也更具有普遍意义,尤其是在地理信息系统的智能化要求、专家系统技术、人工智能技术不断提高的形势下,面向对象的软件设计是更有效的途径。

3　GIS 二次开发

地理信息系统技术及其产业对于我国国民经济增长和社会发展的基础性、战略性的产业地位,对于其他众多产业的辐射和推动作用,已越来越得到广泛的社会认可和各级政府的重视。随着地理信息系统应用领域的不断扩大,应用趋向于社会化、全球化,应用型 GIS 的开发工作日显重要。目前,虽已有众多的 GIS 工具软件,但通常只具有一些 GIS 的通用功能,不能满足不同行业应用的需要。如何针对不同的专业应用领域,选择合适的开发方式和工具,高效地开发出符合行业需要、操作方便、功能丰富的地理信息系统,已成为应用型 GIS 开发者迫切关心的问题。

3.1　GIS 开发模式

GIS 开发是一项十分复杂的系统工程,通常投资大、周期长、风险大、涉及部门繁多。应用型 GIS 的种类繁多,涉及应用领域广泛,技术要求千差万别。对于功能单一、简单小型的应用型 GIS,可以直接购买 GIS 商品化软件;但对规模较大、功能复杂、需求不确定性程度比较高的系统,购买商品化软件很难满足要求,必须进行二次开发。应用型 GIS 的开发是采用 GIS 的原理和方法,基于系统化思想指导下的工程化建设过程。根据不同应用型 GIS 的要求,其开发模式都应遵循软件工程的原则和要求进行。

3.1.1　自行开发模式

自行开发模式是指由用户依靠自己的力量独立完成系统的设计与开发。自行开发方式需求明确、开发费用低,易于维护,但对用户要求较高。自行开发模式不但要求用户有较强的系统分析、设计与编程能力,还要具备一定的软件工程的组织管理能力。

3.1.2　委托开发模式

委托开发模式是指由用户委托 GIS 开发商按照用户的需求完成全部设计、开发任务,而用户只配备精通管理业务的人参与的开发方式。委托开发模式相对于自行开发模式来说,用户比较省事,但开发费用高,维护和扩展均需要依赖对方。

3.1.3　联合开发模式

联合开发模式是指由用户中精通管理业务、计算机技术、GIS 技术的开发人员与有丰富经验的专业开发人员共同完成系统的分析、设计、实施、评价、管理和维护工作的开发方式。联合开发模式折中了前两种开发方式的优点,但增加了系统开发工作中合作和协调的困难。

3.2　GIS 开发方式

早期的 GIS 开发和今天的 GIS 开发有很大的不同。早期的 GIS 开发一般是在 UNIX、MS-DOS 操作系统的文字操作界面环境下进行的,当时的 GIS 应用一般只是在具有空间数据输入、显示、分析和处理操作的计算机程序与简单软件系统下所进行的一些应用性的空间数据处理或专题地图编制的有序操作。然而,这种操作往往需要用户键入每一条命令及参数,中间操作失误可能导致之前的工作前功尽弃。因此,如何高效开发符合需求且美观方便的应用型 GIS,就成为众多二次开发者关注的焦点。目前 GIS 开发可以分为独立开发、宿主开发和集成开发三种方式。

3.2.1　独立开发

独立开发是指不依赖于任何 GIS 工具软件,利用专业程序设计语言开发应用模型,直接访问 GIS 软件的内部数据结构。从空间数据的采集、编辑到数据的处理分析及结果输出,所有的算法都由开发者独立设计,然后选用某种程序设计语言,如 Visual C++、C#、Python、Java 等,在一定的操作系统平台上编程实现。这种开发方式适用于开发商品化的 GIS 软件平台,好处在于无须依赖任何商业 GIS 工具软件,独立性强,降低了开发成本。然而,这种开发方式难度大、周期长、投资大,开发出来的系统功能未必有成熟的 GIS 功能稳定,因此并不适用于一般的 GIS 用户。在 GIS 应用发展的初期,由于 GIS 工具平台功能尚不完善,GIS 应用开发多选择这种方式。

3.2.2　宿主开发

随着 GIS 工具平台的不断完善,一些 GIS 软件提供了可供用户进行二次开发的宏语言和专用开发语言。宏语言编程过程如下:按照预先测试好的对某空间数据集合的处理模式,在系统中键入处理命令,按照先后顺序写成命令序列并作为文件保存,执行时调入并执行该文件中的命令,就可完成对该空间数据集的程序化操作,以提高处理效率。专用开发语言与宏命令语言最大的不同在于它比宏命令语言低级,即不具有宏命令语言“宏”的含义,从而它更支持对系统底层功能的调用,有利于用户进行深入编程。但过于低级的开发语言必然增加了用户学习、掌握的难度。宿主开发指基于现有的成熟 GIS 平台上进行应用开发,完全借助于 GIS 工具软件提供的宏语言和专用开发语言进行应用系统开发,以原 GIS 工具软件为开发平台,开发出针对不同应用对象的应用程序。

目前市场上 GIS 工具软件大多提供了可供用户进行二次开发的语言,如 Arc/Info 提供了 AML 语言,ArcView 提供了 Avenue 语言,MapInfo 的 MapInfo Professional 提供了 MapBasic 语言等。AML 是 ArcInfo Workstation 一个不可或缺的重要组成部分。AML 宏语言发出命令,要求其他程序进行相应的操作。AML 属于解释型高级宏语言,其语法结构简单,解释执行,不需编译,执行和开发效率高;此外,还提供可视化菜单、对话框编辑工具。

MapBasic 是用户在 MapInfo 平台上进行二次开发的专用开发语言。利用 MapBasic 编程,能够扩展 MapInfo 的功能,简化用户的重复操作,并能使 MapInfo 与其他应用软件集成。MapBasic 是一种类 Basic 语言,它具有自己的语法规则,对于想要快速建立以地图空间分析为主要功能的企业用户来说，选用 MapBasic 来进行开发是一种最快也最简单的方式，因为 MapBasic 集成程度很高，并提供很多复杂的地图分析。通过集成方式，用户也可用诸如 Visual Basic、C++、PowerBuilder 和 Delphi 等语言编写应用软件。目前，MapBasic 已经被世界上数百个第三方厂商认可。

宿主开发方式简单易行，开发周期短，系统的稳定性和可靠性高，许多功能可以直接从原有的平台软件中引用过来，因而这种开发方式目前采用较多。但这种开发方式也有较多的缺点，如移植性差；受开发平台的影响，不能脱离原有系统单独运行等。GIS 所提供的二次开发语言往往不能与专业程序设计语言相比，难以开发复杂的应用模型，用它们开发出来的系统结构松散，功能和效率也较差。总之，用二次开发语言开发应用程序仍不尽如人意。

3.2.3　集成开发

集成开发是指利用专业的 GIS 工具软件，如 ArcGIS、MapInfo、SuperMap 等实现 GIS 的基本功能，以通用软件开发工具尤其是可视化开发工具，如 Visual C++、Visual Basic、Delphi 等为开发平台，采用 OLE/DDE 或 GIS 控件两种方式，通过 ADO 与数据库系统连接，进行二者的集成开发。

1. OLE/DDE 方式

采用 OLE Automation 技术或利用 DDE 技术，用软件开发工具开发前台可执行应用程序，以 OLE 自动化方式或 DDE 方式启动 GIS 工具软件在后台执行，利用回调技术动态获取其返回信息，实现应用程序中的地理信息处理功能。

2. GIS 组件方式

组件（或称控件）是指那些具有某些特定功能，独立于应用程序，但能够容易地组装起来，以高效地创建应用程序的可重用软件“零件”。组件式 GIS 的基本思想是把 GIS 的各大功能模块划分为几个控件，每个控件完成不同的功能。各个 GIS 控件之间，以及 GIS 控件与其他非 GIS 控件之间，可以方便地通过可视化的软件开发工具集成起来，形成最终的 GIS 应用。控件如同一堆各式各样的积木，它们分别实现不同的功能（包括 GIS 功能和非 GIS 功能），根据需要把实现各种功能的“积木”搭建起来，就构成应用系统。

利用 GIS 工具软件生产厂家提供的建立在 OCX 技术基础上的 GIS 组件，在某种可视化编程工具如 Visual C++、Visual Basic、Delphi、. NET 上实现 GIS 的基本功能，直接将 GIS 功能嵌入其中，实现 GIS 的各种功能。由于 GIS 组件往往以 ActiveX 控件的方式提供，因此可以很简单地被通用的开发工具使用，在此基础上实现 GIS 应用系统的功能。这种建立在 OCX 技术基础上的 GIS 控件又称为组件式 GIS。

由于独立开发难度大，宿主开发受 GIS 工具提供的编程语言的限制而差强人意，因此结合 GIS 工具软件与当今可视化开发语言的集成二次开发方式就成为 GIS 应用开发的主流。它的优点是：既可以充分利用 GIS 工具软件对空间数据库的管理、分析功能，又可以利用其他可视化开发语言具有的高效、方便等编程优点，集二者之所长，不仅能大大提高应用系统的开发效率，而且使用可视化软件开发工具开发出来的应用程序具有更好的外观效果、更强大的数据库功能，且可靠性好、易于移植、便于维护。尤其是使用 ActiveX 技术，利用 GIS 功能组件进行集成开发，更能表现出这些优势。

应用型地理信息系统的软件开发环境，对于中小型应用一般选择 MapInfo+MapBasic+SQL Server，对于大型应用一般选择 ArcGIS+Oracle+编程语言及 MapGIS+Oracle+编程语言，对于仅用到电子地图功能(如出租车定位系统)的应用可选用组件GIS,常用组件有MapInfo的MapX和ESRI的ArcObject等。

目前许多软件公司都开发了很多ActiveX控件,合理选择和运用现成的控件,将减少开发者的编程工作量,使开发者避开某些应用的具体编程。直接调用控件来实现这些具体应用,不仅可以缩短程序开发周期,使编程过程更简洁,而且用户界面更友好,可以使程序更加灵活、简便。

3.3 GIS模型重用

GIS应用系统的应用分析功能的不足,已经直接影响到GIS应用的进一步推广和深化。如何有效地重用已开发的各类专业应用模型,同时在今后的模型开发中,如何考虑到模型与GIS系统的易重用、易集成性,以提高GIS应用系统的开发效率、缩短开发周期,已成为GIS应用系统开发工作者广泛面临的问题。

3.3.1 源代码方式重用

在重用源代码形式的模型时,必须利用GIS系统的二次开发语言或其他编程语言,将已开发好的专业模型的源代码进行改写重用,使其从语言到数据结构与GIS系统完全兼容,成为GIS系统的整体的一部分。这种重用方式非常多见,并且将一直存在,它可以保证GIS系统与模型在数据结构、数据处理等方面的一致性。但这种方式只能算是最低级的重用方式,其缺点非常明显:一是GIS开发者必须下很大工夫读懂模型的源代码,二是在改写重用过程中常常会出错。

3.3.2 函数库方式重用

对于以库函数的形式保存在函数库中的应用模型,GIS开发者可以通过调用库函数的方式进行模型重用,函数库包括静态链接库和动态链接库两种,二者的区别在于,动态链接库不是在连接生成可执行文件时把库函数链接入应用程序,而是在程序运行中需要的时候才链接。函数库方式的优点如下:GIS系统与应用模型能实现高度无缝的集成;函数库一般都有清晰的接口,GIS开发者不必费力去研究源代码,使用方便,而且函数库经过编译,不会发生因开发者错误地改动源代码而使模型运行结果不正确的情况。

函数库方式的缺点在于:库函数无法与GIS数据有效结合,因而不能用于复杂模型与GIS的集成;由于开发者不能对库函数进行修改,降低了重用的灵活性;函数库的可扩充性差;此外,静态函数的使用还在一定程度上受限于编程语言,必须依赖于其开发语言。

3.3.3 独立可执行程序方式重用

现有应用模型中,以可执行程序方式存在者居多。这种模型的重用方式之一是,GIS系统与应用分析模型均以可执行应用程序的方式独立存在,二者的内部、外部结构均不变,相互之间可以切换。二者之间的数据交换通过对共同的统一格式的中间数据文件(如ASCII码文件或通用数据库文件等)的操作实现,GIS系统进一步将中间数据转换为空间数据,以实现GIS本身的空间数据操作功能。这种重用方式的优点在于简便,所需编程工作极少。缺点在于:一是系统效率较低,且使用不很方便;二是界面往往不一致,视觉效果不好。

3.3.4 内嵌可执行程序方式重用

这种重用方式本质上与独立可执行程序方式一样,以GIS系统命令驱动应用模型程序,GIS系统与模型之间的集成通过对共同数据文件的读写操作实现,GIS系统则进一步通过进行中间数据与空间数据的转换来实现空间数据的GIS操作功能。与独立可执行程序重用方式不同的是，尽管 GIS 系统与模型可能是由不同的编程语言实现的，但是集成系统有基本统一的界面，具有一个无缝集成的操作环境。

内嵌可执行程序重用方式的优点在于：对于开发者，这种重用方式符合软件工程学要求的模块化开发原则，便于开发工作的组织管理，并且系统的运行性能比独立可执行程序方式好；对于用户，这种方式开发出来的集成系统具有基本统一的界面环境，便于操作。这种重用方式的缺点在于：开发人员必须理解模型运行的全部过程，并对复杂的模型进行正确合理的结构分解，以实现模型与 GIS 系统本身之间的数据相互转换及模型对 GIS 功能的调用。相应地，产生的问题便是，在分解原模型时可能产生错误。此外，如果需要同时集成多个模型，要进行模型的组合很困难。

3.3.5　DDE 或 OLE 方式重用

DDE 指动态数据交换，OLE 指对象链接与嵌入，二者均用于 Windows 应用程序之间的数据传递，可以作为应用 GIS 开发中的一种可执行程序形式应用模型重用方式。在进行 DDE 会话或采用 OLE 方式链接时，必须存在两个主体：一方为客户程序，另一方为服务程序。简单地说，就是要有一方为另一方提供数据服务或更复杂的服务。对于 GIS 与应用模型的集成来说，就是 GIS 为客户程序，应用模型为服务程序。DDE 或 OLE 方式重用的优点与内嵌可执行程序相似，系统能实现无缝集成，而所需编程不多（如果要进行 GIS 与应用模型程序之间的相互操纵，则要采用 OLE 自动化方式，这种方式需要较多的编程，但这种方式似乎不大可能用于应用模型在应用 GIS 开发中的重用，因为实际工作中极少需要在应用模型程序中不断地与 GIS 系统之间相互操纵）。这种方式的不足在于系统效率不高，且系统稳定性不是很好。此外，这种方式要求应用模型必须支持 DDE 或 OLE 协议，这是目前绝大多数已开发的各类模型做不到的。

3.3.6　模型库方式重用

模型库指在计算机中按一定组织结构形式存储的各个模型的集合体。模型库系统可以有效地生成、管理和使用模型，它可以支持两种粒度的模型（可执行文件与函数子程序），具有完整的模型管理功能，能够提供单元模型（指不需要调用其他模型的模型）和组合模型（指通过调用其他单元模型或组合模型来构成的模型），同时还支持模型的动态调用和静态链接，使系统具有良好的可扩充性。模型库系统尤其符合客户/服务器模式的系统运行方式要求。在 Client/Sever 模式的 GIS 系统中，模型从模型库中被动态地调入内存执行。尽管模型库研究随着决策支持系统的发展在近 10 年来取得了很大的进展，但是，在模型操作方面，目前并没有形成完善的理论体系，特别是模型的自动生成、半自动生成方面离真正实用化尚有一段距离。

3.3.7　组件模型重用

组件模型指以组件形式存在的应用模型。当前，地理信息系统软件已经或正在发生革命性的变化，由过去厂家提供全部系统或者有部分二次开发功能的软件，过渡到提供组件由用户自己再开发的方向上来，传统的 GIS 工具软件最终将走向组件化。模型的组件化也将相应成为应用模型开发的主要方式。在组件模型的基础上，还可以进一步制作可重用模型组件库，这将是软件重用技术今后的一个重要发展方向，也将为 GIS 与应用模型的集成提供一种新的技术手段。

应用模型的重用必须根据模型的存在形式，分别采取不同的重用方式。尽管现有 GIS

工具软件不支持使用软件组件进行二次开发,但随着组件式地理信息系统的发展与流行,GIS应用系统开发者可以使用可视化编程工具,如Visual C++、Delphi等作为开发平台,利用GIS工具组件与模型组件,开发出高效无缝的应用系统,应用模型的组件化,将极大地促进GIS与应用模型的集成应用,组件模型符合GIS软件组件化这一革命性变化的潮流。因此,组件模型将是最有前途的模型存在形式,而模型组件化将是应用型GIS开发中最有效的模型重用手段。尽管还未见到组件技术应用于地学分析模型开发的实例,但是可以想象,这一技术在地学分析模型开发领域最终会得到广泛应用,并提高GIS中的专业模型应用水平,极大地丰富GIS的应用分析功能。

4 GIS设计内容

地理信息系统设计的主要内容如下。

4.1 系统总体设计

在对建设系统主、客观条件深入调查研究、用户信息需求分析等工作的基础上,确定系统目标和任务,设计出系统的总体框架结构、模块子系统、硬件系统组成、软件体系结构、用户界面等。

4.2 数据模型设计

依据系统所涉及专业数据及相关信息的特点等,为系统设计适合表达的数据模型及数据分类体系。例如,ArcGIS用一个高级的通用地理数据模型——地理数据库(GeoDatabase)来表示空间信息,包括空间要素、遥感数据以及其他的空间数据类型。ArcGIS同时支持基于文件的空间数据类型和基于数据库的空间数据类型。GeoDatabase是一种采用标准关系数据库技术来表现地理信息的数据模型,它支持在标准的数据库管理系统(DBMS)表中存储和管理地理信息。

4.3 数据库设计

设计系统的数据库模型。地理数据库是一种应用于地理信息处理和信息分析领域的工程数据库,它管理的对象主要是地理数据(包括空间数据和属性数据),它要求数据库系统必须具备对地理对象(大多为具有复杂结构和内涵、相互关联的复杂对象)进行建模、操纵、分析和推理的功能。关系数据库系统主要操纵诸如二维表这样的简单对象,无法有效地支持以复杂地理实体对象(如图形、图像)为主体的GIS工程应用。目前,较为常用的是文件与关系数据库混合管理模式。

数据库为GIS的核心,一个完整的、开放的、柔性的数据库可以保证GIS运行的成功。一个数据库采取什么样的结构,是与其应用接口相关的,且要考虑将来的发展需要。GIS数据库的设计方法,与计算机在其他方面应用时相比较,是相互融通的,其基本原则是:数据应能反映真实世界的情况,具备查询功能,数据要能共享并加以保护,数据库应能扩展,可方便地进行管理与维护,同时数据库的结构应尽量少占存储空间。

4.4 系统功能设计

一个实用的GIS系统,要支持对空间数据的采集、管理、处理、分析、建模和显示等功能,但任何功能完备的GIS工具软件不可能在自己的产品中囊括所有用户的所有应用问题。在绝大多数的应用地理信息系统开发中,总还会有少量乃至较多的用户应用问题在所使用的GIS工具软件中无法解决。这时,就需要系统开发者通过系统功能设计,开发通用GIS不具备的功能。

4.5 应用模型设计

应用模型代表了用户通过建立地理信息系统要求最终解决或处理的实际应用问题，它是应用系统开发、建设的根本目的。在一般的 GIS 工具软件中，必须借助于应用系统的开发者，通过软件设计并对工具型地理信息系统的底层功能调用，为系统设计适合表达数据的、解决专业问题的应用模型和主要的空间分析方法。此外，作为应用型地理信息系统，一般都有相对固定的用户群体和一定的专业特点，这必然要求应用系统的界面设计，除配置完善、易于使用的帮助系统外，还要符合相应的专业习惯，使用相应的专业用语，适合相应用户的知识水平。

4.6 输入/输出设计

输入界面是 GIS 与用户之间交流的纽带，设计的任务是根据需求，确定适当的输入形式，使 GIS 获取正确的信息。主要内容有输入界面的设计、输入设备的选择、输入数据的检验、输入设计的评价。

输出设计的任务是使 GIS 输出满足用户需求的信息，以满足用户需要，它直接关系到系统的使用效果和系统的成功与否。同时，输出设计需要对输出的内容、种类、格式、所用设备、介质及精度等做出明确的规定。

5 GIS 设计的主要过程

地理信息系统设计的主要过程如下。

5.1 系统分析

系统分析的基本思路是从系统观点出发，通过对事物进行分析与综合，找出可行的方案，为系统设计提供依据。它的任务是对系统用户进行需求调查和可行性分析，最后提出新系统的目标和结构方案。系统分析是使设计达到合理、优化的重要步骤，其工作深入与否直接影响到将来新系统的设计质量和实用性，因此必须予以高度重视。

5.2 系统设计

一般来说，需求分析阶段的主要任务是确定系统“做什么”，而设计阶段则要解决“怎么做”的问题。通常设计阶段在明确系统目的、任务、目标等原则问题的基础上，又划分为总体设计和详细设计。总体设计的主要任务是根据系统分析的成果，在明确系统目的、任务、目标等原则问题的基础上，设计系统总体结构，规划系统的规模和确定系统的各个子系统组成部分，并说明子系统在整个系统中的作用与相互关系，规定系统采用的合适技术规范，以保证系统总体目标的实现。系统详细设计是在总体设计的基础上，结合系统物理实现所进行的详细规划，它描述如何具体地实现系统，并编制系统设计说明书，是系统实现的依据。

5.3 系统实施

系统实施是 GIS 建设付诸实施的实践阶段，是在系统设计的原则指导下，按照详细设计方案确定的目标、内容和方法，分阶段、分步骤完成系统开发的过程。该阶段建立 GIS 物理模型，通过编码把系统设计方案加以具体实现。在这一过程中，需要投入大量的人力、物力，占用较长的时间，因此必须根据系统设计说明书的要求组织工作，安排计划。

5.4 运行维护

系统运行是指系统经过调试和验收以后，交付用户使用。为了保证系统正常运行，必须认真制定并严格遵守操作规则。系统维护是为保证系统正常工作而采取的一切措施和实际步骤。例如,数据的维护使系统数据始终处于相对最新的状态,软件的维护使软件能适应运行环境和用户需求的不断变化,硬件的维护使硬件能经常保持完好和正常运行的状态等。一般在新系统交付验收时要进行系统评价,在系统经过一段时间的运行后,也要对系统进行评价,对系统进行评价的主要工作是对系统运行情况进行检查,并与系统要求的预期目标进行对比,写出系统评价报告。评价工作主要由领导、业务人员、系统设计开发人员、系统操作人员及其他相关人员参加。

【任务实施】

利用网络资源搜索 GIS 开发的相关知识,并结合课程进行阅读学习。

任务2 GIS 软件工程设计

【任务描述】

GIS 软件工程设计就是在 GIS 开发过程中,遵循一般软件工程的原理和方法,结合 GIS 开发的特点、特殊规律和要求,对 GIS 软件从系统定义、系统总体设计、系统详细设计、空间数据库和地理模型库设计、GIS 实施、软件测试与评价、GIS 维护等各个阶段进行工程化规范的方法体系。

使用 ArcGIS 自带的 VBA 工具,进行简单的 GIS 二次开发,了解 GIS 开发的方式。

【相关知识】

1 GIS 软件工程的系统分析

系统分析的基本思想是从系统观点出发,开发人员与用户一起进行密切接触和合作,在充分了解用户需求的基础上,对系统开发对象进行全面的分析和综合,找出各种可行的方案,为系统设计提供依据。它的任务是对系统用户进行调查研究,对 GIS 用户进行需求分析和可行性分析,在明确系统目标的基础上,开展对新系统的深入调查研究和分析,最后提出新系统的结构方案。系统分析是使设计达到合理、优化的重要步骤,这个阶段是工程设计和系统开发的基础,直接影响到将来新系统的设计质量,因此必须给予高度重视。

1.1 系统分析

系统分析是按照系统论的观点,根据 GIS 用户的要求,对现有的业务流程进行全面的分析和综合,运用科学的方法为系统设计提供依据,是 GIS 软件开发前期的重要工作。在系统分析阶段,开发人员与用户需要不断地交流、学习和融合,深入现场,多接触用户,随时与用户对系统的整体和细节情况进行沟通,对可能出现的问题提出质疑并给出应对策略,形成若干个解决方案。这个阶段的工作做得越充分,分析得越透彻,考虑问题越全面,规划越科学,给后期系统设计就越能带来保障,构建的系统所产生的偏差就会越小。

系统分析的主要工作是进行用户需求分析和系统的可行性分析,系统分析的任务是在此工作的基础上写出系统实施方案,系统实施方案由需求分析文档和可行性报告组成。在系统分析的整个阶段中,开发方的每一步工作都和用户方的用户需求有关联,只有全面了解了用户需求,才能写出切实可行的系统实施方案,为系统的总体设计奠定基础,为后面的系统开发减少由理解层面上带来的偏差。系统分析流程如图 9-1 所示。

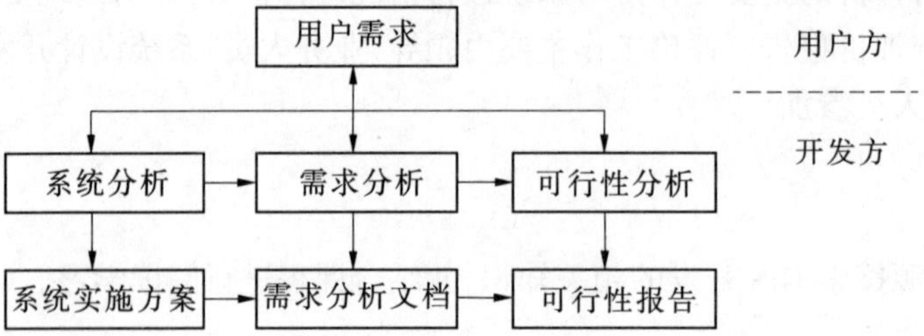

图 9-1　系统分析流程

1.2　需求分析

系统需求分析是在对用户进行深入细致调查的基础上进行的,它是地理信息系统设计的基础,是通过多次与系统用户或系统潜在用户进行书面交流或口头交流,在明确用户要求的基础上,将收集的信息根据软件设计的要求归纳整理后,得到对系统概略的描述和可行性分析的论证文件。全面深入地了解并掌握用户需求是设计一个优良系统的关键,也是系统生命力的保证,需求分析使 GIS 开发者可以明确地了解用户对将要设计的系统从内容到行为的期望和需求。

需求分析的过程实际上是个继承与发展的过程。"继承"是指首先要求全面调查,了解目前组织机构内的常规工作,理解其间的运作及关键性步骤。继承的过程是一个学习和认识的过程,这个过程的工作以对各类数据内容和行为进行调查的方式为主。"发展"则是在基于对现有的数据和机构组织理解的基础之上,用新的观点和 GIS 的技术来更有效地完成同样的日常任务。有时这种发展的过程只是简单地提高工作效率,而有时可能会引起天翻地覆的变化,甚至会引起整个机构全面改革,所以发展是一个改革和创新过程,该过程以分析和创造为主。需求过程分为需求调查、需求分析和需求文档编写三个阶段。

需求调查也称需求收集,由于系统设计阶段往往有很多不明确的用户需求,因此这个时候开发方需要调查用户的实际情况,明确用户需求。一个比较理想化的调查活动需要用户的充分配合,而且还有可能需要对调查对象进行必要的培训。调查内容则需要开发方和用户方的共同认可。调查的形式可以是面谈、电话访谈、现场参观、调查问卷、索取资料、GIS 专题报告等 6 种方式。

需求调查结束后,就要进入需求分析阶段。需求分析的任务是解决"做什么"的问题,也就是要全面地理解用户的各项要求,并准确地表达所接受的用户需求。此阶段的任务主要是对需求进行过滤、分类整理,要对每个需求进行分析,确定这个需求将来做不做,以及实现的优先级是什么(是高、中还是低),这一阶段对分析人员的要求比较高,要综观全局来考虑,充分考虑到每个需求点对整个系统的影响等,最终形成需求规格说明书。

需求规格说明书(需求文档)一般包括以下内容:概述、数据描述、性能描述、功能描述、参考文献、目录等。其中,概述从系统角度描述系统实现的目标和任务;性能描述说明系统应达到的性能和应该满足的限制条件、检测的方法和标准;功能描述中描述了为解决用户问题所需要的每项功能的过程细节。

1.3 可行性分析

可行性分析是在对用户初步需求分析的基础上,从社会因素、技术因素和经济因素三大方面对建立应用型地理信息系统的必要性和实现系统目标的可能性进行分析,以确定用户实力、系统环境、原始数据、数据流量、存储空间、软件系统、经费预算以及时间分析和效益分析等。通常要考虑的因素如下:①效益分析;②经费问题;③进度预测;④技术水平;⑤有关部门和用户的支持程度。

实际工作中,这项工作是与用户需求调查工作同时进行的。在进行大量的现状调查基础上论证地理信息系统的自动化程度,涉及的技术范围、投资数量,以及可能收到的效益等,然后确定GIS的基本起始点,从这个起始点出发就能逐步向未来的目标发展。此外,这项工作还与数据源的调查和评估有密切关系。

2 GIS软件工程的系统设计

GIS软件工程的系统设计包括总体设计、功能设计、数据库设计。

2.1 总体设计

在深入需求分析和可行性研究之后,需要进行GIS的总体方案设计。系统的总体方案设计是系统建设中最重要的总控文件,在进行总体设计时,务必坚持系统工程的设计思想和方法,把握方向,在重大问题上给予定性考虑,着重确定原则,避免过早陷入细节问题而忽略总揽全局的问题。

系统总体设计的目的是回答"系统应如何实现"这一问题,其主要任务是划分出组成的各物理元素的构成、联系及其定义描述,并且根据系统确定的应用目标,配置适当模型和数量的硬件、软件,确定计算机的运行环境。当系统的运行环境确定以后,根据应用模型和应用目的设计GIS数据库的数据模型,并根据系统的数据模型、应用和分析模型、数据处理模型等,对数据的标准和质量要求等做出相应的定义和规定。

系统总体设计应当根据系统工程的设计思想,使应用GIS系统满足科学化、合理化、经济化的总体要求。一般地应遵循以下基本原则:

(1)完备性。完备性主要是指系统功能的齐全、完备。一般的应用型GIS都具备数据采集、管理、处理、查询、编辑、显示、绘图、转换、分析、输出等功能。

(2)标准化。系统的标准化有两层含义:一是指系统设计应符合GIS的基本要求和标准;二是指数据类型、编码、图式符号应符合现有的国家标准和行业规范。

(3)系统性。属性数据库管理子系统、图形数据库管理子系统及应用模型子系统必须有机地结合为一体,各种参数可以互相进行传输。

(4)兼容性。数据具有可交换性,选择标准的数据格式和设计合适的数据格式变换软件,实现与不同的GIS、CAD、各类数据库之间的数据共享。

(5)通用性。系统必须能够在不同范围内推广使用,不受区域限制。

(6)可靠性。系统的可靠性包括两个方面:一是系统运行的安全性;二是数据精度的可靠性和符号内容的完整性。

(7)实用性。系统数据组织灵活,可以满足不同应用分析的需求。系统真正做到能够解决用户所关心的问题,为生产实践、科研教学服务。

(8)可扩充性。考虑到应用型 GIS 发展,系统设计时应采用模块化结构设计,模块的独立性强,模块增加、减少或修改均对整个系统影响很小,便于对系统进行改进和扩充,使系统处于不断完善的过程中。

2.2 功能设计

一个地理信息系统有无生命力,主要看系统对事务的处理是否满足应用的要求,即系统具有哪些功能以及这些功能处理事务的能力。因此,功能设计的主要任务是根据系统分析的目标来规划系统的规模并确定系统的各个组成部分,并说明它们在整个系统中的作用与相互关系,确定系统的硬件配置,规定系统采用的技术规范,保证系统总体目标的实现。

GIS 系统功能设计一般应遵循以下原则:

(1)功能结构的合理性。即系统功能模块的划分要以系统论的设计思想为指导,合理地进行集成和区分,功能特点清楚、逻辑清晰、设计合理。

(2)功能结构的完备性。根据系统应用目的的要求,功能齐全,适合各应用目的和范围。

(3)系统各功能的独立性。各功能模块应相互独立,各自具备一套完整的处理功能,且功能相对独立,重复度最小。

(4)功能模块的可靠性。模块的稳定性好,操作可靠,数据处理方法科学、实用。

GIS 主要功能模块如图 9-2 所示。

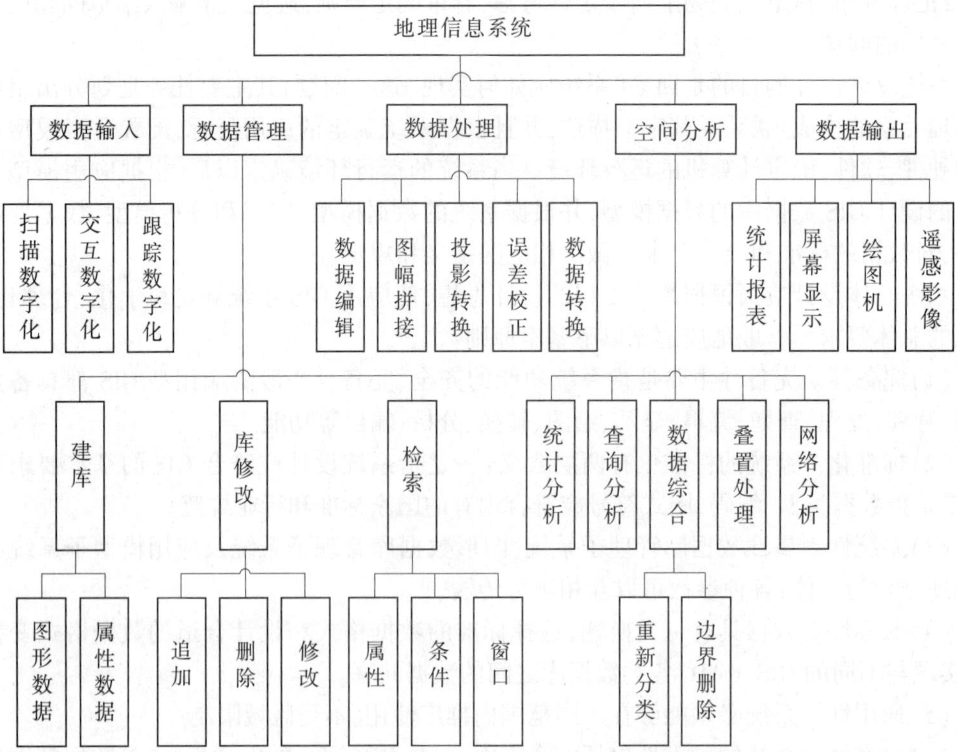

图 9-2 GIS 主要功能模块

(5)功能模块操作的简便性。各子功能模块应操作方便,简单明了,易于掌握。

2.3 数据库设计

应用型GIS是软件、硬件、人和数据的高度综合体,数据是人和软件操作的对象,存储于硬件设备上。一个数据库组织的有效程度将对整个GIS系统运作的成功与否起决定性作用。数据的组织则属于数据库设计的范畴。数据库是地理信息系统的核心组成部分,根据不同的应用,数据库会有各种各样的组织形式。GIS数据库一般既要存储、管理属性数据和空间数据,又要存储、管理空间拓扑关系数据。在进行应用型GIS数据库详细设计时,不仅要考虑特定工具型GIS软件对设计的要求,同时也应考虑特定信息种类的内容、产品的标准和技术规范的限制以及硬件的限制条件等。GIS的数据库详细设计是在系统总体设计的基础上,将数据库概念设计转换为详尽具体的数据库设计。

2.3.1 GIS数据库设计概念

数据库设计是把现实世界中一定范围内存在的应用处理和数据抽象成一个数据库的具体结构的过程。具体地讲,就是对于一个给定的应用环境,提供一个确定最优数据模型与处理模式的逻辑设计,以及一个确定数据库存储结构与存取方法的物理设计,建立能反映现实世界信息与信息间的联系、满足用户要求、能被某个数据库管理系统(DBMS)所接受、能实现系统目标并有效存取数据的数据库。数据库设计是信息系统开发和建设的重要组成部分,其质量好坏直接影响到系统各个处理过程的性能和质量。好的数据库设计是有效、准确操作数据库的基石。

GIS数据库设计一般应遵循以下原则:

(1)组织有序、层次分明。系统对空间数据的存取访问以及空间分析模型的建立,均要求对系统涉及的基础地理空间数据制定合理的组织、管理方法,组织有序、层次分明,才能高效地对数据进行各种操作,以满足系统功能的需要。

(2)最小冗余度原则。数据尽可能不重复,减少数据存储的冗余量,节约存储空间。因为同一个系统包含大量重复的数据,这不但会浪费大量的存储空间,还会存在潜在的不一致危险,即同一记录在不同文件中可能不一样(例如,修改某个文件中的某个数据而没有在另外的文作中做相应的修改)。

(3)具有足够的数据吞吐量。GIS处理的问题复杂,涉及的内容广泛,不仅数据源丰富多样,而且数据量大,因而要求GIS系统的设计者能够有效地掌握计算机内存的使用技术,节约使用计算机的内存,同时还要掌握各种内存数据的交换技术,以最大限度地扩展数据存储空间,以便设计的GIS系统能够管理足够大的数据量。

(4)数据独立性原则。数据的存放要尽可能地独立于使用它的应用程序。数据独立性分为数据的物理独立性和数据的逻辑独立性。物理独立性是指数据的逻辑结构独立于数据的物理结构,这样可以保证数据存储结构与存取方法的改变不一定要求修改程序。逻辑独立性是指用户数据独立于数据的逻辑结构。逻辑独立性可以保证当全局数据逻辑结构改变时,不一定要求修改程序,程序对数据使用的改变也不一定要求修改全局数据结构。

(5)标准化、规范化原则。要合理规定数据库的名称,提供稳定的空间数据结构,对系统涉及的专题数据全面分析和统一规划,进行正确的分类和编码,使空间数据规范化、标准化,保证数据能够满足应用的需要。

(6)可扩展原则。要充分考虑到一个数据库通常不是一次性建立起来的,而是通过分期、分批逐步建立起来的,因而设计数据库时要考虑与未来应用接口的问题。

(7)系统可靠性、安全性与完整性原则。要求系统的软硬件故障率小、运行可靠,对数据具有保护能力,保证数据的正确性、有效性、相容性。

2.3.2 GIS 数据库设计

概念模型设计,是现实世界与计算机世界的中介,它一方面能充分反映现实世界,包括实体和实体之间的联系,同时又易于向关系、网状、层次等各种数据模型转换,常采用传统的实体—关系(E-R)模型。

逻辑模型设计,是运用数据库管理系统(DBMS)提供的工具和环境,将对现实世界抽象得到的概念模型转换成相应的 DBMS 的数据模型,用逻辑数据结构来表达概念模型中所提出的各种信息结构问题,并用数据描述语言描述出来。其主要目的是根据 E-R 模型以及所选择的 DBMS 和 GIS 软件系统的特点,设计整个数据库的逻辑结构。

物理模型设计,是使用计算机软件和硬件,以有效和容错的方式,完成逻辑数据库模型概念。理解物理数据库模型概念,有助于选择 DBMS 软件,并使用 DBMS 更好地处理数据。数据库物理设计的任务是使数据库的逻辑结构能在实际的物理存储设备上得以实现,建立一个具有较好性能的物理数据库。GIS 数据库涉及图形数据和属性数据两种数据存储,绝大多数 GIS 系统只采用 RDBMS 存储、管理、操作和查询地理实体的属性数据,而定位数据则根据一定的矢量或栅格数据结构,以矢量或栅格数据模型特殊格式的数据文件表示和存储地理实体定位数据,以关系模型表示和存储地理实体的属性数据,由 GIS 软件直接管理、查询和读取,定位数据和属性数据之间的联系也由 GIS 软件建立,而非通过 RDBMS 的连接运算。

3 GIS 软件工程的实施

系统实施的主要内容是程序编制与调试、数据准备与数据库建立、运行环境的建立与调试,此外还包括人员技术培训等。

为了保证程序编制和调试及后续工作的顺利进行,硬软件人员首先应进行 GIS 系统设备的安装和调试工作;然后在适当的开发软件提供的环境下,将详细设计产生的每个模块的功能用某种程序语言予以实现;再进行程序调试、数据录入和试运行,直至建立一个能交付用户使用的实用系统。

具体地讲,这一阶段的任务包括以下几个方面。

3.1 硬件准备

硬件设备包括计算机、输入/输出设备、存储设备、辅助设备(稳压电源、空调设备等)、通信设备等。要购置、安装、调试这些设备,会花费大量的人力、物力和时间。

3.2 软件准备

软件包括操作系统、数据库管理系统、编译系统以及应用程序。其中操作系统、数据库管理系统和编译系统需要购买,而应用程序通常需要组织人力编写,这也需要花费相当多的人力、物力和时间。编写程序是这一阶段的主要任务之一。

3.3 人员培训

人员培训主要指用户的培训,用户包括主管人员和业务人员。系统投入运行后,用户将在系统中工作。这些人多数来自现行系统,精通业务,但往往缺乏计算机知识。为保证系统调试和运行顺利进行,应根据他们的基础,提前进行培训,使他们适应并逐步熟悉新的操作方法。有时改变旧的工作习惯比软件的更换更为困难。

3.4 数据准备

数据的收集、整理、录入是一项烦琐且劳动量大的工作。如果没有一定的基础数据的准备,系统调试就不能很好地进行。一般来说,确定数据库物理模型之后,就应进行数据的整理、录入工作。这样既分散了工作量,又可以为系统调试提供真实的数据。实践证明,这方面的工作往往容易被人忽视,甚至系统完成后只能作为摆设放在那里而不能真正运行。

3.5 系统安装与调试

系统安装与调试主要包括软件的安装与调试、系统软硬件的综合调试。

4 GIS软件工程的维护

应用型地理信息系统交付使用以后,研制工作即告结束,但是它不同于其他产品,它不是"一劳永逸"的最终产品,需要在使用中不断完善。一方面,精心设计、精心实施,经过调试的系统,也难免有不尽如人意的地方,或者有的地方效率还可提高,或者使用不够方便,甚至还有错误。这些问题只有在实践中才能暴露;另一方面,随着管理环境的变化,也会对应用型地理信息系统提出新的要求,应用型地理信息系统只有适应这些要求才能生存下去。

系统维护包括以下几个方面的工作。

4.1 程序的维护

在系统维护阶段,会有一部分程序需要改动。根据运行记录,发现程序的错误后,就需要改正;或者随着用户对系统的熟悉,用户有更高的要求,因而部分程序需要改进;或者环境发生变化,部分程序需要修改。

4.2 数据文件的维护

业务发生了变化,需要建立新的数据文件,或者要对现有数据文件的结构、内容进行修改。数据如果不经常更新,GIS应用系统就会失去其应用价值。应建立系统数据维护与更新机制,以保持系统数据的现势性。

4.3 代码的维护

随着环境的变化,旧的代码不能适应新的要求,必须进行改造,制定新的代码或修改旧的代码的体系。代码维护的困难主要是新代码的贯彻,因此各个部门要有专人负责代码管理。

4.4 机器、设备的维护

机器、设备的维护主要包括机器、设备的日常维护与管理。一旦发生小故障,要有专人进行及时维护,保证系统的正常运行。当设备的处理能力达不到要求或者设备本身已经过时、淘汰、损坏或不值得修理时,应考虑彻底更新。

5 GIS软件工程的测试评价

经过多年的软件开发实践,人们逐渐认识到软件测试的重要意义。然而,究竟什么是软件测试,长期以来一直存在着不同的观点。早在20世纪50年代,英国著名的计算机科学家图灵就曾给出过程序测试的原始定义,他认为测试是正确性确认实验方法的一种极端形式,通过测试达到确认程序正确性的目的。1973 年,Hetzel 指出,测试是对程序或系统能否完成特定任务而建立信息的过程。这种认识在一段时间内曾经起过作用,但后来有人提出异议,认为不应该为了对一个程序建立信心或显示信心而做测试。此后他又修正了自己的观点,他说,测试的目的在于鉴定程序或系统的属性或能力,它是软件质量的一种度量。这一定义实际上是使测试依赖于软件质量的概念。由于影响软件质量的因素比较多,并且是经常变化的,因此这一解释仍然存在不妥之处。

1983 年,IEEE 提出的软件工程标准术语给软件测试下的定义是:"使用人工或自动手段来运行或测定某个系统的过程,其目的在于检验它是否满足规定的需求或是弄清预期结果与实际结果之间的差别。"定义包含了两方面的含义:一是否满足规定的需求,二是否有差别。如果有差别,说明设计或实现中存在故障,因此自然不满足规定的需求。因此,该定义非常明确地提出了软件测试以检验软件是否满足需求为目标。

GIS 软件测试是"使用人工或自动手段来运行和测定 GIS 软件的过程,其目的在于检验系统是否满足客户需求或是弄清实际效果与预期结果之间的差别"。GIS 工程的测试具有一般软件测试的共同特点,但又有自己独特的个性。软件测试的一般理论和方法都适用于 GIS 工程,同时,由于 GIS 工程具有系统复杂度大、数据在系统中具有特殊地位、系统表达方式复杂、系统更新速度快、系统维护工作量大和易操作性要求高的这些特点,更加要求 GIS 工程保证软件质量,从而要求在应用一般测试方法和技术的同时,还需要应用一些特殊的测试方法和技术对其进行充分的测试,以便我们更有效地组织和实施测试。

对 GIS 软件来讲,不论采用了什么技术和方法,如采用高级语言、先进的开发方式、完善的开发过程,都可以减少错误的引入,但不可能杜绝错误。这些错误需要测试来找出,错误的密度也需要测试来进行估计。其次,为了降低软件的修复费用,确保软件开发过程始终围绕客户的需求顺畅进行,软件测试应尽早介入开发过程。随着时间的推后,软件修复费用将数十倍地增长。如果到产品交付给用户后,错误才被发现,该错误的成本将达到最大。

GIS 软件测试有它自身的周期。测试从需求阶段开始,此后与整个开发过程并行,换句话说,伴随着开发过程的每一个阶段,都有一个重要的测试活动,它是预期内按时交付高质量的软件的保证。

【任务实施】

1　概述

ArcObjects(简称 AO)是 ESRI 公司提供的一个 GIS 技术框架,它是基于 Microsoft 的 COM 技术开发的一套 COM 组件对象集,这个组件集提供了几乎全部的底层 GIS 功能,就连 ArcGIS 软件本身就是使用 AO 的组件开发出来的。由于 ESRI 公司开放了这个组件库的 APIs,因此普通程序员也可以使用 AO 开发自己的 GIS 应用程序。

使用 AO 进行 GIS 的二次开发,就是采用通用的软件开发平台,如 C#. net、VB. net、VB、Visual C++、Delphi 等,按照项目的具体要求将 AO 的功能组件重新进行组装,以集成一个更大、更复杂的 COM 组件或应用程序的过程。使用 AO 进行组件式 GIS 二次开发,是目前最流行、最灵活和最稳定的 GIS 开发方式。

VBA 是已经内嵌在 ArcCatalog 和 ArcMap 里面的开发语言，可以对 ArcMap 和 ArcCatalog 已有的应用框架进行补充，而且可以用自己定制的按钮、工具条、菜单和模块来对 ArcGIS 进行扩展。使用内嵌在 ArcGIS 桌面系统里面的 VBA，程序员可以在相对来讲比较少的开发量下完成绝大多数的定制需求。对于更高一级的开发，可以使用 C#或 C++等开发平台进行二次开发。

2　开发实例

(1)自定义工具条。在自定义菜单下选择"自定义模式"，点击"新建"，输入工具条名称，点击"确定"。在工具栏中出现一个空白的工具条，见图 9-3。

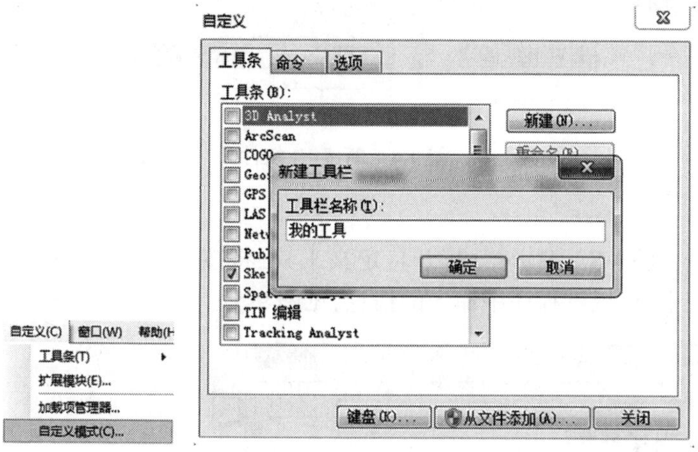

图 9-3　自定义工具条

(2)在命令标签中，选择[UI 控件]，新建 UI 控件，UI 控件类型选择 UIButtonControl，点击"创建并编辑"，见图 9-4。

(3)在 VBA 编辑器中，输入如下代码：

```
Private Sub UIButtonControl1_Click( )   #单击按钮时全图显示#
Dim pDoc As IMxDocument
Set pDoc = ThisDocument
pDoc. ActiveView. Extent = pDoc. ActiveView. FullExtent
pDoc. ActiveView. Refresh
End Sub

Private Function UIButtonControl1_Message( ) As String   #鼠标放在按钮上时显示信息#
UIButtonControl1_Message = "Zooms the display to the full dataset extents"
End Function

Private Function UIButtonControl1_ToolTip( ) As String   #按钮名称#
UIButtonControl1_ToolTip = "Full Extent"
```

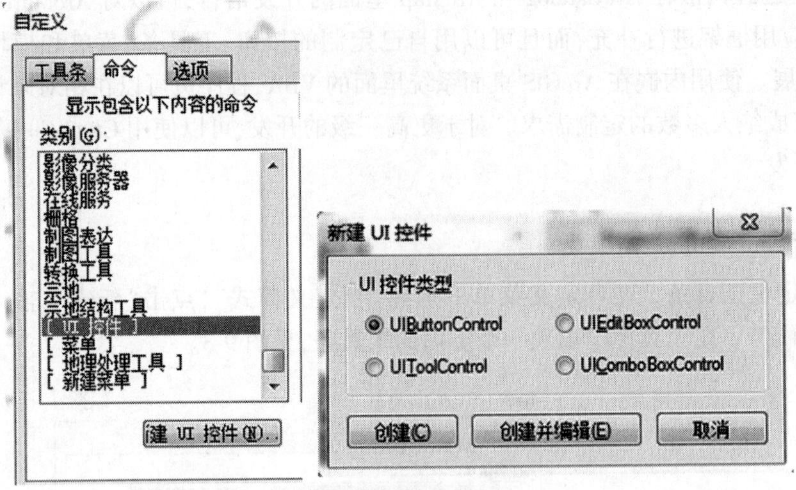

图 9-4　新建 UI 控件

End Function

输入完成后关闭 VBA 编辑器，打开自定义工具，将按钮拖动至“我的工具”工具条中。把鼠标放在按钮上，可以看程序中输入的信息，见图 9-5。

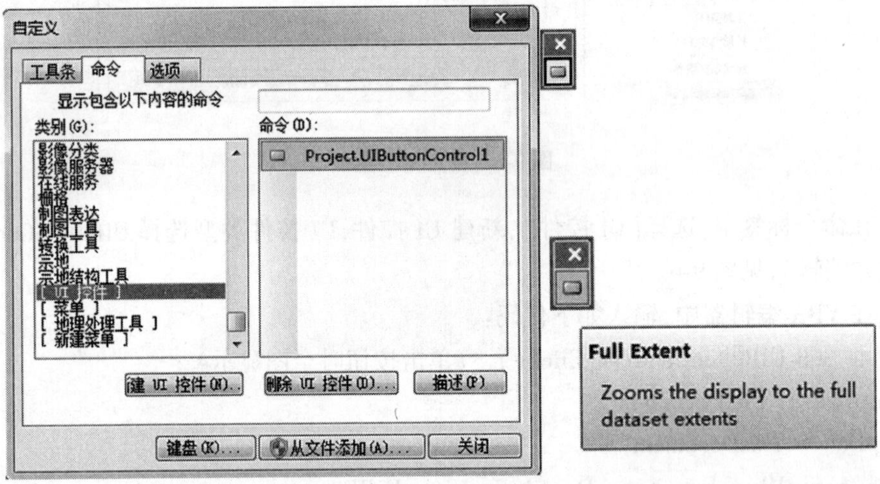

图 9-5　新建 UI 控件并编辑

(4)添加一套数据，并将数据进行放大或者缩小，单击该按钮，则数据全图显示，见图 9-6、图 9-7。

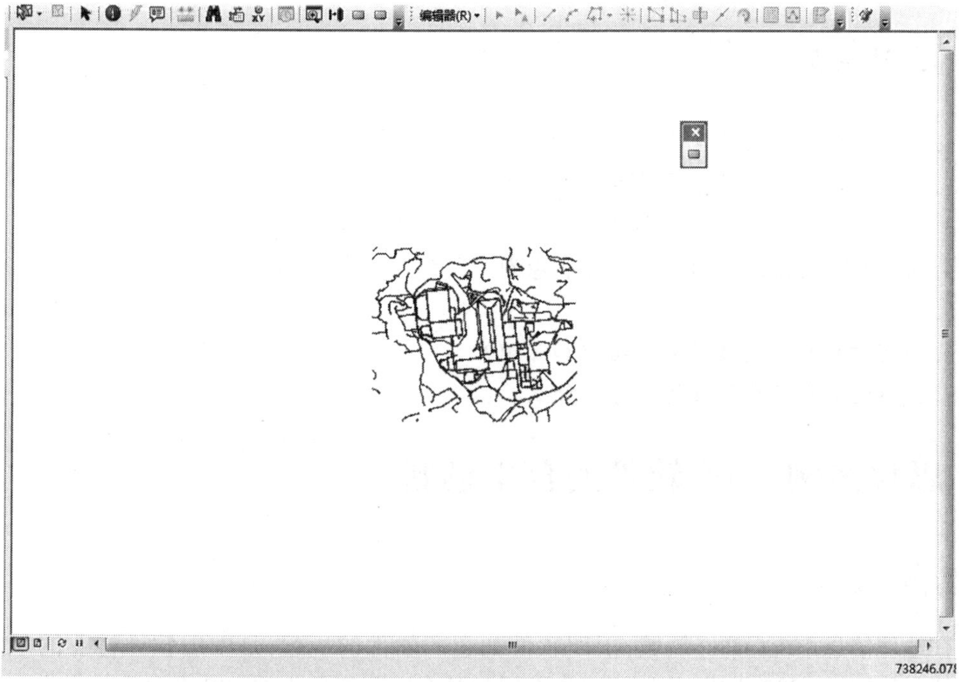

图 9-6　缩放前图形

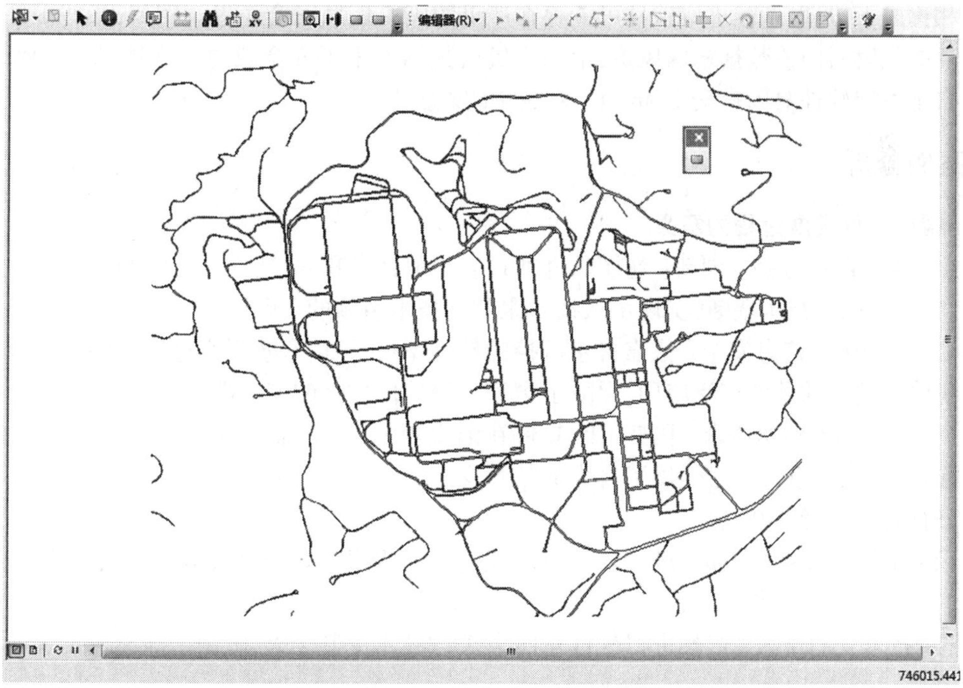

图 9-7　使用二次开发工具全图显示

复习与思考题

1. 地理信息系统设计主要有哪几种方法？各有何特点？
2. 简述地理信息系统设计的主要内容和过程。
3. 地理信息系统需求分析和可行性分析应考虑哪些因素？
4. 简述 GIS 总体设计的主要内容和原则。
5. 如何进行 GIS 功能设计？
6. 如何对 GIS 空间数据进行组织和管理？
7. 应用型 GIS 实施阶段的任务是什么？

思政案例:国产软件的自主创新

1 案例背景

在地理信息系统(GIS)领域,国产软件如超图软件的崛起,是中国软件行业的一大亮点。超图软件自 1997 年成立以来,逐步发展为具有国际竞争力的 GIS 平台软件提供商。通过自主研发,超图突破了核心技术的封锁,为维护国家地理信息安全提供了重要保障。

相比之下,过度依赖进口软件可能存在严重的国家信息安全隐患。例如,某些国外 GIS 软件存在代码后门或数据窃取风险,给国家机密数据带来了安全威胁。这种对比清晰地展现了自主可控软件对国家安全和经济发展的重要意义。

2 案例分析

2.1 国产软件发展过程的意义

(1)技术自立与自主创新：超图软件通过多年的技术积累,建立了完整的 GIS 平台产品体系,突破了国外技术垄断,实现了从技术跟随到技术引领的飞跃。

(2)维护国家信息安全：依靠自主可控的软件系统,可以有效规避进口软件可能带来的安全风险。超图软件的广泛应用,保障了国家涉密地理数据的安全性。

(3)服务国家战略需求：国产 GIS 软件在国土规划、环境保护、防灾减灾等领域发挥了重要作用,为国家重大项目提供了有力的技术支持。

2.2 对比进口软件的隐患

(1)数据安全风险：部分进口软件可能通过后门程序窃取用户数据,导致国家机密信息外泄。

(2)技术受制于人：依赖进口软件意味着关键技术受制于人,限制了国家科技发展的自主权。

(3)高昂使用成本：进口软件的许可费用和服务成本较高,不利于我国相关行业的可持续发展。

3 案例反思

3.1 自主创新的重要性

通过超图软件的成功案例,我们应认识到只有掌握核心技术,才能真正实现自主可控。科技创新是维护国家信息安全的基石。

3.2 增强责任感和使命感

国产软件的研发离不开无数科技工作者的努力,他们用实际行动诠释了责任和担当。我们应从中学习榜样精神,增强服务国家的意识。

3.3 提高专业自信心

超图软件的发展证明了中国企业完全有能力在国际竞争中占据一席之地。我们通过了解这些成就,可以增强对本专业的信心。

4 案例总结

以超图软件为代表的国产 GIS 软件的发展历程,展示了自主创新的重要性和必要性。我们应从中汲取经验,认识到自主可控对维护国家地理信息安全的意义。通过学习国产软件的成功案例,我们应增强服务国家的意识,培养强烈的责任感和使命感,立志为实现科技强国的目标贡献力量。这不仅是对专业学习的要求,更是新时代青年应有的担当。

参考文献

[1] 胡鹏,黄杏元,华一新. 地理信息系统教材[M]. 武汉:武汉大学出版社,2002.

[2] 李建辉. 地理信息系统技术应用[M]. 武汉:武汉大学出版社,2013.

[3] 汤国安,赵牡丹,杨昕,等. 地理信息系统[M]. 北京:科学出版社,2010.

[4] 赵会丽. 地理信息系统[M]. 郑州:黄河水利出版社,2015.

[5] 王庆光. GIS 应用技术[M]. 北京. 中国水利水电出版社,2015.

[6] 李建松. 地理信息系统原理[M]. 武汉:武汉大学出版社,2014.

[7] 汤国安,刘学军,闾国年,等. 地理信息系统教程[M]. 北京:高等教育出版社,2007.

[8] 邬伦,刘瑜,张晶,等. 地理信息系统——原理、方法和应用[M]. 北京:科学出版社,2001.

[9] 吴信才. 地理信息系统原理与方法[M]. 北京:电子工业出版社,2014.

[10] 黄杏元,马劲松,汤勤. 地理信息系统概论(修订版)[M]. 北京:高等教育出版社,2001.

[11] 汤国安,杨昕. ArcGIS 地理信息系统空间分析实验教程[M]. 北京. 科学出版社,2010.

[12] 龚健雅. 地理信息系统基础[M]. 北京:科学出版社,2001.

[13] 黄焕华,马晓航. 利用固定翼无人机监测松材线虫病疫点枯死松树的初步研究[J]. 环境昆虫报,2018(3):306-313.

[14] 钟志农,李军,等. 地理信息系统原理及应用[M]. 北京:国防工业出版社,2013:182-302.

[15] 冯德俊,张献州,张文君. 虚拟现实技术在地理信息系统中的应用[J]. 四川测绘,2001(2):51-54.

[16] 国家测绘地理信息局职业鉴定指导中心. 测绘综合能力[M]. 北京:测绘出版社,2016:269-297.

[17] 牟乃夏. ArcGIS10 地理信息系统教程从初学到精通[M]. 北京:测绘出版社,2012.

[18] 宋小冬,钮心毅. 地理信息系统实习教程[M]. 3 版. 北京:科学出版社,2013.

[19] 崔铁军. 地理空间数据库原理[M]. 北京:科学出版社,2007.

[20] 陈国平. 空间数据库应用技术[M]. 武汉:武汉大学出版社,2013.

[21] 李心颖. GIS、GPS 和 RS 的结合及其一体化应用[J]. 海口经济学院学报,2009(1):87-92.

[22] 夏春林,景海涛,柴华彬. GIS 软件使用与开发[M]. 北京:中国矿业大学出版社,2008.

[23] 李满春. GIS 设计与实现[M]. 北京:科学出版社,2011.